한국주택 유전자 1

한국주택 유전자 1

20세기 한국인은 어떤 집을 짓고 살았을까?   박철수 지음

일러두기

- 일제강점기와 해방 전후 생산된 문건이나 공식 기록의 명칭은 당시 표기 내용을 그대로 따라야 할 경우에는 병기했으며, 그렇지 않을 경우에는 모두 한글로 표기했다.

- 단행본과 논문집, 신문, 잡지 등은 『 』로, 법률, 단행본 안에 별도로 들어간 논문, 단편소설, 신문 내 기사 제목 등은 「 」로 표기했다.

- 직접 인용한 문장은 " "에, 원문을 정리해 재구성하거나 강조한 용어나 문장은 ' '로 묶었다.

- 오래전에 발행된 신문이나 잡지 기사 가운데 일부는 독자의 편의를 위해 글의 내용을 훼손하지 않는 범위에서 최근의 표기법과 띄어쓰기 규정 등에 따라 고쳐 썼다.

- 지명 및 거리, 인명, 회사, 건축물, 주택, 아파트, 주택지 등의 일제강점기 명칭은 다음과 같이 정리했다.

1) 지명, 거리

– 일본의 지명은 외국어 표기법에 따랐다.
   예 동경(東京) → 도쿄

– 국내 지명은 당시 사용하던 한자를 음독하고 한자 표기와 현재 지명을 병기했다.
   예 내자정(內資町, 현 내자동)

– 일제강점기의 행정구역과 현재 행정구역이 정확히 일치하지 않는 경우에는 가장 대표적인 현재 지명을 중심으로 적었다.
   예 본정(本町, 현 충무로 일대), 죽첨정(竹添町, 현 충정로 일대)

2) 인명

– 일본 사람의 이름은 외국어 표기법을 따랐다. 단 읽는 방식이 복수이고 정확히 확인하지 못한 경우는 가장 흔히 통용되는 표기법으로 적었다.
   예 土井誠一 → 도이 세이이치

3) 건축물 및 아파트, 주택 명칭

– 일본에 있는 건축물 및 아파트는 외국어 표기법을 따랐다.
   예 동윤회아파트(同潤会) → 도준카이아파트

– 한국에 있는 건축물 및 주택 명칭 가운데 일본 이름이나 일본의 지명, 일본의 고전이나 하이쿠 등에서 가져온 이름은 외국어 표기법을 따랐으나, 한국어 표기로 통용되고 있는 것은 그대로 음독해 표기했다.
   예 채운장(彩雲莊)아파트 → 채운장아파트

– 한국의 지명을 붙인 경우, 한국 지명 표기와 마찬가지로 음독했다.
   예 동(東)아파트

4) 주택지 명칭

– 개발자가 일본 사람인지 한국 사람인지, 일본에서 가져온 이름인지 여부와 상관없이 한자를 그대로 읽었다.
   예 소화원(昭和園)주택지

차례

펴내며

생물학자 에드워드 윌슨은 생물의 쓰임새란 유전자의 번식과 임시 보관에 있다고 했다. 그런 이유로 자신 역시 유전자의 임시 보관소로 쓰이는 수많은 생물 부류 중 하나에 불과하다고 밝힌 바 있다. 시간의 흐름을 따라 이 땅에 명멸했던 수많은 주택 유형을 이렇게 볼 수 있을까?

주택은 생물도 아니고, 비슷한 방식으로 분류할 수도 없다. 뿐만 아니라 땅에 뿌리를 박은 채 세월의 더께를 뒤집어쓰고 있다가 어느 순간 철저하게 부서지고 파헤쳐지며 흔적조차 남기지 않고 사라지기 일쑤다. 하지만 자기동일성의 연장인 '기억과 삶'을 통해 여전히 유전자를 번식시키는 대상이라는 점에서 생물과 그리 다르지 않다. 출현과 변이, 갈등과 소멸을 반복한 다양한 주택 유형 역시 유전자를 보관하다가 형질을 변형시키고 후대로 이어간다. 사람들의 지루하고 반복적인 일상을 통해 그 유전자가 기거 방식과 습속으로 만들어져 대를 이어가며 전승되는 것이다.

이 책은 100년 남짓한 시간을 횡단하며 한국주택의 유전적 형질과 그 변화 과정을 살핀 것이다. 여러 나라들이 근대에 접어들며 겪었던 식민 경험이나 독립 쟁취의 과정은 세계사의 보편에 가깝다. 하지만 한국의 경우는 그 시기가 늦었고 서구 제국이 아닌 아시아 국가인 일본의 식민 지배를 받았다는 특수성이 있다. 때문에 한국의 근·현대 주택을 설명하려는 시도는 일본에 의해 수입, 번역된 서구 근대주택의 특이한 양상에서 시작할 수밖에 없다. 이 점에서 한국주택은 보편성과 특수성이라는 유전적 형질을 내포하고 있다. 우리의 식민 경험이 다른 국가와는 사뭇 다른 것만큼, 어쩌면 그 이상으로 주택에 담긴 유전적 형질의 속성 역시 다를 수 있다. 그러나 그 영향 관계는 일방적이거나 절대적이지 않다. 일본주택 양식이며 형식과 상당히 다르기도 하기에 오늘날 한국의 주택을 정의하거나 설명하는 일은 그리 간단치 않다. 때론 유일성이라고도 할 수 있는 유전적 형질이 돌연변이처럼 착상해 시간을 이어왔을 수도 있기 때문이다.

　　　　패전으로 인한 일본의 한반도 식민 지배체제 종식과 동시에 미국으로 대변되는 서구 문화에 대한 추종이라는 급격한 상황 변화 역시 주택의 유전자에 큰 영향을 미쳤다. 비교적 긴 시간 동안 서구 열강의 지배를 받다가 독립한 다른 국가들과 달리 서구 문화에 대한 객관적인 시선이나 태도를 가질 만한 거리나 시간을 확보하지 못했던 것이다. 때로 비판과 질타의 대상이 되기는 했지만, 서구식 주택은 문화적 열세를 극복하기 위한 조급함이 낳은 선망과 동경의 대상으로 자리 잡았다. 무작정 따라 하거나, 그렇지 않으면 할 수 없이 따라야 하는 규범이 된 것이다. 한국전쟁 이후 상당 기간 작동한, 그리고 아직도 여전하다고 할 수 있는 서구 주거이론의 무비판적 수용이 그것이다. 물론 오늘날의 주택을 부정하거나 경원시하려는 것은 아니다. 객관적이고 주체적인 시선으로 지금 여기의 삶과 그 양태를 살펴보자는 것이 의도다. 긍정하거나 부정하기 전에 이미 오늘 한국인의 삶을 결정하고 있는 주택을 추적하기 위해 붙인 제목이 『한국주택 유전자』다.

책의 구성은 편년(編年) 방식을 따라 연대기적으로 꾸렸다. 1920년대의 관사(官舍)와 사택(社宅)으로부터 1980년대 중반 이후 1990년에 이르며 오늘날 제법 다수의 주택 유형으로 등장한 다세대주택과 다가구주택에 이르기까지 수많은 주택 유형 가운데 여전한 것들을 선택해 독립적으로 다루거나 둘이나 셋을 하나로 묶어 살폈다. 일일이 다 언급하기 힘들 정도로 다양한 주택 유형의 서로 다른 형질들이 우열을 다투며 변형 과정을 거쳤고, 여기서 살아남은 인자들이 결합해 오늘까지 전승된다고 보았다. 거울 앞에 섰을 때 불현듯 거울 속 내 모습에서 어머니나 아버지의 모습을 볼 때 새삼 가계도(家系圖)를 떠올리게 되는 것과 다르지 않다. 그러므로 이 책은 주택 보학(譜學)이라 해도 좋겠다. 비록 같은 성씨를 가졌지만 제각기 다른 생김새와 유전적 형질을 가진 고유한 개체로서의 유형들을 탐색했기 때문이다.

그런 막막함에 미련함과 노파심이 더해져 책의 분량이 늘었다. 기계적으로 전체를 등분해 두 권으로 꾸리고자 마음 먹었고, 마침 해방 이후 선도적인 아파트로 꼽히곤 하는 종암아파트와 개명아파트부터 2권으로 나누자 분량도 한쪽으로 치우치지 않았다. 1권이 근대주택의 출현에서 이승만 정권의 상가주택까지라면 종암아파트와 개명아파트로부터 다세대·다가구주택에 이르는 오늘의 주택을 살핀 것이 2권의 내용이다.

‘관사와 사택—1920’처럼 각 장에서 다루는 주택 유형에 연대를 붙인 것은 그즈음에 해당 주택 유형이 처음 논의되거나 등장했거나, 아니면 인구에 회자됐음을 뜻하는 것이다. 특정 시기만을 한정해 다룬다는 의미는 아니다. 예를 들어, ‘부영주택(府營住宅)—1921’의 1921년은 당시 서울(경성)의 네 곳, 즉 한강통과 삼판통, 봉래정과 훈련원 터에 처음 조성된 ‘경성부 부영주택’의 등장 시기를 특정한 것이다. 반면 ‘문화주택(文化住宅)—1930’은 모던걸과 모던보이가 욕망한 문화주택의 폭발적 유행기인 1930년대를 뭉뚱그려 살핀

다는 뜻이다.

지난 100년 동안 세상에 모습을 드러내 이름을 얻은 주택 유형은 거의 100여 가지에 달한다. '소개주택'(疏開住宅)처럼 머릿속 구상에 그쳤을 뿐 한 번도 지어진 적이 없는 경우가 있는가 하면, 정확히 무엇인지 분명하지 않지만 지금까지 모두의 욕망으로 자리를 굳건하게 지킨 '맨션아파트'도 있다. '적산가옥'(敵産家屋)은 문화주택이나 관사, 사택, 심지어 도시한옥까지 포함하기도 한다. 또 '국민주택'처럼 시간에 따라 아주 다른 내용으로 변화한 것도 더러 있다. 그러니 어떤 것은 오래 묵은 족보에 이름 석 자만 남은 조상처럼 그 모습을 찾아볼 수 없고, 어떤 것은 지금 이곳에서 일상공간으로 여전히 작동하기도 한다. 오래전 세상을 떠난 선대의 어떤 분을 지목하며 새로 태어난 아기가 그분과 닮았다는 인상 비평을 하곤 하는 어르신의 말씀처럼 때론 막막한 과거를 탐색해야 했다.

　　　'모든 근대 문화는 식민지 문화'라 했던 자크 데리다의 말처럼 근대는 이질적인 것의 혼종 속에서 성립한다. "한국 근·현대의 지식과 문화, 제도는 솜씨 좋은 외과의사가 좋은 세포만을 남겨두고 암 덩어리를 도려내듯, '일본적인 것' 혹은 '미국적인 것'을 발라내면 '민족적인 것'만 남길 수 있는 것이 아니다. 어쩌면 그러한 본질주의야말로 가장 위험한 사고"[1]라는 지적을 유념할 필요가 있다. 인식 성장 과정을 거치는 동안 형성된 모든 것은 타자를 깨닫고 수용한 우리 고유의 것이다. 오래전 우리의 서구 수용과 번역 과정은 직접적이라기보다 중국이나 일본을 매개로 중개되었다. 또 미국의 먼 우방국가에 적용되는 방식으로 받아들여지기도 했다. 새로운 지식과 문화적 양상은 단속적(斷續的)으로 수용되고 변용되었고, 그 결과는 혼종의 산물이다. 주택이라는 현미경을 들여다보며 횡단한 지난

100년의 여정을 통해 이를 새삼 확인할 수 있다.

작가 박완서가 1984년에 발표한 단편소설 「어느 이야기꾼의 수렁」
은 분단국가인 한국에서 활동하는 작가의 고민을 다룬다. 작가와
프로듀서가 어린이 프로그램을 제작하며 주인공으로 염두에 둔 '또
마'의 거처를 어떻게 만들어야 할 것인가를 언급한 부분이 흥미롭
다. '또마'를 다른 어린이들이 위화감을 갖지 않고 순순히 친구로 맞
아들이게 하려면 어떻게 해야 하나를 고민한 끝에 작가와 프로듀서
는 전형적인 보통사람의 삶을 의탁하는 '보통의 집'을 가정했다. '보
통으로 사는 집이라면 단독주택일 경우는 대지 50평 미만에 건평
이 25평 정도, 마당이 약간 있고 화분하고 강아지도 있었으면 좋고.
아파트라면 투기로 너무 이름난 동네 말고 보통 동네의 30평 남짓한
아파트'² 로 설정한다. 고층 아파트의 시대가 본격적으로 열리면서
아파트가 단독주택과 경쟁하기 시작한 당대 상황을 설명하기에 부
족함이 없다.

　　　　　이 책에서는 바로 이런 '보통사람들의 집'에 주목했다. 일례
로 아파트의 변화는 상당히 인상적이다. 장래를 기약하면서 임시방
편적으로 집을 마련하여 숨을 돌리는 곳이었던 1960년대의 서민아
파트가 1970년대 후반 들어 보통사람들의 집으로 자리를 잡기 시작
하고, 이후 '맨션아파트'와 결합하며 구체적인 욕망의 대상으로 자리
한다. 이 책에서는 아파트의 탄생기인 일제강점기로부터 1978년에
만들어진 잠실주공아파트단지에 이르는 아파트의 변화 과정을 몇
단계로 나눠 살폈는데, 그 기준 역시 보통사람들의 삶에 근거하고자
했다. 이를 통해 일종의 '사회적 인프라'였던 오래전의 아파트가 오늘
에 이르러서는 '빗장 공동체'로 변모했음을 알아차릴 수 있도록 했
다.³ 바로 이 유전적 형질의 변이를 추적하는 것을 일차적인 목표로

삼았고, 그 결과에 대한 판단은 대체로 독자의 몫으로 남기고자 했다. 이는 다른 주택 유형을 설명할 경우에도 다르지 않다.

이 책은 가능한 한 모든 주택 유형을 다루고자 했다. 직접 다룬 유형은 대략 40여 종이지만, 이들을 추적하면서 갈래를 나눠 살핀 것들까지 포함하면 훨씬 많은 주택 유형을 포괄한다. 100여 종에 달하는 '주택' 가운데 몇몇을 제외한 대부분을 살폈다고 자평한다. 하나의 대상을 두고 정책적 목표나 재원에 따라 달리 불렀고, '후생주택'처럼 여럿을 한데 묶어 부르기도 했고[4], '불란서주택'이나 '빌라'처럼 엄밀한 의미에서 주택 유형이라 부르기엔 곤란하지만 일정한 시기에 걸쳐 사람들의 호응을 얻으며 유전자를 남긴 사례도 포함했다. 이 역시 이 이름의 뿌리가 어디에서 연원하는지 밝히려고 노력했다.

건축의 역사를 다룬 책에서 쉽게 찾아볼 수 있는 양식사적 서술은 이런 목표에 적합지 않았다. 오히려 보통사람들의 일상공간으로서의 주택과 건축을 서술하는 방식을 택했다. 흔히 양식적 특징에 맞추어 조명되는 일제강점기를 전후해 등장한 양관(洋館)을 굳이 다루지 않은 이유다. 펜트하우스며 초대형 주상복합아파트 등을 언급하지 않은 이유도 마찬가지다. 특정 계층만을 위한 예외적인 유형이거나 누구나 쉽게 생각할 수 있는 파생 유형은 제외했다. 부분과 전체의 상관관계 속에서 사회와 역사를 해석하고 판단하는 도구로서 보통사람들의 일상이 가장 중요하다는 생각 때문이다. 물론 이미 여러 전문가들에 의해 세밀하게 언급된 경우라면 굳이 이 책에서 다시 다룰 필요는 없다고 여긴 경우도 적지 않다.

앙리 르페브르의 말처럼 일상이란 사소한 것들로 가득한 나날의 삶이지만 그렇게 하찮고 자잘한 일상은 여러 계기와 층위가 얽혀 있는 커다란 하나의 장을 이룬다. 서로 비슷해 보이지만 어느 누구도 완벽하게 동일한 유전자를 가진 사람이 존재하지 않는 것처럼 지난 100년의 시간 흐름 속에서 명멸했던 다양한 주택 유형들 역시 '주택'이라는 하나의 건축 유형'으로 간주하기엔 부족함이 적지 않다. 특히, 국가와 자본이 지속적으로 개입해 조정하는 주택을 살피는 일은 서로 다른 보통사람들의 생활세계에 관심을 두는 일이다. 다채로운 보통의 주택들을 들여다보는 것은 곧 아래로부터의 역사 혹은 역사 행위자 내부의 관점에서 시간의 흐름을 다시 기록하는 것이라는 점에서 나름의 의미를 획득할 수 있다.

　"일상은 사회를 알기 위한 하나의 실마리"[5]라는 주장에 기대느라 다양한 주택이 만들어지고 점유되는 과정에서 궁리한 생각과 그러한 궁리의 구체적 결과를 채집하는 데 많은 시간과 노력이 들었다. 그런 까닭에 하나의 주택 유형이 만들어지던 당시의 문건이나 도면 혹은 사진을 발굴해 세상에 드러내는 일에도 제법 치중했다. 오랜 시간이 든 까닭이고, 그런 미련함 때문에 처음으로 빛을 보게 된 적지 않은 도면이며 사진 자료를 이 책에 담았다. 대부분의 자료는 국가기록원과 서울역사박물관, 국사편찬위원회, 한국토지주택공사, 서울성장50년 영상자료 등을 활용했지만 그밖에도 미국국립문서기록관리청(NARA)과 유엔아카이브 등에서 최근 공개한 자료들도 선택적으로 추출, 활용했다. 물론 기관의 명칭을 다 언급할 수 없을 정도의 많은 공공기관과 개인들로부터 귀중한 자료들을 얻어 이 책에 실었다.

　사회학자 백욱인은 1930년대 식민지 시대와 1960년대 산업화 시대의 연관성에 주목한 책『번안 사회』를 통해 '한국의 근대는 일본과 일본을 경유한 서양, 그리고 미국이라는 몇 개의 겹을 통과하면서 진행되었다고 전제하면서 한국-일본-미국의 삼각점에서 벌어진 번안을 키워드로 삼아 한국문화'[6]에 접근한 바 있다. 물론 식민지 근대의 번안물이 1960년대 산업화 시대에 기이한 모습으로 되살아난 이유 역시 식민지 시대에 성공한 사람들이 산업화 근대 시기에 다시 각 분야에서 권력을 잡았기 때문이라는 지적을 놓치지 않았다. 『한국주택 유전자』를 통해 확인한 사실 역시 우리 고유의 원형에 해당하는 주택 유형이 언제곤 되살아나 이질적인 인자들과의 갈등 과정을 거쳐 수용, 재현됐다는 것이다. 이와 함께 당대의 모든 주택 유형들에는 문화적 양가성이 존재했으며, 결국 지난 100년의 시공간을 횡단한 결과 근·현대 한국주거사는 혼종의 역사라는 사실을 알아차릴 수 있었다. 제법 방대한 책을 꾸리는 과정에서 몇 개의 경우는 먼저 펴낸 책들에 담았던 글을 기초로 자료를 보태고 새로운 해석을 달아 다시 썼음을 밝혀둔다.

보태자면 이 책은 보다 폭넓은 재해석과 촘촘한 연구를 기대하기 위한 발판으로 서둘러 썼음을 고백하지 않을 수 없다. 후속 연구에 대한 소망을 담았기 때문이다. 그런 까닭에 무엇인가를 단정하는 일을 경계했고, 어딘가 정해진 목적지로 글을 이끄는 일에 대해 반복해 의심했다. 세대를 갈라 사회를 해석하고 나누는 방식에는 동의하지 않지만 한자병용세대의 끄트머리에 자리했던 연구자로서 창고 속에 먼지를 뒤집어쓴 채 방치된 문건들을 읽어야 한다는 의무감이 적지 않았다. 그것이야말로 지은이가 해야 할 일이라 여겼고, 이들 문건을 국가나 공공기관이 나서서 한글세대에게 제공할 시기가 아직은 아니라는 생각에서 제법 많은 문건들을 서둘러 읽어 이 책 속에 녹였다.

마지막으로 다양한 분야의 젊은 연구자들로부터 받은 자극이 책을 만드는 과정에 위로가 됐다. 하루가 멀다 하고 새로 나오는 관련 분야의 전문서적들로 인해 이 책에 담긴 거의 모든 꼭지를 새로 고쳐 써야 했지만 그럴수록 새로 나올 책들에 대한 기대가 커져 새 책을 받아보면 혹시라도 이 책에서 잘못 기술한 부분이 없지 않을까 노심초사하며 그들의 책 읽기에 몰두했다. 그러니 이 책 역시 후속세대 연구자들에게 위로와 호기심의 대상이 되길 소망한다. 물론 연구자들 이외에도 이루 헤아릴 수 없는 많은 분들의 도움을 받았다. 특히 시간과 노력을 들여 채집한 사진자료를 이 책에서 사용할 수 있도록 허락하신 분들의 노고는 사진 귀퉁이에 그들의 이름을 밝혀두는 것만으로는 결코 부족함을 채울 수 없다. 공부하면서 얻게 되는 앎이 있다면 기꺼이 나눌 것을 약속하는 것만이 그에 대한 나름의 보답이라 여긴다. 이런 점에서 역사를 매개하는 중심 요소인 '주택'이라는 사물을 다루고, 또 다른 연구를 위한 사료가 될 수도 있으리라는 기대를 품는다면 이 책을 일종의 공공역사라 부를 수도 있겠다.[7]

누군가에게 세계의 모두였거나 지금도 여전히 그런 곳일 수밖에 없는 보통의 집을 꽤 오랜 시간 동안 천천히 살필 수 있어서 행복했다. 그 지난한 과정에서 늘 엄습했던 우울을 이제는 떨쳐낼 수도 있을 것 같다.

2021년 늦은 봄
살구나무집에서
지은이 박철수

주

1   정종현, 『제국대학의 조센징』(휴머니스트, 2019), 296쪽.

2   박완서, 「어느 이야기꾼의 수렁」, 『그 가을의 사흘 동안』(나남출판, 1985), 63쪽.

3   '사회적 인프라'와 '사회적 자본'(social capital)에 관해서는 에릭 클라이넨버그,
    『도시는 어떻게 삶을 바꾸는가』(웅진지식하우스, 2019), 11, 26~31쪽 등 참조.

4   '후생'이라는 용어가 해방 이후 다양한 의미망을 가지며 주택에 붙여진 배경은 1941년에
    조선총독부 내에 신설된 후생국의 영향 때문이라고 하겠다. 일본은 1938년 1월에
    공식적인 정부조직으로 후생성(厚生省)을 신설했는데, 이때 설립된 후생성의 각종
    방침이 조선에서는 보건과 건강 및 여가선용 등 식민지 경영전략 담론으로 자리하고,
    다양한 정책을 수립하는데 직접적 영향을 주었다. 이와 관련해서는 문경연, 『취미가
    무엇입니까?』(돌베개, 2019), 261쪽.

5   앙리 르페브르, 『현대세계의 일상성』(기파랑, 2005), 85쪽.

6   백욱인, 『번안 사회』(휴머니스트, 2018), 10~11쪽 요약 재정리.

7   마르틴 뤼케·이름가르트 췬도르프, 『공공역사란 무엇인가』(푸른역사, 2020), 93쪽.

1 관사와 사택

일제의 한반도 강점을 전후해 조선에 본격 보급된 관사(官舍), 사택
(舍宅), 사택(社宅) 등은 용례 구분이 엄격하지 않았다.[1] 사택(舍宅)
은 관청이나 공공적 성격을 띤 기관, 기업체의 관료나 직원을 위해
지은 살림집을 일컫는 것으로 때론 관사를 포함해 이르는 말로 사
용되었다. 이에 반해 사택(社宅)은 주로 돈벌이나 일제의 식민지 확
장에 부역하기 위해 조선에 진출한 민간기업체 사원이나 노동자들
이 거주하는 임대주택을 일컫는 경우가 대부분이다.[2]

　　예를 들어, 일제의 직접 통치기구에 해당하는 조선총독부
관리와 지배체제 유지에 필수적인 군인, 철도국 종사자 등에게 안정
적인 거처를 제공한다는 명목으로 운영한 경우는 관사로 부르거나
공사(公舍)로 일컬었다.[3] 조선은행이나 식산은행, 동양척식주식회사
같은 곳에 근무하는 이들을 위한 살림집은 사택(社宅)으로 불러야
적절할 것으로 보임에도 불구하고 사택(舍宅)으로 칭했다.[4] 이렇게
구분이 명확하지 않았던 사정은 당시 신문기사를 통해서도 쉽게 확
인할 수 있다.[5]

　　이들 주택은 해방 후 남북한에서 각각 군정을 실시한 미국
과 소련에 의해 제일 먼저 징발, 접수됐다. 관공서와 사택을 먼저 접
수한 것은 "대개 규모가 크고 식민기구나 대기업에 몸담은 직원들이
살았던 곳이기 때문"이었다.[6] 또 조선인의 집에 비해 번듯하고 점령
군들에게 익숙한 가스 설비와 상하수도 시설, 다양한 입식가구와 비
품도 갖추고 있었기 때문이다.[7] 황해도 해주를 예를 들면, "1945년

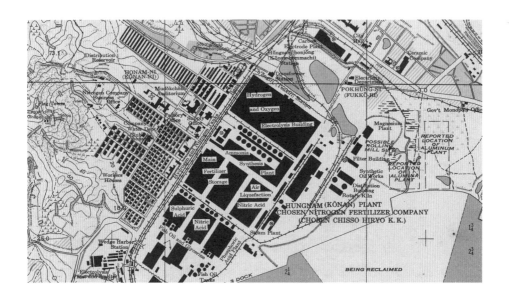

↑ 함경도 흥남의 조선질소비료주식회사와 공장 사택지(1944.8.)[8]
출처: Records of the U.S. Strategic Bombing Survey

8월 제일 먼저 관공서·관사·사택, 9월 말부터는 상점, 그리고 뒤를 이어 일반 가옥 순으로 접수 대상이 확대"9 되었다.

일제강점 이후 조선으로 부임하는 일본인들을 위해 지은 관사는 개항 후 서양인을 위해 지어진 양관과는 비교할 수 없을 정도의 대량이었다. 그것도 대도시 중심부에 지어졌으며, 오랜 세월을 거치면서 토착화 과정을 겪었다는 점에서 우리나라 주택 역사에 큰 영향을 주었다. 특히 관사는 집단으로 지어졌기 때문에 흔히 단지계획으로 일컫는 새로운 근대적 주택지계획 기법이 전해지는 계기가 되었다. 조선총독부의 관사 기준을 거의 그대로 따른 사택(社宅) 역시 다르지 않았다.[10]

용례의 구분이 명확치 않기 때문에 여기에서는, 사택(舍宅)과 공사(公舍) 등을 관사(官舍)에 포함하고, 민간기업체가 조성, 운영한 사택(社宅)의 범주에 숙사(宿舍)며 기숙사(寄宿舍)를 포함해, 각각 관사(官舍)와 사택(社宅)으로 구분했다.

경성 전체의
10분의 6이 관사지대

1910년 조선을 강제 병합한 일제는 조선총독부를 통해 같은 해 10월 1일 각급 공무원 인사를 단행했다. 한반도 전역을 조기에 장악하기 위한 조치였으며, 이로 인해 경성뿐만 아니라 지방 각지에서도 본격적이고 실질적인 통치 행위가 공고해졌다. 다음 해 1월 1일부터 시행되는 「조선회사령」도 1910년 12월 29일 제정되었다.[11] 이어 1913년 7월 2일에는 조선총독부 훈령 제40호로 「조선총독부 관사규정」을 제정해 시행하기에 이른다.[12] 「관사규정」은 수요가 급증한 관사는 물론이고 사택 건축을 조성하는 지침이자 기준으로 쓰였다.

24

↓ 「내 동리 명물」에 실린
송현동 식은촌(植銀村)과
통의동 동척사택(東拓舍宅)
출처: 『동아일보』 1924.8.16.

↓↓ 「조선총독부 관보」에 실린
「조선총독부 관사규정」(1913.7.2.)
출처: 조선총독부, 「조선총독부 관보」
(朝鮮總督府, 「朝鮮總督府官報」) 제276호

여기에 「회사령」의 철폐가 이어지면서 1920년대 조선은 가히 관사와 사택의 전성기를 맞는다.

특히, 1920년 「회사령」이 철폐되자 회사 설립이 크게 늘어났다. "허가제에서 신고제로 바뀌면서 경성에 각종 회사와 공장들이 설립되기 시작했다. 당연히 일본인들이 건설한 회사와 공장이 압도적으로 많았다. 1920년에 200여 개에 불과했던 회사의 수는 1930년 900여 개에 이르러 10년간 무려 4.5배나 성장"했다.[13] 관사와 크게 다르지 않은 방식과 기준이 적용된 사택의 공급 역시 급증했다.

1921년 6월 이른바 양복세민(洋服細民)에 대한 흥미로운 기사가 신문에 실렸다.[14] 당시라면 누구나 부러워할 관공리(官公吏), 은행원, 회사원과 같은 샐러리맨 6,390명 정도가 제 집을 가지지 못한 상황을 알리는 기사다. 관사나 사택에 든 경우는 720명이고, 여관이나 협호(夾戶, 협소한 주택)에 다른 동거인과 함께 생활하는 이들이 539명이며, 나머지 5,135명은 양복을 차려입었지만 제 집도 가지지 못한 가난뱅이라는 것이다. 이렇듯 새롭게 등장한 임금 생활자조차 심각한 주택문제에 직면한 상황에 이르자 경성부(京城府)도 용산에 신축하려는 보통주택(普通住宅)[15] 40호로는 충분치 않음을 일찍이 깨닫고 관청과 은행, 회사에 관사와 사택을 건축하도록 적극 권고했다. 뿐만 아니라 노동자들을 위한 부영(府營) 공동주택 건설에 나섰다.

6개월 뒤 실린 짧은 신문기사는 제법 의미심장하다.[16] 조선총독부와 경성부가 조선(경성)의 주택난을 심각하게 받아들이기 시작한 것이 1919년인데, 1920년에 경성의 주택 수가 오히려 줄었으며, 이는 철도부설 공사와 남대문역(현 서울역) 개축으로 상당한 수에 이르는 민가(民家)를 철거했기 때문이라는 것이다. 기사에서 특

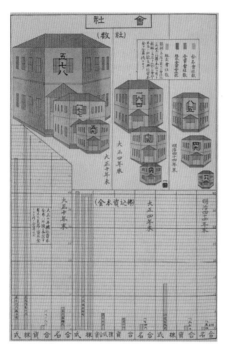

← 조선의 회사 수(1911년: 152개소,
1915년: 275개소, 1921년: 814개소)
출처: 조선총독부 편, 『통계도집』
(朝鮮総督府 編, 『統計図集』, 1923)

↓ 1946년 미군측지부대가 작성한
경성지도 일부. 원으로 표시된 부분이
서울 용산역 일대의 철도관사
ⓒUniversity of Texas at Austin

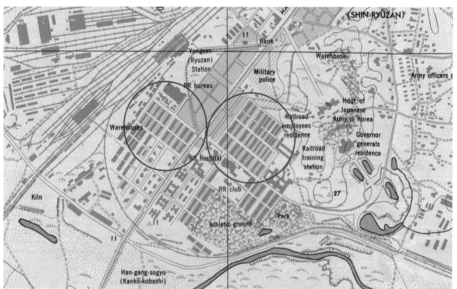

히 주목할 대목은 민가와 비교한 관사의 숫자다. 일부가 헐렸다고는 하나 1919년부터 1921년 사이에 민가는 고작 113호 늘어난 것에 비해 관사는 512호가 늘었다는 것이다.

일제의 한반도 지배가 강화되면서 이런 추세는 더욱 공고 해졌고, 1923년경에는 사실 여부를 정확히 확인하기는 어렵지만, 경 성 전체의 10분의 6이 관사지대[17]라는 내용도 잡지에 등장한다. 이 어 경성의 10분의 6을 차지하는 관사에 이름 석 자 문패를 붙인 집 이 과연 몇 집인가를 묻기도 했다. '이름 석 자'는 곧 조선인이라는 뜻 이다. 3·1 만세운동을 계기로 무단통치가 문화통치로 전환되었다지 만 수탈은 점점 심해졌고, 느는 것은 일본인들이 독점하다시피 한 관사와 사택뿐이니 조선인들을 위한 주택은 그들의 안중에도 없었 다는 것이다. 일제의 통제 아래 나온 신문기사라는 점에서 그 정도 를 쉽게 짐작할 수 있다. 일제는 지배체제를 강화하는 방안으로 관 사와 사택을 적극 동원했고, 1919년부터 진지하게 파악하기 시작했 던 조선인 주택문제에 대한 방책은 논의 단계부터 편파적이었다.

관사와 사택,
그리고 조선인 형편

사택(舍宅)의 소재지는 한강통(漢江通, 현 남영동 일대)이 가장 많았 다. 겉으로는 조선사람 집으로 보이지만 소유권으로 따져보면 모두 가 일본사람의 것으로, 일본사람들이 한 마을을 이루는 곳이었다.[18] 관사가 그랬듯 사택(社宅)도 빠르게 확대되었다. 당시 후암동에 살 았던 일본인 여성은 이를 생생하게 전한다.[19] 경성에서 가장 먼저 열 린 삼판통(三坂通, 현 후암동)엔 조선은행 사택[20]이 들어선 후 문화 장옥(文化長屋)이 들어섰고, 남산 풍경을 배경으로 최고의 주택지로 떠올랐다는 것이다. 또 조선은행 사택 주위로 학교 직원 사택이 조성되고 일본인 기업가들이 주문식으로 지은 민간주택과 함께 공공기관에 근무하는 사람들의 집이 활발하게 신축되면서 주택지가 동쪽으로 확장하고 있어 경성 제일의 주택지가 될 것으로 예상했다. 경성 최고 주택지가 될 것이라는 자신에 찬 일방적 예측의 근거가 바로 관사와 사택의 증가였다.

흔히 송현동 사택(舍宅)이라 불리던 곳은 식산은행 사택(社宅)을 말한다. 1918년에 조성된 이곳은 부원군이라는 원래 호칭보다 대갈장군의 아우로 유명한 윤택영(尹澤榮)의 집터다. 한때 학생 기숙관이었으나 식산은행 소유가 되어 8,500평이 모두 미국에서 유행하는 근대식 사택 74채가 들어서 붉은 지붕을 갖춘 문화주택지가 되었다 한다. 이 사택지대는 하급 행원들이 사는 곳이었지만 안국동을 오가는 전차가 부설되면서 좋은 주택지로 각광을 받게 되었다.[21] 경성 대부분의 관사와 사택이 경성전기주식회사가 경영하는 전차노선이 부설된 곳과 겹친다는 점은 특별히 주목할 일이다. 이 경계는 해방 후까지 이어지는 서울에 대한 인식에 고스란히 남아 있었다. 손정목은 다음과 같이 서울의 지리적, 경험적 경계를 구획했다.

> 엄밀히 말하면 1960년대 중반의 서울은 사대문 안과 그 바로 바깥인 독립문, 신촌, 신설동, 돈암동, 신당동, 용산 등지까지였다. 그 범위를 다르게 표현하면 노면전차가 다니고 있던 일대의 지역, 동으로는 청량리, 왕십리까지, 남으로는 한강을 건너 노량진, 신길동, 영등포까지, 서쪽으로는 마포 종점과 신촌까지, 서북쪽은 독립문까지, 동북쪽은 돈암동 전차 종점까지 … [22]

일제강점기의 관사와 사택 밀집지역은 한국의 도시 공간 환경에 큰
영향을 미치게 된다. 이 지역은 1936년 일제의 「대경성계획」(大京城
計劃)이라는 거대 구상에 따라 경성부로 새로 편입한 구역과 일치
한다. 국가권력의 힘과 자본의 이해관계에 의한 (도시 공간의) 강제
적 재배치[23] 과정에 관사와 사택이 결정적 역할을 한다. 이호철의 소
설 『서울은 만원이다』에는 갓 상경한 '미경'이 식모로 일하는 필동의
은행 간부집 주변이 모두 으리으리하다는 묘사가 나온다. 또 '동표'
가 '길녀'와 분수 넘치는 살림을 차리게 되는 회현동 일대가 대부분
40~50평이 넘는 왜식 대궐집이며 다다미 육조방에 이인용 더블베
드가 있는 여유 있는 사람들의 집으로 언급된다. 모두 남촌(南村, 현
회현동 일대)이 일제강점기에 관사며 사택이 집중적으로 들어섰던
곳이었음을 전한다.

　　　　그렇다면 당시 보통의 조선인 주택 상황은 어땠을까? 관사
와 사택이 본격적으로 늘어나던 1921년 7월 『동아일보』는 경성의
무주택 도시생활자가 겪는 고통은 개인이 해결할 수 없는 것이라고
꼬집었다. '자기 가옥을 소유하지 못하는 것은 도회생활자에게 가
장 큰 고통의 하나인데, 경성의 경우는 그 고통이 극에 달해 시급한
완화 대책이 있어야 할 것인바 개인이나 작은 단체가 나서서는 도저
히 될 일이 아니다. 경성부가 낮은 이자로 자금을 빌려줘 부(府)나 면
(面)으로 하여금 주택을 경영토록 한들 무리한 일이다. 이는 총독부
의 홍보에 지나지 않는 것으로 1면 1주재소는 재빠르게 설치하고 다
른 일들도 계획대로 착착 진행되고 있다는 한가한 소리를 해대니 그
것이 바로 '문화정치'란 말인가?'[24] 라며 통탄했다.

　　　　1901년 11월 일본에서 발간한 『세계풍속사진첩』(世界風俗
写真帖) 제1집에는 남산 민가를 대상으로 삼았다는 석판도(石版圖)
와 「한국 경성 부근의 풍속」 글이 실렸다. '가옥의 구조는 일정하다

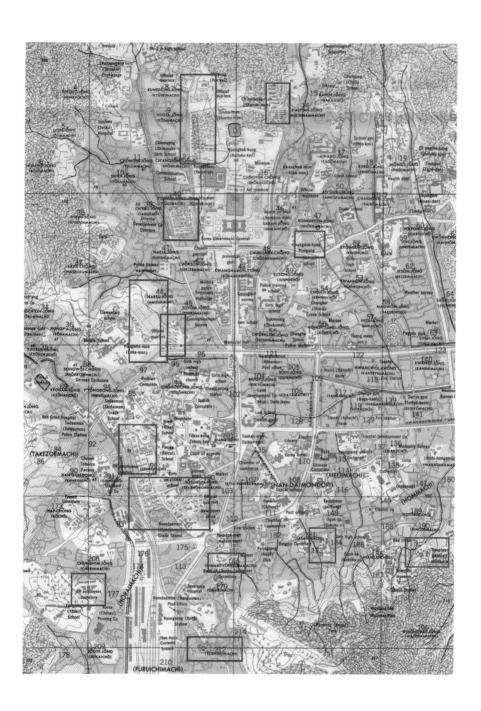

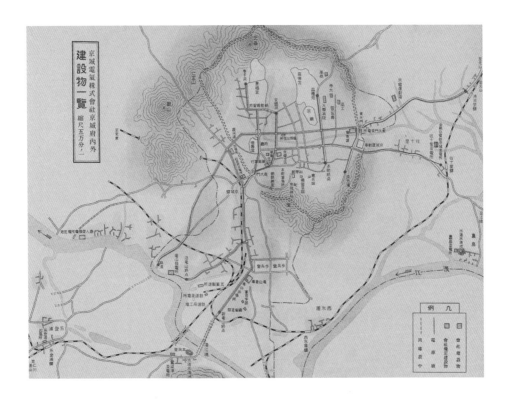

← 1946년 미군측지부대가 작성한 경성지도 일부.
잡지 『개벽』 제48호(1924)에서 언급된
경성 중심부 관사지대를 확인할 수 있다
ⓒUniversity of Texas at Austin

↑ 1920년대 후반 경성부 내 주요 회사 위치와 전차선로
출처: 경성전기주식회사, 『경성전기주식회사 20년 연혁사』
(京城電気株式会社, 『京城電気株式会社二十年沿革史』, 1929)

↑↑ 남산의 민가 석판도
출처: 쓰고이 쇼보로·누마타 요리스케 편,
『세계풍속사진첩』(坪井正五郎, 沼田頼輔 編,
『世界風俗写真帖』第1集, 1901)

↑ 구미건축재료 직수입상인
후지하라(藤原) 경성지점 광고
출처: 후쿠사키 기이치, 『경인통람』
(福崎毅一 編, 『京仁通覧』, 1912)

고는 할 수 없으나 경성 부근의 경우는 땅을 평평하게 다진 뒤 황벽
(荒壁, 거칠게 쌓은 벽)을 쌓고 그 위에 지붕을 올리는 것이 일반적
이다. 벽은 전체 높이의 3분의 2까지는 돌을 쌓아올리는데 돌과 돌
사이에는 진흙을 채워 넣고, 그 위로 황벽을 세운다. 집의 사방엔 울
타리를 설치하고, 매년 1월 이전에는 지붕의 짚을 새것으로 교체한
다'[25]는 묘사다.

　　　　석판도가 자아내는 여유롭고 평화로운 풍경은 당시 한반
도 일대에서 벌어진 열강들의 치열한 다툼과는 상관없는 듯하다. 하
지만 앞서 언급했듯 일제의 한반도 강점 이후 정확하게 10년 남짓
만에 경성의 주택 상황이 극히 나빠졌고, 다시 10년이 지난 1930년
대 중반에는 이미 경성의 토막민(土幕民)이 2천 호를 넘겨 구휼의 대
상으로 전락하고 말았다. 도시에 사람들이 모여들었지만, 이들을 수
용할 주택도 정책도 없었다. "사업체가 증가하면서 자연적으로 많은
노동력이 필요했는데, 이는 지방에서 토지를 일제에게 빼앗긴 계층
이 도시로 이주하면서 충당"[26]하는 방식이었다. 그들은 당연히 단순
노동을 필요로 하는 공장지대로 스며들었으며, 특별한 경우가 아니
라면 대부분 도시빈민으로 추락했다. 일제강점 직후 1912년의 건축
재료상 광고는 관사와 사택이 조선에 출현해 어떤 모습으로 경성의
10분의 6을 차지할 수 있었는가를 단적으로 설명한다. 구휼의 대상
으로 전락한 조선인과 이들을 통치하는 일본인을 극적으로 대비하
는 장면이기 때문이다. 「조선총독부 관사규정」을 제정하려는 움직
임이 본격화될 무렵에 등장했던 광고다.

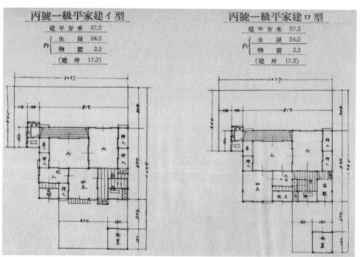

↑↑ 1936년에 준공된 나가노현
종연방적(鐘淵紡績) 사택 풍경
출처: 시미즈구미 편, 『공사연감』
(淸水組 編, 『工事年鑑』, 1937)

↑ 병호(丙號) 1급 철도관사 평면도
출처: 일본국유철도 총재실 문서과, 『철도법규유초』
제18편 공사도면(하)(日本国有鉄道総裁室文書課,
『鉄道法規類抄』第十八編 工事圖面(下), 1928)

위계에 의한
계열화와 표준화

관사와 사택은 통상적으로 관등이나 직급에 따라 대지의 규모와 층수, 면적은 물론이고 주택의 각종 설비의 종류와 수량까지 달랐다.[27] 뿐만 아니라 울타리 안에 오로지 한 채만 지어지는 경우가 있는가 하면 이웃과 벽을 맞댄 장옥형(長屋型, 연속주택)이 여럿 들어선 곳 전체를 울타리로 감싸는 경우도 있었다. 때론 동일한 직급에 제공되는 같은 면적의 주택이라도 평면 구성이 서로 다른 경우도 많았다. 물론 원칙과 기준은 따로 정했다. 1913년 7월 제정된 「조선총독부 관사규정」이 바로 그것이다. 총독부 관사의 유지·관리, 입거(入居)와 퇴거(退去) 규정뿐만 아니라 주택마다 들일 가구와 샹들리에는 물론이고 수도꼭지 숫자와 전등의 밝기까지 각 관등과 직급에 따라 어떻게 설치해야 하는지 매우 엄격하고 세세하게 규정했다.[28] 이 모든 것을 까다롭고도 자세하게 정한 까닭은 식민지 운영을 위해 상명하복의 철저한 조직 위계에 따라 공간의 물리적 크기를 정하고, 자재 및 부품의 규격화를 전제로 평면이나 설비 및 비품의 표준화를 추구했기 때문이다. 다시 말해, 엄격한 상명하복식 통제형 이념에 맞춰 건축자재의 대량생산체제를 전제하고 있었다.

조선총독부의 경우 관리 직급에 친임관(親任官), 칙임관(勅任官), 주임관(奏任官), 판임관(判任官)이 있었고, 이들을 보조하는 관리 담당 고원(雇員)과 허드렛일을 담당하는 용인(傭人), 촉탁(囑託) 등이 하위 직급으로 편성되었다.[29] 각각의 직급에 따라 관사 역시 철저하게 위계적인 등급으로 조성되었다. 여기서 흥미로운 사실은 같은 일을 하는 동일 직급에 조선인과 일본인이 있을 때 일본인에게는 조선인 급료에 60퍼센트를 더하고, 여기에 관사까지 추가로 보태주었다는 사실이다.[30]

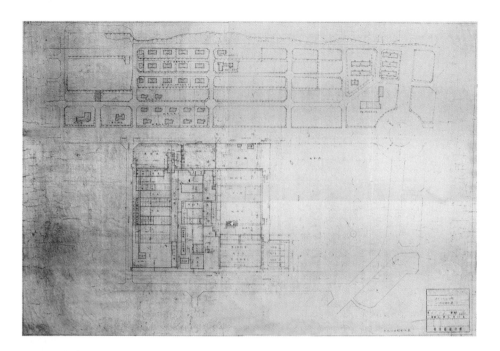

↑↑ 제국제마주식회사   ↑ 경복궁에서 인왕산에 이르는
인천공장 배치도(1940.12.18.)   궁궐 내부를 훼손하며 들어선 조선총독부 관사(1958.6.)
출처: 국가기록원   출처: 국가기록원

			친임관
관공청에 근무하는 자	관리	고등관	칙임관(고등관 1, 2등)
			주임관(고등관 3~9등)
		판임관	
	상위 직급의 관리 보조자(고원, 용인, 촉탁 등)		

사택 역시 다르지 않았다. 1941년 5월 1일 제국제마주식회사(帝國製麻株式會社) 인천공장 건설사무소장이 경기도지사 앞으로 보낸「공작물 신축허가 신청서」[31]에는 인천시가지계획구역 내 일단의 주택지경영지구 안에 공장종업원 주택을 신축한다는 내용을 담고 있는데, 공장과 사택의 배치도가 부속 문건으로 첨부되었다.

       1940년 12월 18일 당시 제국제마주식회사의 전체 배치를 나타낸 이 도면은,[32] 일본인과 조선인 사택을 철저하게 공간적으로 분리하고 있으며, 거주 공간에서 분명한 위계를 드러낸다. 도면 오른쪽 윗부분의 반경 50미터 크기의 원형 로터리에 인접해 '반도인(조선인) 남공(男工) 숙사 욕실'이 있고, 그 위의 Y자 모양 도로를 사이에 두고 '반도인 작업원 사택'이 모두 6동 자리하고 있다. 조선인 작업원 사택은 2실 조합 1동, 4실 조합 3동, 5실 조합 2동 등으로 모두 6동인 데 비해 도면 좌측에 밀집한 '내지인(일본인) 작업원 사택'은 대개 2실 조합이거나 단독주택 형식인 경우가 분명해 거주 조건이 다름을 쉽게 확인할 수 있다. 각각의 2실 조합형 크기도 도면상으로 차이가 명료해 방의 크기며 구성 내용, 설비와 비품 등에서도 차별적임을 어렵지 않게 짐작할 수 있다.

       일본인 사택만 밀집한 곳 역시 엄격한 위계에 따라 조성되었다. 배치도 왼쪽 끝에 위치한 것이 구락부(俱樂部, 클럽)이고 그 오른편에 자리한 사택이 공장장 사택이다. 일본인 작업원 10명의 숙소

↑ 미군 폭격 전 청진중공업
공장지역 일대의 사택 모습(1950.8.)
출처: 미국국립문서기록관리청

→ 경성제국대학 건물 배치도 내 교수 관사
출처: 경성제국대학, 『경성제국대학일람』
(京城帝國大學, 『京城帝國大學一覽』, 1940)

→ 경성제국대학 주임 관사 평면도
출처: 조선총독부, 「경성제국대학 관사 신축공사 설계도」
(朝鮮總督府, 「京城帝國大學官舍新築工事設計圖」, 1931)

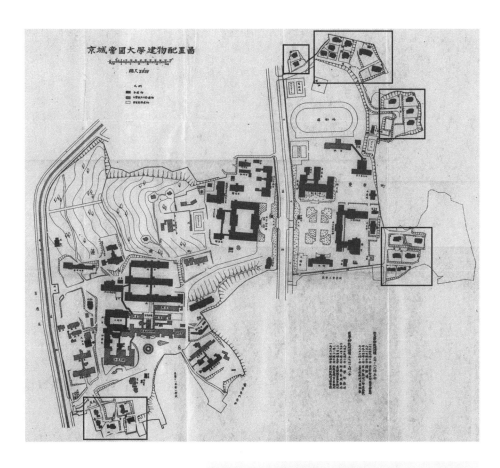

京城帝國大學建物配置圖

가 차지할 만큼의 부지에 단독주택 한 채가 들어섰다. 제국제마주식회사 인천공장에서 가장 넓은 면적의 대지와 제일 큰 건축공간을 차지한 사택이다. 그 오른편으로 긴 부지를 수평 방향으로 나눠 사용한 사택지가 보이는데 사원 사택 3동이 들어갈 부지에 단 2채의 주택이 채워진 곳은 다름 아닌 과장 사택이다. 그리고 과장 사택을 ㄱ자 모양으로 길게 둘러 늘어선 주택이 사원 사택이다. 사원 사택은 길을 사이에 두고 그 윗부분에 2채가 더 들어서 있다. 그리고 그 윗부분에 3줄로 들어선 것이 앞서 설명한 일본인 작업원 사택이다. 같은 공장에서 동일한 일을 하는 작업원이라도 일본인에게는 넓은 공간이 주어졌다.

조선인 작업원은 동일한 작업을 하는 일본인에 비해 공간의 종류와 크기 및 설비에서 차별대우를 받았다. 같은 일본인들이라도 공장장-과장-사원-작업원 순서로 사택이 자리하는 대지의 규모와 주택의 크기, 가구와 비품이며 제공된 설비가 달랐다. 「관사규정」에서 언급한 위계와 기준이 철저하게 적용된 것이다. 나가노현 종연방적(鐘淵紡績) 사택 풍경(1936년 준공)과 한국전쟁 와중에 미군이 전략 폭격계획을 세우기 위해 사전 촬영한 청진중공업 공장지대 사진 역시 이를 잘 드러낸다.

일제는 식민지 경영을 위해 일본인들이 한반도에 정착할 수 있도록 공을 들였다. 1924년에 작성된 「경성제국대학 건축계획 설명서」에 담긴 관사 관련 문헌은 그 의도를 여실히 보여준다. '지금 경성의 심각한 주택 부족문제를 해소해야 할 상황에서 경성제국대학이 신설됨에 따라 학교에서 근무할 직원 다수가 어쩔 수 없이 일본에서 부임해야 하는데 이들 역시 주택난에 봉착할 것이 분명하고, 가족을 일본에 두고 홀몸으로 조선에 당도하는 단순부임 형태가 많을 것으로 판단된다. 물론 이들이 적당한 하숙을 구하는 것은 크게 어려운 일은 아니겠지만 대학의 확장계획에 따라 향후 늘어날 강좌를 맡을 교관 등을 고려한다면 주거문제는 더욱 심각해질 것이다. 만약 이들에게 조선에서의 안정적 거주를 보장하지 못한다면 그들은 일본으로 돌아갈 기회만 엿볼 것이 분명하므로 대학 운영에 큰 장애를 초래할 것이다. 따라서 대학 설립 목적에 위배되지 않는 범위에서 최대한 긴급하게 교수 관사를 신축해야 한다'고 강조한다.[33]

관사와 사택의 집단화

총독부 관사는 '복제와 대량생산이라는 근대의 산업과 공학 원리가 적용된 평면계획의 표준화, 가족 중심의 사적인 공간 구성에 의한 주거 인식 변화 추동, 개인과 프라이버시, 위생적인 생활환경뿐만 아니라 공간의 통합을 통한 집중화와 건물 외부에 마당을 두는 외정형(外庭型) 및 영역 분화, 격자형 대지 구획과 주택의 표준화로 인한 대지와 주택의 관계성 상실, 사적인 영역은 남측, 공적인 영역은 북측에 두는 공식의 성립과 동서 방향 혹은 북측 방향에서의 진입'이 구체적 특성으로 언급된 바 있다.[34] 여기에 더해 언급해야 할 중요한 특성 가운데 하나는 다름 아닌 '집단화'다. '집단화'란 '단지화'나 '군집화'의 다른 이름이기도 하다.

      일제강점기 관사와 사택은 소위 '근대'라는 수식어가 붙은 양식과 기술, 구법과 재료, 설비, 가구와 비품 등에 기초하여 생산되고 유통됐는데, 근대적 공간작업의 기초인 택지개발과 번호 부여 역시 이에 속한다.[35] 일제가 관사나 사택을 공급하는 태도와 방법은 조선가옥의 일반적 작법과는 사뭇 달랐다.[36] 앞서 언급한 것처럼 전차와 버스 같은 대중교통에 의한 용이한 접근성, 토목사업과 근대 위생

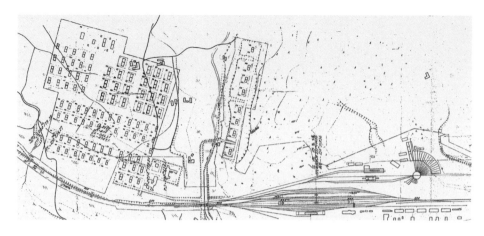

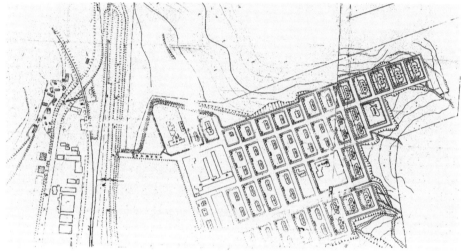

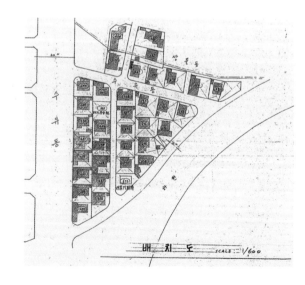

↑↑ 평안북도 강계군 강계읍
현업원 관사 배치도(1938.10.)
출처: 국가기록원

↑ 4~8등 철도관사와 직원사택 등
74동 146호가 집합된
순천 철도관사 용지도 부분(1939)
출처: 국가기록원

→ 우리나라 최초의 주택단지로 꼽힌
수유동 국민주택 배치도(1964)
출처: 대한주택공사 문서과

론에 기초한 도로 개설과 상하수도 및 가스 설비의 공급 체계 등도 중요한 판단 근거였다.

또한 관사며 사택의 집단화는 당연하게도 집적 경제(혹은 집적의 이익, agglomeration effect)와 긴밀하게 연결돼 있다. 관사와 사택에 '단지'(團地)라는 용어가 붙은 경우는 거의 없지만 기반시설이 확충된 격자형 도시구조에 따라 택지를 조성, 구획하고 여기에 표준화된 관사와 사택을 채우는 방식을 따랐다. 효율의 극대화를 추구하는 원칙이었던 셈인데 결과적으로 단지화나 군집화를 낳았다. 이는 곧 공간(주택) 점유자를 특정하지 않는 대량 복제 방식을 도입한 것이기도 하다. 따라서 지나치게 밀도가 높아지지만 않으면 집단을 이루는 단위가 클수록 유리한 방법이다. 때문에 많은 노동력과 시간을 필요로 하는 댐이나 항만, 철도 공사가 벌어지는 지역에 조선총독부 관리가 체재하는 관사를 대량으로 공급하거나 철도국 관리들의 생활공간인 철도관사를 공급했다. 이들이 집단화된 경우가 바로 대단위 관사지대나 사택지대다.

요즘 흔히 '○○○아파트' 뒤에 붙이는 '단지'라는 단어는 일본어에서 온 말이다.[37] 1933년 9월 조선총독부가 작성한 「만주 이민 취급 요강」에서 100호 이상 집단화하는 경우를 '단지'라고 규정한 뒤 이에 대해서는 영농자금과 경지, 가옥을 일부 우선해 알선했다는 내용이 나온다.[38] 일제에 의한 관사와 사택의 집단화와 일제의 만주 경영 그리고 해방 후 주택단지 조성 과정에 빠지지 않았던 공간 작법의 기본적 이념은 '단지'였다. 이는 자연을 무자비하게 개조하고 이를 정당화함으로써 달성될 수 있었던 '하이 모던'이나 '만주 모던'[39]에 맥이 닿아 있는 것으로 볼 수도 있다. 일제의 만주국 건설과 같은 시기에 한반도에서 벌어진 대단위 관사와 사택지의 전국적 확대는 일제가 만든 관련 법령에 의한 것이었으니, 식민 지배를

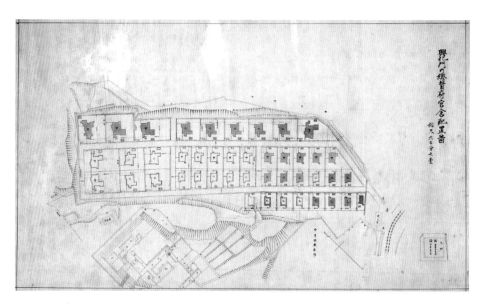

↑↑ 경복궁 흥화문(興化門) 내
총독부 관사 배치도(1922~1923)
출처: 국가기록원

↑ 연희전문학교
사택 밀집지 항공사진(1972)
©김한용

받는 조선의 입장에서 본다면 야만성과 폭력성을 내포한 것이었다. 1920년대를 거쳐 1930년대에 한반도 전역에서 행해지는 철도 개설이며 항만 건설사업을 비롯한 각종 토목사업지 인근의 현업원 관사 지역 조성이 대부분 일제의 강제적이고 폭력적인 토지수용령에 의해 이루어졌다는 사실은 이를 반증한다.[40] 이런 만주 개발과 일제시대의 단지 개념이 1960년대에 한국에 다시 적용되기에 이른다. 2015년 작고한 도시계획가 박병주는 1960년대 초 '단지' 개념의 도입과 정착 과정을 술회하면서 '1963년경에 대한주택공사 홍사천 기술이사가 불러 일본에서 '주택단지'라는 용어를 쓰고 있는데 그 용어를 자세히 설명해달라는 청을 해 응한 바 있다'고 말했다.[41] 그 후 그는 '대한주택공사 단지연구실장으로 일하면서 단독주택 위주로 된 우리나라 최초의 주택단지라 할 수 있는 수유리 주택단지 계획을 주도했고, 아파트단지로는 당시 가장 규모가 컸던 서울 동부이촌동 공무원아파트단지를 만들었다'. 한국의 단지화 과정에 대해서는 뒤에서 자세히 다룬다.

　　　군집 혹은 집단의 규모가 철도관사나 대규모 공장의 사택에 미치지는 못하지만 대도시와 중소도시, 군 단위 행정구역에 이르기까지 한반도 곳곳에 들어선 다른 유형의 관사나 사택은 허다하다. 박완서의 소설에 등장하는 '붉은 벽돌집 교수댁, 내부의 문과 다다미가 다 제거되어 황량한 한낮의 관사촌'[42]인 경성제국대학 교수 관사가 그렇고, '울창한 송림 사이로 울긋불긋한 지붕을 한 상자갑 같은 양옥'[43]으로 묘사됐던 연희전문학교 사택도 있었다. 이들이 서울에 들어선 경우라면, 수리조합 직원 사택은 농촌에서 흔히 볼 수 있는 경우였다. "조선식 가옥구조가 아닌, 오늘의 아파트 식으로 도르래 달린 유리문을 젖혀야 집 안으로 들어설 수 있었다. 신발 벗는 좁은 현관이 있고 마루가 나섰다. 양쪽에 다다미 깐 방 두 개에 변소는 바깥에 있지 않고 집 안 뒤쪽 구석에 배치[44]되었다." 대지 규모와 건축면적, 구조와 재료 및 설비와 비품의 차이 혹은 공사 끝맺기의 완성도나 내장재의 편차 등에서 이들 사례의 여러 차이를 발견할 수 있지만 관사 건축과 사택을 조성하는 기본적 원리는 다르지 않았다. 한반도 전역에 들어섰던 관사와 사택은 한국인 모두에게 서로 다른 개인적 경험으로, 다양한 기억의 인자로 남아 전승됐다.

윤흥길은 장편 『문신』에서 식민 지배의 첨병이었던 동양척식회사의 관사를 다음과 같이 묘사한다. "동척농장 위치쯤 진작부터 익히 알고 있었다. 눈 열리고 귓구멍 뚫린 산서 사람이라면 죄다 알고 있는 사실이 바로 동척농장의 어마어마한 경작 규모고, 일본인과 조선인 불문코 그것을 관리하고 감독하는 자들이 부리는 세도고, 또한 농장 울타리 안에서 세도가들 집단이 거주하는, 물매 급한 기와지붕 얹힌 일본식 목조건물들이었다."[45] 소설 속 묘사이긴 하지만, 일제강점기 조선인 모두에게 각인됐던 동척사택에 대한 기억으로 여겨도 무방할 것이다. 소설 제목처럼 당시 조선인들에게는 마치 문신처럼 새겨진 폭력의 현장이자 동시에 욕망의 풍경이었다.

대용관사와 공사

1937년 중일전쟁 발발과 동시에 동원전시체제로 들어간 일제는 군수 자재 공급을 원활하게 하는 동시에 자금 통제를 강화하는 취지에서 지방공공단체의 기채사업(起債事業, 국가나 공공단체가 공채를 발행해 기금을 마련하는 사업)을 강력히 억제했다. 이에 따라 1938년 1월 10일 정무총감 통첩을 발표하고 물샐틈없는 통제에 나섰다. 학교의 교사 이전이나 개축사업은 물론이고 긴급복구사업조

차 그대로 둘 수 없는 경우만 한정해 인정했다. 학교의 경우 불필요
한 장식을 피하고 강재(鋼材) 사용을 허가하지 않았으며, 최소한도
의 필요에만 대응하도록 했다. 강당이나 실내체조장 등의 신축은 원
칙적으로 허가하지 않았다. 대량주택공급을 위한 토지구획정리사
업도 「시가지계획령」(市街地計劃令)에 따른 공사 시행 명령이 있는
경우를 제외하곤 허용하지 않았으며 청사, 숙사(宿舍, 초등학교 숙사
제외)와 그 밖의 건축공사도 원칙적으로 인정하지 않는 조치를 취
했다.[46]

　　　이러한 분위기가 짙어가던 1938년 1월 13일 대구형무소장
은 정무총감 앞으로 한 건의 공문을 발송했다. '대구형무소는 업무
특성상 간부 및 간수장 등이 형무소에 근접해 거주해야 하나 소장
관사 이외에는 현재 형무소와 가까운 곳에 거처가 없어 불편을 초
래하는바 재단법인 대구상성회(大邱常成會)가 형무소 소관 부지 일
부를 사용하여 과장 숙사용 건물 2동 3호를 건축한 뒤 이를 형무소
직원 전용 거주로 제공하는 대용관사(代用官舍)[47]로 만들어 형무소
가 임대료를 지급하는 방식으로 운영하고자 하며, 유지·수선에 관
한 경비도 모두 상성회가 부담하는 것을 내용으로 하는 별지를 제
출'[48] 한 것이다.

　　　공문에 첨부된 문건에 따르면, 형무소 숙사는 2명이 건물
한 동을 반으로 나눠 사용하는 연립형 1동과 건물 전체를 1인이 사
용하는 단독형 1동으로 구성되었다. 흥미로운 사실은 재단법인이 건
설 비용을 충당하고 형무소 측은 그 임대료를 지불하는 형편임에도
불구하고 직급과 직책에 맞춰 관사의 규모와 형식을 정했다는 사실
이다. 판임관에 해당하는 간수장 2명(직책은 각각 계호과장과 작업
과장)은 연립형 1개 동을 반씩 나눠 사용했고, 판임관보다 높은 직
급인 주임관으로 보임하는 교무과장은 별동으로 만들어시는 난독

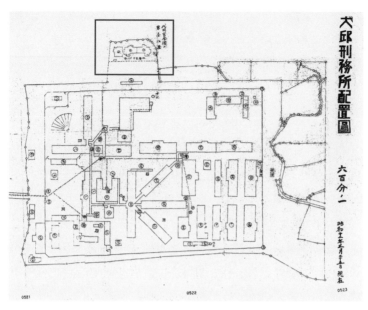

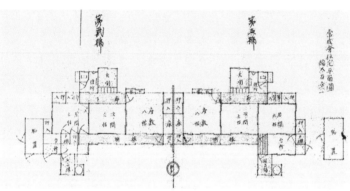

↑↑ 대구형무소 배치도
(대용관사 위치 포함, 1938.1.)
출처: 국가기록원

↑ 대구형무소 대용관사
상성회 주택 제1호 및 제2호 평면도(1938.1.)
출처: 국가기록원

← 대구형무소 대용관사
상성회 주택 제3호 평면도(1938.1.)
출처: 국가기록원

형 관사를 사용한다는 계획이었다. 비록 전쟁 중이었지만 위계의 원칙은 철저하게 적용했다. 그러나 일제는 어려워진 정치적, 재정적 상황을 왜곡해 대용관사를 그저 '우리들의 집'으로 바꿔 불러 홍보했다.[49]

전쟁이 격화되며 조선총독부는 1939년 10월 「지대가임통제령」을 발령했다. 주택의 임대 가격을 1938년 12월 31일로 소급 조정하고 도지사에게 임대 가격의 증액 허가권과 감액 명령권을 부여한 조치다. 이 조치는 이미 예고된 것이었다. 그해 봄부터 이미 회사나 은행 등 단체에 사택을 건설할 것을 명령했고, 주택조합, 공영주택(公營住宅), 주택회사 이외에도 사원, 행원, 교원의 주택난 완화를 위해 사영주택(私營住宅)을 공급하라고 주문했었기 때문이다. 이를 위해 철도, 체신, 전매 등 사업기관과 단체에 대해 수십 호에서 수백 호에 이르는 집을 무료로 제공해 기존에 주던 주거보조비를 대신하거나 할부 방식으로 소유권까지 넘기는 강력한 대책을 마련할 것을 강력 권고했다.[50]

1940년대 초 공채 발행을 통해 공급하고자 했던 경성부의 '경성부청 직원 공사'(京城府廳職員公舍)[51]나 나진부 대용관사[52], 함흥부 직원 숙사 등은 총독부의 강력한 명령과 강권에 의한 것이다. 일례로 경성부는 1941년 10월 16일 작성한 「경성부 공사 신영비 기채의 건」을 통해 부청 하급직원의 숙소를 마련코자 했는데, 관련 문건에 수록된 공사 평면도를 살펴보면 이전의 관사와 그 성격이 매우 달라졌음을 확인할 수 있다. 당시 제안된 공사(公舍)란 부윤(府尹, 시장)이 지정한 부의 이원(吏員, 하급관리) 및 직부(職夫, 노무원)에게 대여하는 주택을 말하는 것이었기 때문이다. 관사의 다른 형식이었다.

경성부 공사의 경우 집 귀퉁이에 선룸(sun-room)까지 갖

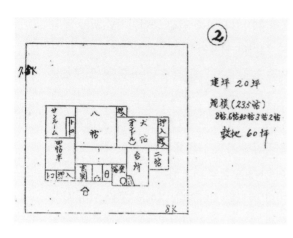

② 建坪 20坪

規模 (23.5帖)
8帖 6帖 4.5帖 3帖 2帖

敷地 60坪

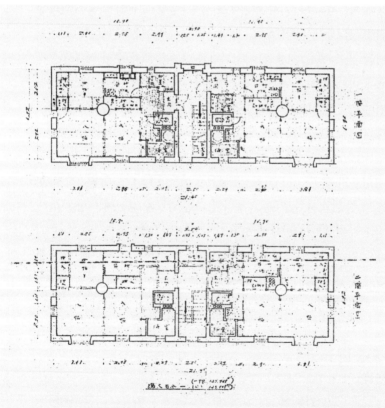

추기는 했으나 건평 20평을 굳이 일본식 주택의 바닥면적 척도인 다다미 23.5장 크기로 다시 표기한 것은 주택의 점유자가 조선인이나 일본인 하급직이라는 것을 시사한다. 게다가 통상의 관리직을 위한 단독주택과 달리 응접용 객간(客間)이나 여중생(女中生)을 위한 침실 등을 전혀 갖추지 않았다는 점에서 이는 여러 명의 하급직원이 함께 사용할 관사였던 것으로 보인다. 한편, 도면의 정밀함이 이전의 관사에 비해 떨어졌는데, 이는 본격적인 전쟁 국면에서 과거와 같이 철저한 기준과 표준화된 자재, 고도의 기술자를 동원할 수 없었기 때문으로 보인다. 나진부 대용관사의 경우도 크게 보아 이와 다르지 않아 매우 단순한 골조를 갖는 장방형 육면체 볼륨에 상하좌우가 모두 동일하다 할 수 있는 평면을 좌우로 붙이고, 위로 쌓는 방식이 적용됐다. 일제의 조선 강점과 지배와 함께 시작된 한반도의 관사와 사택은 중일전쟁과 태평양전쟁 확대로 인해 새로운 국면을 맞은 것이다. 그로부터 얼마 지나지 않아 일제의 패전으로 한반도는 불현듯 해방을 맞는다.

오래도록 이어진
관사와 사택의 기억

해방 후 미군정이 접수한 일제강점기의 관사와 대부분의 사택을 대한민국 정부 수립 이후 한국에 양여하는 과정에서 적지 않은 문제가 발생했다. 물론 미군정이 실시되던 당시에도 문제가 없었던 것은 아니나,[53] 대한민국 정부 수립 전후 행정 공백기와 정치적 혼란기를 틈타 대도시 이외의 지방 군 단위에서는 일정한 권력을 행사할 수 있는 집단이 관사나 사택을 점유한 경우가 빈번했다.

　　문제기 생기지 않을 수 없었다. 충청북도 괴산군의 경우,

52

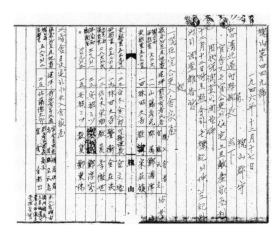

← 일제강점기 관사의
해방 후 관공리의
점유 상황 조사 기록
(충북 괴산군, 1946.12.)
출처: 국가기록원

↓ 토목부 청진출장소
을호(乙號) 주임관 관사
평면도(1922)
출처: 국가기록원

↓↓ 조선총독부 병호
판임관(청진항 수축 공사)
관사 평면도(1922)
출처: 국가기록원

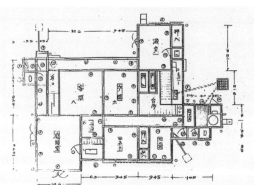

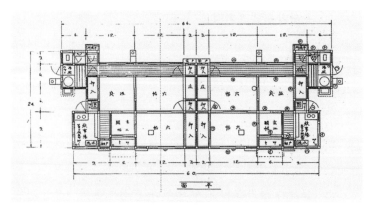

해방 직후 건평 11평에서 33평에 이르는 관사와 일본인들이 살던 주택(이른바 적산가옥[敵産家屋])의 대부분을 괴산군 내무과장, 경찰, 교원, 군속(郡屬) 등이 여러 가지 명목을 내걸고 무단 점유했던 사실이 불거지기도 했다.[54] 이는 해방 이후 한반도 전역에서 주택이 심각하게 부족했으며, 관사와 사택 등이 상대적으로 나은 주거 공간이었다는 사실을 드러내는 것이기도 하다.

　이런 맥락에서 눈여겨볼 대목이 여럿 있다. 일제강점기의 관사와 사택이 밀집했던 곳은 한국의 상위계층 주거지가 되었고 위계에 의한 계열화와 표준화의 기준은 그 후 다시 주택의 크기나 넓이가 경제 규모에 비례한다는 믿음을 고착하고 강화하는 데 기여했다. 다시 말해 직책과 직급에 따라 거주하는 공간도 등급으로 매겨지는 것이 당연하다는 뿌리 깊은 치레 의식과 일식 주택의 공간 구성 규범이 1960년대 민영주택에까지 영향을 미치는 인자로 일정 부분 작용했다. 이는 미군정과 재건시대를 거치며 남발한 적산가옥의 불하와 적지 않은 관련이 있다. 또한 해방 직후 질 좋은 주택의 표준으로 삼을 만한 것은 관사와 사택이었고, 이를 참조해 변용한 주택들은 여기에서 크게 벗어나지 못했다는 점도 염두에 두어야 한다.

　1933년경 경성 관사에서 초등학교 시절을 지낸 이의 회고는 당시 관사와 사택의 풍경을 짐작하게 한다.

　　우리가 살던 관사는 고등관 관사에 비하여 그다지 넓지 않았어. 2층짜리 건물로 위층에는 두 개의 방이, 아래층에는 세 개 정도의 방이 있었던 것 같아. 정원도 붙어 있었지. 그렇게 넓지는 않았던 것 같지만 보조바퀴가 달린 자전거를 사 주셨을 때, 이곳에서 자전거 타는 연습을 할 정도였으니까 넓은 곳이었지. … 우리 집 바로 앞 도로는 기예학

↓ 전라남도 수산과장과 세무과장
관사 평면도(1931)
출처: 국가기록원

↓↓ 1930년대 오사카 교외주택의 응접실 풍경
출처: 오사카역사박물관, 「교외주택의 생활」 전시 모습
(大阪歷史博物館, 「郊外住宅のくらし」, 展示の見所 6, 2003)

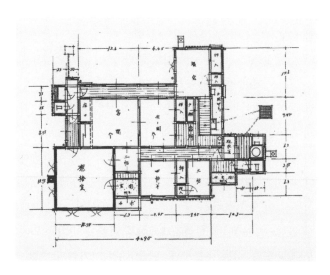

교(技藝學校) 맞은편에 이르렀고, 서소문쪽 방향으로 비스
듬한 경사가 있었는데 그곳에서 자주 롤러스케이트를 타
고 놀았던 기억이 나. 아버지가 재판소 상급관리였거나 경
기도 도지사인 친구들의 집은 굉장히 큰 관사였어. 2층짜
리 건물에 집 가장자리로 양쪽에 하나씩 밖으로 통하는
계단이 붙어 있어 양쪽에서 위층으로 올라갈 수 있게 만
들어져 있었지. 가정부가 있어서 차나 과자를 가져다주었
어. 때로는 그 집의 어머니가 기모노를 단정하게 차려입고
나와서 고상한 말로 인사를 한 적도 있었지만, 우리는 그
런 것을 아랑곳하지 않고 관사의 넓은 방을 여기저기 뛰어
다니면서 매우 시끄럽게 놀았지. 탁구대가 있던 집도 있어
서 매우 열심히 탁구를 친 기억도 있어. 은행 사택에 살던
동급생 친구집에는 테니스 코트가 있었지. 아버지가 감사
관인가 무언가를 하셨던 것 같아. 헌병대가 있던 곳에서
야마토마치[大和町, 현 남산 기슭의 필동]에 걸쳐 고급 관
료의 관사가 죽 늘어서 있었는데, 전부 굉장히 컸어.[55]

이런 관사며 사택이 해방 이후 대부분 미군의 숙소로 전환, 사용됐
다. 관사의 경우, 고등관급에 해당하는 주임관 이상의 관사는 통상
적으로 속복도를 가지는 전형적인 일본식 단독주택으로 건축되었
지만 고등관에 해당하지 않는 판임관급 관사는 외부에 면하는 갓복
도를 둔 2호 연립주택의 형태가 일반적이다. 또한 앞서 언급한 것처
럼 동일 직급에 해당하는 경우라도 갑, 을, 병 등으로 내용과 형식을
일부 달리하는 서로 다른 유형의 주택을 공급했는데 이는 기본적으
로 행정단위의 정치적 위상이나 기채 여력, 건축자재나 비품 등의 물
자 수급 여건과 관련이 깊다.

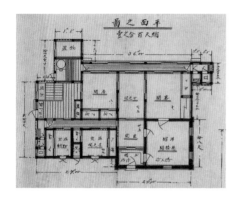

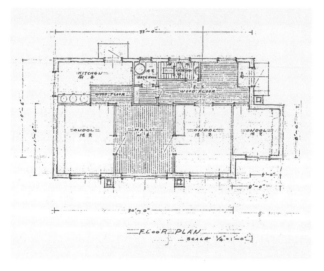

↑↑ 고에몬부로(일본식 무쇠욕조)가 설치된
1910년대 조선총독부 주임 관사 평면도
출처: 국가기록원

↑ 1956년에 작성된 20평형 재건주택
평면도에 나타난 일본식 무쇠욕조
출처: 대한주택공사 문서과

↑↑ 외부에서 연료를 태워
관사 내부 무쇠욕조의 물을 데우는 장치
(영주 철도관사 5호, 2018)
ⓒ박철수

→ 1936년 서울 영등포에 설립된
종연방적 공장 구내의
다양한 사택 형식(1975)
출처: 서울특별시 항공사진서비스

→ 태백 장성광업소 사택촌(1982.7.)
출처: 국가기록원

↑↑ 1950년 인민군의 서울 점령 당시
조국통일서명에 동원된 방림방적 여성 노동자들 뒤로
일제강점기에 세워진 여성 사택이 보인다
출처: 미국국립문서기록관리청

↑ 서울 중구 필동2가에 위치한
조선총독부 체신국 관사로 추정되는 목조주택(2020)
ⓒ 김영준

관사와 사택은 1941년 7월 일제가 설립한 조선주택영단 (현재의 한국토지주택공사로 통합되기 이전 조직인 대한주택공사의 전신)[56]이 주택을 표준화하는 데 절대적 견본이 되었다. 영단의 표준형 주택은 호당 표준 건평을 고정해두고 갑, 을, 병, 정, 무의 다섯 가지 주택 유형을 상정한 뒤, 주택이 들어설 부지의 면적은 건평의 약 3배로 잡고 입지 조건을 반영해 갑에서 무까지 총 29종의 표준평면[57]으로 만들어졌다. 영단의 표준설계는 후일 우리나라의 공동주택 계획 규범에 직접적 영향을 미친 요인 가운데 하나로 언급되는데[58], 표준형 주택을 반복 배치하는 일을 일컬어 단지계획이라 부르거나 절대적 주택 부족문제가 일정 부분 해소된 뒤에도 여전히 표준 설계에서 벗어나지 못한 관성 등에서 발견된다.

단독주택을 원한 일정 직급 이상의 관료에게 공여된 관사와 사택의 실내공간 구성 역시 해방 후 적지 않은 영향력을 행사했다. 관사와 사택 등에 등장하는 흥미로운 현상 중 하나는 '응접'(應接)이라는 행위와 공간의 등장이다. 일본에서 1918년 이후 본격화된 문화생활과 생활개선 혹은 생활개량 운동과의 직접적 관련성을 추측할 수 있다.[59] 1970년대까지 우리나라에서 만인의 욕망으로 자리했던 붉은 벽돌 2층 양옥이나 집장수 집으로 낮춰 불렀던 단층 기와집의 실내 복판에 널마루가 깔렸던 곳, 바닥난방이었던 다른 방들과 달리 라디에이터 난방 설비를 갖추고 목재 가림 장식으로 울을 만들어 구획한 공간을 특별히 응접실로 부른 경우가 많았다. 일제강점기 고등관들이 거주했던 단독형 관사나 은행 사택의 문화적 영향이 직접 맞닿는 지점이다. 수십 년 전 1930년대 응접실 귀퉁이에도 관엽식물이 놓였고, 흰 벽에는 유화나 액자가 걸렸었다.

흥미로운 예는 또 있다. 해방 이후 10년도 더 지난 뒤에 설계된 재건주택 평면도의 욕실에서는 일본식 무쇠욕조인 고에몬부

로(五右衛門風呂)를 어렵지 않게 찾아볼 수 있다.[60] 이는 1958년 5월
에 보건사회부 주도로 작성한 15평형 부흥주택 평면에도 등장하며
1960년대 초기에 고급 주문 생산 주택이라고 할 수 있는 민영주택에
서도 여전한 형식으로 반복된다.[61] 난방 방식과 연료의 변화와 더불
어 도시주택의 큰 흐름이나 정책 방향이 중층아파트로 전환하기 시
작한 1960년대 후반에 가서야 비로소 그 흔적이 제거되기 시작했다
는 사실에서 문화적 유전 인자의 지속성을 가늠할 수 있다.

해방 이후 '적산가옥'으로 분류된 각종 관사와 사택의 일
부는 미군정 당국이 직접 사용하거나 군정 운영비 마련을 위해 일부
가 불하됐으며, 정부 수립 이후에는 대한민국 정부의 부족한 재정을
메우는 중요한 재원이었다.[62] 군정 시기나 대한민국 정부 수립 후에
적산가옥을 불하받을 수 있는 경우는 제한적이었다. 불하 정보에 쉽
게 접근할 수 있는 위치에 있으면서 상당한 자금을 미리 확보한 개인
이나 법인이 아니고서는 불하받기가 쉽지 않았다.

귀속사업체(적산기업)의 경우는 장부 가격이 훨씬 높아
불하받을 수 있는 여건이 되는 이가 더욱 적었는데 불하받은 이들
가운데 적지 않은 수가 재벌로 성장했다. 곱지 않은 시선을 피하기
어려운 한국 재벌의 탄생은 정부의 특혜 속에서 이루어졌다.[63] 귀속
사업체를 불하받는 조건은 매각 대금의 20퍼센트를 계약금으로 납
부하고 잔액은 연 7퍼센트의 이자를 더해 10년 동안 분할 상환하는
것이었다. 당시의 극심한 인플레이션을 감안하면 이 조건은 상당히
좋은 편이었다. 기업이든 가옥이든 적산을 불하하는 주체(미군정 혹
은 신생 대한민국 정부)와의 친밀도와 정보 수집 능력에 비례해 부
를 거머쥘 수 있었다는 점에서 「귀속재산처리법」 제정 후 공식적으
로 적산 불하가 시작된 1950년대는 그야말로 '정치적 자본가의 시대'
였다.[64]

일례로 1936년에 서울 영등포에 설립된 종연방적 공장 구내에는 다양한 유형의 사택과 노동자 합숙소가 지어졌다. 여자기숙사와 아파트 그리고 단독주택 형식의 사택이 공장부지 남측에 마련되었다. (해방 후 적산기업의 불하 과정에서 방림방적으로 이름을 바꿔 오랜 기간 자리를 지켰다.) 식민 시기에 만들어진 관사와 사택, 철도부설 노동자와 항만 노동자 주택 등을 포함한 각종 토목사업 현장의 현업원 사택 등은 해방 후 다른 방식으로 재현됐다. 마치 일제강점기 부영주택(府營住宅)을 일본인을 위한 경우와 조선인을 위한 경우로 갈랐듯 1950년대 후반 이후 국가가 주도한 시멘트와 비료 생산, 석탄 채굴 등을 위해 마련한 현장 노동자들의 숙소 역시 일제강점기와 마찬가지로 사택 등으로 불리며 곳곳에 조성됐는데 대부분의 경우는 일제강점기에 지어졌던 조선인 공동장옥과 크게 다를 것이 없었다. 지배권력이라는 힘과 이를 지지하는 수단인 자본의 이해관계가 들어맞을 때 권력에 의해 기획되는 공간은 시절과 관계없이 언제나 위계적이고 억압적 구조를 띤다는 사실을 웅변한다.

집다운 집이라고는 일본인 관리나 노동자를 위한 관사와 사택뿐이었던 시절의 그림자는 이토록 길었다. 여기저기 밀집지를 이루었던 관사와 사택 지대는 "제국주의는 식민지로부터 강제 잉여를 유출하기 위한 통로로, 또한 식민지 지배를 영속화하기 위한 장치로 회사, 공장, 은행 등의 기구는 물론 경찰, 학교, 감옥, 병원 등의 근대 제도를 식민지에 이식했다"는 사실을 환기한다.[65] 여기에 일본이 조선을 병탄화하며 가족의 연장으로 내세운 천황제 이데올로기를 포개면, 번듯했던 관사와 사택이 일그러진 근대의 단면이란 사실이 더욱 예리하게 다가온다.

주

1   김명숙, 「일제 시기 경성부 소재 총독부 관사에 관한 연구」(서울대학교 대학원 건축학과 석사학위논문, 2004), 7쪽.

2   1930년대 후반에 이르러서는 사택(社宅)의 경우도 할부에 의한 분양주택으로 운영된 경우도 있다. 1939년 4월 10일자『동아일보』기사「집을 지어라!」에서 '소유권을 회사나 단체의 소유로 하고 여기에 사원이 관리, 이용하게 하거나 또는 소유권까지 조건부로 나누어주는 것'까지도 검토하라는 총독부의 내무국 통첩 내용에서 이를 확인할 수 있다.

3   좁은 의미에서 일제강점기의 공사(公舍)는 부의 하급 관리나 노무원에게 대여하는 주택을 뜻하기도 한다. 예를 들어, 1940년대 초에 공채 발행을 통해 건립하고자 했던 '경성부청 직원 공사'(京城府廳職員公舍)가 이에 속한다고 할 수 있다. 경성부에서 1941년 10월 16일 작성한 「경성부 공사 신영비 기채의 건」(국가기록원 소장 자료)에 직원 공사 평면도가 함께 수록되어 있다. 일본의 경우도 이와 크게 다르지 않아 1936년 7월 오사카시 전기국 서무과에서 발행된『오사카시 전기국 예규』(大阪市電氣局例規)에도 '공사란 시장이 지정한 시의 이원(吏員, 하급 관리) 및 직부(職夫, 노무원)에게 대여하는 주택'으로 규정하고 있다.

4   이 역시 단정하기 어렵다. 김명숙의 연구에 따르면, 조선은행이나 동양척식주식회사의 직원 주택을 지칭할 때 사택(社宅)과 사택(舍宅)을 혼용하고 있다(「일제 시기 경성부 소재 총독부 관사에 관한 연구」, 7쪽의 각주 9 참조).

5   1923년 1월 26일자『동아일보』기사「관청회사의 사택(舍宅)」에서는 만주철도 경성관리국, 조선은행, 동양척식, 동아연사, 식산은행 등 28개의 회사 주택을 모두 합한 주택 소요량이 3,210호라 언급하면서 이를 묶어 사택(舍宅)이라 했다.

6   이연식,『조선을 떠나며: 1945년 패전을 맞은 일본인들의 최후』(역사비평사, 2016), 144~145쪽.

7   1913년 7월 2일 제정된 「조선총독부 관사규정」에는 모자걸이, 팔걸이의자, 사각탁자, 회전의자 등의 가구와 전등의 숫자, 수도급수전에 이르기까지의 여러 비품을 관등과 직급에 맞춰 관사에 설치하는 기준이 포함됐는데, 양실(洋室)의 경우는 필요에 따라 샹들리에를 설치할 수 있었다.

8   1927년 5월 함흥 남쪽 남(흥남)에 일본질소비료주식회사를 소유한 노구치 시타가우(野口遵)가 설립한 조선질소비료주식회사는 부지 600만 평, 종업원 4천 명으로 당시 아시아 1위, 세계 5위 규모의 거대한 비료공장이었다. 흥남질소비료공장은 종합 공업단지(콤비나트)여서 질소비료와 경화유, 화약, 카바이드, 철강, 아연 등을 생산했고, 중일전쟁 발발 후에는 무기, 비행기 외강판, 항공연료 등을 생산한 까닭에 군수산업단지로 바뀌어 미군의 전략폭격 목표가 되기도 했다. 노구치는 흥남의 읍장도 지냈으며, 지금의 롯데호텔 자리(서울시 을지로1가)에 있었던 반도호텔을 지은

인물이기도 하다. 이태영, 『다큐멘터리 일제 시대』(휴머니스트, 2019), 223~224쪽 참조.

9   이연식, 『조선을 떠나며』, 144쪽.

10   전봉희·권영찬, 『한옥과 한국주택의 역사』(동녘, 2012), 173쪽.

11   「조선회사령」은 1910년 12월 29일 제정되어 1911년 1월 1일 시행되었다. 회사의 설립과 활동 전반에 대한 총독부의 통제와 간섭을 제도화한 이 법령은 회사의 최초 설립뿐만 아니라 이미 설립된 회사의 조선 내 본점이나 지점 설치 등을 조선총독의 허가를 받도록 강제했다. 이와 함께 회사 사업의 정지와 금지, 지점 폐쇄, 회사의 해산과 아울러 허가 사항의 취소 역시 조선총독의 권한에 속하도록 했다. 이 법령은 조선인 회사뿐만 아니라 조선 내 일본인 회사에도 일률적으로 적용되었는데, 일본 자본을 선별적으로 지원하고 한반도 안에서의 과당 경쟁을 막고, 민간자본 투자 내용과 방향을 총독부가 장악하여 한반도의 식민지 공고화를 도모하려는 것이었다. 그 결과 1910~1919년에 조선인 회사는 27개 사에서 63개 사로, 일본인 회사는 109개 사에서 280개 사로 증가해 일본인 회사가 훨씬 많이 설립되었다. 「회사령」은 한반도 식민지 재편이 마무리되었다는 일제의 판단과 관련 법령이 오히려 더 많은 일본 자본이 한반도에 집결하는 데 행정적, 절차적 장애가 된다는 판단에 따라 1920년 4월 폐지되었다.

12   「조선총독부 관사규정」은 3장 15조의 본문과 별표 1, 2로 구성되었는데 관사의 유지·관리와 대여 및 양도, 설비 및 수선을 다룬 본문과 함께 관료의 직급별 전등과 수도 및 비품의 개수 규정 등을 담고 있다.

13   中村資良, 『朝鮮銀行會社要錄』Ⅰ–Ⅹ(東亞經濟時報社: 1921~1942), 양승우·최상근, 「일제시대 서울 도심부 회사 입지 및 가로망 변화의 특성에 관한 연구」, 『도시설계』 제5권 제1호(한국도시설계학회, 2001), 7쪽 재인용. 참고로, '일제가 강점 초기에 회사령을 통해 회사 설립을 억제한 이유는 조선인 토착자본의 발흥을 견제하고자 했기 때문이며, 1911년 당시 조선인 공업회사의 납입자본금이 전체의 17퍼센트였는데 1917년이 되면 그것이 13퍼센트로 줄어들고 일본의 자본은 83퍼센트로 급증했다'(이준식, 『일제강점기 사회와 문화』[역사비평사, 2017], 73쪽).

14   「육천 명의 양복세민」, 『동아일보』 1921년 6월 12일자.

15   여기서 일컫는 '보통주택'이란 통상 '공동장옥'과 구분하기 위한 것으로 『京城都市計劃 資料調査書』(京城府, 1927)에 따르면 2호 연립주택을 말하는데 1926년 말을 기준으로 경성 연병정(練兵町, 현 남영동)에 18동(36호), 삼판통(三坂通, 현 후암동)에 2동(4가구)이 지어졌다. 이와 달리 공동장옥은 보통주택보다 훨씬 많은 세대가 연속해 늘어선 것이었다. 일례로 각각 6동(28호)과 10동(60호)으로 지어진 공동장옥이 봉래정(蓬萊町)과 훈련원(訓鍊院)에 있었다. 보통주택에 비해 공동장옥은 훨씬 많은 세대가 연속해 늘어선 것이다. 이를 빗대 세간에서는 경성부가 공급한 공동장옥형 부영주택을 '행랑식(行廊式) 부영주택'이라고도 불렀다. 『동아일보』 1921년 5월 6일자 참조.

16   「경성의 주택문제」, 『동아일보』 1921년 12월 12일자.

17 「경성의 주택문제」 기사 내용을 민가에 대한 관사의 상대적 비율로 산정하면, 1919년에 3.4퍼센트이던 것이 1920년과 1921년에 각각 4.4퍼센트와 4.7퍼센트로 늘었음을 알 수 있다. 민가와 관사를 불문하고 당시 경성의 인구수를 총주택 수로 나누면 1920년에 호당 4.58명이던 것이 1921년에는 4.79명으로 높아져 주택공급은 느는데 호당 인구밀도는 높아졌다. 당연하게도 이는 경성의 인구 증가 속도를 주택공급이 따라가지 못하면서 빚어진 과밀화로, 조선총독부가 주택문제를 심각한 것으로 받아들이게 된 동기가 된다. 소춘(小春), 「예로 보고 지금으로 본 서울 중심세력의 유동」, 『개벽』 제48호(1924), 58~59쪽. 이 글에서 경성의 대표적 관사지대로 꼽은 곳들은 지금의 필동, 남학동, 묵동, 주동, 인의동, 안국동, 북창동, 용산 등이다.

18 「관청회사의 사택(舍宅)」, 『동아일보』 1923년 1월 26일자.

19 「婦人住宅談−私の考ひます事ども」, 『朝鮮と建築』 第9輯 第1號(1930), 서울역사박물관, 『후암동』 2015 서울생활문화조사자료(2016), 110쪽 재인용 및 축약.

20 삼판통 조선은행 사택은 모두 23동으로 35호가 들어가 살았는데, 합숙소를 제외하면 부장급 주택부터 병호에 이르기까지 직급별로 7가지가 있었다. 역시 합숙소를 제외한 규모는 건축연면적 기준으로 66평에서 108평까지 다양했고, 병호를 뺀 나머지는 모두 지하실을 갖췄다. 을호를 제외하곤 모두 2층이었으며, 준공 후 6년이 지난 1927년 5월에 『조선과건축』 제6집 제5호를 통해 소개된 도면을 살펴보면 내부는 비록 일본식 공간 구성을 택했지만 외양은 상당할 정도의 서구식 의장 요소를 가졌음을 알 수 있다.

21 「내 동리 명물: 송현동 식은촌」, 『동아일보』, 1924년 6월 29일자.

22 손정목, 『서울 도시계획 이야기 2』(한울, 2003), 100~101쪽.

23 송은영, 『서울 탄생기: 1960~1970년대 문학으로 본 현대도시 서울의 사회사』(푸른역사, 2008), 51쪽.

24 『동아일보』 1921년 7월 9일자 「횡설수설」 요약 정리.

25 坪井正五郎·沼田賴輔 編, 「韓國京城附近の風俗」, 『世界風俗写真帖』 第1集(1901), 19圖 해설.

26 김경민, 『건축왕, 경성을 만들다』(이마, 2017), 21쪽.

27 일제강점기 조선총독을 정점으로 하는 조선의 관료체제에서 일왕이 직접 임명하는 친임관은 조선총독과 요즘의 국무총리에 해당하는 정무총감 단 둘뿐이었다. 그 아래 직급은 칙임관, 주임관, 판임관의 순으로 낮아지며, 주임관 이상은 오늘날 5급 공무원 임용고시에 해당하는 '고등고시'를 통해 선발했으며 그래서 고등관이라 통칭했다. 판임관은 오늘날의 7~9급 공무원과 견줄 수 있으며, 판임관 고시를 통해 선발했다. 경성제국대학의 교수 역시 지금의 국공립대학 교수 직급과 마찬가지로 직급이 나뉘었고, 1931년 '경성제국대학 관사 신축공사'에 나타난 교수관사 역시 철저하게 직급에 따라 주택면적이며 설비, 비품이 달랐다.

28 일례로 전등을 설치할 경우, 칙임관사에는 20촉을 기준으로 필요한 만큼 설치할

수 있지만 판임관사의 경우는 최대 5개까지만 가능하고 전등의 밝기도 3촉으로
제한되었다. 수도급수전은 칙임관사는 2개까지, 주임관사와 판임관사는 1개만 두도록
했다. 모자걸이는 칙임관사에는 독립형으로 둘 수 있지만 주임관사의 경우는 벽에
걸이만 부착하도록 했다.

29　　박찬승·김민석·최은진·양지혜 역주,『조선총독부 30년사: 상』(민속원, 2018),
　　　20~22쪽 참조.

30　　정철훈,『오빠 이상, 누이 옥희』(푸른역사, 2018), 144쪽. 시인 이상(김해경)이
　　　경성고등공업학교 건축과 졸업 후 1929년 조선총독부 내무국 기수로 처음 발령받았는데
　　　판임관 대우였던 기수 봉급이 같은 직급의 일본인과 달랐다는 사실을 시인의 경성고공
　　　동창생인 오오스미 야지로가 증언한 내용이다. 당시 조선인 기수의 월급은 55원이었던
　　　데 반해, 같은 직급의 일본인에게는 여기에 60퍼센트를 더 보탠 88원의 봉급이
　　　지불됐다는 것이다. 1920년 말을 기준으로 각 직급별 일본인과 조선인의 수 등에
　　　대해서는 朝鮮総督府 編,『朝鮮写真帖』(朝鮮総督府, 1921), 부록 도표 등 참고.

31　　帝國製麻株式會社 建設事務所長,「朝鮮市街地計劃令ニ基工作物新設ノ件許可
　　　申請」(1941.5.1.), 국가기록원 소장 자료.

32　　도면 작성은 하루모토구미(春本組) 설계부.

33　　朝鮮總督府,「京城帝國大學建築計劃說明書」(1924), 4쪽, 국가기록원 소장 자료.
　　　경성제국대학은 일제의 문화정치 가운데 하나인 관립대학 설립계획에 따라 1924년 5월
　　　2일 경성제국대학 관제 공포와 동시에 예과(豫科)를 개교하고 1926년 4월에 법문학부와
　　　의학부, 1941년에 이공학부를 설치했다. 경성제국대학은 일본어 수업이 철칙이었으며,
　　　조선인 학생은 과반을 넘지 않는다는 불문율이 적용되어 학년별로 3분의 1 정도만
　　　조선인이었다(조경달,『식민지 조선과 일본』, 최혜주 옮김[한양대학교 출판부, 2015],
　　　93쪽). 시인 이상이 경성고등공업학교에 입학하던 1926년 건축학과 신입생은 모두
　　　14명이었는데 조선인은 김해경(이상), 유상하, 황재중 등 3명이었다(「경성고공 합격자」,
　　　『조선신문』1926년 4월 3일자).

34　　김명숙,「일제 시기 경성부 소재 총독부 관사에 관한 연구」, ii쪽.

35　　메이지유신(明治維新) 이후 일본이 도입한 근대적 설비와 물건 등에 대해서는 石井
　　　研堂,『明治事物起原』(橋南堂, 1908) 참조. 일례로 도로를 개설하고 표준적 크기에
　　　따라 대지를 구획한 뒤 일정한 방법에 따라 각각의 대지에 지번을 부여하는 방식인
　　　'택지번호의 부여'는 메이지2년(1869년) 12월에 처음 시작되었다고 한다(같은 책
　　　64~66쪽).

36　　일본인이 생각하는 조선가옥의 일반적 구법에 관해서는 甲斐久子,『現代作法精義』
　　　(平凡社, 1925), 294~295쪽 참조.

37　　이한섭,『일본어에서 온 우리말 사전』(고려대학교출판부, 2015), 235쪽.

38　　「영농 목적의 만주 이민 취급 요강을 발표」,『동아일보』1938년 9월 8일자.

39   한석정, 『만주 모던: 60년대 한국 개발 체제의 기원』(문학과지성사, 2016) 참조.

40   '단지'의 구체적인 논의에 대해서는 박철수, 『박철수의 거주 박물지』(도서출판 집, 2017), 215~234쪽 참조.

41   주택문제연구소 단지연구실, 「단지연구의 당면 과제」, 『주택』 제10호(대한주택공사, 1963), 31~34쪽. 한편, 단지계획 강좌는 박병주가 미국국제협력처(ICA) 기술실 부실장에서 대한주택공사 단지연구실장으로 자리를 옮긴 1962년 이후 홍익대학교 건축학과에 처음 개설되었다고 알려져 있다. 또한 대한주택공사 초대 총재를 지내며 마포주공아파트와 한강맨션아파트 건설을 주도한 장동운은 2005년 KBS와의 인터뷰에서 이들 아파트단지를 지으면서 '단지'를 강조했다고 회고한 바 있다.

42   박완서, 「목마른 계절」, 『박완서 소설 전집 6』(세계사, 2005), 118~119쪽.

43   Y기자, 「그분들의 가정 풍경: 애기하고 엄마하고 아빠하고 재미스런 연전교수 최규남(崔奎南) 씨 댁」, 『여성』 제3권 제9호(1938), 50쪽.

44   김원일, 『아들의 아버지』(문학과지성사, 2013), 225쪽.

45   윤흥길, 『문신 2』(문학동네, 2018), 133쪽.

46   박찬승·김민석·최은진·양지혜 역주, 『조선총독부 30년사: 하』(민속원, 2018), 966~969쪽 발췌 요약.

47   국가기록원이 소장, 관리하고 있는 각종 문건을 살펴보면 대용관사는 이미 1910년대 후반에도 있었다. 하지만 1935년 이후 활발하게 운영된다는 점에서 일제의 대륙 침략과 긴밀하다고 할 수 있다.

48   大邱刑務所長, 「代用官舍借上ニ關スル件申請」(1938.1.13.), 국가기록원 소장 자료. 이 문건은 매우 구체적으로 대용관사에 들어갈 인물의 직책과 직급을 명시하고 있어 당시 대용관사의 세밀한 내용을 확인할 수 있다.

49   『동아일보』 1940년 4월 14일자에는 「가임(家賃)을 징수하는 대용관사」라는 제목으로 기사가 실렸는데 '대량의 새 일꾼을 맞았으나 이를 수용할 관사도 설비되어 있지 않을 뿐 아니라 합숙할 곳도 없다 함은 당치도 않은 모순이다. … 1940년 5월부터는 경성과 성진 등 주택 부족이 심한 곳에 응급관사(應急官舍)를 신설하고, 소위 관사가 아니라 '우리들의 집'으로 임대료를 높여 받는 '대용관사'의 대량 건설을 본격화해 주택난 해소에 나서기로 했다'고 전했다.

50   「집을 지어라!」, 『동아일보』 1939년 4월 10일자.

51   「京城府公舍新營費起債ノ件」(1941.10.16.), 국가기록원 소장 자료.

52   나진부 대용관사는 대구형무소의 경우와 달리 만주철도주식회사가 만철사택지 구내에 나진부 세관원들을 위한 관사를 신축한 경우에 속한다. 「代用官舍借上ニ關スル件」(1942.6.), 국가기록원 소장 자료.

53   미군은 해방 직후인 1945년 9월 25일 「군정법령」 제2호를 발동해 일본인 사유재산을

조선인이 구매할 수 있도록 허가했다가, 일인 재산을 몰수하여 한국 정부가 수립될 때까지 이를 공정하게 관리해야 한다는 요구가 들끓자 1945년 12월 6일 다시 법령 제33호로 일본인의 모든 재산을 군정청으로 귀속시켰다. 이에 따라 그사이 이루어진 일본인 사유재산에 대한 모든 매매계약도 무효화됐다. 한편, 이 과정에서 미군정 당국과 조선인들 사이에 대립도 발생했다. 신당동과 청구동 일대에 일본인이 남기고 간 적산가옥을 미군 관사로 사용한다는 이유로 미군정 당국은 주민들에게 퇴거 명령을 내렸고 생존권을 위협받은 주민들은 이에 격렬하게 저항했다. 이 사건은 해방 후 귀환동포들의 주거권 투쟁으로 기록되었다. 「정용욱의 편지로 읽는 현대사 ⑦ 귀환동포들의 주거권 투쟁」, 『한겨레』 2019년 3월 30일자 참조.

54 「官舍 又은 官公吏의 住宅으로 敵産家屋 利用 狀況 調査에 關한 件」(1946.12.17.), 괴산군수가 충청북도 내무국장에게 보낸 괴산군 제449호 공문, 국가기록원 소장 자료.

55 사와이 리에, 『엄마의 게이죠 나의 서울』, 김행원 옮김(신서원, 2000), 61~62쪽. 1925년 7월 서울 평동(平洞, 현 평동)의 적십자병원에서 태어나 조선을 떠난 적이 없이 살다가 일제의 패망으로 가족과 함께 스무 살에 일본으로 돌아간 만리코(万理子)라는 인물의 1933년경 기억인데, 경성 최대 규모의 초등학교였던 남산소학교(당시 공식 명칭은 남대문공립심상소학교[南大門公立尋常小學校])에 다니던 시절의 기억을 그의 딸인 사와이 리에(澤井理惠, 1954년 히로시마 출생)가 채록한 것이다.

56 조선주택영단의 설립 당시 상황과 관련해서는 朝鮮総督府, 「朝鮮住宅營團의 槪要」(1943.7.1.) 참조.

57 29종의 영단주택 표준평면은 갑형 11종, 을형 10종, 병형 4종, 정형 2종, 무형 2종으로 구성되었다. 이들 유형 가운데 갑형과 을형만이 단독주택이고, 병형부터 무형까지는 모두 연립형 주택이다. 영단주택의 주거계획과 관련한 구체적인 내용은 박광환, 『한국근대주거론』(기문당, 2010), 199~203쪽 참조.

58 공동주택연구회는 오늘날 공동주택(아파트와 연립주택)의 단위주거(unit) 구성에 절대적 영향을 준 3가지를 ①1930년대의 도시한옥, ②1941년에 작성된 조선주택영단의 표준형 주택, ③1950년대 중반 이후의 외인주택으로 상정한다. 공동주택연구회, 『한국 공동주택계획의 역사』(세진사, 1999), 334~335쪽.

59 安田孝, 『郊外住宅의 形成』INAX ALBUM 10(株式會社 INAX, 1992); 大阪歷史博物館, 「郊外住宅のくらし」(展示の見所 6, 2003) 참조.

60 "목욕실은 부엌 옆에 있었는데 아궁이에 불을 지펴 커다란 무쇠솥에 물을 데웠다. 뜨거운 물 위에 나무 격자를 띄우면 나는 그걸 밟고 솥에 들어가야 했다. 솥 바닥이나 옆면에 피부가 닿으면 벌겋게 데었다"(신철식, 『신현확의 증언』[메디치, 2017], 57쪽). 『신현확의 증언』에 언급된 주택이 지금의 대학로 동측에 위치했던 도시한옥이었다는 저자의 기억이 정확하다면, 이는 당시 도시한옥에도 일본식 목욕설비를 들일 정도로 고에몬부로에 대한 대중의 선호가 높았음을 증언하는 셈이다.

61 1960년대 민영주택에 대해서는 안영배·김선균, 『새로운 주택』(보진재, 1965) 참조.

62   귀속재산의 불하를 통해 확보한 재정을 '귀속재산처리적립금'이라 한다. 이는
      특별회계로 편성해 정부의 전략적 필요에 따라 분배해 사용했는데 주택부문에 사용될
      경우는 귀속재산처리적립금 특별회계 중 주택부문자금으로 분류됐다.

63   미군정청의 법령에 따라 적산기업은 먼저 관리인을 선임하거나 파견하였고, 곧 이어
      관리인에게 불하의 최우선 순위가 부여되었다. "최초의 근대기업가 박승직의 후계자인
      박두병은 소화기린맥주의 관리인이 되었다. 일본 기린맥주가 영등포역 철로변에 건설한
      소화기린맥주는 한국인 가운데 김영수와 박승직이 각각 200주씩의 주식을 소유하고
      있었는데, 박두병은 그런 연고로 소화기린맥주의 관리인이 되면서 결국 불하받게 된
      것이다. 박두병은 소화기린맥주(훗날 OB맥주)를 불하받으면서 포목상에서 맥주업으로
      전업, 오늘날의 두산그룹을 키워내는 발판을 마련할 수 있게 되었다"(박상하,
      『한국기업성장 100년사』[경영자료사, 2013], 345쪽). 해방 이후 적산기업으로 분류된
      기업의 수는 2,700여 개에 달했다(같은 책, 343~352쪽 참조).

64   이한구, 『한국재벌사』(대명출판사, 2010), 66쪽, 고나무, 「김종필과 그의 시대:
      건축신화 없는 건국 세대」, 『휴먼 스케일』(일민미술관, 2014), 102쪽에서 재인용.

65   이준식, 『일제강점기 사회와 문화』, 29쪽.

2 부영주택

1921

서울이 경성으로 불리던 시대, 새롭게 들어선 각종 기관과 건물 들은 식민지 근대라는 모순적이면서도 매혹적인 풍경을 대변했다. 일제강점기 경성부민(京城府民)들의 여가생활을 당대의 모더니티와 함께 다룬 이경돈은 경성의 풍경을 다음과 같이 묘사한다.

> 조선총독부를 비롯해 경성부청사·경성재판소·경성우체국·조선은행·경성소방소 등의 청사에서부터, 동양척식주식회사와 조선식산은행 등의 건물로, 다시 경성역사·용산역사로 이어져 제국의 위용을 과시하는 건축물들이 즐비했다. 그리고 그 길목마다 종로서·본정서·서대문서 등 경찰서가 공포의 권위를 부리고 있었다. 또 영관·법관·덕관·아관 등 각국 영사관, 명동성당과 정동교회, 천도교회당 등의 첨탑, 중앙고보와 경기고보, 경성제대와 연희전문·보성전문 등 교사와 경성도서관 및 YMCA·매일신보·동아일보·조선일보의 사옥, 미쓰코시·화신·조지야 등 백화점, 손탁호텔과 조선호텔, 반도호텔이 웅장한 풍경을 자아냈다. 그리고 거대 건물의 사이사이로 양화점과 양복점, 출판사와 서점, 사진관과 이발소, 의원과 약국 등 근대 도시의 새로운 일용품을 파는 각종 상회와 잡화점 들이 빼곡했다.[1]

↑ 일제강점기 남산에서 바라본 경성 중심가 전경
출처: 조선총독부 편, 『조선박람회 기념 사진첩』(朝鮮総督府 編, 『朝鮮博覧会記念写真帖』, 1930)

앞의 인용문을 비롯해 한국 근대건축사를 다룬 많은 문헌들은 규
모가 큰 공공건축물과 새롭게 등장한 백화점, 호텔, 극장, 영사관 등
에만 주목한다. 반면 경성에 살던 사람들의 일반적 거주공간을 다
룬 문헌을 찾기란 쉽지 않다. 이런 이유에서 한반도 전역에 걸쳐 지
어진 '부영주택'은 그저 기억의 한 귀퉁이를 차지할 뿐이니 한국건
축사나 주거사회사 혹은 생활문화사의 공극에 해당하는 부분이 아
닐 수 없다. '부영주택'이란 통상 부(府) 단위 행정관청이 공채를 발
행하거나 자체 예산을 동원해 조성한 임대주택으로 요샛말로는
시영주택(市營住宅)이라 할 수 있다. 1930년대 후반에 '도시공영주
택'(都市公營住宅)[2] 이라는 용어와 함께 사용하던 명칭이다. 1927년
8월에 간행된 『조선 사회사업 요람』(朝鮮社會事業要覽)은 한반도
곳곳에 지어진 부영주택 가운데 한강통과 삼판통 보통주택(普通
住宅, 공설주택)이 1921년 8월 14일에 가장 먼저 준공됐고,[3] 봉래
정(蓬萊町, 현 봉래동)과 훈련원(황금정, 방산정, 훈련원터 등으로
도 불림)의 공동장옥(공설소주택, 公設小住宅)은 각각 1921년 10월
25일과 같은 해 12월 24일 준공된 것으로 기록하고 있다.[4] 이어 대
구부공설주택(1922.3.31.)과 청진부공설주택(1922.11.), 공주공
설주택(1922.11.25.), 해주공설주택(1922.12.16.), 목포부공설주택
(1924.3.), 부산부영주택(1935.4.1.)이 뒤를 이었다.[5] 이때 건설된 주
택의 수는 당시 심각했던 조선인 주택문제에 비하면 대단히 부족하
고 내용 역시 허술하기 짝이 없었다. 조선인에게 공급된 경성부영주
택 80호에 대한 경성부 조사계의 실태조사 결과를 전한 신문기사에
따르면, 같은 부영주택이라도 일본인용과 조선인용이 전혀 달랐다.
"순전히 일본사람만 들어 있는 용산 연병정(練兵町, 현 남영동) 부영
주택과 조선사람의 소용으로 … 봉래정과 훈련원 두 군데의 부영장
옥인데, 부영주택은 평균 13.5평의 집 한 채에 매월 18원 50전의 집

세(다음 해 4월부터 20퍼센트를 증액함)를 받는 훌륭한 주택이요, 부영장옥은 단 3평에 매월 3원의 집세를 받는 '움' 같은 집"이었다.[6]

특히, 1937년 4월 1일을 기준으로 한 조사 내용을 담아 이듬해 6월에 발행된 『경성부 도시계획 개요』에는 경성 봉래정과 훈련원의 공동장옥(共同長屋)이 전혀 언급되지 않았다. "모처럼 부영주택이라는 것을 지어서 주택난 해결에 도움이 되도록 했는데 그것이 건립과 동시에 서울을 대표하는 빈민굴이 되었고 세인의 비난과 비웃음의 대상"[7]이 되었기 때문이었다. 이에 총독부와 경성부는 이 두 곳 부영장옥 주민들에게 퇴거·이주를 명령했고, 이후 부에서 일하는 용인(傭人)들만 입주할 것이라고 발표했다.[8] 그리고 나서는 부영장옥에 관한 기록이나 기사를 전혀 찾아볼 수 없는데, 손정목은 "이렇게 퇴거시킨 후 얼마 안 가서 슬그머니 철거해버린 듯하다"고 추측한다.[9] 손정목의 짐작이 사실인지와 무관하게 분명한 것은 조선인의 주택문제가 조선총독부에게는 그리 심각한 식민지 통치의 쟁점이 되지 않았다는 점이다.

부제 시행과
면 폐합

1914년 4월 1일 조선총독부 정무총감은 전신안(電信案)을 통해 조선에서 전면적인 부제(府制)를 실시하고 면 단위를 폐합하기로 한 결정을 각급 관청에 시달했다. 그 결과 1910년 10월 1일부터 시행됐던 「조선총독부 지방관 관제」에 따른 '한성부'가 '경성부'로 개칭됐고 그 위상도 크게 떨어져 경기도 하위 도시로 편입되었다.

'경성부'로 개칭하기 이전에 서울을 일컫던 '한성부'라는 명칭은, 1895년 고종에 의해 단행된 제2차 갑오개혁의 일환으로

1413년부터 운영했던 조선의 8도제(八道制)를 폐지하고 일본의 메이지유신 체제를 본뜬 부군제(府郡制) 혹은 23부제에 의거해 불렸던 서울의 명칭이다. 그런데 이 조치는 불과 14개월 뒤인 1896년 8월 4일 폐지됐다. 한반도 전역을 23부로 나누면서 한성부가 유일한 '수도'의 위상을 갖도록 지방행정구역을 개편한 것이었지만 480년 이상 유지됐던 8도제에 익숙한 조선의 실정에 부합하지 않는다는 것이 폐기 이유였다. 그 후 한반도는 기존의 8도제 골격을 유지한 채 남부의 3개 도(충청, 경상, 전라)와 북부의 2개 도(평안, 함경)를 남도와 북도로 나누는 13도제를 유지해왔다.

　　　다만 대한제국의 부제 시행 당시 부 아래 행정기관으로 통합한 군(郡) 단위는 그대로 유지하고 있었는데, 일제의 한반도 강제병합 이후 시행된 부제는 병합 이전의 행정구획은 대체로 그대로 둔 채 "전국을 13도로 나누어 부와 군을 아래 두고, 그 밑으로 면을 두었다. 각각의 책임자는 도-장관(나중의 지사, 칙임관), 부-부윤(주임관), 군-군수(주임관), 면-면장(판임관 대우)으로, 면에는 면사무소"를 설치했다.[10] 경성부를 다스리는 부윤(府尹, 오늘날의 시장)의 직급은 주임관에 해당했으니, 그보다 높은 직급인 칙임관이 수장을 맡는 경기도 산하의 일개 도시에 지나지 않도록 한 것이다.

　　　1914년 일제의 부제 실시에 따라 부윤을 조선총독이 임명하고, 각 부마다 부윤의 자문기관인 부협의회를 설치했다. 일제가 개편한 최초의 부는 일본 거류민단 소재지와 다수의 일본인 거주지를 대상으로 해 경성, 인천, 군산, 목포, 대구, 부산, 마산, 평양, 진남포, 신의주, 원산, 청진 등 12곳이었는데 대개가 항만을 끼고 있는 신흥 도시들이었고, 개성, 전주, 진주, 해주, 함흥 등과 같은 내력 있는 조선의 전통 도시들은 제외됐다. 그러나 식민경영 강화에 따라 부 역시 차차 확대되어 1930년에 개성과 함흥, 1935년에 대전, 전주, 광주가 추

가 지정됐고, 1936년에 나진, 1938년에 해주, 1939년에 진주, 1941년
에는 성진이 각각 부로 격상됐다. 허울뿐이었지만 지방자치제라
는 공법인(公法人)으로서의 부제가 실시되며 경성부는 1914년 4월
30일 「경성부조례 제1호」 제정 및 시행과 함께 모양새를 갖췄다.[11]

'주택구제회'의
교북동 간편주택

부제가 시행된 것을 계기로 부영주택이 즉각 공급된 것은 아니었다.
잘 알려진 것처럼 서울에서 주택 부족이 사회문제화되기 시작한 것
은 1920년 전후의 일이었다. 1921년 고양군의 부호 김주용(金周容)
이 중심이 되어 발기한 주택구제회(住宅救濟會)는 한식(韓式, 조선
식) 간이주택 80여 호를 세워 추첨을 통해 무주택자를 입주시켰는
데,[12] 이는 경성부가 무주택자를 위한 부영주택 건설계획을 발표하
고 오늘날의 봉래동과 을지로 6가 훈련원 북편에 부영주택을 공급
한 시기보다 1년 정도 뒤의 일이었다.[13] 호당 3평(일인[日人]에게는
13평)을 기준으로 건설된 조선인 부영주택은 면적과 설비 등으로
볼 때 처음부터 빈민 대책용이었다. 실제로 이 주택은 경성의 대표적
빈민거주지로 회자되는 곳에 들어섰다.

　　　그러나 정작 일제는 "1925년 부영주택에 거주하는 빈민들
을 강제로 퇴거시키고 건물을 철거했다. 이러한 일제 정책의 일관성
결여는 기본적으로 도시빈민문제에 대한 인식의 한계를 반영하는
것이었다. … 빈민들은 서울 사회의 기층에서 도시 운영에 필요한 노
동을 제공하고 있었으나 그들을 보호하는 사회적 장치는 어디에도
존재하지 않았던 것이다. 특히 서울의 경우 일제의 권력 독점과 그에
따른 민간 자율질서에 대한 탄압은 일제의 한계를 보완할 만한 민간

↑ 1922년 7월 말 준공하여 8월 1일 입주한 경성부 교북동 간편주택 모습
출처: 재단법인 사무소, 『재단법인 보린회 요람』(1923)

부문의 성장을 저해하였으므로 서울 빈민의 생활은 더욱더 어려운 상황에 처하게 되었다.”[14] 조선인들의 궁핍함과 차마 눈 뜨고 보기 어려운 주택 사정을 보다 못한 일부 독지가들의 사회사업과 경성부의 부영주택 조성계획은 거의 같은 시기에 시행되었다.

　　　주택구제회가 주도한 최초 간이주택공급에 이어 경성부는 무주택자를 위한 본격적인 부영주택 건설계획을 발표한다. 주택구제회는 1921년 설립된 뒤 1923년 12월에 재단법인 보린회로 조직을 확장했다.[15] 이 단체는 주택과 빈민구제라는 사회사업을 내세워 관유지(官有地)를 특별한 가격으로 불하받을 수 있었다. 위치는 경성 독립문 밖이었고, 1,160평을 대상으로 ‘호당 2칸으로 구성된 72호의 와가(瓦家), 7동 162칸 조선식 장랑옥(朝鮮式長廊屋)’을 1922년 7월 말 최종 준공하고 무산자(無産者) 계급에 속하는 자로서 가족이 있지만 몸을 의탁할 곳이 없는 절박한 사람들을 대상으로 입주 신청을 받아 추첨을 통해 신청자 130명 가운데 72가구를 선정, 1922년 8월 1일자로 이들을 수용했다.[16] 교북동(橋北洞, 현 교북동)의 간편주택은 아직 보린회로 바뀌기 전에 마무리된 사업으로서 주택구제회가 주도한 사업이다. 이 주택은 1년 단위의 임대주택으로 호당 2~3원을 월 임대료로 징구했다.

　　　흥미로운 사실은 월 2~3원의 임대료를 간편주택의 유지·수선이나 부락 개선, 나아가 노동부인(勞動婦人)[17]의 유아보육 등을 위한 아동보호비로 사용키로 하는 등 사회주의적 색채도 일정 부분 드러냈다는 점이다. 그런 까닭에 호당 2칸의 주택 72호(방과 부엌이 각 1칸으로 그 사이를 널빤지로 구획) 외에도 사무실 2칸, 대문 2칸, 탁아소 2칸(노동부인의 유아보육), 반양식(半洋式) 공동변소 12칸도 함께 구비되었다. 그러나 아쉽게도 구체적인 평면은 여전히 확인할 수 없고, 사진만 일부 남아 전해진다. 당시 주택은 모두 7동(순차적으로 4동 건설 후 추가로 3동을 건립)이었고 대문간 2칸이 주어졌다는 기록으로 미루어 전해지는 사진(78쪽)은 입주자들이 함께 사용하는 공동마당에서 대문간 방향으로 촬영한 것으로 짐작할 따름이다.

한편, 교북동 간편주택에 든 이들의 직업이며 소득이 조사된 바 있는데 이를 통해 당시 심각한 주택문제에 봉착한 조선인들의 생활상을 확인할 수 있다.

1923년 교북동 간편주택 거주자 생활 상태

직업별 (괄호 안 작은 글자는 필자)	호수	인구			1호 평균 월수입액	1인 평균 월 생계액
		남	여	계		
담군(擔軍, 날품팔이) 기타 일가(日稼)노동(농사)에 종사하는 자	14	31	32	63	25원 21전	4원 96전
주인(남편) 무식하고 부인의 노동 수입으로 호구하는 자	12	29	28	57	13원 50전	2원 81전
과부로 재봉 수입으로 유족을 부양하는 자	6	8	13	21	15원 50전	4원 42전
수공품 제작에 종사하는 자	9	18	19	37	18원 66전	4원 54전
전매국 연초 직공	8	14	20	34	21원 12전	4원 97전
경성부 소리(小吏, 아전) 및 위생인부(청소원)	3	9	6	15	22원 62전	5원 23전
고원(雇員, 일용직 공무원) 및 사용인(私傭人, 품팔이)	8	16	12	28	16원 22전	4원 32전
체신 공부(工夫, 우체부 및 전기통신공) 및 배달부	4	7	5	12	18원 75전	6원 25전
잡품 행상	3	5	6	11	20원	5원 45전
세탁 및 잡품 수선업	3	2	7	9	17원 66전	5원 88전
대서 및 중개업	2	3	4	7	23원 50전	6원 62전
계(평균)	72	142	152	294	(19원 86전)	(4원 63전)

출처: 재단법인 사무소, 『재단법인 보린회 요람』(1923)

교북동 '간편주택'은 용어가 뜻하는 것처럼 정식으로 만들어진 주택이 아니라 간이로 만든 주택이다. '간편주택'뿐 아니라 '장옥'(長屋), '와가', '조선식 장랑옥' 등 여러 용어가 함께 사용됐다는 사실로 미루어 형상(장옥), 지붕 재료(와가), 조선인들에게 익숙한 전래적 양식과 형식(조선식 장랑옥) 가운데 무엇에 주목했는가에 따라 다양하게 불렸음을 알 수 있다.[18] 경성부 부영주택 가운데 조선인을 위한 주택을 봉래정이나 훈련원 가운데 한 곳을 정해 곧 공사에 착수할 것이라는 신문기사에서 '행랑식의 부영주택'이라 언급한 것이나[19] 경성 부영주택 4곳에 대한 구체적 기록인 경성부『경성 도시계획 자료 조사서』(京城府都市計劃資料調査書)에서 이를 '공동장옥'이라 부른 것도 비슷한 이유에서이다.

『경성 도시계획 자료 조사서』를 통해 본 경성부 부영주택

1927년 2월 경성부가 작성한『경성 도시계획 자료 조사서』는 1921년 경성부 4군데에 지어진 부영주택의 유형과 각각의 부지 규모, 구조 형식과 건축면적, 설비와 임대료 등에 대해 자세히 담고 있다. 비록 거칠지만 건축공사비와 1년을 기준으로 한 수지계획(收支計劃)도 실려 있다.

한반도에서 가장 먼저 지어진 부영주택인 경성부 부영주택은 1921년 주택지 선정 논란 끝에 부랴부랴 위치를 정한 뒤 졸속으로 지어졌다. 1912년부터 본격화된 도로정비 위주의 경성시구 개수사업(京城市區改修事業)이 이미 10년을 넘겼을 때였다. 우리나라 최초의 공설목욕탕이 평양에 개설(1920.6.4.)되고, 조선총독부의 전국 토지조사사업이 마무리(1918.6.18.)된 뒤였다. 말하자면 세밀하

京城府々營住宅建築費及一年收支計算表

建築費

種別	員數單位	單價金額	備考
普通住宅	四〇	一、五八三・七	六三、二四〇・一
共同住宅	八八	三一七・一〇	二七、九〇四・七
計	一二八		九一、二〇・九二八
借入金			
寄附金			
一般歳入金		三八	九一、二〇・九二八
譯内金費		圓	一五、五五三・七七
計		圓	一五、七六五・七六一

一筒年收支計算表

種別	員數單位	單價金額	備考
收 入 家賃			
蓮池町共同長屋	三六	一、八五	
三阪通普通住宅	二八	一八、五〇	
練兵町普通住宅	四〇	三〇・〇〇	
調練院共同長屋		三〇・〇〇	
計	六〇		六、七三九・〇〇（借地料五〇圓ヲ合ム）
支 出			
起債ニ對スル償還金		圓	一、一二四・〇〇
常時修繕費		圓	二、二〇〇・〇〇
火災保險料		圓	一一〇・〇〇
管理人手當		圓	二、一〇〇・〇〇
諸税其他		圓	一一八・〇〇
計		圓	五、七四四・〇〇
差引殘			九、七五・〇〇

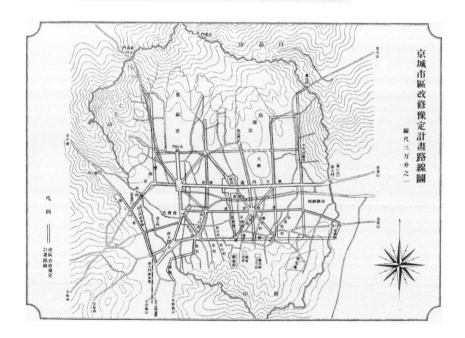

京城市區改修豫定計畫路線圖

縮尺三万分之一

凡例

——— 市區改修豫定計畫路線

← 1927년 2월 경성부가 작성한
『경성 도시계획 자료 조사서』의
경성 부영주택 시설 개황과 건축비 및 수지계획
출처: 국가기록원

← 1912년 작성된
경성시구 개수 예정계획 노선도
출처: 국가기록원

↓ 일본군 주둔지이자 일본인 밀집지역으로 조성된
용산 일대를 확인할 수 있는 「조선교통지도」(1924)에
표기한 일본인용 부영주택지
출처: 서울역사박물관

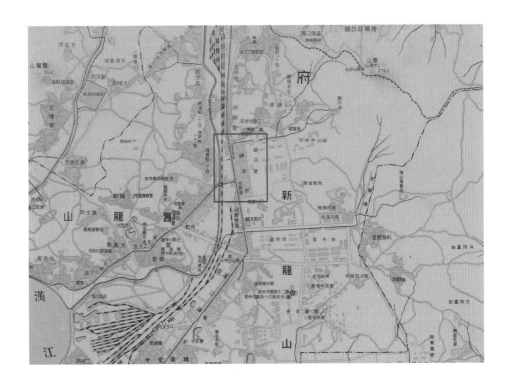

지는 않더라도 경성의 도시계획에 대한 대강의 윤곽이 그려진 뒤 부지 선정과 각종 편의시설 등이 검토됐던 사업이다. 반면 아직 경성부영시내버스 운행(1928.4.22.)은 시작되기 전이었다.

모두 4곳을 대상지로 삼았던 경성 부영주택은 여러 면에서 부족함이 많았음에도 불구하고 한반도 전역으로 부영주택 건립을 확대하기 위한 일종의 시범사업이자 선도사업이었다. 당시 신용산(新龍山)이라 불렸던 연병정 일본군 포병연대 주둔지의 서측 언저리를 따라 남북 방향으로 길게 구획된 곳 일부와 조선은행 사택이 가득 들어찬 삼판통에는 일본인을 위한 '보통주택'[20]이 각각 18동과 2동 들어섰다. 1924년에 경성의 빈민굴로 널리 알려지게 된 봉래정과 지금도 훈련원터로 불리는 을지로6가의 훈련원 자리 뒤편에는 조선인을 위한 부영주택이 '공동장옥'이라는 이름으로 만들어졌다. 이름이 이미 드러내듯 조선인을 위한 부영주택은 일본인을 위한 '보통주택'과는 다른 '장옥'이었다.[21]

연병정 보통주택은 18동의 건축물에 36세대가 들어가 살 수 있도록 조성됐고 삼판통의 경우도 연병정에 비해 규모는 작지만 2동에 4가구였다. 즉, 한 동에 2호가 연립했다. 반면에 조선인들이 기거할 봉래동 장옥은 6동의 건물에 28가구가 들어가 살도록 만들어졌으며, 훈련원 부영장옥의 경우도 10동에 60세대가 들어가도록 했다. 당연하게도 일본인들의 거주환경에 비해 조선인들의 거주 조건은 열악했다. 조선인을 위한 부영주택은 온돌난방에, 지붕 형식은 적당한 물매를 갖는 목조 트러스 구조 위에 슬레이트를 덮는 '공동장옥'으로 동당 4~6세대가 열차처럼 길게 이어진 단층짜리 살림집인 것에 비해, '보통주택'은 정확하게 한 동마다 두 집이 어깨를 마주한 단층주택이었다. 조선인들이 살게 될 부영주택을 달리 일컬어 '행랑식 부영주택'으로 불렸던 이유다.

"한강통, 삼판통에 있는 13평짜리 부영주택은 일인 전용, 봉래정과 훈련원에 있는 3평짜리 부영장옥은 조선인 소용"[22]이었다. 보통주택과 공동장옥의 호당 건축면적은 각각 정확히는 13.5평과 3.7평으로 들어선 곳의 위치와 상관없이 동일했는데 일본인을 위한 부영주택이 조선인의 그것보다 대략 4배에 가까운 전용공간을 가졌던 셈이다. 당시 부영주택은 교북동 간편주택과 마찬가지로 임대주택이었으니 월 임대료 차이도 컸다. 일본인과 조선인을 위한 부영주택을 다른 곳에, 다른 형식과 규모로 배치했다는 사실은 식민지 도시 경성의 '이중도시화'(dual city) 현상을 잘 보여준다. 흔히 남촌과 북촌으로 경성을 구분하는 태도가 그 예인데, 당시 경성 전체의 3분의 1 이상이 일본 이주민들이었고, 절반의 토지는 일본인 소유였던 까닭에 같은 시간대에 동일한 공간을 살아가는 일본인과 조선인 모두 이분법적인 세계관과 이중적 의식을 가졌다. 조선인의 경우 피식민이면서 동시에 제국의 신민(臣民)이었던 까닭에 제국의 이데올로기를 수용하면서도 동시에 그것으로부터 소외되는 의식을 가지게 되었다.[23]

일본인을 위한 보통주택과 조선인들이 기거하는 공동장옥은 규모의 차이만큼 실내공간 구성에도 큰 차이가 있었다. 조선인을 위한 부영주택에는 현관이며 객실, 거실(居室),[24] 도코노마(床ノ間),[25] 흔히 반침으로 불렸던 수납공간, 목욕탕이나 창고 등은 전혀 구비되지 않았다. 임대료는 주택임대료와 수도료, 전등 사용 요금을 합해 매달 부과되었다. 당시 부영주택 4곳 가운데 연병정에 있는 일본인 보통주택만이 가스 사용이 가능했는데, 별도로 부착한 미터기로 호별 가스 사용량을 계측해 산정한 가스 요금이 임대료에 더해졌다. 가스 사용료를 제외하고 보통주택과 공동장옥의 매월 임대료는 각각 21원 80진과 4원 25전이었다. 일본인 전용 부영주택은 조선인

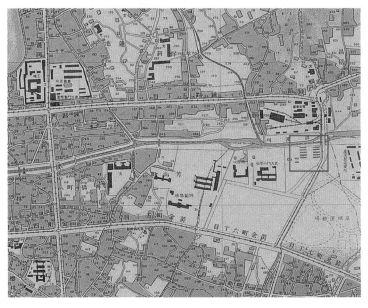

← 조선인을 위한 부영장옥
출처: 『동아일보』 1923.12.11.

← 1927년 제작된 「경성시가도」 내   ↓ 훈련원터 부영장옥 위치를 달리
훈련원 조선인 부영장옥 추정 위치   추정할 수 있는 경성지도 일부
출처: 서울역사박물관   출처: 서울역사박물관

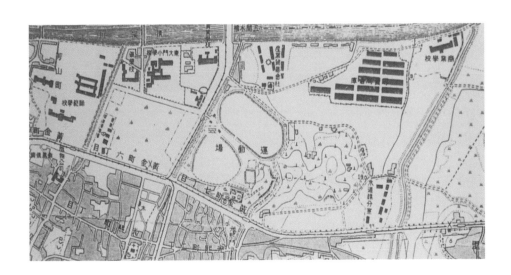

↓ 1936년 8월 제작된
「대경성부대관」 내 한강통 부영주택
출처: 서울역사박물관

↓↓ 1945년 9월 4일 미군10항모비행전대가
촬영한 일본군영 옆 일인용 삼판통 부영주택
출처: 미국국립문서기록관리청

가구에 비해 크기는 약 4배, 임대료는 거의 5배에 달했으며, 이는 당시 경성에 거주하던 일본인과 조선인의 경제적 형편이나 처지를 그대로 드러낼 뿐만 아니라 조선총독부와 경성부가 애초부터 가졌던 생각이 고스란히 반영된 것이었다. 차별은 모든 곳에 존재했다.

공동장옥 거주 조선인의 실상과 세궁민

『경성 도시계획 자료 조사서』에 기록된 봉래정과 훈련원의 '공동장옥'이라는 용어에 따라붙었던 '장옥'은 최소 규모의 살림집을 연속적으로 이어 붙인 공동주택을 말한다. 일본의 경우 "농업이나 어업을 하는 큰 작업단에도 광산이나 산림지역과 마찬가지로 오두막(小屋)이 있었고, 그것을 상설주택으로 모아놓은 것이 공동주택인 '장옥'(長屋, 나가야)이었다. 새롭게 생긴 크고 작은 도시에서는 '나가야'를 만들어야 할 필요"가 있었고,[26] 에도시대 말기부터 메이지시대에 걸쳐 벌어진 자국의 도시화에 대응하기 위한 방편으로 고안한 주거양식을 일제가 경성 부영주택으로 번역한 것이다. 부(府)가 주인 노릇을 하며 셋집으로 운영하던 공동장옥은 일본의 경우와 마찬가지로 주로 행상이나 막노동꾼 등 조선인 하층 서민이 기거할 것이 사전에 정해졌다.[27] 빈민계층을 위해 하나의 용마루를 둔 긴 공간에 칸을 막아 여러 가구가 살 수 있게 만든 월세 3원짜리의 이 집합주택은[28] 식민지와 조선인이라는 이중적이고 억압적인 차별 구조에 빈민이라는 딱지와 일제에 의해 불온함까지 더해진 낙인 찍기의 공간이었다.[29] 물론 경성 등 대도시의 가혹한 주택난에 따른 피치 못할(하지만 차별적이었던) 대안이었고 식민지 운영을 위한 최소한의 자구책이기도 했다.

↑↑ 도쿄 세민장옥(細民長屋)
거주 풍경(下谷區 龍泉寺町)
출처: 도쿄시 사회국, 『도쿄시내 빈민 관련 조사』
(東京市社會局,『東京市内の細民に關する調査』, 1921)

↑ 「내 동리 명물」에 실린
1921년에 지어진 염천교 건너 봉래정 부영주택
출처: 『동아일보』 1924.7.31.

↑ 도쿄 세민장옥 구조도(갑, 을, 병형)
출처: 도쿄시 사회국, 『도쿄시내 빈민 관련 조사』

1924년 7월 31일자 『동아일보』 기사는 경성 최초의 부영
주택으로 1921년에 봉래정에 지어진 경성부 공동장옥에 대해 '월
세는 3원이요, 지어놓은 주인은 경성부요, [세를] 든 사람은 대개
빈민이니 이것이 무엇인가 알지요. 염천교 건너 똑같이 생긴 이십
여 채 집, 봉래정의 빈민굴'이라고 묘사했다. 물론 이곳에도 월수입
70~80원을 버는 이도 있지만 그 역시 빈민이긴 마찬가지였고, 간신
히 9원을 벌어 세 식구가 사는 집도 있다며 한 끼 밥은 꿈밖이라 중
국 밀가루 두어 줌이면 냄비 아래 연기가 일어난다는 것이다. 그리
고 이들이야말로 하늘을 우러러보아도 부끄럼이 없고, 땅을 굽어
보아도 부끄럼이 없는 이들이라고 덧붙였다. 식민지 백성의 참상이
었다.

경성부의 부영주택 80호의 실태를 묘사한 신문과 잡지 기
사를 좀 더 들여다보자. 입주민의 직업과 수입은 물론이고, 입주민
의 수입에 따른 분류, 생활비까지 자세한 사항들이 기록되어 있다.
그 시대의 분위기를 느끼기 위해 길지만 그대로 인용한다.

공장 직공 12명, 막벌이꾼 11명, 회사원 8명, 관공리 9명,
신바람꾼[30] 6명, 토목 인부 5명, 전차종업원 4명, 소방수
4명, 상점 점원 3명, 하차 인부 2명, 인력거꾼 2명, 목수 2명,
미장이 2명, 각종 행상 2명, 전기공수(電氣工手) 1명, 강습
소 교원 1명, 화공(畫工) 1명, 석수장이 1명, 솜틀장이 1명,
대서업 1명으로 분류했다. 이와 같이 호주의 직업은 스무
가지나 되는데 호주의 아내가 되는 사람은 빨래 같은 품
삯으로 살림을 보태는 일이 있으나 이는 극히 드문 일이며
이상의 직업 중에서 가장 수입이 많은 사람은 관공리로,
모 관청의 서기는 한 달에 90원까지 생긴 때(지난 10월)가

↑↑ 광희정의 부영주택 60호
상량식 현장
출처: 『매일신보』 1927.11.26.

↑ 기채를 통해
1925년 4월 조성한
부산 부영주택지
출처: 경상남도,
『경상남도 사회사업 시설 개요』
(慶尙南道,
『慶尙南道社會事業施設槪要』, 1931)

← 대구 부영주택
출처: 조선총독부,
『조선 사회사업 요람』(1927)

있었으며, 수입이 가장 적은 사람은 물을 것도 없이 막벌이
하는 사람이니 이 중에서 가장 많은 수입이 있었다는 사
람이 단 9원(지난 10월)을 얻은 형편[이다.]³¹

90~85원 제1급, 85~75원 제2급, 75~65원 제3급, 65~55원
제4급, 55~45원 제5급, 45~35원 제6급, 35~25원 제7급,
25~15원 제8급, 15~9원 제9급. 아홉 가지 중에서 85원부
터 90원의 수입을 가진 제1급이 물론 상류계급(생활상으
로)이고, 5원부터 15원의 수입을 가진 제9급이 하류계급
이며 45원부터 55원의 수입을 가진 자가 푼푼치도 않고 빡
빡하지도 않은 중류계급이니 … 수입이 가장 없는 제9계
급은 원래 말할 것도 없는 일이지만 집세도 안 내고 의복
비용도 없이 일천 등분한 모든 수입의 95.5퍼센트에 해당
하는 수입의 전 부분을 좁쌀죽에 써버리되 수입이 가장
많은 제1계급은 집세, 나무, 의복, 쌀값, 반찬값을 한데 뭉
쳐도 일천 등분한 전 수입에서 77.1퍼센트밖에 안 되고 그
나머지는 모두 활동사진 구경이나 비누, 분, 담배 등 기타
잡비에 써버리는 형편이며 음식에 관한 비용만은 전 수입
의 반도 쓰지 않는 형편이니 빈민계급이라는 이네들 중에
서 또다시 하늘과 땅 같은 빈부의 차이가 생긴, 이 상하계
급의 살림살이의 내용이 얼마나 애처롭게도 고르지 못한
가. 더욱이 자제를 가르치는 비용으로 써버리는 소위 교양
비는 80호 중에서 간신히 25호에 지나지 않으니 이네들은
다 굶어죽지 않기 위해 밥을 먹을 뿐이다.³²

결코 한 집안 식구가 두 방에 혹은 세 방에 나뉘어 살지는

京城府住宅問題ニ關スル施設概況

府營住宅設備一覽表

種　　　別	單位	練兵場 普通住宅	三坂普 通住宅	蓬萊町 共同長屋	訓練院 共同長屋	備　考
總　棟　數		18	2	6	10	
總　戶　數		36	4	28	60	
一戶ノ設備 敷地坪數		23	23	9	9	
構造		スレート葺	〃	〃	〃	
建坪		13.5	13.5	3.7	3.7	
延建坪		13.5	13.5	3.7	3.7	
土間		(上り段共)半坪	(上り段共)半坪			
玄關		1 〃	1 〃			
客室		6 〃	6 〃			
居室		4.5 〃	4.5			
温突室		4.5	4.5	10.5尺×8尺	10.5尺×8尺	
床ノ間		3尺×4.5尺	3尺×4.5尺			
押入		3尺×4.5尺	3尺×4.5尺			
椽側		9尺×1.5尺	9尺×1.5尺	3尺×8尺	3尺×8尺	
炊事場		1.5坪	1.5坪	4尺×10.5	4尺×10.5	
湯殿		〃	〃			
物置		半坪	半坪			
便所		(廊下共)1坪	(廊下共)1坪	3尺×4尺	3尺×4尺	
借住者一戶ノ費用 家賃		18.50	18.50	3.00	3.00	
水道料		1.35	1.35	.40	.40	
電燈料		¥1.95	¥1.95	¥0.85	¥0.85	
瓦斯代		メートル制ニ付	不定			

↑ 경성 부영주택 시설 개황

출처: 京城府, 『京城府都市計劃現狀調査件』(1925)

못하게 법으로 되어 있다. 아버지 어머니 자식 며느리 딸 할 것 없이 한 방에서 기거침식(起居寢食)하는 것이다.(!) 그리하여 부청에 내는 돈은 방세 3원과 전등 요금 90전이다. (물론 이 전등 요금은 직접 부청에 납부하는 것은 아니지만 편의상 이와 같이 계산한다. 그러니 부영장옥에 살자면 다달이 3원 90전을 내놓아야 하는 것이다.) 그리고 그 다음에는 생존비(生存費, 이 사람들에게는 생활비는 고사하고 다만 목구멍만 축이고 몸뚱어리만 가리는 힘, 고만한 재력, 즉 생존비만이 필요하다. 생활비라는 것은 여유 있는 사람들이 쓰는 말이다)는 얼마나 되느냐 할 것 같으면 네 식구 있는 가정의 예를 들면, 쌀 1원 50전, 잡곡 5원 85전, 땔나무(薪) 60전, 담배 30전, 성냥 3전, 고기 75전, 푸성귀 36전, 생선 10전, 두부 5전, 떡 30전, 전차비 15전, 합계 10원 12전이다. 여기에 앞서 말한 3원 90전을 합하면 14원 2전이다. 이 금액은 생존비로서의 최저액…[33]

경성부가 실시한 80호의 부영장옥 거주자 조사에서 가장의 직업 중 12명을 차지한 공장 직공에 이어 11명으로 두 번째에 해당하는 막벌이꾼 가운데 1923년 10월에 가장 많은 수입을 올린 경우가 9원이었다는 사실을 그대로 받아들인다면, 부영장옥 거주자 가족들 대부분은 생존할 수도 없는 상황이었다고 해도 과언이 아니다. 독지가들에 의해 마련된 교북동의 간편주택 거주자 또한 예외가 아니어서 그곳 입주자들의 대부분은 생존이 위태로운 상태였다. 특히 여성이 가족을 부양해야 하는 경우가 허다해 죽지 못해 사는 꼴이었다.[34]

　　일제는 경성 부영주택이 조성되는 시점인 1921년 7월 내무국 사회과를 특별히 설치해 서민층에게 장기 저리의 임대료를 대

◇朝鮮社會事業一覽表◇ 〔昭和七年〕

	聯絡機關	助成機關	方面委員	隣保事業	嚮導者保護事業	醫療救護事業	病者安慰事業	養老事業	慰護事業	軍事救護事業	災害救助事業	窮民救助事業	公設住宅	小口金融 付額年賦	公設質屋	公設洗濯所	公設理髮所
京畿道		1	1		8		1						2	6		2	2
忠淸北道					1			2	1		1	1		1			
忠淸南道					3	2		1		1	1	2					
全羅北道			1		5	1				2		1		1		1	
全羅南道			1		6				1				1	2	1		
慶尙北道			1		7		1	1	1		1	1		1			
慶尙南道			1		8	1				4		1		1		1	
黃海道					5						4			4			
平安南道			1		5							1					
平安北道			2		4					7				2		2	
江原道					2								1				
咸鏡南道			2		2				1			1		2		2	
咸鏡北道			1		2									2			
計	1	2	27		64	5	6	5	2	2		9	26		14	14	16	3

京城市內土幕民
阿峴으로 移住시킬 計劃
三年繼續○로 五百戶移轉
四萬坪의 土地도 買收

京城附近 七個所 土幕民 六千九百餘

第一圖 京城府土幕分布圖

砂目部—京城市街地
一—土幕約50戶
二相當
N
1km

弘濟町　亡王峯　北岳　吉晉橋下　敦岩町
山城　察基町　山頭町　新設町　忠信町　新堂町
阿峴町　孔德町　都心地帶　清涼里
京城驛　桃花町　往十里
紅嶺山　南山
漢江　龍山驛　金湖町
龍山　一村町
鷲梁　大登浦

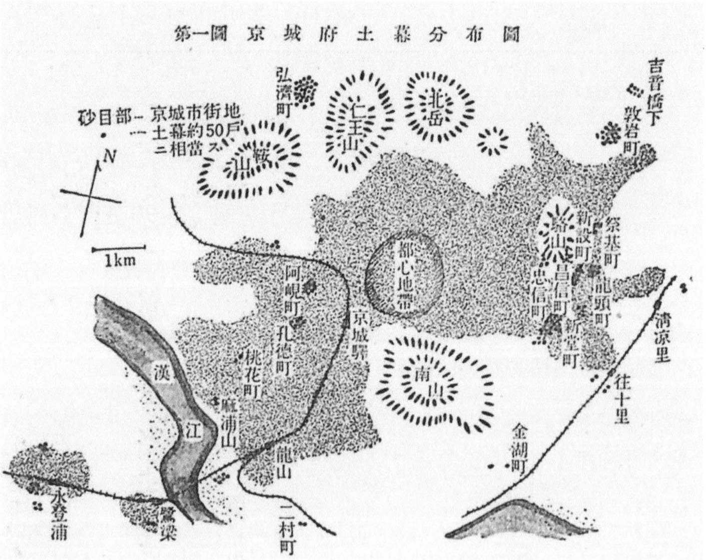

↑↑ 1932년 현재 조선 사회사업 일람표
출처: 조선총독부, 『조선 사회사업 요람』(1927)

↑↑ 아현리 토막수용지 관련 기사
출처: 『동아일보』 1934.8.13.

↑ 1930년대 후반 경성부 토막 분포도
출처: 경성제국대학 위생조사부, 『토막민의 생활·위생』
(京城帝國大學 衛生調査部, 『土幕民の生活 衛生』, 1942)

부하는 방식을 도입해 공설주택공급에 착수했다고는 하지만,[35] 식민지 시기를 통틀어 조선인을 위해 적극적으로 주택정책을 펼치지는 않았다. 오직 구휼과 구제의 입장에서만 조선인 주택문제에 대응했을 뿐이다. 안타까운 사실은 그들의 삶을 거주공간의 모습과 견주며 온전하게 파악할 수 있는 사진이나 도면을 찾아보기 어렵다는 점이다. 표로 작성된 경성 부영주택의 시설 개황을 통해 추정하거나, 일부 전해지는 얼마 되지 않는 사진 자료를 확인하는 정도에 그칠 수밖에 없다. 1925년 4월 발행된 『경상남도 사회사업 시설 개요』에 의해 중도정(中島町, 현 부용동), 대신정(大新町, 현 동대신동), 초량정(草梁町, 현 초량동) 등에 지어진 공설주택인 부산 부영주택을, 1927년 8월에 조선총독부가 발간한 『조선 사회사업 요람』에서 대구 부영주택의 상황을 확인할 수 있는데, 이렇게 기록으로 남긴 것은 상대적으로 드러낼 만한 것들이었기 때문이기도 하다.

결국 조선인을 위한 주택정책의 대상은 조선인 세민과 궁민이었다. 경성 부영주택이 시작된 1920년대 전후에 경성에서는 빈민을 크게 궁민과 세민으로 나눠 불렀는데, "세민은 궁핍한 상태에 있으나 우선은 연명하여 가는 자로 월수입 30원 이내의 자(2종 세민)이고, 궁민이라는 것은 긴급 구제를 요하는 상태에 있는 자(1종 세민)를 가리키는 표현이었다".[36] 따라서 부영주택은 이들을 구제의 대상으로 판단해 죽음으로부터 긴급 구조하는 단발성 조치였다. 1933년 10월에 발간된 『조선연감』에서 '궁민구조사업'이 공설주택사업에 비해 압도적 숫자를 차지한 것이 이를 반증한다.

경성 부영주택을 서둘러 건설하고자 했던 것도 장기적 구상이나 본격적 주택 건설을 궁리한 결과가 아니었다. 오히려 민간의 움직임에 뒤늦게 반응한 것이었다. 1921년 4월 조선인 유지들이 주택구제회를 결성해 무주택자들을 위한 주택공급에 나선다고 선포

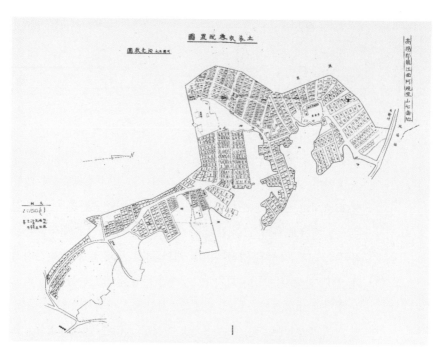

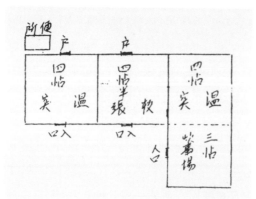

↑↑ 아현리 산7번지 경성부
토막수용지 배치도(1936.2.)
출처: 국가기록원

↑ 준공을 앞둔 춘천 읍영주택 관련 기사
출처: 『조선신문』 1935.6.2.

← 「경성부 토막민 정리 시설계획」에 담긴
토막수용지 가옥건축 표준 양식(1936.2.)
출처: 국가기록원

하자 경성부는 부랴부랴 주택난에 대처하는 안을 발표하는 식이었다. "경성부는 주택구제회의 신문기사가 난 지 보름 후, 정식 발기일로부터 5일 후인 1921년 5월 5일에 한인 및 일인용 행랑식 부영주택 건설계획을 발표했으며 다음 날 그 건축부지를 일인용 40호분은 한강로에, 한인용 150호분은 남대문 밖 봉래동과 황금정6정목(黃金町6丁目, 현 을지로6가) 훈련원 북편으로 할 것을 결정했다."[37]

      1934년에는 경성부가 소유한 광희정(光熙町, 현 광희동) 땅에 시험적으로 부영주택 60호를 건축하여 월세 50전을 받고 경성부 세궁민에게 빌려주었다고 하지만[38] 다른 한편으로는 이들을 눈에 띄지 않는 곳에 집단으로 격리하고, 해당 지역의 유지와 관리를 사회단체나 종교단체에 떠넘기는 일을 계속했다. 아현리(阿峴里, 현 아현동), 신당리(新堂里, 현 신당동 일대), 도화동(桃花洞, 현 도화동), 청엽정(靑葉町, 현 청파동), 봉래정 등 모두 7곳의 토막민 촌락을 도심에서 멀리 떨어진 아현리 토막수용지로 몰아넣기로 하고 총독부와 협력관계를 유지했던 불교단체 화광교원(和光敎園)으로 하여금 별도로 토지를 구입해 시내에서 몰려 나오는 토막민에게 10평씩의 땅을 대여해 자력으로 집을 짓도록 다독이거나 강제했을 뿐이다.[39] 신문기사와 더불어 1936년 2월 5일 작성된 「京城府土幕民整理施設計劃」은 이를 잘 보여준다.[40] 즉, 민간단체의 자선사업으로 인해 떠밀리다시피 착수했던 부영주택 건설 후 사실상 후속 사업이 없는 상황에서 일제는 날로 늘어나는 조선인 세궁민을 집단 이주시키는 방침을 유지했는데, 이마저도 결국 사회단체나 종교단체의 구휼과 자선에 맡겨버렸다. 방치했다고 해도 무방할 정도다. 이와 때를 맞춰 지방 도시에서는 기채를 통해 읍영주택(邑營住宅) 건설이 진행되었다. 1930년대 중반 실상이야 어떻든 공영주택으로서의 부영주택 혹은 읍영주택 등이 활발하게 건설되기 시작한다.

↓ 춘천읍 소양통 3정목(昭陽通3丁目, 현 춘천시 소양동) 114번지에
10동으로 계획된 춘천 읍영주택 배치도(1934.10.)
출처: 국가기록원

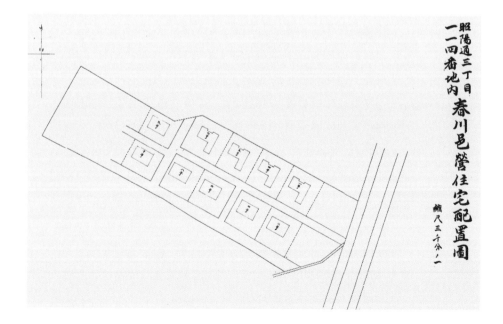

부영주택과
읍영주택

1934년 경성 광희정 부영주택공급과 함께 부영주택과 읍영주택은 한반도 전역으로 확대됐다. 1930년 이후 1941년까지 9곳의 대도시가 부(府)로 추가 승격되고, 일제의 한반도 통치가 공고해진 결과였다. 또한 중앙 통제에 의한 지방의 주택공급체제가 갖추어진 것도 배경이 됐다. 도시지역의 주택수요가 늘어나면서 건설업자와 임대업자 들의 난립이 심해지자 이에 따른 불량주택 건축 규제와 주택 건설을 계획적으로 유도하기 위해[41] 1934년 「조선시가지계획령」(朝鮮市街地計劃令)이 제정되면서 주택의 재료와 설비, 높이, 창호의 면적에 이르기까지 상세한 건축 기준이 규정되었다.

경성의 경우는 1936년의 행정구역 확장으로 그동안 부외지역(府外地域)이었던 곳이 부의 관할영역으로 편입된 것도 중요한 동기였다. 이와 함께 날로 심해지는 세궁민과 토막민에 대한 대책마저 민간이나 종교단체에 무턱대고 전가할 일이 아니라는 총독부의 우려도 작용했다. 공영주택 보급 역시 위중한 식민통치 전략이었기 때문이다. 이와 관련해 「춘천읍 공영주택 건설비 기채의 건」이라는 문건에 등장하는 춘천 읍영주택 가운데 '조선식' 가옥 사례가 눈여겨볼 만하다.[42] 갑호 4동과 을호 6동을 합해 모두 10동으로 계획된 춘천 읍영주택은 2가지 유형 모두 건평 11.52평으로 지붕은 아연(소위 징크)을 덮은 것이다. 일제에 의해 공급된 주택의 거의 모두가 일본식 주택의 전형을 따르면서도 한반도의 기후를 고려해 방 하나는 온돌로 했던 것과 달리 온돌방을 2개 이상 두었다는 사실도 사뭇 독특하지만, 전통적인 조선가옥의 사랑방에 해당하는 '객실'을 따로 뒀다는 점도 특이하다. 조선식이라는 이름 그대로 평면 형식이나 난방 방식 등에서 재래의 것을 주목했다는 뜻이다. 부 단위도 아닌 지역

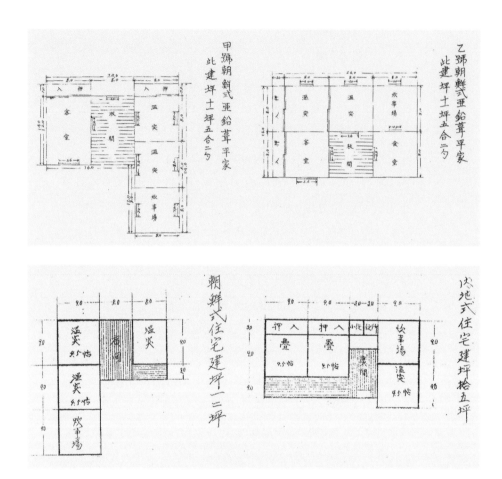

↑↑ 춘천 읍영주택 중
'조선식' 갑호 및 을호 평면도(1934.10.)
출처: 국가기록원

↑ '조선식'과 '내지식'으로 구분한
제천읍 화재부흥 읍영주택 평면도(1941.10.)
출처: 국가기록원

행정단위에서 조성한 읍영주택 평면도에 '식당'이라는 용어가 등장
하는 것도 흥미롭다. 재래의 구성과 새로운 재료 및 용어가 혼재되
어 있었다.

　　　　　이러한 사실은 관사며 사택과 달리 한반도 전역을 대상으
로 하는 부영주택 혹은 읍영주택 대부분이 궁핍한 조선인을 위한 임
대주택이었기 때문에 그들의 생활방식에 가급적 부합하는 것이어야
한다는 총독부 나름의 절박함을 드러낸다. 제천읍 화재로 인한 이
재민 구호를 위해 계획된 제천 읍영주택의 경우는 일본식과 조선식
을 동시에 궁리했는데,[43] 평면의 형식에도 차이가 있지만 가장 두드
러진 차이점은 일본식과 달리 조선식인 경우 모든 방을 온돌로 했다
는 점이다. 일본식인 경우, 관사나 사택처럼 방 하나만을 온돌로 하
고, 나머지 방 2개는 4장 반의 다다미(畳)를 깔았다. 물론 일본식은
조선식에 비해 건평이 3평 더 넓었다. '광간'(廣間)으로 표기된 널마
루가 깔린 공간이 어떤 형식을 취했는가에 따라 일본식과 조선식을
구분했을 수 있다는 추정도 가능하다. 즉, 주택의 내부공간에서 광
간이 중심에 위치하면서 전면과 후면의 외부공간과 막힘이 없는 경
우를 조선식으로, 그렇지 않은 경우를 일본식으로 구분했을 개연성
도 있다.

　　　　　부영주택이나 읍영주택이 전국적으로 확대된 결정적 시
기는 1939년부터다. 1939년에 경성부에서는 「주택조합령」(住宅組
合令)을 마련하고, 부유지를 대상으로 대지 면적 18~20평을 기본으
로 하는 주택 100호를 1940년까지 건설하되 우선적으로 한남정(漢
南町, 현 한남동)을 대상으로 한다는 소식이 새해 벽두부터 전해졌
다.[44] 중요한 사실은 예외 없이 임대 방식을 유지했던 그 전과는 달
리 임대와 더불어 연부상환(年賦償還)을 이용한 분양 방식도 활용하
기 시작했다는 것이다. 공영주택의 임대 원칙이 달라진 것인데, 이는

↑ '부, 읍에는 공영주택, 사택 건축에는 자금 조정'을 지시한
정무총감의 주택난 완화 대책
출처: 『동아일보』 1939.6.6.

가공할 도시화로 인한 도회지 주택난과 이를 틈탄 날림 주택업자들의 주택시장 혼탁, 중일전쟁의 격화로 인한 조선총독부의 재정 상태 불안정도 중요한 요인으로 작용했다.

급기야 1939년 6월 5일 정무총감의 주택난 완화 대책이 발표된다. 땅값과 주택 임대료 인하와 앙등 억제 대책이 주된 내용을 이루는 매우 구체적이고 강력한 조치였다. 이는 1937년 발발한 중일전쟁 격화로 인한 건축자재의 부족과 물가 상승으로 안정적인 주택 건설에 차질이 빚어진 것이 그 배경인데, 정무총감의 발표는 1939년 9월에 이르러 부동산 가격과 집세 안정을 위한 「지대가임통제령」(地代家賃統制令)으로 제도화된다.[45]

1939년 대책의 주요 내용은 4가지로 정리된다. ① 부읍(府邑)에서는 공영주택 건설에 대하여 대책을 강구하되 경성, 평양, 대구, 부산 등지의 도시에서는 '아파트' 건축에 대하여 고구(考究)할 것, ② 은진산업(殷賑産業)[46]의 기업자는 물론 일반적인 큰 회사와 공장에서는 종업원 주택을 지을 수 있도록 가급적 권장할 것, ③ 교통(交通)기업회사에서는 종업원 주택의 건축은 물론 일반 주택 경영도 권장할 것, ④ 공공단체의 공영주택, 회사 등의 사택(社宅) 건축 혹은 주택 경영을 위한 기채와 자재, 자금에 관해서는 총독부에서 「자금조정법」(資金調停法)의 허가뿐만 아니라 자재에 관해서도 특별히 고려할 것이며, 대용자재(代用資材)를 많이 사용할 수 있도록 특별한 편의를 제공한다는 것이었다.[47]

지대와 집세 인하 및 앙등 억제 대책은 ① 지대와 집세는 어떤 사유와 명분을 불문하고 1938년 12월 말 기준 가격으로 통제하고 만약 그 시점 이후 올린 것은 표준액까지 내리도록 할 것, ② 새롭게 주택의 임대료를 정할 때는 부근의 보통 임대료 수준에 따라 타당한 금액을 따르게 하고 주택난을 가져오는 임대료는 절대 엄금

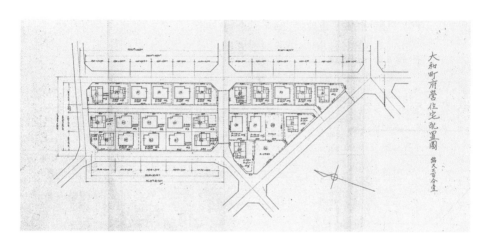

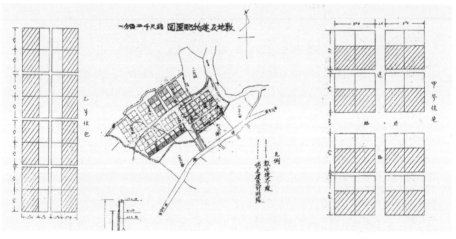

↑↑ 인천부 대화정(大和町, 현 숭의동)
부영주택 배치도(1941.10.)
출처: 국가기록원

↑ 순천읍 읍영주택
부지 및 건물 배치도(1940.9.)
출처: 국가기록원

할 것, ③지대와 집세의 쟁의 해결에 대해서는 ①, ②항에 의할 것, ④집주인, 지주 등의 간담회 기회를 만들어 만전의 조치를 다할 것이 그 골자다.

따라서 1939년 이후 부영주택은 여러 측면에서 많은 변화를 가져왔다. 임대 원칙의 공영주택이 임대와 더불어 부지 판매와 분양도 병행할 수 있게 됐다. 민간 주택시장과 경쟁하면서 전쟁 격화로 인한 민심 수습책으로도 활용되었으며, 경성, 평양, 대구, 부산 등 대도시의 경우 '부영아파-트'[48]를 적극 도모하는 계기가 됐다. 1939년 이후 아파트 건설 자금 확보를 위한 '아파트 신영비 기채'(アパ-ト新營費起債) 관련 문건이 빈번하게 등장하는 것이 이를 방증한다. 당시 대구와 청진 등에 시도됐던 아파트는 1930~1940년대 한반도의 아파트 건축을 이해하는 중요한 자료이기도 하다.

이와 함께 일제의 식민통치 최전선인 하위 행정단위 관료들을 위해 공급했던 거점지역의 관사(官舍)와 철도 부설지역 혹은 철도 정거장이나 기지창 주변에 들어섰던 철도관사나 사택(社宅)에 일반주택 혹은 보통주택이라 부를 수 있는 공영주택이 부영 및 읍영의 형태로 보급되면서 일제가 강권한 주택 유형이 보통의 것으로 폭넓게 유포됐다. 직급이나 직책에 따라 대지와 건축면적 혹은 부대설비와 가구가 다르게 주어지고, 같은 규모의 주택이라도 갑호, 을호, 병호 등으로 나뉘었던 계열화된 표준형 주택이 전국적으로 널리 퍼지는 동기가 된 것이다. 이는 일제가 주도한 일식 주택 위주의 공영주택이 더 큰 영향력을 행사하게 되었다는 뜻이다. 또 정무총감의 주택난 완화와 집값 통제 대책에서 언급한 대용자재의 사용 범위가 넓어져 지역 및 행정단위별로 자재를 임의로 사용할 수 있는 폭이 커졌다. 여기에 중일전쟁 여파로 한반도 내 자재 및 물자 부족 현상이 겹쳐 공영주택의 일관성이 다소 엷어지면서 질적 하락을 초래하

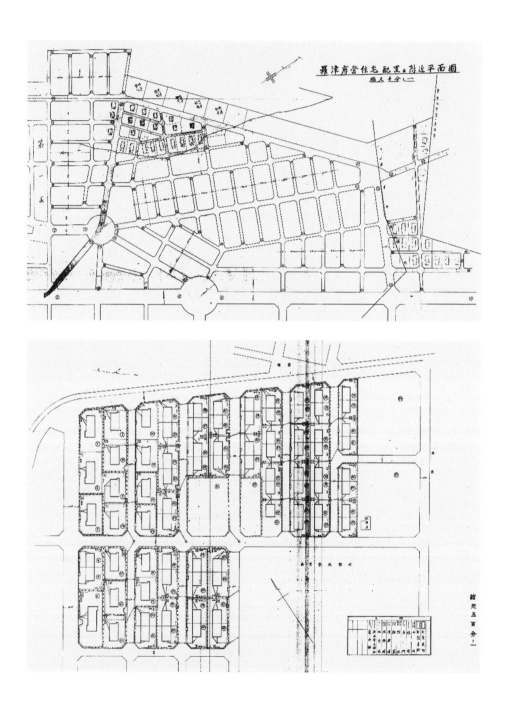

← 나진 부영주택 배치 및 부근 평면도(1939.8.)
출처: 국가기록원

↓ 해주 부영주택 배치도(1940.3.)
출처: 국가기록원

← 함흥부 동운정 부영주택 배치도(1940.11.)
출처: 국가기록원

↓↓ 해주 부영주택 을호(건평 15평) 평면도(1940.3.)
출처: 국가기록원

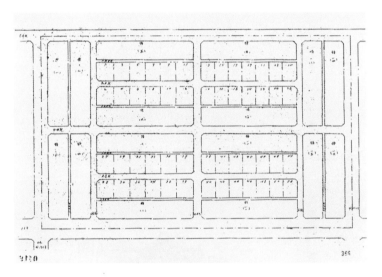

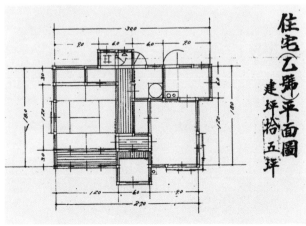

↓ 흥남읍 천기리
읍영주택(건평 15평) 배치도(1940.3.)
출처: 국가기록원

↓↓ 순천 읍영주택(2014.8.)
ⓒ오오세 루미코(大瀬留美子)

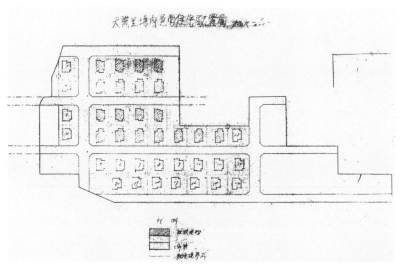

는 결과를 낳았다는 점도 주목해야 한다.

　　부영주택 혹은 읍영주택의 전국적 확산이 가져온 가장 큰 영향은 격자형 도로체계를 기본으로 방형(方形, 정방형 혹은 장방형)의 대지가 집합적으로 조성되는 근대적 수법에 의한 주거 밀집지역이 한반도 곳곳에 조성됐다는 것이다. 이로써, 관사와 사택이 퍼지던 시기에 그랬듯, 새로 조성된 주거지(住居地)와 오래된 구역이 읍 단위의 소규모 지역에도 혼재하며 대립 구도가 형성되었다. 각종 기반시설이나 편의시설을 이용할 수 있는 잘 구획된 신시가지의 등장으로 인해 조선식 가옥을 구래의 고식으로 폄훼하는 의식을 낳았고, 주택이 절대적으로 부족한 상황에서 허름한 부영주택도 욕망의 대상으로 떠올랐다.

　　일부의 경우를 제외하고는 1939년 이후 부영주택이나 읍영주택의 평면 형식은 거의 모두가 일본식 주택평면 형식을 따랐다는 사실 외에는 일관성이나 엄격성은 찾아보기 어렵다. 한반도는 전쟁물자 제공과 비축을 위한 배후기지였던 탓에 기존의 경우보다 질이 낮은 대용자재가 부영주택이나 읍영주택에 많이 사용됐고, 전국 행정단위의 재정적 여건도 서로 달랐기 때문이다. 민심 동요를 억제하기 위한 방편으로 공급된 집이었음에도 불구하고[49] 질 낮은 부영주택과 읍영주택에선 겨우 비바람을 피할 수 있었을 뿐이었다.

　　1940년 12월에 기채를 위해 제안됐던 경성부의 공사(公舍) 1, 2호 주택은 모두 독립적 울타리를 갖는 단독주택이지만 함흥부 동운정(東雲町)에 짓기로 했던 부영주택의 경우는 공급 호수의 3분의 2 이상이 2호 연립주택이다. 같은 해 진남포부의 10평형과 12평형 부영주택은 모두 일종의 장옥 형식을 택했다는 사실도 조선의 상황이 절대적으로 악화하고 있었음을 드러낸다.

　　1942년 7월에 20평 단독형인 갑형 1호, 16평 단독형인 을

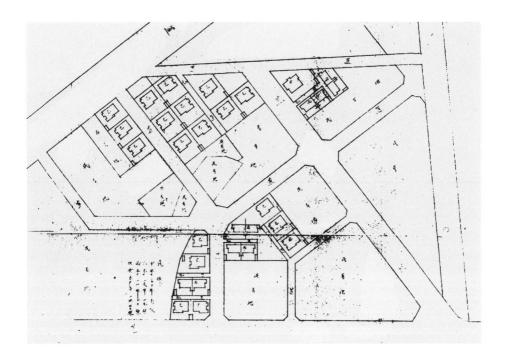

↱ 전주 부영주택 갑호
(20평 단독형) 평면도(1942.7.)
출처: 국가기록원

↑ 전주 부영주택 배치도(1942.7.)
출처: 국가기록원

→ 전주 부영주택 을호
(16평 단독형) 평면도(1942.7.)
출처: 국가기록원

↱ 전주 부영주택 병호
(11평 연립형) 평면도(1942.7.)
출처: 국가기록원

→ 진남포 부영주택(10평형)
신축 설계도(1940)
출처: 국가기록원

↱ 진남포 부영주택(12평형)
신축 설계도(1940)
출처: 국가기록원

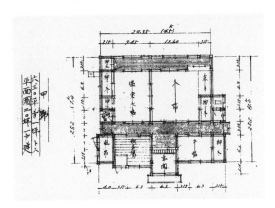

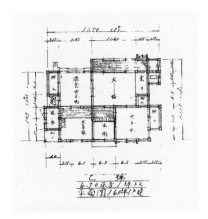

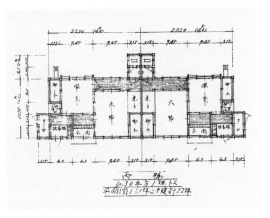

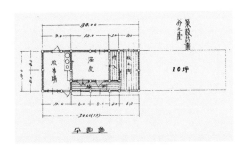

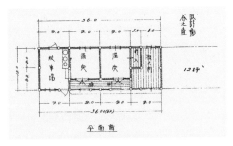

住宅

박과 뒷간을 改良하라

朴吉龍氏 談

在來 우리 住宅의 形式은 現代 우리 生活에 맞지 아니한 前代典型의 固執, 外來形式의 盲從, 다시 말하면 맛지 아니한 一定한 典型의 生活 慾求를 無理로써 飛行을 目的한 自動車이나 飛行機이다 그目的에 適合한 構造와 形式을 가진 것과 가튼 住居(生活)를 하는 住宅도 우리生活의 慾求하는 모든 條件에 適合한 生活이 命命하는 그대로의 形式과 內容을 가질 것이다 住宅이 生活表現이라는 것보다 生活의 表現이다

生活의 새로운 一新年을 맞이하야 우리 生活을 바로잡고 새롭게 繼承하는 在來住宅에 繼承된 同時에 住宅形式을 繼承하는 在來住宅은 無職無能한 機能的인 住宅은 우리의 生活에 絶對의 職能에 逃逃케하면 우리의 在來住宅은 다

生活能率을 增進케하고 保健과 慰安의 保障이 우리의 住宅에 絶對한 住宅이다 먼저 우리生活을 健康을 保持文當에 一步나아가 病理의 病와 側에 不銅하는 生命을 保持當에 있어 對生活의 加害를 絶하는 住宅이 病理的의 一大手術을 加할 것이며

우리 生活을 科學的으로 改造할 것이라고 한다
來住宅의 病과 側(便所)을 科學

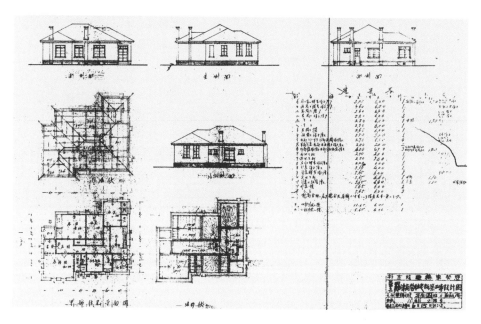

형 19호, 11평형 주택 2호 연립 형식을 취하는 병형 11호 등 모두
31호의 부영주택을 공급하기로 했던 전주부의 경우는 다른 지역에
비해 상대적으로 질이 좋은, 해방 직전 부영주택의 온전한 내용을
알려준다.[50] 전주 부영주택은 당시의 관사와 사택과 마찬가지로 철
저하게 일본식 주택 형상과 평면 구성을 유지하고 있지만 방 하나는
예외 없이 온돌을 두는 방식을 택했다. 이는 다분히 일본인을 대상
으로 한 것으로 보인다. 이보다 규모가 작은 다른 지역의 경우는 주
택 형식과 구성 방식은 일본식을 따르되 방은 모두 온돌을 채택한
것으로 미루어 조선인을 위한 것으로 판단할 수 있다.

부영주택이
건축사에 남긴 흔적

건설 주체가 지닌 속셈, 주택의 품질과 운영 등 모든 면에서 식민지
경영과 뗄 수 없는 한계를 지니지만, 한반도 전역에 지어진 부영주택
은 여러 면에서 한국의 건축에 여러 자취를 남겼다. 먼저 한국 최초
의 현대 건축가 중 한 명으로 꼽히는 박길룡(朴吉龍, 1898~1943) 역
시 부영주택과 관련이 있음을 지적할 수 있다. 조선인으로 1919년에
경성공업전문학교를 졸업한 박길룡은 종로 네거리 안국동 방면으
로 향하는 모서리를 차지했던 화신백화점의 설계자로 잘 알려져 있
다. 전하는 바에 의하면 개척자적 풍모와 건축에 대한 깊은 애정과
동포에 대한 관심으로 조선인뿐만 아니라 그가 활약하던 당시 일본
인들에게도 높이 평가받는 인물이었다.[51] 그는 경성의 화신백화점,
한청빌딩, 태서관 이외에도 평양, 개성, 김천 등지의 여러 곳에 학교
건축물을 설계한 당대 조선 최고의 건축가로 알려져 있다. 그러나
그가 1939년 6월에 나진부 부영주택을 설계했다는 사실은 그 유명

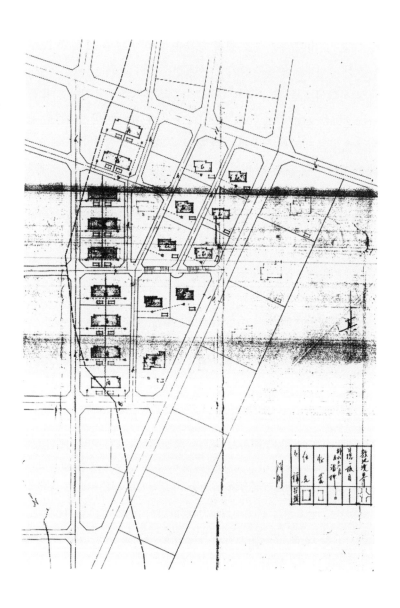

↑ 박길룡건축사무소가 작성한
나진 부영주택 배치도(1939.6.15.)
출처: 국가기록원

세에 비해 거의 알려진 바가 없다.[52]

그는 1930년대 초부터 다양한 대중매체를 통해 '부엌 개선이 필요하다'는 점을 역설하면서 조선 가정의 부엌에 대한 자신의 생각을 글과 그림으로 여럿 발표했다. 박길룡은 우리의 재래 주택은 무식, 무능한 주택으로서 병리적이라 할 수 있는 지나간 시대의 형식을 계승하고 있기에 재래 주택에 일대 수술을 가해야 한다는 일관된 입장을 견지했다.[53] 그런 박길룡이었지만 나진부 부영주택에서 응접실과 거실을 제외한 침실 3개는 모두 온돌로 설계를 했다. 부영주택 가운데 가장 격이 높은 갑호주택에는 거실이며 응접실, 욕실까지 두루 갖춘 도면을 작성했다. 같은 주택의 전등 공사 사양서에 의하면 지하실을 갖춘 터라 지하실 전등을 따로 설치했으며, 벽이나 지붕에 부착하지 않고 천장에서 길게 아래로 늘여 사용하는 당시 첨단의 펜던트 형식도 채용했는데 다른 주택 유형에 비해 그 숫자도 많았다.[54]

다른 한편으로 당시 기준으로는 대규모 도시 개발사업이자 주택공급사업이었던 부영주택은 공영주택을 설계하고 관리하는 조직을 낳았다. 1937년 조선총독부 고시 제195호에 의해 경성부 시가지계획의 첫 사업으로 영등포지구와 돈암지구에 대한 토지구획정리사업[55]이 제1토지구획이라는 이름으로 착수된다.[56] 그리고 이에 후속하여 제2토지구획정리로 대현 토지구획정리가 이어졌고,[57] 1939년에는 한남, 번대방(番大方, 현 대방동과 신길동 일대), 용두, 사근 토지구획정리사업이, 1940년부터는 청량리, 신당, 공덕 토지구획정리사업이 뒤따랐다. 그리고 이들 지역에 1941년 5월 조선총독부가 설립한 조선주택영단의 영단주택(營團住宅)과 경성부의 부영주택이 시차를 두면서 채워졌다. 1940년 이후 경성부를 중심으로 도심 외곽 곳곳에 부영주택지가 전원주택지로 광고되고 홍보된 시절이었다.

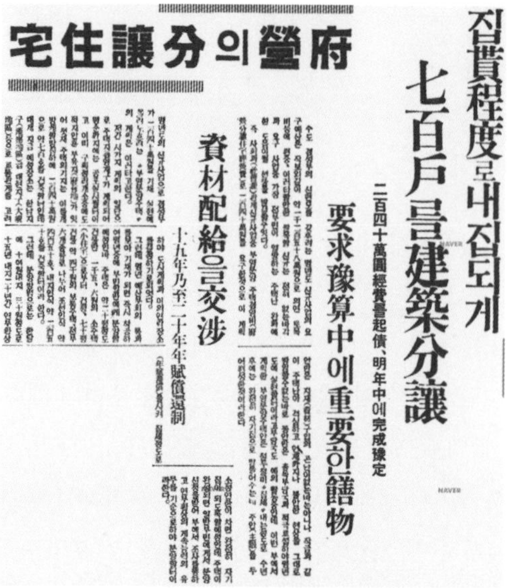

府營의分讓住宅

집貰程度로내집되게

七百戶를建築分讓

二百四十萬圓經費를起債、明年中에完成豫定

要求豫算中에重要한饍物

資材配給을交涉

十五年乃至二十年年賦償還制

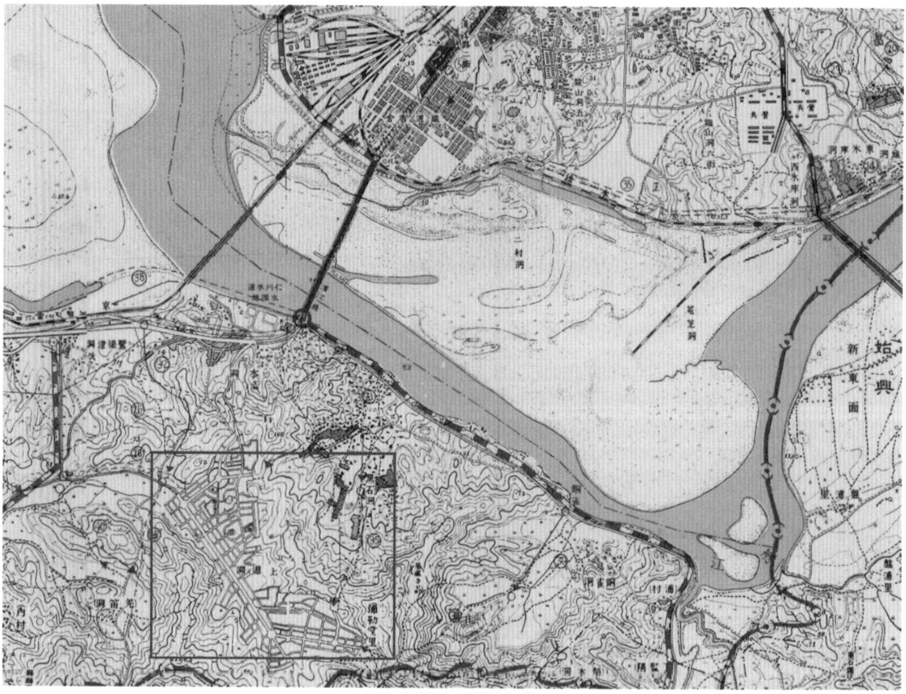

↑↑ 부영주택 분양 소식
출처: 『동아일보』 1939.10.25.

↑ 「서울 도시계획 도로망도」(1953)에
잘 드러난 상도동 부유지
출처: 서울역사박물관

↑↑ 조선주택영단의 택지 분양 광고   ↑ 금호 부유지 안내도(1942)
출처:『경성휘보』1941.8.   출처: 국가기록원

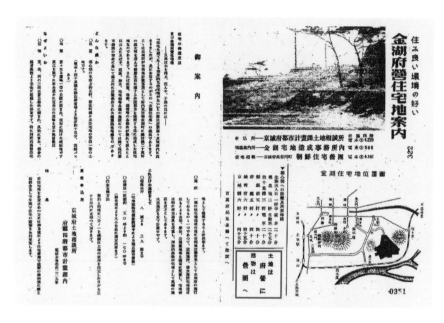

↑↑ '살기 좋은 환경을 갖춘'이란 문구와
함께 실린 금호 부영주택 안내(1942.3.)
출처: 국가기록원

↑ 번대방정 및 상도동
경성 부영주택 조성 분양지 모습
출처: 『경성휘보』 1942.9.

부유지나 부영주택지 광고에는 '토지는 부영, 건물은 영단'이라는 문구가 굵은 글씨로 써 있곤 했다.

임대 위주던 공영주택에 분양도 병행할 수 있게 한 방침의 변화와 더불어 대단위 토지구획정리사업이 시작되기에 이른다. 이는 부영주택과 공영주택의 면적 확산을 의미했다. 토지구획정리 사업은 새로 편입된 교외지역을 대상으로 대단위의 근대적인 공영 주택지가 확대되는 수단이 됐고, 경성부는 택지를 매각하는 주체로 나섰다. 때마침 1941년 7월 새롭게 등장한 조선주택영단이 표준형 주택을 대량으로 공급하는 방법을 택하면서, 부나 읍에서 기채를 통해 공급하던 부영 및 읍영 주택이 중앙집중적 방식으로 관리되기 시작했다. 말하자면 완전한 표준형 주택을 한반도 전역을 대상으로 확대할 채비를 완전하게 갖춘 것이다.

1945년 이후 부영주택과 읍영주택은 자연스럽게 영단주택 혹은 공영주택이라는 개념으로 편입되는데, 제대로 형식과 내용을 갖춘 것은 한참 뒤인 1963년경이다. 물론 해방 이후에도 다양한 이름의 주택이 국가나 공공기관에 의해, 혹은 대외 원조자금이나 구호용 자재 보급 등을 통해 이루어졌지만 대부분의 경우가 구호주택 이거나 난민주택 혹은 원조 자재로 지은 간이주택 등으로 일종의 대증적 처방에 의한 것이었다. 말하자면 제도적으로나 기술적으로 지속성과 안정성을 담보하지 못한 것들이었다.

1960년대에 이르러 대한주택영단이나 대한주택공사가 조성하는 공영주택이 표준적 모델로 자리매김하게 된 것은 1961년 1월 9일 보건사회부 장관이 「공영주택 건설 요강 제정의 건」을 국무회의 부의 안건으로 상정한 문헌에서 찾을 수 있다. 당시는 전후 복구사업이 마무리되지 않았고, 국가의 재정은 형편없던 시절이어서 무주택 영세민과 불량주택지구 거주자를 위하여 임대하거나 장기

저리로 분양하는 주택과 그 부대시설을 '공영주택'이라 정의하고, '도시지역에 건설하여 임대하는 3층 이상의 주택인 아파트를 갑종 공영주택'으로, '도시 주변지역에 단층 혹은 2층으로 건설하여 장기 저리로 상환하는 방식으로 분양하는 연립주택을 을종 공영주택'으로 구분했다.[58] 이때 갑종 공영주택인 아파트는 9평짜리와 7평짜리로 구분해 각각 A형과 B형으로 불렸으며, 을종 공영주택인 연립주택 역시 9평과 7평으로 나눠 이를 각각 C형과 D형으로 구분했다. 예컨대 '갑종 공영주택 A형'이란 곧 '도시지역에 건설되는 전용면적 9평짜리 아파트'를 말하는 것이었다.

5·16 군사정변 이후, 1934년에 제정된 「조선시가지계획령」은 「건축법」, 「도시계획법」, 「공영주택법」 등으로 시차를 두고 분화해나간다. 1963년 11월 30일 법률 제1457호로 제정된 「공영주택법」은 같은 해 12월 31일부터 시행되었고, 그 하위의 「공영주택법 시행령」이 1964년 5월 28일 제정되면서 1961년의 '공영주택 구분' 내용을 재규정했다. 이에 따르면, 공영주택은 제1종 공영주택과 제2종 공영주택으로 나뉘는데 제1종 공영주택은 대한주택공사가 건설, 공급하는 주택이며, 제2종 공영주택은 지방자치단체가 건설, 공급하는 주택을 말한다. 「공영주택법」과 「시행령」은 그로부터 10여 년이 지난 1972년에 「주택 건설촉진법」이 제정되면서 폐기됐는데 이를 계기로 '공영주택'이라는 용어는 거의 사용되지 않는다. 그 대신에 공적기관이 공급하는 주택을 흔히 '공공주택'으로 부르는 것이 오늘날의 상황이다.

해방을 맞기까지 한반도 전역에는 모두 22개의 부(府)가 있었고, 개성을 포함해 남한에만 19명의 부윤(府尹)이 있었지만 1949년 8월 15일 이들 부가 모두 시(市)로 바뀌면서 부제는 사라졌다. '부영'이라는 용어의 자리는 후일 시민들의 욕망의 대상이 된 '시

영'(市營)이라는 이름이 대신하게 되었다. 서울의 경우 지금은 재건
축돼 그 흔적조차 가늠하기 어려운 '잠실시영아파트'(1976년 준공)
가 바로 그 대표적인 예다.

주

1 이경돈, 「미디어텍스트로 표상된 경성의 여가와 취미의 모더니티」, 서울역사편찬원,
『일제강점기 경성부민의 여가생활』(서울책방, 2018), 20쪽. 이 글에서 '영관'은
영국영사관, '법관'은 프랑스영사관, '덕관'은 독일영사관, '아관'은 러시아영사관을
뜻함.

2 京城府, 「朝鮮公營住宅統計: 京城府營細民長屋」, 『京城府都市計劃槪要』(1938.6.6.),
국가기록원 소장 자료. 여기에 실린 내용은 1937년 4월 1일자 기준으로 조사된 것이다.
이 책자에서 경성의 경우는 부산, 대구, 목포, 신의주, 청진과는 달리 부영주택을
'부영세민장옥'이라고 표기하고 일본인을 위한 보통의 주택과 달리 취급했는데,
일본인을 위한 도시공영주택은 한 곳에 40호가 존치한다고 쓰인 것으로 미루어 연병정과
삼판통의 경우로 확인되지만, 부영세민장옥은 한 곳에 80호가 있다고 밝히고 있어
봉래정이나 훈련원이 아닌 다른 곳으로 추정된다. 1928년 7월 22일자 『매일신보』에
'정무총감이 7월 21일 광희문 밖의 빈민들을 시찰했는데 부영구제주택에 거주하는
자가 80호에 400명'이라고 언급된 바, 이곳이 「조선 공영주택 통계」에 기록된
'부영세민장옥'임을 추측할 수 있다. 이것의 존재는 "1927년에 경성부내 중구 하수동
거주 김희석이 고양군 한지면 신당리(오늘날의 중구 신당동으로 이곳이 경성부로
편입된 것은 1936년) 236번지 부지 1,000평의 땅에 2만 1,893원의 건축비로 연와조
80동의 한옥을 지어 1928년 4월 1일에 이를 무주택자에게 공급해 달라고 경성부에
기부한 것"(손정목, 『일제강점기 도시사회상 연구』[일지사, 1996], 239쪽), "경성부는
이를 광희주택(光熙住宅)이라고 이름하여 월 50전으로 무주택자에게 공급하고
있다"(京城府, 『京城社會事業便覽』[1932], 42쪽)는 연구와 기록과도 부합한다.
이를 통해 독지가가 지어 경성부에 기증한 주택을 경성부가 공식 통계로 잡은 뒤 이를
임대하는 방식을 취했다고 판단할 수 있다.

3 한강통 보통주택은 18동 36호, 삼판통 보통주택은 2동 4호가 지어졌는데 대부계약서를
통해 확인한 결과 적어도 1944년 4월 1일까지는 정상적으로 임대가 이루어졌음을 알 수
있다.

4 봉래정 공동장옥은 6동 28호, 훈련원 공동장옥은 10동 60호가 조성되었다. 『동아일보』
1921년 10월 9일자 기사는 봉래정의 경우는 1921년 10월 7일 입주가 시작됐고,
훈련원 부영주택은 1921년 12월 20일 입주 예정이라고 전하는데, 준공 일시와 입주
시기가 일치하지 않는 것은 입주자 선정과 같은 나름의 행정절차 때문인 것으로 보인다.
『동아일보』 1921년 12월 21일자 기사에 따르면, 조선인들을 위한 훈련원 공동장옥
60호 가운데 최초 입주자는 조선인 56가구와 일본인 4가구였고, 입주자들을 직업별로
분류하면 경성부청 직원 19세대, 그 밖의 관청 직원 10세대, 은행 및 회사원 14세대,
상업 5세대, 공업 5세대, 의생(醫生, 한방 관련 종사자) 1세대, 약제사 1세대, 안마사
1세대, 순사 3세대, 소방수 1세대로 조사됐다.

5 朝鮮総督府內務局社会課, 『朝鮮社会事業要覧』(1927), 62~64쪽, 일본국립국회도서관

디지털컬렉션. 이 문건에 기록된 각 지역별 현황은 다음과 같다.

- 대구: 호당 14.5평짜리 일본식 기와집 6호와 12.15평짜리 24호 준공
- 청진: 갑형 5동 5호, 을형 10동 10호, 병형 5동 5호, 정형 17동 34호, 무형 2동 12호 등 모두 39동 66호를 준공
- 공주: 갑형 2동 2호, 을형 6동 12호, 병형 3동 6호를 준공
- 해주: 갑호 3동 6호(동당 건평 31평), 을호 7동 14호(동당 건평 22평) 준공
- 목포: 14.5평짜리 갑형 4호, 12.5평짜리 을형 2호를 준공
- 부산: 중도정에 13호, 초량정에 23호, 대신정에 79호 등 모두 115호를 준공

6 「10대 1의 현격: 부영장옥의 비참한 생활(상)」, 『동아일보』 1923년 12월 11일자.

7 『동아일보』 1925년 9월 13일자 기사.

8 손정목, 『일제강점기 도시사회상 연구』(일지사, 1996), 241쪽.

9 같은 책, 241~242쪽.

10 조경달, 『식민지 조선과 일본』, 최혜주 옮김(한양대학교출판부, 2015), 36쪽.

11 『예규유집』(1924), 1쪽, 서울역사편찬원, 『국역 경성부 법령 자료집』(서울역사편찬원, 2017), 20쪽에 의하면 당시 「경성부조례 제1호」는 본문 3조와 부칙으로 구성되었는데 다음과 같다. 제1조: 부 조례는 부 조례임을 명기하고 공고 일시를 기입해 부윤이 이에 서명해야 한다. 제2조: 부 조례와 그 밖에 공고해야 할 사안은 부내에서 발행하는 신문에 등재하거나 게시장에 게시하는 절차를 취한다. 앞 항의 신문은 부윤이 정한다. 제3조: 공고 시안으로 시행을 요하는 것은 공고일로부터 기산해 3일이 지난 뒤 시행한다. 단, 특별히 시행 기일을 정한 것은 이에 포함되지 않는다. 부칙: 본 조례를 반포일로부터 이를 시행한다.

12 손정목, 「일제하의 도시주거문제와 그 대책」, 『도시행정연구』 창간호(1986), 131쪽. 이 내용은 일부 다른 기록과 다르다. 1923년 8월에 발간된 『재단법인 보린회 요람』에 따르면, 주택구제회가 주도하여 조선인을 위한 간편주택을 건설, 임대한 것은 1922년 7월 말이며, 당시 건설 호수도 정확하게는 72호였다. 하지만 1927년 8월 조선총독부 내무국 사회과에서 편찬한 『조선 사회사업 요람』엔 주택구제회가 마련한 주택을 사설(私設)주택으로 분류하면서 이를 교북동 노동주택(勞動住宅)이라 불렀으며, 준공 일자는 1922년 12월 23일로 적고 있다. 여기서는 보다 정확하게 정보를 기술한 『재단법인 보린회 요람』을 따랐다. 이를 요약하면, 간편주택은 1921년에 4동을 먼저 건설했고, 손창원(孫昌源)이라는 독지가가 3동 증축을 청하며 소요비 7천 원을 기부해 최종적으로는 1922년 7월 말 대지 1,160평에 기와를 덮은 조선식 장랑옥(長廊屋) 7동 162칸이 준공되었다. 그러니 경성 부영주택에 비해서 일부는 먼저, 최종 준공은 조금 늦었으며, 대구부 공설주택과 청진부 공설주택 준공 사이에 지어진 것이다.

13 물론 조선인 주택 구제를 위한 구제회의 교북동 간이주택 건설 발의는 경성부의 조치보다 앞섰다.

14 김태승, 「한중 도시빈민 형성의 비교연구: 1920년 전후 시기의 서울과 상해」,

『국사관논총』 제51집(국사편찬위원회, 1994), 243~244쪽.

15 주택구제회는 1921년 4월 30일 고양군 용강면 아현리 자선사업가 김주용(金周容)의
제안에 따라 김종한(金宗漢), 고윤묵(高允黙), 차석희(車錫喜), 박영효(朴泳孝),
유문환(劉文煥), 홍두희(洪斗熹), 서광전(徐光前), 김일선(金一善), 김한목(金漢睦),
신용하(辛龍夏), 김교성(金敎聲), 김성현(金聲鉉), 이각종(李覺鍾) 등 115인이
발기인으로 참여해 경성부 주택난으로 인한 조선의 빈곤 동포를 구제하기 위해 설립된
단체인데, 1922년 12월 23일에 아동 보호와 세민부락의 인보사업(隣保事業)으로
사업 영역을 확장하면서 조직을 변경하여 재단법인 보린회가 된다. 財團法人事務所,
『財團法人保隣會要覽』(1923), 5쪽.

16 앞서 언급한 것처럼 교북동 간편주택의 준공 일자는 문헌마다 조금씩 다르게 기술돼
있다.

17 『재단법인 보린회 요람』에 서술된 내용을 보면, 최초 입주한 72호 가운데 '주인(남편)
무식하고 부인의 노동수입으로 호구하는 자', 즉 노동부인이 있는 경우가 12가구였고,
가구원수를 모두 합하면 57명에 이른다.

18 『財團法人保隣會要覽』(1923), 5~6쪽. 1927년 8월 조선총독부 내무국 사회과에서
편찬한 『조선 사회사업 요람』에는 경성부 교북동 노동주택(勞動住宅)이라고 적혀 있다.

19 「행랑식의 부영주택」, 『동아일보』 1921년 5월 6일자. 이 기사는 아직 지어지지 않은
경성 부영주택의 개괄을 전한다. 조선사람이 들어가게 될 집은 일본식과 조선식을
절충한 두 칸짜리이며, 반 칸은 문간, 반 칸은 부엌이고 나머지 한 칸은 온돌방인데, 마치
담처럼 길게 이어 붙이고 한 겹의 벽으로 이웃집과 칸을 막을 것이라 결국은 대갓집의
행랑채 모양이 될 것이라고 썼다. 한편, '행랑'이라는 명칭을 부여한 이면에는 나름의
이유가 있었으리라 추정된다. 1913년 2월 25일 총독부령 제11호로 발표된 「시가지 건축
취체 규칙」(市街地建築取締規則) 제9조에 따라 모든 집은 별도의 뒷간을 설치해야
했는데, 행랑가옥은 예외여서 공동뒷간만 두어도 되었다. 이에 근거해 조선인을 위한
부영주택엔 공동변소를 두고 일부러 '행랑'이란 표현을 썼을 수도 있다.

20 '보통주택'이라는 용어는 주로 '가주택'(假住宅), '임시주택'(臨時住宅),
'가설주택'(假設住宅) 등의 상대어로 일본에서 흔히 사용됐다. 1923년 간토대지진
이후인 1924년 3월 지진 피해자에 대한 안정적인 주택공급을 위해 세계 각지의
의연금을 기반으로 설립된 재단법인 도준카이가 같은 해 10월부터 12월까지 2,160호에
달하는 주택을 긴급사업으로 시행했는데 그 뒤를 이어 2~6호의 목조장옥(木造長屋)을
공급하면서 이를 '보통주택'이라 부른 까닭에 그 이전의 긴급구호주택은 구조적
안정성이나 임시방편의 수단으로 격하돼 '가주택'으로 명명됐다. 따라서 1927년에
발행된 『경성 도시계획 자료 조사서』에 등장하는 '보통주택'은 이에 주목하여 '제대로
지은 집'이라는 의미로 사용됐을 개연성이 높다. 즉, 지어질 당시에는 도준카이가
설립되기 전이므로 그저 '부영주택'으로 불렸는데 조사서 발간 시점에 이르러서는
일본에서 흔히 사용하는 '보통주택'이라는 이름을 빌려 일본인을 위해 제대로 지은
집이라는 의미로 사용했다는 것이다. 같은 시기 지어진 조선인을 위한 부영주택은
'공동장옥'으로 달리 불렸다는 사실에서 이미 일제의 조선에 대한 편견을 추측할 수

있다. 당시 일본 학계에서 '장옥'은 야만인이나 미개인의 주택으로 본 경우가 많았기 때문이다. 이와 관련해서는 佐藤滋 外, 『同潤會のアパートメントとその時代』(鹿島出版會, 1998), 14~17쪽; 黒澤隆, 『集合住宅原論の試み』(鹿島出版會, 1998), 18~19쪽 참조. 우리나라의 경우 한국전쟁 뒤 전재민(戰災民)을 수용하기 위해 급히 마련한 주택 등을 부를 때 '간이주택'이나 '긴급구호주택' 등으로 부른 경우와 흡사하다.

21   1921년 경성 부영주택의 출현 이후 해방에 이르기까지 신문이나 잡지 혹은 조선총독부와 경성부의 여러 공식문건을 통해 확인한바, 조선인을 위한 부영주택은 주로 행랑, 공동(共同), 장옥(長屋), 세옥(貰屋), 세민(細民), 구제(救濟), 자선(慈善), 무료(無料), 구휼(救恤) 등의 용어를 붙여 설명한 반면(예를 들어, 공동장옥, 행랑식 부영주택 등), 일본인을 위한 부영주택은 이와 달리 보통(普通)이나 일반(一般)을 붙여 보통주택이나 일반주택으로 불렀다.

22   중간인(中間人), 「외인의 세력으로 관(觀)한 조선인 경성」, 『개벽』 제48호(1924.6.), 45쪽.

23   권은, 『경성 모더니즘: 식민지 도시 경성과 박태원 문학』(일조각, 2018), 33~34쪽 참조.

24   당시 공신력을 가져야 하는 공공기관인 경성부의 조서서에서 '거실'(居室)이라는 용어를 사용했다는 사실은 해석할 바가 적지 않다. 1910년 전후의 관사나 사택에 거의 필수적이었던 거간(居間)의 다른 표현일 수도 있겠으나 조사서가 발간된 1927년에 이미 '거실'이 공공기관의 기록으로 사용됐다는 것은 대청, 광간(廣間), 홀, 마루방, 거간(居間), 대루실(大樓室) 등 오늘날의 거실과 관련한 다양한 용례의 출현과 변화 과정을 살피는데 유용한 근거로 삼을 수 있다.

25   객실의 바닥을 한 단 높여 꽃이나 족자 등을 장식하는 일식 주택의 특징적 공간.

26   야나기타 구니오, 『일본 명치·대정시대의 생활문화사』, 김정례·김용의 옮김(소명출판, 2006), 107쪽. 흔히 나가야(長屋)와 짝을 이루면서 언급되는 마치야(町屋)란 대개 시가화 지역의 상점가를 뜻하는데 일제강점기뿐만 아니라 1970년대까지도 각종 기록이나 문헌을 통해 접할 수 있는 '장옥'의 다른 한자 표현인 장옥(場屋)에 해당한다고 할 수 있다. 특히 이 경우의 '장옥'은 시장장옥(市場場屋)을 줄여 부르는 용어로서 나가야와 형태는 유사하나 전혀 다른 건축 유형이다.

27   1923년 9월 경성부 조사계의 조사 결과를 전제한 『동아일보』 1923년 12월 11일자 기사에 의하면 봉래정 공동장옥 가운데 2개 호는 일본인이 거주했다.

28   이런 의미에서 후일 이런 유형의 주택을 일러 '대부장옥'(貸付長屋)이라고도 했다. 高木春太郎, 「京城府に於ける土地區劃整理の狀況」, 『都市計劃の基本問題-上』(1939), 364쪽, 염복규, 『서울의 기원 경성의 탄생』(이데아, 2016), 323쪽 재인용.

29   염복규에 따르면, '식민 당국은 1920년대 말부터 토막민 통계를 내기 시작했고, 당시의 토막민에 대한 정의는 대개 토지의 불법점유자이거나 도시미관을 해치는 자였지만 여기서 좀 더 나아가 이들은 사회에 대한 반항적 감정이 있는 무식한 빈민이 주를 이루며 일부 좌경적 사상을 가진 자로서 일종의 위험분자로 인식했다'(같은 책, 305쪽). 식민

시기 조선에는 '불평등과 빈부 격차, 새 문명과 옛 문명의 대립 위에 제국과 식민지, 식민 지배자와 식민지민의 대립이 다시 포개'졌다(아카마 기후, 『대지를 보라』, 서호철 옮김[아모르문디, 2016], 5쪽).

30   놀이패 혹은 연희단원 정도로 이해할 수 있다.

31   「10대 1의 현격: 부영장옥의 비참한 생활 (상)」, 『동아일보』 1923년 12월 11일자. 부영주택에 기거하는 조선인들의 직업 분포를 보면, 경성은 흔히 세계체제의 주변부에서 발생하는 '불균등 발전'의 전형을 보였다. 다시 말해 전차와 함께 여전히 인력거가 다녔고, 영화가 등장하고 전신·전화·전보가 사용된 도시였지만 신바람꾼도 있었던, 그야말로 낡은 시대와 새로운 현대가 동거하던 불균등의 도시였다.

32   「빈중(貧中)에도 빈부: 부영장옥의 비참한 생활 (하)」, 『동아일보』 1923년 12월 12일자. 이러한 계급 구분을 전제로 같은 시기에 주택구제회에 의해 공급된 교북동 간편주택 입주자의 처지를 보면 72세대 모두가 예외 없이 제8계급(가계 월수입 25~15원)에 속했음을 알 수 있으니 그 형편을 쉽게 미루어 짐작할 수 있다.

33   기진, 「경성의 빈민-빈민의 경성」, 『개벽』 제48호(1924), 104쪽.

34   『매일신보』는 1922년 8월 10일부터 12일까지 사흘에 걸쳐 「교북동 빈민주택 방문기」를 실었다. 조선총독부 기관지임을 자처했던 만큼 가난에 찌든 이들에 대해 동정의 눈빛을 보내는가 하면 가난하지만 가족적 단란함을 유지한다거나 이곳에 거주하는 300명의 남녀가 하나도 노는 이 없이 노동에 나서고 있다고 하면서 앞으로는 탁아소와 강습소까지 만들 작성이라는 희망에 찬 기사를 실었다.

35   '일제강점기 구제와 자선에 관한 사무는 원래 총독부 내무국 제2과에서 관장했는데 1921년 7월 사무분장 규정을 개정해 내무국에 사회과를 특설하고 사회사업에 관한 사무를 관장토록 하였다. 이때 일반사회사업으로 분장된 것이 공설주택의 공급이다. 공설주택은 시가지의 주택부족 문제가 심화되면서 서민층에게 저리의 임대료를 대여해 주택난을 완화하는 동시에 시장 주택의 가격도 조절하기 위한 목적을 띠었다. 이에 따라 1922년 4월 대구 부영주택을 시작으로 경성·청진·공주·해주(이상 1922년), 목포(1924년), 부산(1925년), 신의주(1928년) 등에 부영주택이 지어졌다.' 박찬승·김민석·최은진·양지혜 역주, 『조선총독부 30년사-상』(민속원, 2018), 491, 494~495쪽 발췌 요약.

36   김태승, 「한중 도시빈민 형성의 비교연구: 1920년 전후 시기의 서울과 상해」, 233쪽 재인용.

37   「행랑식의 부영주택」, 「부영주택의 건축장소 완정(完定)」, 『동아일보』 1921년 5월 6일 및 5월 7일자.

38   「세궁민은 제외! 본말 잃은 광희정 부영주택」, 『동아일보』 1936년 8월 20일자. 이 기사에서 언급한 세궁민이란 세민과 궁민을 모두 포괄해 이른 말인데, 이와 관련해 『동아일보』 1927년 1월 21일자 기사는 매우 흥미롭다. 경상북도 경찰이 경북 전체를 대상으로 세궁민을 조사한 내용이 실린 이 기사에 따르면 '외부의 구조를 받지 않는

상태에서 생활상 아주 궁박한 자를 세민(細民), 외부의 구조 없이는 도저히 연명할
가망이 없는 경우를 '궁민'(窮民)으로 분류했고, '얻어먹으며(乞食, 걸식) 각처로
배회하는 경우를 일컬어 걸인(乞人)으로 분류, 명명'했다.

39 1935년 1월 만들어진 「경성부 토막민 정리 시설계획」에 의하면 토막민 1호당
    부지면적은 15평, 건설은 토막민 자력으로 하되 부족분은 이왕직(李王職), 임업시험장,
    경성부내 임업관계자가 1,600호에 해당하는 자재를 기부토록 하고, 도로와 하수구 등은
    불교단체인 화광교원이 직접 시행하는 내용을 담았다.

40 같은 날 경성부는 토막을 집단 수용하기 위해 조선총독부에 국유림 해제를 요청했는데
    아현리와 정릉리, 홍제외리가 포함됐다. 물론 그 이전에도 토막정리사업은 간헐적으로
    이뤄졌고, 쫓겨나는 조선인들의 심정을 그린 시가 자주 등장했는데 신옥, 「토막을 허무는
    마음」, 『동광』 제36호(1932)와 이서해, 「토막의 달밤」, 『신동아』 1934년 6월호 등이
    대표적이다.

41 공동주택연구회, 『한국 공동주택계획의 역사』(세진사, 1999), 31쪽 재정리.

42 「春川邑公營住宅建設費起債ノ件」(1934.10.3.), 국가기록원 소장 자료.

43 「堤川邑火災復興邑營住宅建築費起債ノ件」(1941.10.13.), 국가기록원 소장 자료.
    「경성부 토막민 정리 시설계획」에 따르면, 이 밖에도 1930년대 시작된 경성부의 토막민
    대책으로 실시한 토막민 수용지역(정릉, 홍제, 아현리 등)에 제안된 주택도 조선인을
    전제했기에 방 2곳 모두 온돌방으로 궁리됐다.

44 「금명년계획사업으로 부영주택 백 호를 건축」, 『동아일보』 1939년 1월 20일자.

45 이는 일본주택영단의 설립 후 두 달여 만인 1941년 7월에 일제가 조선주택영단을
    설립하는 직접적 이유가 된다.

46 '은진'(殷賑)을 그대로 풀이하면 '자산이 넉넉하고 재화가 많다'는 뜻이며, 여기에
    '산업'을 붙여 '은진산업'이라 하면 '경기가 좋아 수지가 맞는 산업'이란 뜻이다. 1939년
    당시의 은진산업이란 곧 중일전쟁으로 인한 군수산업처럼 시국과 관련해 특별히
    호경기를 맞은 산업을 일컬었다.

47 「부, 읍에는 공영주택」, 『동아일보』 1939년 6월 6일자.

48 때론 이렇게 공급될 아파트를 따로 '가족형 아파트'로 부르기도 하는데, 이는 민간
    부동산 임대업자들이 독신용 아파트를 건설했다는 것과 차별화하기 위함이었다.
    『동아일보』 1939년 6월 20일자에 「주택난 대경성에 부영 가족아파트를 건설」이란
    제목의 기사가 실렸다. 이에 대해서는 이 책의 「아파-트 1930」에서 따로 다룬다.

49 일단의 주택지 경영사업으로 읍영주택을 추진한 홍남읍이 1941년 11월 6일 작성한
    「읍영주택 신설공사 사양 개요서」가 국가기록원에 소장돼 있는데 이를 통해 1939년
    「지대가임통제령」 이후의 읍영주택 상황 일부를 확인할 수 있다. 이 문건에 따르면,
    목조지붕틀에 시멘트 기와를 올린 1층 2호 조합용 읍영주택 20호의 동당 부지면적은
    20평, 헌고(軒高)는 10척 5촌, 헌출(軒出)은 1척 8촌이며, 상고(床高)는 1척 5촌,

천장고는 평균 8척이었다. 지붕(屋根)의 기울기는 제일 높은 곳에서 아래로 5촌 구배를 갖도록 했다. 각부 마감재는 다음과 같다. 현관은 기초바닥 위 콘크리트 모르타르(mortar), 천장은 종이 바름 위 대나무 격자, 거실(居間)은 다다미를 깔았고, 창틀은 페인트 마감에 창은 종이 바름으로 마감했다. 방바닥은 널빤지 위에 종이를 발랐고, 내벽은 모르타르로, 감실(龕室)은 2단으로 구분하여 안쪽을 종이를 발라 마감했다. 바닥 위 콘크리트 모르타르를 타설한 취사장엔 배수관과 하수구가 설치됐고 변소엔 널빤지를 깔도록 했다. 기초는 배합비 1:2:2의 콘크리트를 타설하고, 외벽은 모르타르 뿜칠로 마감했다. 별동으로 지어지는 창고는 목조 평지붕에 바닥면적은 1.5평으로 하고 주택 수에 맞춰 모두 20동을 건설했다.

50　전주부, 「제49회 전주부회 회의록」(1942.7.18.), 국가기록원 소장 자료.

51　그는 1929년 조선공학회(朝鮮工學會) 창립대회 준비위원을 맡았고, 1931년부터 1940년까지 매우 활발한 사회참여 활동을 했다. 1931년 1월 1일 『동아일보』 특집 '소비생활의 합리화'에 기고한 글을 보면 알 수 있듯 활동의 많은 부분이 주택문제에 치중되어 있었다. 『개벽』, 『실생활』(實生活), 『신동아』(新東亞) 등을 통해 밝힌 주택 개량에 대한 그의 의견에 대해서는 단국대학교 동양학연구소 엮음, 『주거문화 관련 자료집』(민속원, 2010), 304~317쪽 참조.

52　나진 부영주택을 설계할 즈음 박길룡은 '문화의 일면으로서 건축문화도 전쟁문화의 일면이라고 언급하면서 건축가는 자신의 직업인 건축 활동의 성격이 전쟁 행위인 것을 분명하게 인식해야 한다'(「時局と建築計劃に就いて」, 『朝鮮と建築』 第21輯 第1號[1942]).

53　박길룡의 조선식 주택개량에 대한 생각과 다양한 매체를 통해 그가 주장한 내용에 대해서는 이경아, 『경성의 주택지』(도서출판 집, 2019), 73~83쪽 참조.

54　1939년 6월 26일 작성된 「나진 부영주택 건설에 관한 건」(국가기록원 소장 자료)에 의하면 나진 부영주택은 갑(甲)부터 정(丁)까지 모두 4가지 유형으로 지어졌는데, 정호주택의 경우는 살림집에 따라 욕실이 설치되지 않고 공동욕실을 사용하는 방식이었다. 이 문건에 부속된 박길룡건축사무소(당시 사무소 주소지는 경성부 공평정 59번지)가 작성한 「나진 부영주택 신축공사 예산서」는 무슨 이유 때문인지 당시 비밀문건으로 분류됐다. 한편 『매일신보』 1943년 4월 28일자에 실린 박길룡의 급작스러운 부고에 따르면 그는 1941년 7월 1일 설립된 조선주택영단에도 참여했다는 기록이 있는데 구체적인 역할에 대해서는 언급되지 않았다.

55　토지구획정리사업은 1904년 독일 프랑크푸르트에서 처음 시행되었다. 이해 제정된 아디케스(Adickes)법은 토지 이용을 법적으로 규제하고 개발 이익을 국가가 환수하는 방식으로 도로, 공원, 학교 등 근대 도시에 필요한 부지를 확보하고 이에 해당하는 공사비를 충당하기 위해 사업 대상지의 지주들로 하여금 사업에 들어간 비용을 기존 토지의 일정 비율을 적용하여 대납하도록 했다. 이로 인해 줄어드는 기존 토지의 비율을 감보율(減步率)이라 부르는데 통상 50퍼센트를 넘지 못하도록 했다. 일본의 경우, 이 제도를 간토대지진(1923년) 이후 도쿄 전체 면적의 30퍼센트를 재건하는 과정에서 시행했고, 이에 근거하여 조선에서도 도입, 실시되었다. 임동근·김종배, 『메트로폴리스

서울의 탄생』(반비, 2015), 116~121쪽 참조.

56   1942년 3월 「경성부조례」 제6호 제1조, 『예규유집』(1944), 336-4쪽, 서울역사편찬원,
『국역 경성부 법령 자료집』, 262~263쪽.

57   1941년 10월 「경성부조례」 제26호 제1조, 『예규유집』, 336-5쪽, 서울역사편찬원,
『국역 경성부 법령 자료집』, 264~265쪽.

58   보건사회부 장관, 「공영주택 건설 요강 제정의 건」(1961.1.9.), 국무회의 부의안건,
국가기록원 소장 자료.

3 문화주택

1930

소설가 손창섭이 1963년 4월 22일부터 1964년 1월 10일까지 약 8개 월에 걸쳐『경향신문』에 연재했던 장편소설『인간교실』은 자유당 말기 비닐산업에 손댔다가 실패한 '주인갑'이라는 인물을 중심으로 1960년대 한국사회의 여러 측면을 꼼꼼하게 그려냈다. 이 소설의 행 간을 통해 우리는 5·16 군사정변 이후 국가재건최고회의 시대, 도회 지와 농촌사회의 차별과 갈등을 마주하는가 하면 때론 가공할 도시 화와 이로 인해 움튼 귀농의식의 탄생을 엿볼 수 있다.

　　문학평론가 방민호에 따르면 '서울특별시 영등포구 본동 ×××번지'로 기술돼 있는 소설 속 '주인갑'의 집은 작가 손창섭이 실 제로 살았던 곳이다.[1] 흑석동 효사정(孝思亭)과 원불교 서울회관 사 이의 언덕쯤으로 위치를 추정했다.[2] 그 집에 대한 소설 속 묘사는 매 우 구체적이어서 1960년대 '문화주택'에 대한 구체적 기록으로 봐도 흠잡을 것이 없을 정도다.

　　주인갑 씨가 자기 집 옆방을 세놓기 시작한 것은 6·10 화 폐개혁 이후부터의 일이다. 자유당 시절에 친구와 동업으 로 시작했던 비닐 위주 중심의 무역업이 들어가 맞아서 돈 이 좀 돌 때, 손수 설계도 하고 꽤 공들여 지은 집이다. 한 강이 눈 아래 굽어보이고 여름이면 아카시아 숲이 우거지 는 속에 아늑히 자리 잡고 있다. 70평 남짓한 대지에 빨간 벽돌로 벽을 두껍게 쌓아올리고 특수한 청록색 기와를 얹

↑↑ 일제가 조선 강점 25주년을 기념해 제작한
「대경성부대관」에 따로 그려 넣은 명수대주택지
출처: 서울역사박물관

↑ 「명수대주택지 및 유람지대 일람」
출처: 『경성일보』 1935.9.28.

은 25평짜리의 제법 아담한 문화주택인 것이다. … 한강 인도교 부근이나 노량진 쪽에서도 단박 눈에 확 띄도록 새뜻하고 이채로운 외풍을 갖추어야 한다면서 굳이 선혈색 빨간 벽돌 벽에 일부러 특수한 청록색 기와를 주문해다가 지붕을 넣었던 것이다. 그리고는 현관 양쪽에 하얀 돌기둥을 세우고, 멋진 베란다를 만들고, 문틀에는 돌아가며 눈이 부시도록 하얀 페인트를 칠하고, 창문마다 화려한 색깔과 무늬의 커튼을 드리우게 했던 것이다.[3]

소설 연재가 끝난 후 얼마 지나지 않아 『동아일보』에는 세운상가 나동 상가아파트 분양 광고가 실렸다. '최신 문화아파트'라는 카피와 함께 '저렴한 가격으로 자기 집(문화주택)'을 마련할 수 있는 기회라는 문구도 따라 붙었다. 스위스제 고성능 엘리베이터, 스팀 난방과 스팀식 온돌장치, 냉온수 상시 공급 설비, 수세식 화장실과 최신 욕조 및 샤워기 설치 등이 바로 문화아파트 혹은 문화주택의 증거였다. 『인간교실』에서와는 달리 하얀 페인트와 커튼 같은 외관이나 재료에 대한 언급은 없다. 당시로서는 경험하기 쉽지 않았던 각종 고급 설비와 장치를 분양 광고는 강조했다.

    1970년대엔 무엇을 '문화'주택으로 불렀을까? 다행히 당시의 인식을 엿볼 수 있는 대한주택공사 조사 자료가 남아 있다.[4] 대한주택공사가 따로 운영했던 주택센터를 방문한 100명을 대상으로, 응답자들에게 살고 싶은 주택 양식 가운데 하나를 꼽도록 했는데 제시된 주택 유형은 '한국식', '일본식', '문화식' 세 종류였다.[5] 응답자 가운데 일본식을 선택한 경우는 전혀 없었고, 91퍼센트가 '생활하기에 편리한 문화식 주택'이라 답했다. 이와 함께 71퍼센트가 온수난방 시설을, 100퍼센트가 수세식 변소를 희망했다. 외벽 치장에 대해

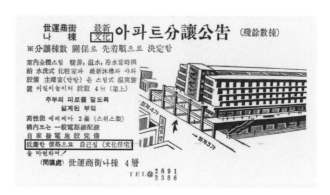

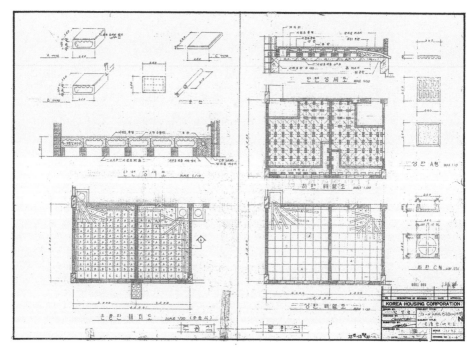

↑↑ 세운상가 나동 아파트 분양 공고
출처: 『동아일보』 1968.10.14.

↑ 대한주택공사 13평 N형 아파트
표준설계 온돌판 배치도(1974.3.)
출처: 대한주택공사

서는 69퍼센트가 돌 붙이기를 꼽았으며 13퍼센트가 모르타르에 페
인트 칠하기라고 응답했다. 지붕 재료로는 75퍼센트 이상이 구운 기
와나 다이아몬드형 석면 슬레이트를 원했다. 주택센터 소장은 '집의
크기는 73퍼센트의 응답자가 20평 이상의 단독주택을 원하고, 91퍼
센트에 해당하는 사람이 보기 좋고 쓸모 있는 문화식 주택'을 원한
다고 마무리했다.

    정리해보면, 일제강점기부터 고급 주택지로 정평이 났던
흑석동 문화주택의 특징과 각종 현대적 설비 시스템을 갖춘 세운상
가 문화아파트의 대표적인 특징이 더해져 '보기 좋고 쓸모 있는 주
택이 곧 문화주택'이라는 대중의 인상이 만들어진 것이다. 더 간단
히 말하면 미국식이라 할 수 있다. 이러한 이미지는 1970년대 중반까
지 이어졌고 급기야는 1970년대 초반부터 본격화된 농촌주택개량
사업에 모순적이게도 '도시형 문화주택'으로 불린 표준 모델이 제안
되기에 이르렀다. 대한주택공사가 1975년에 지을 13평형 아파트 건
축공사 도면 작성 과정에서는 주택공사 고유의 바닥난방 온돌 배치
를 '주공식'으로, 성능 개선이 수반된 경우는 '문화식'으로 불렀으니
'문화'라는 용어는 언제부터인가 기존의 것들에 대한 성능 개선이나
개량이라는 의미가 담긴 단어로 유통됐고 또 유사한 방식과 태도로
소비되었다. 또 '문화'는 남북한을 가리지 않았다.

    식민지 해방 후 남북 조선의 양 정부가 추진했던 공영주택
계획도 '문화주택'이라고 불렸다. 북한 헌법은 '문화적 생활'
이라는 단어를 수차례 사용하고 있으며, 1962년 김일성은
당 대회에서 도시와 농촌 양쪽에 각각 60만 호의 '문화주
택'을 건설하는 계획을 발표했다.[6]

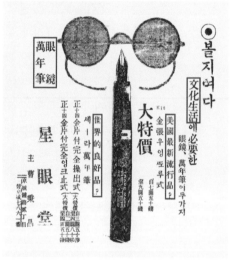

↑ '문화라는 이름에 상응'한다는 일본 식품회사
아지노모토(味の素)의 광고
출처: 『매일신보』 1922.9.4.

↑ 만년필과 안경은 문화생활의 필수품이라 내세운
성안당(星眼堂) 광고
출처: 『동아일보』 1922.8.22.

일제강점기 시절 등장한 '문화주택'은 여러 옷을 갈아 입으며 긴 시
간 동안 한반도 전역에서 대중적으로 회자되었다.

짓느니 문화주택이요,
건축되느니 새집

'연애'(戀愛)라는 명사가 이 땅에 처음 등장해 유포되기 시작한 것은
대략 1910년대 말 이후다.[7] 물론 '자유연애'를 줄여 부르는 이 말은
조선에서 만들어진 것이 아니었다. 중국과 일본을 거쳐 식민지였던
한반도에 출몰한 신조어였다. 이 말이 퍼질 무렵에도 청춘남녀가 손
이라도 맞잡고 거리를 활보할라치면 남자는 부랑아요, 여성은 탕녀
로 불릴 정도로 조선은 엄숙한 나라였지만 소위 신문물과 신식교육
의 세례를 받은 '모던 보이'와 '모던 걸'의 자유연애는 어른들의 꾸지
람에도 불구하고 많은 이의 부러움을 샀다. 김유방(金惟邦)[8]은 거의
100년 전인 1923년에 다음과 같은 글을 발표했다.

> 우리 생활의 대부분은 거의 구미인 그들의 생활을 본받으
> 려 하는 경향이 일어난 지 이미 오래다 할 수 있게 되었습
> 니다. 편발(編髮)과 상투는 변하여 '돌중'이 되고 담소(淡
> 素)하나 귀찮게 너불너불하던 우리의 의복은 변하여 소위
> 양복(洋服)이 되었으며 혹은 칼과 삼지창을 들어 서투른
> 솜씨로 양식(洋食)이라는 것도 맛보고 또는 생활의 여유
> 가 많은 사치한 양반들은 지붕이 뾰족한 소위 삼층 양옥
> (三層洋屋)에도 거처하는 등 얼른 손꼽아 헤기 어려우리만
> 큼 많은 변천은 우리의 생활 가운데로 침입한 것은 어기지
> 못할 사실일 수밖에 없겠습니다. 이는 즉 우리가 구미문명

↓ 안석주의 만문만화 「여성선전시대가 오면」
출처: 『조선일보』 1930.1.12.

↓↓ 경성문화촌사무소가 택지 분양 촉진을 위해
경품을 내걸고 실시한 십자말풀이 정답지
출처: 『조선신문』 1925.8.9.

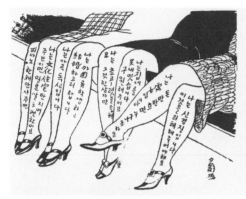

이라는 한 걸음 더 진화된 단계를 밟으려 하는 동시에 그
배경이 되는 '의식주'를 어떠한 정도까지 본받아 우리 자신
과 그 생활을 타협시키려 하는 노력일 수밖에 없습니다.[9]

이 글이 발표될 무렵 안경과 만년필은 문화생활에 필수적인 두 가지
로 선전되었다. 미국에서 당시 유행하는 제품을 종로2가에서 파격
적인 가격으로 구입할 수 있다는 광고가 연일 신문을 도배하다시피
하던 때였다.[10] 셰익스피어가 했다는 '유예는 위험한 최후를 야기한
다'는 말을 광고문에 담아 새봄을 맞아 누구라도 경쾌한 양복이 필
요할 것이니 하루라도 빨리 직수입해 수요자의 요구에 부응하겠다
는 상점의 광고도 있었다.[11] 김유방은 '내용보다는 외형을 장식하기
좋아하는 인사들은 가족의 끼니 걱정은 나 몰라라 하면서도 안경이
며 양복 한 벌은 가볍게 넘기지 않는 등 우리 생활의 폐해는 마음의
동요로 인해 적지 않은 곤란을 가져오는 것 또한 사실'이라며, 지나
친 '문화' 추구의 폐해도 함께 지적한다. '문화생활'이며 삼층 양옥으
로 일컬어진 '문화주택'의 폐단을 서둘러 우려한 말이다.

　　물론 식민지 조선에서 '문화주의의 소개 양상은, 기본적으
로는 일본사회의 문화주의 논의 지형에 직접 영향을 받는 환경에 놓
여 있었음에도 불구하고 세계의 시간과 조선의 시간 사이에 놓인 불
일치를 민감하게 의식'할 수밖에 없었다.[12] 김유방의 글 역시 이러한
분위기를 잘 드러냈다.

　　1930년 새해 벽두 『조선일보』에 실린 석영(夕影) 안석주
(安碩柱)의 만문만화(漫文漫畵)는 자유연애 신봉자들이 머릿속에
담고 있던 이상적인 가정, 곧 '스위트 홈'을 꾸릴 그릇이 바로 '문화주
택'이었음을 가감 없이 드러냈다. 바야흐로 여성선전시대가 오면 짧
은 치마 밖으로 드러난 여성들의 다리가 광고판으로 쓰일 것 같다고

↑ 문화주택지로 바뀌기 전 광희문 밖 공동묘지
출처: 서울역사박물관,
『성 베네딕도 상트 오틸리엔 수도원 소장 서울사진』(2015)

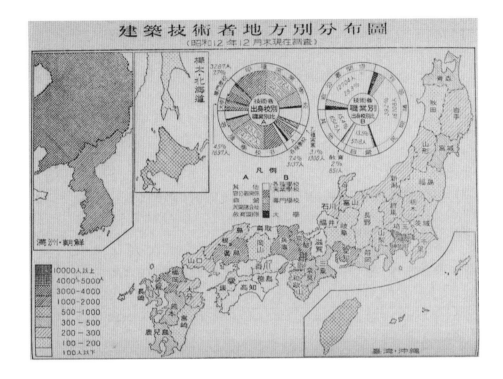

↑ 1937년 12월 말 기준 건설기술자 지방별 분포도
출처: 건축학회 편, 『건축연감』, 쇼와13년판
(建築学会 編,『建築年鑑』昭和13年版)

일갈한 뒤 여성들의 육체 상품화와 속물적 근성을 지적했다. 흥미로운 것은 삽화에 적힌 '나는 문화주택만 지어주는 이면 일흔 살도 괜찮아요. 피아노 한 채만 사 주면' 같은 문장이다. 1930년대 들어 젊은이들에게 '문화주택', '피아노' 등이 구체적이고 보편적인 욕망의 대상으로 등장했다.

　　'나는 신경질입니다. 이것을 이해해주어야 해요'라는 글귀 역시 흥미롭다. "현대의 그 난만(爛漫)한 신경질의 교사자(敎唆者)는 물론 문명 그 물건일 것이다. 그럽고 갖고 싶은 것이 무수하게 번식하고 또 그 자극이 쉴 새 없이 연달아 오니까 거기 따라서 사람들의 욕망의 창고에는 빈구석만 늘어갈밖에 없다. 그 빈구석을 메꾸고 타오르는 것은 울화의 불길"[13]이라는 말은 지금과 사정이 결코 다르지 않다. 모던 걸이 욕망하는 대상은 초콜릿, 피아노, 문화주택과 같은 물건이고 텅 비어 있는 욕망의 창고를 메꿀 수 있는 현실적 대안은 없었다는 것이다. 그녀들의 헛헛한 일상을 채울 수 있는 유일한 방법은 오로지 유학 다녀온 모던 보이나 문화주택 한 채 정도는 눈 하나 깜짝하지 않는 재산가와 혼인을 하는 수밖에 도리가 없었을 것이라고도 했다. 달리 보면 조선인 모두가 이중 삼중의 곤란을 받았다는 일반적 시선 아래 가려진 여성에 대한 남성의 폭력적이고 훈육하려는 태도로 읽을 수 있다. 21세기의 젠더 감수성으로는 받아들일 수 없는 일이다.

　　문화주택에 대한 욕망이 1930년에 불현듯 등장했을 리 없다. 1926년 11월 21일 『동아일보』에 게재된 심훈의 영화소설[14] 「탈춤」은 '넥타이 맵시 있게 매는 미국 유학생, 연분홍 벽돌의 문화주택, 피아노와 같은 간지러운 공상'이 소설 속 여성의 마음속에서 꼼지락거린다고 묘사한다. '유학생-문화주택-피아노'가 곧 선망의 물질이었으며, 비어 있는 욕망의 창고에 채워 넣어야 할 대상이었던 셈이다.

'조선은 문명의 빠른 속도에 병행하여 건축물이 볼만 한데 짓느니 문화주택이요, 건축되느니 새집'이었다.[15] '건설업 활황을 틈탄 건축 브로커와 악덕 목수들의 사기와 횡령으로 인해 갑종공업학교 이상을 마쳐야 건축주를 대행하여 건축업을 하도록 하고, 그렇지 못한 경우에는 자격시험을 치르는 내용을 골자로 하는 「건축대원영업자(建築代願營業者)의 제한 규정」 제도를 도입'하기도 했다. 당시 건설기술자의 지방별 분포도를 보면 한반도 전역은 도쿄 일대와 마찬가지로 많은 건설기술자들이 난립해 있었다.[16]

신경질의 교사자, 물질문명이 잉태한 욕망의 구체적 대상인 '문화주택'이 건축사업자의 자격 규정을 새로 만들 정도로 사회문제가 되었으니, 1920년대가 연애의 시대였다면 과연 1930년대는 문화의 시대요, 나아가 문화주택의 시대였다.

문화주택의 시대 풍경

1920년대에 미국에서 유행했다는 금장 만년필이나 안경이 '문화생활에 필요한 물건'으로 선전됐듯 1960년대에는 프로판가스를 '새 시대를 상징하는 문화연료'로 광고했다. '문화산업사'가 생산하는 '문화건축'을 위한 최고 건축자재의 고유한 이름이 '문화벽'이었으니 더 말할 것도 없다. 그럼에도 불구하고 '문화'라는 용어를 뭐라 규정할 것인지는 여전히 아리송하다. 그저 '문화적'이라는 형용어가 지시하는 바란 '서구적', '최신'이라는 말과 별반 다르지 않다는 정도에서 뜻이 통할 뿐이다. 그래서인지 문화주택이 본격적인 유행어로 등장하던 당시엔 말도 많고 탈도 많았던 '문화주택'에 대해 언급한 글이 헤아릴 수 없을 정도로 많다. 그런 이유로 「정형 없는 문화주택」이라는

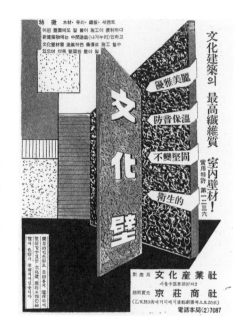

「대성연탄」이
主婦에게 보내드리는 文化의 膳物

大成프로판까스
「大成프로판까스」販賣案內

大成煉炭株式會社
프로판까스部
電話②〇三二七・〇八二七番

↑↑ 대성연탄주식회사의 프로판가스 판매 광고
출처: 『동아일보』 1964.4.6.

↑↑ 문화벽 광고
출처: 대한주택공사, 『주택』 제6호(1961)

↑ 「정형 없는 문화주택: 문화주택은 일정치 않다」
출처: 『매일신보』 1927.12.8.

제목을 단 계몽조의 글이 권위를 빌려 신문에 실리기도 했다.

'건축계의 권위자인 도쿄제국대학 교수 공학박사 이토 추타(伊東忠太) 씨가 일본 정부의 명령으로 베이징에 가서 중국문화사업 연구를 마치고 돌아오는 길에 경성을 들러 문화주택에 대해 일갈했는데, 문화주택이라 함은 그 시대의 문화에 적응하는 건축 양식을 일컫는 것이고, 문화의 정도는 나라와 시대에 따라 달라 문화주택 역시 전형(典型)이란 있을 수 없다'고 했다는 것이다.

짧은 글에 무려 여섯 번이나 등장하는 '문화'는 당시 문화주택에 대한 논란이 상당했음을 짐작케 한다. 『매일신보』 1927년 12월 8일자에 따르면 이토 추타는 '우리가 문화주택이라고 부르는 것도 우리보다 진보된 나라에서 본다면 고대의 것이며, 일본에서 유행하는 문화주택도 그저 서양 여러 나라의 양식을 모방한 것에 불과한 것이니 도로무공(徒勞無功)일 뿐만 아니라 도무지 지각이라곤 없는 짓에 불과한 우스운 노릇'이라고 비판했다.

'건축계 권위자-도쿄제대 교수-공학박사' 등의 단어를 총동원해 읽는 이가 주눅이 들게 하며, 문화주택에는 정형이 없고 그 유행은 우스운 노릇이라고 했지만 문화주택의 인기는 사그라들기는커녕 더 커졌다. 1931년 11월 28일 『조선일보』에 실린 만문만화 「1931년이 오면」은 점점 심해지는 문화주택의 폭발적 유행을 다시 비난했다. 공부는 팽개치고 일본 긴자나 구미 대학에 유학이랍시고 했던 남성들이 영어 알파벳을 겨우 읽는 여성과 만나 결혼만 하면 '문화주택!'을 외쳐댔다는 것이다. 실속 없이 많은 돈을 들여 서양의 외양간 같은 모습으로 집을 지어도 이층집이면 문화주택으로 여겨 좋아하는 부류가 많다며, "높은 집만 문화주택으로 안다면 높다란 나무 위에 원시주택을 지어놓은 후에 '스위트 홈'을 베푸시고, 새똥을 곱다랗게 쌀는지도 모르지"라고 조롱하기도 했다.

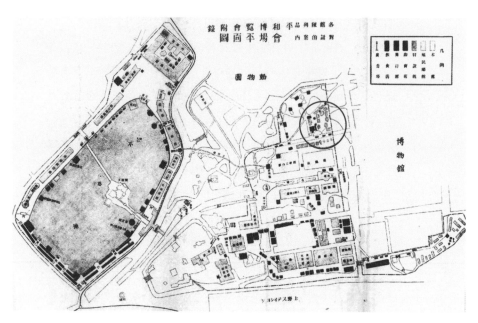

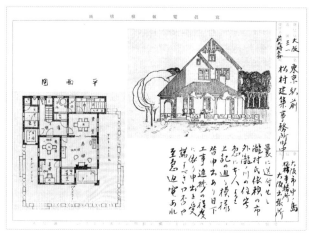

↑↑ 도쿄 평화박람회장 평면도에 표기된 문화촌
출처: 사사키 이치노조,
「평화박람회 각 관 진열품 대화식 안내」
(佐々木市之丞, 「平和博覧会: 各館陳列品対話式内」, 1922)

↑ 일본에서 사진전보로 주고받았던
문화주택 설계도
출처: 체신성, 「사진전보」
(逓信省, 「写真転補」, 1931.3.)

급기야 1935년 10월에는 '문화주택 결혼'이라는 사건이 벌어지기에 이른다. 종로구 재동에 사는 박경수라는 23살의 여성이 조선 갑부이자 은행가의 맏아들인 관훈동 민병준을 상대로 경성지방법원에 정조 유린에 대한 위자료 만 원을 청구하는 소송을 제기했다. 여학교를 졸업한 뒤 기자 생활을 하던 박경수라는 여성은 김포에 사는 청년과 이미 정혼에 이르렀는데 우연히 만난 민 씨가 다른 사람을 통해 청엽정3정목(靑葉町3丁目, 현 청파동3가) 121번지에 이미 살림살이까지 갖춘 문화주택을 지어놓았으니 결혼하자는 청과 함께 200석 이상을 거두는 전답도 나눠주겠다고 해 고민 끝에 김포 청년과의 약속을 깨고 그해 7월부터 청엽정 문화주택에서 민 씨와 동거를 시작한다. 한 달 만에 민 씨가 경제 곤란으로 살림을 지속할 수가 없다 하며 문화주택도 셋집이었노라 실토하고 자신에게 집 보증금 250원을 집주인으로부터 받아 따로 살라 한 뒤 전혀 자신을 돌보지 않았다며 고발한 것이다. 민 씨에게 분개한 모던 걸 박 씨가 위자료 청구와 함께 다른 여성들에게 경각심을 불러일으킬 목적으로 소송을 제기한 사건이었다. 1935년 10월 25일 『조선일보』에 실린 기사의 논조는 「허영을 기초 삼다 도괴된 문화주택 결혼」이라는 제목으로 여성의 허영심만을 비난했다.

문화주택의 전파와
대중적 수용

'문화주택'이라는 용어, 또는 그 실체가 한반도에 상륙하기 전 일본에서 출현하기 시작한 시점으로 되돌아가 보자. 1922년 일본의 도쿄 평화박람회에서 14채의 주택이 '문화촌'(文化村)이란 구역에 실물로 전시되면서 대중에게 큰 주목을 받았다. '과학적 생활의 보

↑↑　남산주회도로(南山周廻道路) 주변의
신당정 앵구(櫻ヶ丘) 문화주택지(1938.8.)
출처: 한국전력공사 전기박물관

↑　서울 중구 신당동 문화주택
출처: 안창모·박철수, 『SEOUL 주거변화 100년』(2010)
ⓒ주명덕

장'[17]을 위한 채광과 통풍 등을 위해 유리창이 많았으며, 미백주의 (美白主義)가 강조된 순백의 커튼, 서양풍 입식생활을 상징하는 테이 블과 의자 그리고 새로운 서구의 문물이라 할 수 있는 피아노와 축 음기 등과 같은 근대적 이기물이 놓인 거실 등을 갖춘 집으로 표상 되었다.

　　1925년에 일본에서 출간된 『바보의 사랑』(痴人の愛)이라 는 책에서 "물매가 급한 붉은색 슬레이트 지붕, 유리창이 달린 흰 벽 에 포치가 달린 집을 문화주택"이라 했듯,[18] 당시에 일본에서 유행 한 10여 가지의 양식(양풍)주택(洋式[洋風]住宅)에 생활개선운동이 맞물리면서 만들어진 응접실을 갖춘 일본식 주택도 모두 문화주택 이라 불렸다. 손창섭의 소설 『인간교실』에 등장하는 '70평 남짓한 대 지, 두터운 빨간 벽돌, 청록색 기와, 이채로운 외풍, 현관 양쪽의 하얀 돌기둥, 멋진 베란다와 하얀 페인트를 바른 문틀, 그리고 창문마다 화려한 색깔과 무늬를 가진 커튼이 달린 25평짜리 문화주택'[19]과 다 르지 않았다.

　　안석주의 여러 만문만화에서 보듯 일본에 이어 경성에서 1929년 9월 12일부터 10월 31일까지 개최된 조선박람회를 통해 직 접 한반도로 유입된 문화주택은 고급 관리나 자본가, 지주 등 경제 적 최상위 계층이 향유한 주택 유형이다.[20] 따라서 나락으로 떨어진 대부분의 조선인들에게 이들은 '얼치기 서구문화 예찬론자'로 치부 됐다. 그런 이유로 문화주택은 서민들로부터 심한 비난의 대상이 되 었지만 다른 한편으로는 동경과 선망의 구체적 대상으로 자리매김 했다. 1930년대에 발간된 『신여성』, 『신가정』, 『여성』 등 여성잡지에 서는 남들이 부러워할 정도의 전문 직업을 가진 손꼽히는 인사들의 주택을 소개하는 「가정 탐방기」, 「가정 태평기」, 「당대 여인 생활 탐 방기」, 「명사 가정 부엌 참관기」 등을 제목으로 단 유사한 글들이 많

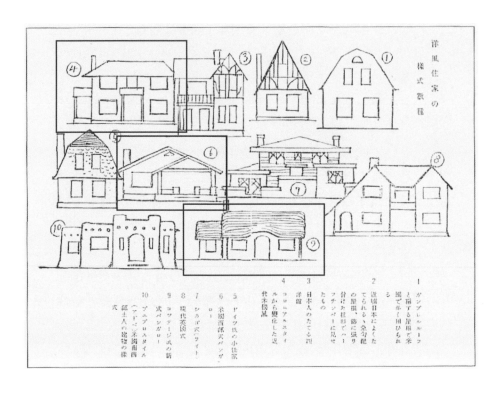

↑ 20세기 초반 일본의 문화주택
출처: 우치다 세이조 외, 『도설·근대일본주택사』
(內田靑藏 外, 『圖說·近代日本住宅史』, 2002), 57쪽

→ 부자들의 문화주택과
프롤레타리아의 오두막을 그린 신문 삽화
출처: 『동아일보』 1931.1.14.

→ 조선인 빈민굴과
극한 대조를 보였던 문화주택
출처: 『조선중앙일보』 1936.1.3.

이 실렸는데, 참관이나 탐방의 대상은 대부분 문화주택이었다.[21] 한쪽에서는 문화주택의 대유행이, 다른 한쪽에서는 비루하고 비참한 조선인 토막민의 희망 없는 삶이 대조적 풍경을 만들었다.

"일제강점 초기에 도시로 몰려온 하층민들은 큰 집의 행랑채에 기식하는 행랑살이를 하며 근근이 살았다. 행랑살이는 행랑을 가진 큰 집의 행랑채에 하층 영세민이 집세 없이 들어가 살면서, 주인집이 일이 있을 때 무료 또는 약간의 급료와 음식을 제공받으면서 노동을 해주고, 나머지 시간에는 행상이나 품팔이를 하는 거주 제도를 가리킨다. 행랑살이 식구의 가구주는 비상시적 머슴살이를 하고 주부는 거의 상시적 가정부 노릇을 했다. 이는 조선시대의 동거 노비제도를 연상시킨다. 일제강점 초기 구직난과 주택난이 초래한 도시 하층민의 생활 형태로 고정된 것이 행랑살이였다. 서울의 경우 한때는 조선인의 20퍼센트 정도가 행랑살이를 했다고 할 정도로, 행랑살이가 전국 각지에서 성행했다. 그러나 1920년대 중반부터 행랑살이는 현저하게 줄어들었다. 대신 성행한 것이 토막(土幕)이었다."[22] 1930년대의 만문만화에 문화주택과 대비되는 토막이 결코 과장이 아니었다.

그러나 문화주택을 일본에서 들어온 단순한 유행이나 외래품으로만 여겨서는 안 된다. 문화주택은 일본 재래 주택의 개량이기도 했다. 전봉희와 권영찬에 따르면 "조선박람회에서 전시된 문화주택이 지향하는 바는 재래 일식 주택의 결점인 접객 위주의 공간 구성을 버리고 가족 본위의 공간을 지향하며, 방한과 위생을 위한 설비를 잘 갖추고, 경쾌한 기분이 들 수 있는 외관"[23]을 가지도록 조성되었다. 양옥이나 양관(洋館)으로 불린 경우와 달리 한반도의 문화주택은 기후 조건과 주거 방식의 일부를 수용한 것이었다. 장소 특정적 성격을 지닌 것이었고, 일부 조선인을 대상으로 면밀하게 궁

리된 결과였다. 조선박람회에 등장한 제1호 문화주택의 경우 온돌
이 구비되었다. 여기에 베란다가 덧붙었고, 소변기와 대변기가 분리
되었으며 욕실 또한 별도 공간으로 구획되었다. 여기에 덧붙여 침실
과 가장 먼 위치에 응접실이 따로 만들어졌고, 그 사이에 객실(客室)
과 다실(茶室)이 위치했다.

　　　조선박람회에 출품된 문화주택 제2호는 온돌이 구비된
침실이 거실과 짝을 이루도록 배치됐고, 1호 주택과 마찬가지로 응
접실 겸 서재가 따로 위치하였으며 별도의 전용화장실을 갖춘 노인
실이 궁리됐다. 1층짜리였던 1호 주택과 달리 2층으로 제안된 2호
주택의 경우 객실은 2층에 마련됐다. 다시 말해, 중앙집중식 평면 구
성을 통해 가족 중심으로 공간 구성을 꾀한 점이 두드러진 특징이
다. 이처럼 방형(方形)을 원칙으로 하는 일식 주택에서 귀퉁이 한 변
을 변형해 이곳에 가족실이나 응접실 등을 두는 경우를 일러 특별
히 '화양절충주택'(和洋折衷住宅)으로 부르기도 했다.

　　　잡지 『조광』(朝光) 1937년 9월호에는 음악가 계정식이 실
제 지은 집을 다뤘다. 1936년에 신축한 이 집은 72평 대지에 18칸의
공간으로 구성된 방 3개짜리 집이었다. '연희장(延禧莊) 문화주택지
중에도 가장 아담한 곳에 들어선 남향 문화주택은 전면에 모두 분
합을 드리우고 유리창을 설치해 바람과 일광을 적극 고려하였고, 방
에는 순백의 커튼을 달았다. 계 씨의 방, 부인의 방, 시어머니 방이 따
로 있어 이들은 복도로 연결되며 주택 후면으로 부엌과 목욕실을 두
고, 시멘트를 바른 장독대 아래는 김치광으로 사용하는 지하실이
있다'고 설명한다. 문화주택이 한창 붐을 일으키던 1932년 8월 『동
아일보』에는 1939년 6월에 나진 부영주택을 설계하게 될 건축가 박
길룡의 글이 「주(廚)에 대하여」라는 제목으로 몇 차례 연재되었다.
"현금에 와서는 외래문화가 수입되고 생활양식이 과학적으로 진전

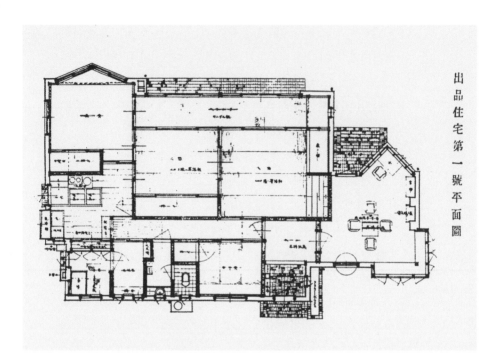

出品住宅第一號平面圖

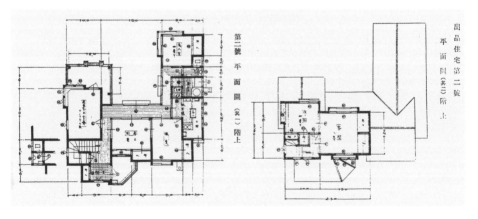

第二號平面圖（其一）階上

出品住宅第二號
平面圖（其三）階上

← 온돌을 채택한 1929년 조선박람회 출품
제1호 문화주택 평면도, 오다구미(多田組) 안
출처:『조선과건축』 제8집 제10호(1929)

← 제2호 주택 1, 2층 평면도
출처:『조선과건축』 제8집 제10호(1929)

↓ 조선박람회 출품 제2호 주택 전경(건평 27.89평)
출처: 조선총독부 편,『조선박람회 기록 사진첩』(1930)

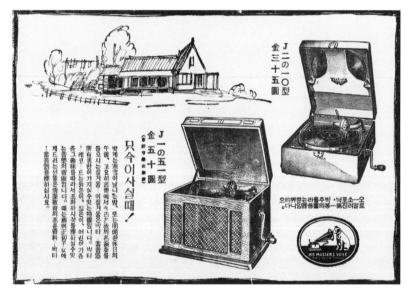

↑↑ 민간회사 연희장토지경영사무소가 낸
이상적 문화주택지 연희장 주택지 광고
출처:『조선신문』1934.12.9.

↑ 문화주택을 배경으로 삼은 빅터 축음기 광고
출처:『동아일보』1936.1.19.

함에 따라 재래의 주택 형식이 불합리함을 깨닫게 되어 어떠한 방법이라도 개선하려 하는 동향이 농후해졌다"고 진단한다. 그리고 자신에게 주택 설계를 의뢰하는 사람들에게 과연 원하는 것이 무엇인가를 물으면 그 대답은 '문화주택'이 가장 먼저일 것이라고 말했다. 실제 설계 의뢰인도 한창 유행인 양식을 외양으로 꼽았을 뿐만 아니라 응접실과 서재를 완전 양식으로 하길 원했다는 것이다. 조선주택의 개량에 매진해온 박길룡은 주방이나 변소 같은 곳은 아무런 요구를 하지 않으면서 응접실이나 서재를 고쳐보려는 태도는 주택 개선의 근본 의의를 망각한 것이라 개탄하며, 주방의 중요성을 강조하고 그 대안을 제안하기도 했다.

　　　　일본을 거쳐 조선에 등장한 문화주택이란 서구의 근대 위생학에 뿌리를 둔 생활환경의 개선과 전래 주택의 내부공간을 가족 중심의 생활공간으로 바꾸려는 것이 근본적인 방향이었다. 반면에 대중들은 외관이며 세간에 더욱 치우쳐 이해한 것으로 보인다. 사용하지 않으면 알 수 없는 내부 구조가 아니라 겉으로 드러나는 외형이 오히려 더 부각되었다.

경성의 토막민과
문화주택

문화주택에 대한 대중적 비난은 1930년대 당시 경성의 인구가 40만 정도인데 흙이나 움막으로 비바람을 가린 토막민[24]의 숫자가 1만 6천에 달하는 상황에서 점점 더 커졌다. 문화주택이 들어서면 주변의 땅값이 급등하여 투기의 대상으로 변하고, 그 지역에 살던 조선인들은 다시 변두리로 밀려나야만 했기에 하위 경제계층의 생존과 직결된 문제의 원인으로 문화주택이 지목되기도 했다. 문화주택 대

↓ 1층짜리 8칸 문화식 기와집을
경품으로 내건 화신상회 경품부 대매출 광고
출처: 『동아일보』 1932.5.10.

↓ 장충단 옆
앵구문화주택지 분양 광고
출처: 『조선신문』 1932.12.11.

↓↓ 조선의 춘궁민, 화전민,
토막민 조사(1940.7.~1940.7.) 내용
출처: 경성제국대학 위생조사부,
『토막민의 생활·위생』(1942)

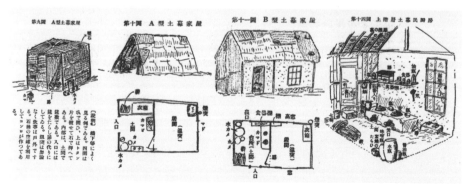

부분은 개인 건설업자들에 의해 개별적으로 건설되었다. 조선총독
부 관사나 상대적으로 규모가 큰 은행이나 석탄회사 등의 사택과 달
리 인프라를 자체적으로 건설할 수 없었기 때문에, 도로 정비와 상
하수도 설비 등을 갖춘 일본인 밀집지역을 중심으로 문화주택지가
교외로 확장되었다. 이는 다시 농촌을 떠나 도시에 몰려든 빈민층을
더 외곽으로 몰아내는 결과를 낳았다. 어떤 면에서 문화주택 건설은
경성의 극심한 주택난을 더 악화시키는 원인이었다. 경성을 비롯한
대도시에서 조선인의 주택난은 심각한 사회문제로 부상했다.[25]

　　　식민 당국이 토막민 통계를 낸 시점은 1920년대 말이다.
당시 토막민은 "대개 토지의 불법점유자이거나 도시미관을 해치는
자였지만 여기서 좀 더 나아가 이들은 사회에 대한 반항적 감정이
있는 무식한 빈민이 주를 이루며 일부 좌경적 사상을 가진 자로서
일종의 위험분자"[26]로 여겨졌다. 이들에 대한 나름의 대책을 준비한
것은 1930년부터였다. 같은 해 1월 토막민 수용을 위해 정릉리(貞陵
里, 현 정릉동), 홍제외리(弘濟外里, 현 홍은동), 아현리 등의 국유림
을 해제하자는 안건이 상정되었다.[27]

　　　특정 계층만이 차지한 문화주택과 토막민 지역이 극적으
로 대비되면서 조선인의 비참한 삶이 더욱 부각되었다. 1932년 '북
촌백화점'으로도 불렸던 화신상회가 자본금을 100만 원으로 늘리
고 주식회사 형태로 법인격을 바꾸면서 기존 건물을 증축했는데, 이
를 기념한다는 취지에서 5월 10일부터 30일까지 전례 없는 경품부
대매출 행사를 실시했다. 이때 특별경품 1등에 내걸린 상품은 다름
아닌 단층 기와집 문화주택 한 채였다.[28] 지금의 사직단인 도정궁터
에 20평의 대지를 마련한 뒤 1등 당첨자와 8칸짜리 주택 설계를 의
논하여 제공한다는 계획이었다. 외곽으로 밀려나 생존을 걱정해야
만 했던 조선의 빈민들과 달리 도심 한복판에서는 이를 아랑곳하지

↓ 경성의 볼거리로 소개된
남산장전고대(南山莊前高臺) 문화촌과
2017년 모습
출처:『경성일보』1930.11.20. & ⓒ박철수

↓↓ 문화식 별장을 상품으로 내건
동아백화점 창립 15주년 기념
경품부 사은 대매출 광고
출처:『동아일보』1932.6.26.

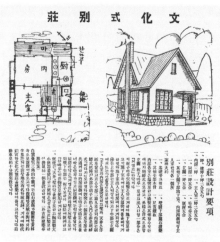

않는 문화주택 경품행사가 벌어질 정도로 문화주택의 인기는 뜨거웠다.

한 달 뒤인 6월에는 동아백화점 창립 15주년 기념 경품부사은 대매출 행사가 열렸는데, 이번 상품은 조선인 건축가 박길룡의 설계로, 기초는 콘크리트로 하고 잡석을 쌓은 뒤 벽체를 올리되 골조는 비록 목구조지만 지붕을 강판(鐵板)으로 덮는 10.25평짜리 소위 '문화식 별장'을 도심에서 2킬로미터 떨어진 성북동에 지어주는 것이었다.[29] 실내 각 실은 온돌로 하고 내부공간은 가급적 조선식으로 하되 외양은 양식으로 한다는 조건이 붙었다. 일본의 문화주택이 조선에 등장하면서 일종의 타협을 거친 결과다.

일본에서 문화주택이 등장한 배경에는 건축 산업의 합리화를 통한 중류계급을 위한 주택의 보급이라는 목적이 자리하고 있었던 반면 식민지였던 조선에서는 일본인과 일부 조선인 상류층의 전유물로 자리 잡았다. 1930년대 장충단 일대는 학자촌이며 소화원(昭和園), 남산장(南山莊)을 배경으로 문화주택지가 크게 번창해 경성의 명물 주택지로 변모했다. 일제강점기 한복판인 1930년대에 크게 유행한 문화주택에 대한 전문가와 일반 대중의 이해가 사뭇 달랐거나 동떨어졌다고도 할 수 있다.

새로운 형식의 주택은 배제의 기제로 작동하기도 했다. 근대 도시공간의 재편을 논구한 나리타 류이치에 따르면 "[일본의] '문화주택'은 근대 가족이 거주하는 이상적인 공간을 건축화한 것이다. '남편'의 방, 부부의 침실, 어린이방, '식모'방이 있고, 각각의 방이 복도로 구분되어 있었다. 이 '중류'의 가치를 지역적-경관적으로 실현하려는 시도가 교외의 개발이었다."[30] 이 교외개발은 새로운 중산층이 거주하는 부르주아 유토피아를 이루었지만, 직장과 주거지의 분리, 노동자와 여성의 소외 등 배제의 원리에 근거한 균일화된 공간에

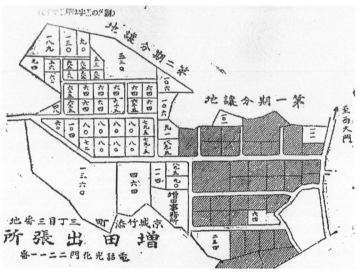

↑↑ 돈암 토지구획정리지구의 '안암장' 주택 광고
출처: 『조선일보』 1940.6.28.

↑ 주택지 분양 광고에 담긴 금화장 배치도
출처: 『경성일보』 1930.3.26.

불과했다고 그는 지적했다.

　　조선에서는 이러한 논의가 거의 일어나지 않았다. 아니 일어날 수 없었다. 조선인 중산층의 유토피아로서의 교외는 상상할 수 없는 것이었기 때문이다. 조선인 중류계층을 위한 주택공급이 없지는 않았다. 1920년 9월 9일 정세권이 설립한 건양사(建陽社)를 중심으로 하는 일군의 조선인 주택건축업자들이 '조선인의 환경문제 해결에는 주목하지 않았던'[31] 식민 당국의 처사에 대해 다른 입장을 취하면서 조선인을 위한 '근대식 한옥집단지구를 경성 곳곳에 건설하여 짧은 기간 안에 대규모 주택단지를 개발'한 것이다.[32] 하지만 이는 소외와 배제의 원리에 근거한 균일화된 공간과는 거리가 멀었다. 흥미로운 사실은 문화주택이 밀집한 곳을 일컬어 '연희장'이니 '강남장'이니 '금화장'이니 했던 것처럼, 도시한옥이 집중적으로 들어서는 곳도 '장'(莊)이라는 말을 동리의 이름 끄트머리에 붙였다는 것이다. 1940년 6월 분양 광고에 등장하는 '안암장'이 그 좋은 사례다. 이렇게 지어진 도시한옥의 거주민 대부분은 조선인 중산층이었다. 이는 문화주택과 조선인 빈민굴 사이에 도시한옥이 위치했음을 보여줄 뿐 아니라 문화주택의 엄청난 유행에도 불구하고 전통주택에 대한 수요가 여전히 무시할 수 없는 정도였음을 뜻한다.

문화촌과 문화아파트

문화주택은 다른 주택과 양식과 내용을 달리하는 전혀 새로운 것이었고, 보편적 주거공간이라기보다는 식민 주체였던 일본인 관료와 자본가, 지주 등 지배층과 일부 조선인의 기호품이거나 장신구쯤으로 여겨졌지만 다른 한편으로는 그것이 갖는 상대적 우위성으로 말

↑↑ 상도동 토지구획정리사업지구에 조성된
영단주택(1978년경) 모습
출처: 대한주택공사,
『대한주택공사 20년사』(1979)

↑ 불광동 국민주택지 홍보 만화
김용환 화백의 '즐거운 문화촌'(1959)
출처: 대한주택공사,
『대한주택공사 30년사』(1992)

미암아 욕망의 대상이 됐다. 이런 배경에서 1941년 일제가 설립한 조선주택영단이 지은 영단주택(營團住宅) 역시 문화주택으로 불렸다. 1937년부터 실시한 토지구획정리사업지구 여러 곳을 대상으로 주택을 대량공급하기 위한 것이 바로 영단주택인데, 갑형에서 무형에 이르는 5가지 표준설계 주택 유형이 있었다.[33] 영단주택은 이전에 조선인들의 선망 대상이었던 관사나 사택 혹은 일본인 사업가들의 문화주택에는 미치지 못했지만, 변소가 집 안으로 들어왔고 갑형부터 병형까지는 욕실이 따로 설치되어 "변소와 욕탕이 붙은 주택이란 일대 혁신이었기에 문화주택이라는 평"[34]을 들었다.

　　　　해방과 한국전쟁을 거친 이후에도 '문화주택'은 여전히 대중이 바라는 대상이었다. 1958년 이후 "서울의 불광동, 우이동 등지에 각형 각양의 국민주택들을 건설했는데, 이들 주택들은 견고하면서도 미려했으며 개량 온돌과 변소, 욕탕 등을 갖추고 있어 우리나라 문화주택의 정형"이라는 평가를 받았다. "판유리 이외에 슬레이트 색깔 기와, 증기 양생 시멘트블록, 방수 페인트 등이 국산 자재"로 지어졌다는 걸 강조한다.[35] 미관, 새로운 자재와 상대적으로 편리한 생활 설비가 부가되었을 때 문화주택이라는 호칭이 부여됐음을 다시 확인할 수 있다. 따라서 조선주택영단이 대한주택영단을 거쳐 1962년 다시 대한주택공사로 모습을 바꿔 분양한 단독주택지에도 '문화촌'이라는 이름이 심심찮게 내걸렸고, 할부로 구입할 수 있는 세운상가 나동 아파트 분양 광고물에도 '새 시대의 문화생활을 아파트에서'라는 선전문구가 나붙었다. 바로 그 시절, 가볍고 견고한 재료로 재래식 뒤주를 쌀통으로 바꾼 상품 역시 '문화쌀통'이라는 이름을 가졌으니 '문화'는 이제 거의 모든 것에 붙여지는 일종의 유행이자 결핍이었다. 1966년 5월에는 세대마다 정화조를 설치하여 재래식 변소의 비위생적 문제를 해소한 새로운 기술이 실기용특허(實

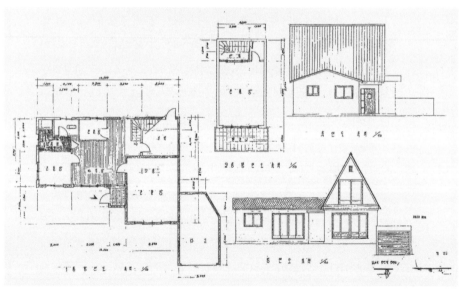

↑↑ 1960년대의 '문화쌀통'　　　↑ 수유동 국민주택지 64호 중 하나에
출처: 서울시립대학교 박물관　　대한주택공사가 제안한
　　　　　　　　　　　　　　　국민주택 평면도 및 입면도(1964)
　　　　　　　　　　　　　　　출처: 대한주택공사

器用特許) 1230호에 지정되었는데 이번에는 이를 '문화변기'로 불렀다.[36] 거의 모든 부문에 걸쳐 새로운 설비나 장치, 재료가 적용되면 '문화'의 용례 범주에 포함했고, 주택과 관련해서는 쉽게 볼 수 없었던 옥상 어린이놀이터, 전화, 엘리베이터 등을 갖춘 경우까지를 모두 문화주택의 범주로 포섭했다. 물론 그동안의 외양과 사뭇 다른 새로운 사조를 수용한 경우도 '문화주택'으로 불렸는데, 국가기록원 자료에 '농촌문화주택'이라는 이름으로 갈무리된 아산시의 온양관광호텔이 그 좋은 예다.

그렇다면 '아파트라는 새로운 주거 양식'으로 전환되는 시기에 '문화'는 어떻게 주택과 접속했을까? 1962년 1차 준공을 거쳐 1964년 완전 준공한 마포아파트단지를 전후한 시기 '문화'는 단독주택을 버리고 아파트라는 옷을 입기 시작한다. 앞서 인용한 손창섭 작가의 소설 『인간교실』이 신문에 연재될 무렵이 바로 마포아파트단지가 준공될 즈음인데, 단독주택을 주로 지칭했던 '문화'라는 용어가 아파트의 등장에 따라 외연을 확장하며 여전한 위력으로 아파트단지에도 복무했다. '마포아파트의 준공이 국민생활과 문화의 향상을 이룩할 것을 믿어 의심치 않았던'[37] 것이라는 사실에서 이를 확인할 수 있다.

'문화'의
다양한 얼굴

일제강점기에 한반도에서 발행되었던 유일한 건축잡지 『조선과건축』에 자주 등장했던 '문화'라는 단어는 '문화생활', '문화촌', '문화주택'을 비롯하여, '문화건축', '문화식 나가야(長屋)', '문화 시가(cigar)', '문화식 철근혼응토', '문화병영', '문화식 우에노(上野)역', '문화도시'

등으로 다양하게 사용됐다. 1937년에 이르러서는 같은 잡지의 잡보 (雜報)「모던형무소 명료한 색채에 어울리는 문화아파트」(モダン刑務所明瞭な色彩宛然文化アパ-ト)라는 기사를 통해 새로 지은 현대식 형무소를 그 색채가 완연한 문화아파트라고 불렀다. '모던=문화'라는 등식이 여기에도 등장한다.[38] '서구=모던=문화'라는 대중적으로 통용된 등식이 일제강점기에 자리했고, 해방 이후 미국 주도의 문화적 영향 아래 놓인 남한 사회는 이를 더욱 강화한다. "서양은 문화적 식민지주의의 주체였고, 일본은 식민지 지배의 대상"[39]이었다는 의미도로 읽을 수 있다. 문화주택으로 통용되기 이전의 '양관'에서도 이 도식은 확인할 수 있다. 이 구도는 한반도에서 식민의 주체였던 일본과 식민지 지배의 대상이었던 조선으로 변주되어 반복된다. 재래의 것과는 다르되 서구에서 유래한 새로운 무언가를 통칭하는 용어가 된 것이다.

일본에서 1차 세계대전 이후 평화를 소망하는 취지의 박람회가 도쿄에서 열렸을 때 건축업자들이 모델하우스를 늘어세우고 '문화촌'이라는 이름을 붙였는데, 여기 출현했던 빨간 기와, 유리창, 흰 커튼 등 서양풍을 도입한 일식·양식 절충의 집이 큰 인기를 끈 이후 이를 '문화주택'으로 불렀다는 것은 비교적 잘 알려진 사실이다. 한 해 전 일본건축학회는 '건축과 문화생활'을 주제로 강연회를 열었다. 강연의 주요 내용은 일본건축학회의 기관지『건축잡지』(建築雜誌) 제416호(1921.6.)에 게재됐다. 일본건축학회 회장인 도쿄제국대학 명예교수 나카무라 다스타로(中村達太郎, 1860~1942)는 개회사를 통해 강연회 주제를 처음에는 '건축과 생활 개선'으로 생각하다가 '문화주의'에 의거해 '건축과 문화생활'로 바꿨다고 말한다.[40] '생활 개선' 대신 '문화생활'을 채택한 이유에 대해 그는 "우리의 예전 적국이었던 독일에 대해서도 학술상 우리는 경모하고 있습니다. 역시 독일의 문화가 세계에서 우월하기 때문이라고 생각"한다고 토로했다.[41] 즉, 그들이 당시 우러른 나라는 독일이었고, 따라서 그들이 빌려 쓴 '문화'라는 용어는 독일어 'Kultur'를 번역, 사용했다는 말로 해석된다. 한편, 일제강점기에 일제가 전한 '문화'라는 용어는 중국에서 훨씬 이전부터 사용한 말이기도 하다. 중국의 경우 문화란 형벌이나 위력을 사용하지 않고 백성을 교화하는 문치교화(文治敎化)를 줄여 이르는 말이었다.[42] '일본인들이 번역한 문화가 왠지 고급스럽고 우월한 의미'를 갖는다면 중국에서의 문화는 '무(武)에 대립하는 문(文)으로 무력이나 형벌의 반대편에 선다는 의미'를 가졌다.

　　지금 우리가 사용하는 '문화'라는 단어에는 2가지 의미가 모두 스며 섞였고, 특별한 경우가 아니라면 이를 구별해 사용하지 않는다. 그렇지만 1930년대 유행했던 '문화주택'은 상대적으로 고급스럽고 우월한 주택이라는 뜻을 강하게 풍기면서 서양으로부터 온 것, 근대 과학기술에 바탕을 둔 것, 서구인들의 일상공간과 생활방식, 그리고 취향까지도 교양으로 받아들이는 것을 의미했다. '문화주택'이나 '문화촌'이 일본을 통해 번역되면서 식민지 한반도에 이식된 탓에 해방 이후에도 우리는 그들의 생각과 취향으로부터 자유롭지 않았다. 토지구획정리사업에 의해 반듯하게 만들어진 주택지를 문화주택지로 부르고, 상하수도 설비와 가스나 유류를 이용하는 난방설비, 수세식 양변기와 욕조가 설치된 주택을 1970년대 후반까지 고급 문화주택으로 불렀다.

　　1960년대 이후 주택시장의 다수를 점하며 새롭게 등장한 용어 '양옥'은 1970년대를 거치며 '문화주택'을 대체했다. 양옥이 본격적으로 공급된 것은 한국전쟁 이후로, 재건주택이나 부흥주택과 같은 전후 후생주택공급이 직접적 동기가 됐다. 그러나 해외원조가 줄어든 1960년대 이후는 목재 공급 부족 현상이 두드러졌고 1962년

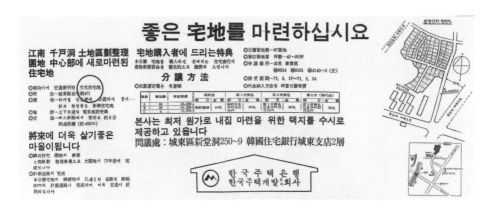

↓ 일제강점기 '문화주택' 유행기에 지어진
서울 종로구 수송동 문화주택(2019)
ⓒ박철수

↓↓ 1930년 경성의
독특한 풍경으로 손꼽히던
장충동 일대의 문화주택지(1978.6.)
출처: 서울역사아카이브

제정된 「건축법」 역시 콘크리트 건축물을 권고하는 양상으로 변하면서 "벽돌이나 시멘트블록으로 벽체를 올리고 트러스로 지붕틀을 짜고 그 위에 시멘트 기와를 올린 양옥"[43]이 공영주택의 표준으로 본격 공급된다. 이어 민간이 공급해 시장에서 우위를 차지한 양옥은 1970년대 후반 '불란서식 2층 양옥'으로 변모했다. 오래전 '문화＝서구'였던 등식에서 서구는 다시 프랑스라는 나라 이름으로 구체화된다. 이는 비슷한 시기 함께 등장한 '아파트'와 벌인 시장 경쟁에서 양옥의 생존전략이기도 했다.

　　　　　1978년 박정희 대통령은 연두교서를 통해 사회개발정책의 일환으로 '농어촌주택을 선진국형 문화주택으로 개량'한다고 밝혔다. 대도시보다는 중소도시에 역점을 둬 균형 잡힌 발전을 도모하는 것이 목표인데, 750억 원의 자금을 동원해 5만 동의 농어촌주택을 문화주택으로 개량하고, 5년 내에는 전부 문화주택으로 바꿔 서구와 같게 한다는 것이었다.[44] 1980년대를 맞이하는 시점에도 서구처럼 주택을 개량하는 것을 에둘러 문화주택이라고 일컬었으니, 50여 년 전 도쿄제국대학 교수의 일갈처럼 '정형(定型)이 없고, 일정치 않은' 문화주택은 오래 살아 남았다.

2017년 제5회 제주4·3평화문학상 수상작으로 선정된 손원평의 장편소설 『서른의 반격』이 출간됐다. 약자를 착취하는 우리 사회의 구조적 모순에 저항하는 젊은이들을 세밀하게 포착한 작품이다. 1988년 서울올림픽이 개막되던 즈음 태어나 우여곡절 끝에 김지혜란 이름을 얻게 된 소설 속 주인공은 프랑스어로 다이아몬드라는 뜻을 가진 'Diamant'를 줄여 DM이라 쓰는 회사의 인턴으로 취업하게 됐는데 어물쩍하는 사이 자신과 같은 처지의 DM 아카데미 인턴을 뽑는 면접 자리에 그녀의 상사이자 정규직인 유 팀장과 함께 자리하게 된다. 오전 면접을 끝낸 팀장이 그녀 김지혜에게 건네는 말이 유독 눈에 띈다. "세상에 왜 이렇게 문화 백수가 많은 거야? '문화 백수'라는 말은 유 팀장이 즐겨 쓰는 단어였다. 딴에는 '잉여'라고 불러야 마땅한 사람들을 한 단계 쳐줘서 그렇게 말하는 거라고 했다. 유 팀장은 종종, 이 사회에 음악이나 문학, 미술, 영화 따위를 하고 싶어 하는 사람이 너무 많다며 그런 문화 백수들이 사회의 근간을 갉아 먹고 있다고 열을 올렸다."[45]

주

1   방민호, 「해설: 몰래카메라의 의미」, 손창섭, 『인간교실』(예옥, 2008), 473쪽.

2   실제로 이 일대는 일제강점기 서울의 대표적 문화주택지로 각광받았던
명수대주택지(明水臺住宅地)라 불렸던 곳인데 한강을 바라볼 수 있는 고지대로서
한강철교를 통해 도심과 쉽게 접속되는 장소였다. 명수대토지사무소가 개발한
이곳엔 유명 온천 2곳이 있었으며 구릉지 주거지는 근대적 도시계획 수법에 의해
도로가 개설됐고, 문화주택지로 유명했던 강남장(江南莊)과 금포장(琴浦莊)과 같은
곳이 들어찼던 집단주택지였다. 주택지 인근에 한강신사(漢江神社)가 조성됐다는
사실만으로도 당시 이곳이 일본인이 밀집했던 주택지였음을 쉽게 짐작할 수 있다.

3   손창섭, 『인간교실』, 7, 20쪽.

4   김풍원, 「주택센터에 비친 무주택자의 주택수요 취향」, 『주택』 제27호(1971), 78~81쪽.

5   대한주택공사에서 3가지 종류의 주택을 선택지로 제시했다는 사실을 통해 '문화식'은
통상 '서구식'으로 번역할 수 있고, 이는 곧 '미국식'과 다르지 않다고 할 수 있다.
정종현, 『제국대학의 조센징』(휴머니스트, 2019), 296쪽에서 '민족적인 것', '일본적인
것', '미국적인 것'이라 언급했던 것과 유사하다.

6   조던 샌드, 『제국일본의 생활공간』, 박삼헌·조영희·김현영 옮김(소명출판, 2017),
261쪽.

7   "김기진의 술회에 기대면 '연애'가 일반화된 것은 1910년대 말 이후였다는 말이 된다.
자생적인 창안은 아니고 중국과 일본의 중개를 거쳐서였다." 권보드래, 『연애의 시대:
1920년대 초반의 문화와 유행』(현실문화연구, 2004), 13쪽. 권보드래가 인용한 원문은
김기진, 「관능적 관계의 윤리적 의의」, 『조선문사의 연애관』(설화서관, 1926), 16쪽.

8   김유방은 1920년 7월 『동아일보』에 「서양화의 계통 및 사명」이라는 글을 통해 회화론을
게재하는 등 전방위적 평론과 함께 식민지의 모순적 상황 등을 담은 희곡을 발표했다.
재능이 보이는 문학청년을 후원하기도 했으며, 주택문제와 일상생활에 대한 다양한
의견을 여러 매체를 통해 발표하기도 했던 일제강점기 조선 지식인이다. 생몰 연도는
알려지지 않는다.

9   김유방, 「문화생활과 주택: 쇄국시대에 이뤄진 우리의 주택제」, 『개벽』 제32호(1923),
52쪽. 이 글에서 김유방은 문화생활에 대해 말하길 '근대문명이라는 과학정신을 바탕에
두고 인본주의를 추구하는 것'이라고 역설하기도 했다(같은 책, 51쪽).

10   『동아일보』 1922년 8월 24일자. 조선인 조병창이 운영하는 성안당은 일본제 14K
세라와 12K 로이터 만년필을 광고했다.

11   조선인 전규철이 주인인 종로2가 소재의 제일양복상회 광고, 『동아일보』 1920년 4월
15일자.

12   허수, 「제1차 세계대전 종전 후 개조론의 확산과 한국 지식인」, 이경구 외, 『개념의 번역과 창조』(돌베개, 2012), 80쪽. 허수는 또한 '일본의 한국 유학생들로 대표되는 조선의 지식인들은 문화주의, 데모크라시, 사회주의를 제1차 세계대전 이후에 대두한 진보적이며 이상주의적인 시대사조로 뭉뚱그려 이해하는 경향이 많았으며, 문화주의는 1차 세계대전 이전의 근세 열강이 취한 무장주의(武裝主義)의 반동으로 일어난 현대사조의 하나로서 인류 생활의 거대한 힘을 문화 방면에 치중하는 것으로 이해하였다'(같은 책, 72~73쪽)고 기술하고 있다.

13   김기림, 「공분」, 『조광』(1940), 67쪽, 권창규, 『상품의 시대』(민음사, 2014), 260쪽 재인용.

14   영화소설이란 신문 연재소설에서 흔히 보았던 삽화 대신 등장인물로 분한 연기자가 직접 소설의 내용을 연기하는 장면을 스틸 컷으로 촬영하여 소설과 함께 게재하는 형식으로 심훈이 1937년 『동아일보』에 연재한 「탈춤」이 최초로 알려져 있다. 그 때문인지 연재소설의 제목 아래에는 '금지무단촬영'이라는, 요즘 말로 하면 저작물 윤리에 대한 경고문까지 실려 있다.

15   「횡설수설」, 『동아일보』, 1937년 9월 24일자.

16   그럼에도 불구하고 "1936년 『조선일보』에서는 한 일본 사업가의 불평이 실리기도 했다. '오늘날 조선에서 사업을 하고자 하는 이들이 큰 불편을 느끼는 것은 공업학교 수준의 기술자를 전부 본토(일본)에서 구해야 한다는 사실이다'라고 지적할 정도였다"(한경희·게리 리 다우니, 『엔지니어들의 한국사』, 김아림 옮김[휴머니스트, 2016], 72쪽).

17   1890년대 니시 아마네(西周)에 의해 번역된 '기술'이라는 단어가 일본에서 조선으로 막 전해졌을 때 '과학'이라는 번역어도 함께 들어왔다(한경희·게리 리 다우니 『엔지니어들의 한국사』, 118쪽). 그로부터 1960년대 이후까지 '과학'이라는 말이 소환되는 맥락은 한편에는 '낙후한 인습'을, 다른 한편에는 그로부터 탈피하는 계기를 마련해주는 '계몽'을 상정하고 있다. 계몽이란 언제나 국가와 같은 주체가 위로부터 수행하는 것이어서 국가 주도로 새로운 기구나 제도가 도입될 때는 그 명분으로 '과학성'이 특히 강조되었다. 이때 '과학적'이라는 말은 사실상 '선진적', '진보적', '우월적'이라는 말과 동의어였다. 김태호, 「'과학영농'의 깃발 아래서」, 『'과학대통령 박정희' 신화를 넘어』, 김태호 엮음(역사비평사, 2018), 209쪽.

18   內田靑藏·大川三雄·藤谷陽悅 編著, 『圖說·近代日本住宅史』(鹿島出版社, 2002), 56~57쪽 내용 요약. 당시 문화주택 건설 비용은 한옥에 비해 비쌌고, 목조로 이뤄지는 건축비가 평당 120~170원이었다면 문화주택의 주된 구법으로 사용된 목골철망조는 평당 130~175원, 벽돌조는 140~185원이었고, 철근콘크리트 구조로 지으려면 평당 215~250원이었다. 「住宅建築費比較調査」, 『朝鮮と建築』 第5輯 第2號(1925), 34~35쪽.

19   손창섭 작가가 1963년 4월 22일 『경향신문』을 통해 연재를 시작한 첫 편에 등장한 내용으로 삽화는 이우경 화백이 담당했다.

20   "도시에 거주하던 일본인들, 특히 관리, 자본가, 지주는 새로 집을 지을 때 일본의

문화주택 양식을 그대로 도입했다. 문화주택은 경제력이 뒷받침되던 조선의 상류층도 애용하고 있었다." 이준식, 『일제강점기 사회와 문화』(역사비평사, 2014), 100쪽.

21   이에 대해서는 박철수, 「1930년대 여성잡지의 '가정탐방기'에 나타난 이상적 주거공간 연구」, 『대한건축학회논문집(계획계)』 제213호(2006), 39~48쪽 참조.

22   이준식, 『일제강점기 사회와 문화』, 101쪽.

23   전봉희·권영찬, 『한옥과 한국주택의 역사』(동녘, 2012), 180쪽.

24   토막은 나뭇가지, 가마니 등 갖은 재료를 사용해 지은 움막집을 가리킨다. 당시에는 땅에 굴을 파 멍석이나 가마니 같은 것들로 덮은 토굴도 토막으로 통칭했다. 토막은 주로 산비탈, 성벽, 하천 주변, 철로 주변, 다리 밑, 제방, 화장장 주변 등, 한마디로 사람이 살 수 없는 곳에 자리를 잡았는데 이곳을 거처로 삼은 이들을 토막민이라고 불렀다. 토막민에 대한 일제의 관심은 지대했는데 주거와 복지 차원에서 다룬 것이 아니라 주택문제로 인한 사회정치적 불안을 우려했기 때문이다.

25   이준식, 『일제강점기 사회와 문화』, 100~103쪽.

26   염복규, 『서울의 기원 경성의 탄생』(이데아, 2016), 305쪽.

27   「경성부 토막민 정리 시설계획」(1930), 국가기록원 소장 자료.

28   『동아일보』 1932년 5월 10일자, 5면.

29   『동아일보』 1932년 6월 26일자, 6면.

30   "개발 주체로는 쓰쓰미 야스지로(堤康次郎, 세이부 그룹을 창설한 실업가이자 제44대 중의원 의장을 역임한 정치가, 1889~1964), 고바야시 이치조(小林一三, 한큐 전철, 한큐 백화점, 한큐한신그룹 창업자, 1873~1957) 같은 사영(私營)철도 관계자, 도준카이(同潤會, 나중에 주택영단이 되었다) 같은 반관반민조직 외에 세이조(成城) 학원, 다마가와(玉川) 학원처럼 민간에서 택지개발에 나선 사례도 있다. 이들은 '학교' 유치를 시도하고 '전원도시'를 표방했는데, 어느 것이나 '중류'를 염두에 두고 '가족'과 가정생활을 일치시켜서 새로운 라이프스타일을 실천하는 것을 꾀했다." 나리타 류이치, 『근대 도시공간의 문화경험』, 서민교 옮김(뿌리와이파리, 2011), 48~49쪽.

31   박세훈, 「1920년대 경성 도시계획의 성격: 경성도시계획연구회와 도시계획운동」, 『서울학연구』 제15호(서울시립대학교 서울학연구소, 2000), 193쪽.

32   김경민, 『건축왕, 경성을 만들다』(이마, 2017), 194~195쪽.

33   갑(건평 20평), 을(15평), 병(10평), 정(8평), 무(6평)의 5가지 유형은 다시 갑 11종, 을 10종, 병 4종, 정 2종, 무 2종으로 세분하였고, 각각은 표준설계로 만들어졌다.

34   대한주택공사, 『대한주택공사 20년사』(1979), 356쪽.

35   같은 책, 355쪽.

36   이수영, 「66년도 주택공사주택 설계 및 건설계획」, 『주택』 제16호(1966), 17쪽.

37 「박정희 대통령의 마포아파트 준공식 치사」(1962.12.1.), 대한주택공사, 『대한주택공사 주택단지총람 1954~1970』(1979), 4쪽.

38 이경아, 『일제강점기 문화주택 개념의 수용과 전개』(서울대학교 건축학과 박사학위논문, 2006), 44~45쪽 요약.

39 조던 샌드, 『제국일본의 생활공간』, 37쪽.

40 야나부 아키라, 『한 단어 사전, 문화』, 박양신 옮김(푸른역사, 2013), 54~55쪽 내용 요약.

41 여기서 유의할 사항이 하나 있다. 한반도에서 근대적 주거지를 만드는 가장 유효한 수법으로 일제강점기에 채택한 것이 바로 토지구획정리사업(土地區劃整理)이다. 개발예정지 모두를 일괄 매수하는 일단의 주택지경영사업과 달리 토지구획정리사업은 막대한 초기 재정투입 없이 용지를 획득하는 방법으로 일제강점기 교외주택지 확보에서 적극 활용됐다. 이 수법은 1904년 독일의 아디케스법(Adickes 法)을 통해 프랑크푸르트에서 처음 시행되었고, 일본이 이를 적극 수입해 활용한 것이다. 이후 일제강점기 한반도 대도시 주변의 교외주택지 대부분이 이 방식으로 조성되었고, 1970년대까지 대단위 개발사업을 위한 강력한 수단이어서 영동1지구, 잠실지구, 강남구의 상당 지역도 모두 토지구획정리사업으로 택지가 만들어졌다. 이와 관련해 임동근 김종배, 『메트로폴리스 서울의 탄생』, 반비, 2015.7, 117~123쪽 참조.

42 야나부 아키라, 『한 단어 사전, 문화』, 13~14쪽.

43 전봉희·권영찬, 『한옥과 한국주택의 역사』, 22쪽.

44 「박 대통령 연두 회견」, 『경향신문』 1978년 1월 18일자.

45 손원평, 『서른의 반격』(은행나무, 2017), 32~33쪽.

4 '아파-트'[1]

대한민국 역사상 처음으로 아파트가 전체 주택에서 차지하는 비율이 60퍼센트를 넘은 것이 2016년이다. 아파트가 사회 전반에 미치는 위력이 나날이 커지고 있지만, 연구자들 사이에서 한국 최초의 아파트가 과연 무엇인가는 아직도 명확치 않다. 일제강점기인 1927년에 건설된 조선총독부 철도국 합동관사를 꼽는 경우가 있는가 하면,[2] 1930년에 지어진 경성부 남산정(南山町, 현 남삼동) 미쿠니(三國)아파트나[3] 최근 1937년 8월 준공한 것으로 새롭게 밝혀진 죽첨정(竹添町, 현 충정로) 도요타(豊田)아파트를 언급하기도 한다.[4] 또 1935년에 서울 내자동에 지어진 또 다른 미쿠니아파트를 오늘날의 관점에서 볼 때 최초의 아파트로 보아야 한다는 입장도 있다.[5]

다른 한편, 해방 이후로 시기를 한정하기도 한다. 한국 최초의 아파트를 1957년에 중앙산업의 사원 주택으로 건설된 서울 주교동의 중앙아파트로 꼽거나,[6] 1958년에 건립된 종암아파트를 언급하는 경우다.[7] 이 둘을 1959년에 중앙산업이 지은 개명아파트가 잇고 있다는 견해인데, 가장 많이 언급되는 편이다. (때로는 시기에 상관없이 이 두 아파트가 최초라고 주장하는 이들도 있다.)

드물지만 다른 후보도 아직 남았다. 1956년 종로구 교북동에 한미재단(KAF)에 의해 지어진 행촌(杏村)아파트를 한국의 아파트 초기 사례로 꼽거나,[8] 더 드문 경우이긴 하지만 1956년 행당동에 16동의 아파트가 건설되었다는 기록을 언급하는 문헌도 있다.[9]

그런데 이 여러 후보들을 다루면서 '아파트 판단의 조건들'

↑↑ 중앙산업이 사원 주택으로 1957년에 준공한
서울 중구 주교동 중앙아파트(2014)
ⓒ박철수

↑ 한미재단 원조로 지어진
행촌동 아파트(1958.9.1.)
출처: 서울사진아카이브

을 분명하게 언급한 연구는 많지 않다. 서울 내자동 75번지의 미쿠니아파트를 한국 최초의 아파트로 삼은 손정목의 연구와[10] 정순영·윤인석의 연구[11] 등을 제외한 대부분의 연구논문이나 문헌은 아파트를 어떻게 규정했는지에 대한 구체적인 설명이나 기준이 없거나 다른 이의 주장을 빌려 사용하고 있는 형편이다. 판단 기준을 제시하더라도 대단히 제한적으로 언급함으로써 연구자의 주장을 뒷받침하는 논리적 근거로는 충분치 않은 경우가 많다.

1920년대 일본에서의
아파트 논의와 진단

최초의 아파트를 무엇으로 특정하건 간에 그것이 한반도에 출현한 때가 일제강점기라는 사실은 틀림없다. 1930년대 중반에 접어들면 대도시 경성에서 발행된 여러 신문에는 이미 '아파트 임대' 광고가 심심치 않게 등장했다. 신문에 광고가 실릴 정도면 아파트라는 새로운 유형이 그리 낯설지 않았다는 의미다. 경성으로 한정하더라도 이미 많은 수의 아파트가 임대주택으로 이용되었고, 자본을 갖춘 일본인 사업가들에게는 한반도에서 큰돈을 벌 수 있는 유망한 일로 경성에서의 아파트 임대업이 꼽히곤 했다.[12] 『매일신보』 1937년 6월 5일자 기사 전문을 인용하면 다음과 같다.

> 최근의 차가난(借家難)은 일반 근로층에 생활상 큰 위협을 주고 있는 형편이다. 이 반면에 여관생활을 하는 사람과 혹은 '아파트'로 기어드는 사람이 점점 증가하고 있으므로 '아파트'와 여관업은 어느 정도까지 호경기를 보이고 있으나 그러나 그 설비도 완전치 못한데다가 숙박인만 늘어서

↑ 내자동 75번지 미쿠니아파트 준공 직후 모습(1936)
출처: 시미즈건설주식회사(清水建設株式會社)

보건위생상 재미없는 일이 많다는 것이다. 얼마 전에도 경성소방서에서는 부내에 있는 여관 외에 '아파-트'의 형식을 갖춘 39개소의 숙사를 점검한 결과 대체로 오랜 건물인 것은 물론 거의 전부가 소화전 설비가 없어서 화재 같은 비상시의 대책이 없으므로 소방서에서는 이것을 도(道) 보안과로 보고하여 소화전 설치를 요구했다. 그리고 인원수용으로 보더라도 39개소 '아파-트'에 1,035명이라는 인원이 수용되어 매 '아파-트'에 평균 26~27명이 들어 있는 만큼 보건위생에도 적지 않은 폐해가 있어 이것을 완화 조절하도록 설비를 개선케 할 구체적 방침을 강구 중.

기사는 보건위생이나 화재에 대한 우려를 드러낸다. 중일전쟁이 격화되며 병참기지 역할을 떠안은 식민지 조선의 방공(防空)과 방화(放火) 문제가 부각됐고, 특별히 새로운 도시건축 유형으로 등장한 '아파트라는 다중 이용 시설'에 대한 대비책 마련이 시급하다고 전한다.[13] 식민지 당국의 인식을 기관지가 대신 전하고 있다고 보아도 무방하다. 이런 걱정과 우려의 대상이었던 아파트가 일제에 의해 번역, 번안되어 한반도에 전해졌다는 점에는 이론의 여지가 없다.[14] 한반도 아파트의 계보를 추적하기 위해서는 일본이 무엇을 아파트라고 불렀는지를 먼저 살펴보지 않을 수 없다.

일본에서 본격적으로 집합주택이 건설되기 시작한 것은 다이쇼(大正)[15] 시기 이후부터다. 당시 일본건축학회 기관지인 『건축잡지』(建築雜誌) 제36권 제426호(1922년)에서 가와 료이치(川元良一)가 「공동주택관과 위생 가치」(共同住宅館と衛生價値)라는 글을 발표하면서 서구의 문헌들에 기초해 주택을 새롭게 분류했다.[16] '아파트먼트(하우스)' 혹은 '공동주택관'이나 '집합주택' 등으로 아파트

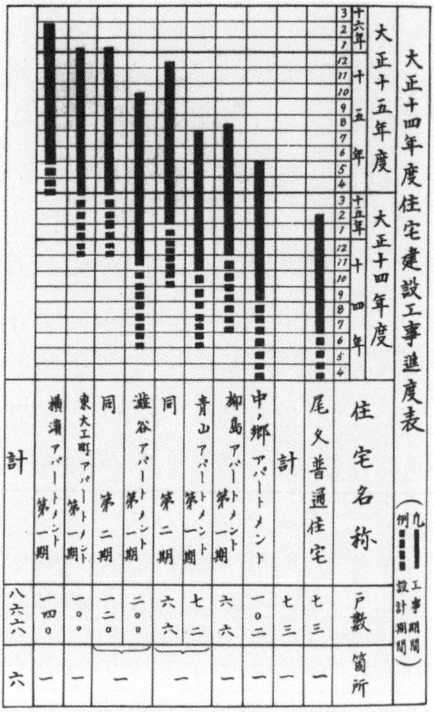

大正十四年度住宅建設工事進度表
(凡例 工事期間 設計期間)
大正十五年度
大正十四年度
十六年
十五年
住宅名称
戸數
箇所
尾久普通住宅
七三
一
計
七三
一
中ノ郷アパートメント
一〇二
一
柳島アパートメント第一期
六六
一
青山アパートメント第一期
七二
同 第二期
六六
一
猿谷アパートメント第一期
二〇〇
同 第二期
一二〇
一
東大工町アパートメント第一期
一〇〇
一
横濱アパートメント第一期
一四〇
一
計
八六八
六

↑ 도준카이의 주택 건설 공사 진도표(1924~1925년)
출처: 도준카이 편, 『다이쇼14년도 사업보고』(同潤会 編, 『大正14年度 事業報告』, 1926)

의 개념을 분류하고 정의하면서 매우 다양한 의견들이 등장했다. 건축비의 절감과 공동난방 및 위생 설비의 간편성, 안정적인 가격, 상대적으로 넓은 정원을 갖는 것을 장점으로 보았다. 종류만 하더라도 7~8종으로 구분할 수 있기 때문에 독신자부터 중학생 자녀를 둔 가족에 이르기까지 다양한 사회구성원을 포괄할 수 있다는 설명에서부터,[17] 도시가 번창하면 당연하게도 아파트는 상업가로에 면해야 하기 때문에 1층에는 누구나 방문할 수 있는 상점을 두고 2층부터는 거주용 공간을 두는 방식이어야 하고, 이를 독신자를 위한 아파트(1종)와 가족세대용 아파트(2종)로 구분하거나, 경제계층에 따른 분류도 가능하다는 등의 주장이 난무했다. 이러한 논의는 일본의 패전 이후에도 그대로 이어져 '설비를 공동으로 사용하는 집합주거는 '목임(木賃)아파트'('목조임대아파트'라는 뜻)로, 집마다 화장실과 부엌을 따로 갖춘 아파트는 '문화(ブンカ)아파트'로 분류'하기도 했다.[18] 간단히 정리하기는 힘든 상황이었다.

　　그럼에도 불구하고, 다수의 학자들은 아파트의 전형으로 도준카이아파트(同潤會アーパト)에 주목한다. "2차 대전 전반기, 특히 (1910년대 초반부터 1920년대 중반에 이르는) 다이쇼 시기에 출현한 '아파트먼트 하우스'는 새롭고 모던한 최첨단의 생활을 이미지시키는 단어"[19]였으며, "도준카이아파트는 오늘날 우리의 일반적인 거주형태로서 정착한 '맨션' 생활의 뿌리"이기에 일본 아파트 논의의 시작점으로 삼기에 충분하다는 것이다. 오늘날 일본의 아파트 연원과 근거를 도준카이에 둔다면, 한반도에 '아파트'라는 주거 형식을 공식적으로 처음 소개한 1925년의 「건축잡보」(建築雜報)에 주목해야 한다.[20] '도준카이의 아파트먼트'라는 제목으로 일본의 3층짜리 콘크리트 아파트 건설계획이 전해졌기 때문이다. 이때 소개된 아파트는 공동변소와 공용세척장, 식당 등을 구비한 기숙사 또는 공동숙

← 1926년 9월 완공된
도쿄 아오야마(靑山)아파트
출처: 사토 시게루 외,
『도준카이 아파트먼트와 그 시대』
(佐藤滋 外,『同潤會のアパート
メントとその時代』, 1998)

← 가로 경관을 특별히 강조한
아오야마아파트 배경도
출처: 도준카이 편,
『다이쇼14년도 사업보고』(1926)

← 1934년 8월 완공된
도쿄 에도가와(江戶川)아파트
출처: 사토 시게루 외,
『도준카이 아파트먼트와 그 시대』
(1998)

사를 칭하는 요(寮)와 달리 콘크리트 구조물을 특별하게 일컫는 것
이었다.[21] 그리고 그로부터 5년쯤 지난 후 서울 회현동에 건립된 미
쿠니아파트가 '경성 미쿠니상회아파트'라는 제목을 달고 외관 사진
과 평면도, 공사 개요 등이 『조선과건축』(朝鮮と建築)에 소개된다.[22]
1930년의 일이다.

　　　　도준카이아파트 특징은 9가지로 정리할 수 있다. '내진·내
화성이 높은 철근콘크리트 구조, 내장재(창호)는 견고함을 바탕으
로 하되 문단속을 중시하는 구조와 설비, 일본식 또는 서양식 구성
선택, 수도·전기·가스 등 선진 설비 시스템 구비, 각 호별 수세식 변
소와 부엌 설비 완비, 더스트 슈트(dust chute) 설치, 세탁 및 건조는
옥상 활용, 위생과 건축물의 유지·관리를 중시해 다다미를 없애고
코르크의 엷은 녹색 페인트로 바닥 마감, 반침·세면대·신발장·모자
걸이·문패 등을 아우르는 가구와 설비 구비' 등이 그것이다.[23] 소위
모던 생활을 위한 기본 인프라 조성에 신경 쓴 티가 역력하다. 여기
에 덧붙여 도쿄 13곳과 요코하마 2곳에 지어진 도준카이아파트의
배치와 공간 점유 방식까지 살펴보면, 무엇을 아파트로 불렀는지 짐
작하기에 부족함이 없다. 자세히 살펴보자.

　　　　주거동은 가로를 따라서 세우는 것이 기본 원칙이며 길
(도로)로부터의 경관을 의식한 까닭에 결과적으로 후정을 두거나
중정을 갖는 배치가 된다. 2차 대전 후 급속히 보급된 민주주의의 평
등성을 드러내기 위해 각 세대의 일조와 통풍 조건이 동일하도록 가
급적 남향으로 배치하는 방식을 취하고, 거주자는 새로운 유형의 핵
가족뿐만 아니라 새로운 도시계층인 독신자를 중시했기 때문에 다
양한 유형의 단위주택으로 구성되며, 모여 사는 것의 편리성을 추구
하기 위해 공동이용 시설이 계획되었다.[24] 1926년 9월에 완공된 아
오야마아파트와 1934년에 준공된 에도가와아파트가 대표적 선례

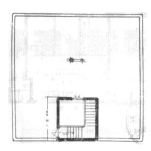

↑↑ 회현동 미쿠니상회아파트
1층, 2층, 옥상층 평면도 및
1931년 준공 당시 외관(아래 왼쪽)
출처: 『조선과건축』 제9집 제12호(1930)

↑ 지금도 남아 있는
남산동 미쿠니아파트(2019)
ⓒ권이철

로 꼽힌다.[25]

1930년대 조선의
아파트 수용

1930년에 지어졌다고 알려진 서울 회현동의 '경성 미쿠니상회아파트'는 일본인 도이 세이이치(土井誠一)가 설립한 미쿠니상회가 직원용으로 지은 기숙관사(寄宿官舍) 형태의 건축물이다.[26] 남대문에 자리했던 미쿠니상회는 본래 갈탄이나 무순탄 등 취사 및 난방 연료 판매업체였는데, 1934년 법인 종목에 부동산임대업을 추가하고 아파트 임대사업을 겸하기 시작했다. 따라서 미쿠니아파트는 임대를 위해 지어진 아파트는 아니었고 기숙사에 가까웠던바,[27] 이를 새로운 '도시건축 유형'으로서의 아파트로 볼 수 있는가에 대해선 이론의 여지가 있다. 미쿠니아파트를 한국 최초의 아파트로 쉽게 결론 내기보다 폭넓은 논의와 검증을 통해 보다 신중하게 살필 필요가 있다.

　　　미쿠니상회가 임대업자로 나서기 2년 전인 1932년, 임대용으로 지어진 아파트가 이미 있었다. 바로 '채운장(彩雲莊)아파트'다.[28] 광희문 밖 400평 대지에 지어진 채운장아파트는 조선에서 사업가로 활동한 일본인 우에하라 나오이치(上原直一)가 독자적으로 설계하고 건축자재를 현장에서 제작해 시공한 임대용 아파트로, 100호가 넘는 규모에 냉온방 장치와 식당, 욕실 등을 두루 갖추고 있었다.[29] 1930년 11월 9일자 『경성일보』「주택점경」(住宅點景)에 실린 것처럼 '마치 로마 폐허의 거대 구조물을 연상하게 하는 광희문 밖 아파트'가 준공된 뒤 1932년부터 '채운장아파트'라는 이름으로 독신자와 청년들에게 임대됐다. 위치 역시 도심과 근접했고, 아파트 인근에 장충단(獎忠壇)을 오가는 전찻길이 놓여 있어서 동사헌정

↑ 광희문 밖 아파트(이후 채운장아파트)
외관 사진과 관련 설명이 실린 신문기사
출처: 『경성일보』 1930.11.9.

↑ 1932년 개업한 채운장아파트
출처: 중앙정보선만지사 편, 『대경성사진첩』
(中央情報鮮滿支社 編, 『大京城寫眞帖』, 1937)

(東四軒町, 장충동1가)과 장충단이라는 이름을 단 전차정거장까지 쉽게 걸어갈 수 있었다.[30] 채운장아파트는 회현동 미쿠니상회아파트와 달리 새롭게 등장한 경성의 독신자를 위주로 하는 불특정 다수를 위한 본격 임대아파트였으며, 일본의 도쿄, 오사카, 고베 등 대도시를 중심으로 회자하던 도준카이아파트의 특징과 여러 면에서 매우 흡사했다.

이러한 사실로 미루어 남산동 미쿠니아파트보다 5년 늦은 1935년에 내자동(內資洞)에 지어진 미쿠니상회의 또 다른 미쿠니아파트(남산동 미쿠니아파트와 구별하기 위해 흔히 '내자동 미쿠니아파트' 혹은 '내자아파트'로 불린다)에 특별히 주목할 필요가 있다.[31] 평면을 살펴보면, 길(가로, 대지 내 공지)에 직접 면하는 1층에는 사무실에서 출입자를 통제할 수 있는 현관이 위치하고 사무실과 동일한 깊이를 갖는 오락실, 식당, 조리실이 연이어 가로 방향으로 늘어서 있으며, 이들 공간을 실내에서 이어주는 동시에 중정을 바라볼 수 있는 넓은 복도 일부는 방문객과 거주자가 만날 수 있는 사교실로 설계됐다. 오락실과 식당, 그리고 화장실을 갖추지 못한 호별 이용자가 공동으로 사용하는 화장실이 사교실에 인접되어 있고, 가장 깊은 방향의 구석에는 남성과 여성을 따로 구분한 목욕탕이 각각의 탈의실과 함께 구성되어 있다.

1층에는 모두 10호의 각 실이 있는데 다다미 8장(帖)과 6장을 갖는 방 둘에 현관, 화장실 등을 두루 갖춰 완전한 독립적 거주가 보장된 세대(109호)부터 4.5장의 방과 옹색한 마루만을 가진 세대(103호)에 이르기까지 규모와 설비공간이 각기 다른 6가지 유형의 단위세대로 구성되어 있다. 또한 규모의 차이와 관계없이 공용변기 2개로 구성된 공용화장실에 인접한 100호부터 104호까지는 독립된 화장실을 실내에 두지 않았다. 이와 달리 105호부터 109호까

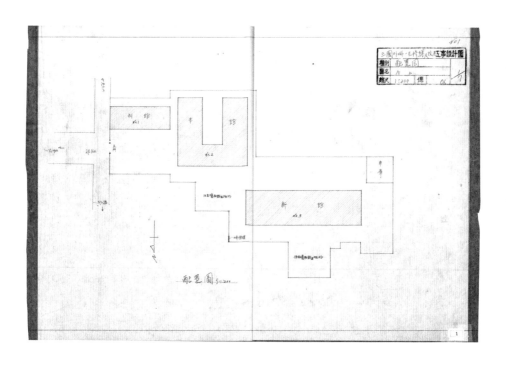

↑ 내자동 미쿠니아파트 배치도(작성일 미상)
출처: 국가기록원

→ 내자동 미쿠니아파트 본관 1층 평면도
출처: 『조선과건축』 제14집 제6호(1935)

→ 내자동 미쿠니아파트 본관 외부 모습
출처: 『조선과건축』 제14집 제6호(1935)

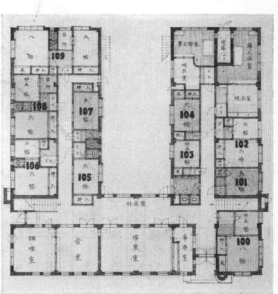

三國アパート一階平面

同 上 本 館 正 面

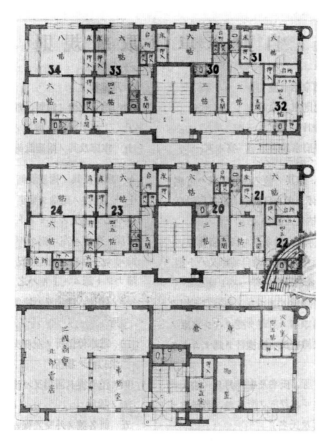

↑↑ 내자동 미쿠니아파트 별관 1~3층 평면도
출처:『조선과건축』제14집 제6호(1935)

↑ 낮은 담장이 설치되기 전의
내자동 미쿠니아파트 본관 및 별관
출처:『조선과건축』제14집 제6호(1935)

↑ 담장 설치 후 내자동
미쿠니아파트 본관 및 별관 외관
출처: 시미즈구미 편,『공사연감』
(清水組 編,『工事年鑑』, 1936)

지 단위세대에는 화장실이 각각의 실내공간에 있었다.

　　내자동 미쿠니아파트엔 별관이 있었다. 공사가 최종 마무리된 뒤 촬영한 듯한 사진엔 별관 2층 원형창 옆 돌출 부위에서 어린 아이가 밖을 내다보고 있는데, 이를 도면과 비교해보면 이곳이 별관 2층 24호임을 알 수 있다. 아이의 존재로 미루어보건대 해당 세대는 화장실과 부엌을 갖춘 살림집이었을 것이다. 별관 1층엔 미쿠니상회 사무소와 북부 매점을 두고, 2~3층 대부분은 가족형 아파트였을 것으로 보인다. 1920년대 중반 일본의 기준으로는 '2종 아파트'에 해당한다. '1종 아파트'는 독신자용 임대주택이었다.

　　내자동 미쿠니아파트의 이 같은 형식은 '가로를 의식한 건물 배치, 가족세대와 독신자의 혼재 거주, 다양한 단위세대 구성, 공유시설 구비와 중정을 품은 것과 같은 배치' 등을 특징으로 하는 도준카이아파트의 유전 인자가 거의 그대로 계승된 경우라 하겠다.

　　아파트가 유망한 임대사업이었다는 점에서 당시의 아파트란 단기거처용 임대주택이었음을 미루어 짐작할 수 있다. '경성(회현동) 미쿠니상회아파트'가 소개된 다음 해인 1931년에 『조선과건축』의 「건축잡보」에는 한 해 전과 다른 아파트 건물이 실렸는데 당시 조선의 전반적 경기불황에도 불구하고 아파트 임대업이 유망하다는 내용을 전하고 있다.[32] 곧 1930년대 초기 조선에서 아파트는 매우 제한적이기는 했지만 일본인들에게는 유망한 임대사업의 구체적 대상으로, 경성이라는 대도시에서는 아파트가 아주 흥미로운 새로운 건축 유형으로 일반화되었다고 보아도 무방하다. 1930년 1월 잡지에 실린 한 기사는 10년 뒤에 유행할 것을 상상해서 전하는데, "부영(府營)아파-트 3층에는 이 공동생활자로 방방이 꼭꼭 들어찼다. 아파-트 출입구는 벌통 아가리에 날고 드는 벌떼와 같이 사람이 끊일 새 없이 드나든다".[33] 1930년대 초 아파트란 존재는 현실에서나 상상에

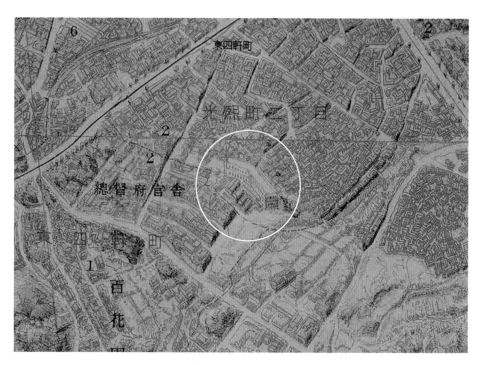

↑↑ 1936년 8월 제작된 「대경성부대관」에　　↑ 덕수아파트 광고
명칭 없이 그려진 채운장아파트　　　　출처: 『경성일보』 1937.10.4.
출처: 서울역사박물관

서나 그리 낯선 것이 아니었다. 1937년 6월 5일자 『매일신보』가 전하듯 경성에는 이미 39곳의 아파트가 있었다. 1930년대 서울은 이미 '아파트의 전성시대'였는지도 모른다.

아파트는 커다란 몸집으로 서울의 풍경을 바꾸었다. 일제가 조선 강점 25주년을 기념한다며 당시로서는 첨단기술이었던 측량과 항공사진을 활용해 특별히 제작해 1936년 8월 1일 발간한 대경성부대관에서 어느 건물보다 거대하게 그려진 건축물을 하나 볼 수 있다.[34] 건물명은 표기되지 않았지만 채운장아파트다. 비록 1970년대 초반까진 아무도 주목하지 않았지만, 이 거대 건축물은 출현한 그때부터 서울의 남산 풍경을 바꾸어놓았음을 90년쯤 전 지도를 통해 새삼 깨닫게 된다.

주요섭(朱耀燮)은 1930년 2월 22일부터 4월 11일까지 『동아일보』를 통해 미국 여행기인 「유미외기」(留米外記)를 연재한다. 3월 15일자 글에서 미국의 아파트를 다음과 같이 묘사한다. '아파트는 여관 모양으로 집을 크게 짓고 칸마다 떼어서 세를 놓는 집인데 큰 것은 10여 층에 방도 200에서 300칸에 이르기도 한다. '셋방 한 칸'이라고 하면 대개 침실 겸 응접실(낮에는 침대를 들어서 담벼락 뒤로 놓고 문을 닫아두는 방식)이 한 칸, 화장실 한 칸, 부엌 한 칸, 욕실과 변소가 한 칸 있다. '홀아비 칸'이란 방도 있는데 거기에는 부엌이 없다. 음식은 밖에 나가 사 먹으라는 말이다. 셋집 한 방에 집세가 대개 매월 24불부터 최고 56불씩 한다.' 독신자나 단출한 가족을 위한 임대주택으로 방의 크기에 따라 임대료에 차등이 있었던 것이다. 주요섭의 눈에 비친 미국의 사정은 1920년대 초 일본인들의 아파트에 대한 인식과 그리 다르지 않았다.

『신동아』 1933년 5월호는 이와 관련하여 매우 흥미로운 기사를 전한다. 요즘 뜻으로는 아마도 신조어 해설 정도라 할 수 있

↓ 19세기 프랑스 파리의 아파트 블록(2012)
출처: Google Earth

는 「모던어 점고(點考)」라는 제목이 달린 글인데 다음과 같다.

> 아파-트멘트(apartment) 영어. 일종의 여관 또는 하숙이
> 다. 한 빌딩 안에 방을 여러 개 만들어놓고, 세를 놓는 집이
> 니, 역시 현대적 도시의 산물로 미국에 가장 크게 발달되
> 었다. 간혹 부부생활을 아파-트멘트에서 하는 경우가 있
> 지만 대개는 독신 샐러리맨이 많다. 일본에서는 줄여서 그
> 냥 '아파트'라고 쓴다.[35]

'아파트'에 대한 이러한 뜻풀이는 매우 중요한 의미를 갖는다. 일본을
거쳐 조선에 출현한 아파트의 출발점이 미국이라는 것인데,[36] 당시
미국의 건축가들은 프랑스 파리의 아파트를 동경했다. 19세기 후반
파리의 아파트들은 미국 건축가들로부터 찬사를 받았으며, 건축 잡
지에 실린 그들의 글은 미국 대도시의 다층주거 건축 설계에 지대한
영향을 미쳤다. 물론 하인 또는 가족 구성원의 침실을 추가하는 등
의 몇 가지 변형이 이루어졌다. 미국 건축업자들과 입주한 사람들은
자신의 아파트에 대단한 자부심을 가졌고, '프랑스식 일류 공동주
택'(first-class French flats)이라고 내세웠다.[37]

파리의 아파트가 가지는 도시주택으로서의 특징은 크게
3가지다. 첫째, 나무가 무성한 주요 가로가 많은 파리는 전망이 좋은
아파트 부지를 제공하기에 유리했다. 둘째, 아파트 건물의 최고 높이
가 약 20미터로 제한되었기 때문에 일반적인 층고일 경우 6층을 넘
는 경우가 거의 없었다. 저층에는 상점들이 있는 복합 용도였으나, 주
거용으로 그다지 높지도 낮지도 않았기 때문에 전면 도로의 폭과 적
당히 어울리면서 적절한 일조와 통풍, 채광을 보장해주었다. 이 조건
들이 20세기에 본격화된 단일 용도 구역제와 맞물리면서 도시의 효

↓ 경성부 욱정에 1938년 준공한 욱아파트
출처: 시미즈구미, 『공사연감』(1939)

↓↓ 거리에 면해 지어진 욱아파트. 뒤편에 경사지붕을 한 건물은
지금은 사당역 인근 남현동으로 이전
서울시립남서울미술관으로 복원된 벨기에영사관(1965.10.)
출처: 국가기록원

율성을 최대한 보장하는 결과를 가져왔다. 세 번째는 오늘날에는 종종 간과하는 특징인데, 몇몇 호화 아파트를 제외하면 사회경제적 혼합을 의도함으로써 다양한 소득계층의 거주자들을 수용했다.[38] 말하자면, 파리의 아파트는 기존 가로와 도시 기능에 대응하면서 여러 계층의 사람들이 거주하는 전형적인 도시 내 집합주택이라는 특징이 있었다.

이를 일본 도준카이아파트의 특징, 즉 ① 가로를 의식한 건물 배치의 묘수(妙手, 디자인), ② 가족세대·독신자의 혼합 거주, ③ 다양한 단위주택(住戶, unit) 타입, ④ 공유시설의 설치[39]와 비교해 보면 얼마간 접점이 보인다. 일제강점기 한반도에 처음 소개된 아파트의 원형이 일본의 도준카이아파트라면 프랑스에서 그 유형의 기원을 찾을 수 있다는 말이다. 프랑스에서 크게 발전한 유럽의 아파트가 미국의 주택 유형으로 일부 번안된 뒤 일본의 재번안을 거쳐 한반도에 이르렀다고 가정하기에 충분하다.

한편, 일제강점기 조선으로 사업을 확장한 일본의 건설회사인 시미즈구미(清水組)는 1939년판 『공사연감』(公事年鑑)을 통해 1938년 경성부 욱정에 '욱아파트'를 준공했음을 사진과 함께 밝힌 바 있다. 또한 1939년 12월 18일 반도호텔 사교실에서 평론가, 작가, 기자, 음악가 등의 직업을 가진 여성 5명의 좌담회 내용을 전하는 기사가 『삼천리』 1940년 3월호에 게재됐는데 당시 좌담의 주제가 '공동취사와 아파트 생활'이었다는 사실 역시 아파트의 대중화가 1930년대에 이미 시작되었음을 알게 하는 단서다.[40]

따라서 아파트를 입지와 배치 방식, 구조뿐 아니라 건축 재료, 설비, 층수, 세대 규모 등 형식을 기준으로 파악할지, 아니면 공간(세대) 점유자(이용자, 거주자)의 사회문화적 특성과 경제적 계층, 혹은 분양 또는 임대라는 공간 점유 방식 등을 포함한 주거문화 차

風紀紊亂한「아파-트」
取締法規를 制定
都市生活者와 重大關係있서
保健施設에 도置重

↑↑ '풍기문란한 아파트 취체법규 제정' 관련 기사
출처: 『매일신보』 1938.11.6.

↑ 내자동 미쿠니아파트 일대 항공사진
출처: 미국국립문서기록관리청

원에서 생각할지에 따라 아파트에 대한 조작적 정의는 달라질 것이다. 최초의 아파트를 특정하기에 앞서 신중하고 포괄적인 태도로 아파트에 관한 논의의 지평을 넓히는 것이 먼저인 이유다.

풍기문란의 대명사

가정을 떠나 부모들의 슬하를 멀리하고 하숙생활 '아빠트' 생활을 하는 남학생 또는 여학생들이 서로 방문을 하고 찾아다니는 것이 쉬운 까닭에 그 접촉이 비교적 가정에 붙들려 있는 데 비하여 용이할 것이다. 더구나 전문학교 대학생들은 거의 순결치 못하다. 그래서 결국은 최후의 일선을 넘어서는 것이 자명의 리(理)다. 이 실정을 모르는 교육자나 부모들은 '아무렇게나 그러려고' 부정으로 기울어져 버리는데, 예를 들고 있는 자는 그것이 너무나 많은 데 아니 놀랄 수 없는 터이다.[41]

1930년대 '아파트 전성시대'를 맞아 태산 같은 걱정이 생겨났다. 교육자나 전문학교 학생을 자녀로 둔 부모들이 아파트 생활의 현실을 모르고 그저 믿거니 한다는 것인데, 남성들이 주도했을 것으로 보이는 이러한 우려는 당시의 아파트를 둘러싼 인식을 가늠해볼 수 있는 실마리가 된다. 아파트에 든 이들의 대부분이 '학생 등 독신자'였고, 서로가 서로를 알 수 없는 '불특정 다수'였으며, '부모를 떠나 도회생활을 하는 부류'였다. 아무튼 익명의 혼자 사는 남학생 또는 여학생들이 서로를 방문하고 찾아다니는 모양새가 풍기문란으로 여겨졌

↓ 평양 동(東)아파트가
1934년 11월 1일 준공했다는 소식
출처: 『조선신문』 1934.11.2.

↓↓ 미군이 1950년 10월 25일 평양역 인근
폭격 후 촬영한 사진에 보이는 평양 동(東)아파트
출처: 미국립문서기록관리청

Orig. 4x5 neg rec'd 1 March 1955 from Hdqs.,
FEAF, Office of Information Services, APO
925.

고, 그 중심에 아파트가 있었던 것만은 분명하다. 아파트는 법으로 다스려져야 할 필요가 있었다.[42] 물론 아파트에 관한 최초의 법과 제도는 풍기문란보다는 위생과 화재 등 재난 대비 등에 더 주목했다.

1938년 11월 6일자 『매일신보』에 실린 아파트 관련 기사 2건이 지금의 논의를 확인해준다. 우선 1930년대 중후반 경성을 비롯한 한반도 대도시의 주택난 완화에 대응하기 위한 중요한 해법이자 대안으로 '아파트'가 등장했고, 이는 단기거처용 임대주택으로서 식민지 지배층이었던 일본인들에게 새로운 수입원을 창출할 수 있는 유효한 사업이었음을 전한다. 또 이들 아파트 대부분은 은행이나 회사 등에 직장을 둔 월급쟁이 독신자들의 도시 내 거처로, 기존의 건축 유형과는 달리 백화점, 극장 등과 같은 부류의 다중이용시설인 까닭에 전시체제하에서 방화와 방공 시설을 법적으로 강제할 제도가 필요하다는 것이다. 마지막으로, 1930년대 중반 1년 사이에 아파트 거주자가 30명 내외에서 100명 가까이로 증가했음을 확인할 수 있다. 이들이 모두 독신자라고 가정한다면 1년 사이에 독신자를 위한 근대적 셋방이 70개가 늘었다는 뜻이다. 실제로 경성을 비롯해 평양, 진남포, 대구, 청진 등에서 아파트 수와 규모가 점점 늘어나고 있었다.

1934년 11월 1일 평양 동정에 지어진 동(東)아파트 준공 소식을 전한 신문기사를 살펴보자.[43]

근대건축의 정수(粹), 평양시가의 장관-동(東)아파트 출현, 최근 드디어 준공, 그 두드러짐이 창공에 우뚝 서다. 금년(1934년) 4월 7일 지진제(地鎭祭, 건축공사에 앞서 행하는 고사)를 지낸 이래, 희대의 우기(雨期)를 겪으면서 밤낮으로 쉬지 않고 공사에 정성을 쏟은 지 반년 만에 드디어

↑↑ 1937년에 지어진
서울 충정로 도요타아파트(2016.10.)
ⓒ김영준

↑ 「대경성부대관」(1936.8.)에 표기된
삼판(三坂)아파트
출처: 서울역사박물관

↑ 호텔로 전용된 뒤 해방 후
미군 숙소로 쓰인 삼판아파트
출처: 미국국립문서기록관리청

평양부(平壤府) 건축물 가운데 하나의 장관으로서 준공
된 동(東)아파트는 동정의 한 모서리에 4층 철근콘크리트
의 대중적인 모습으로 불을 밝히는 듯 가을 하늘에 의연
하게 우뚝 섰다. 아파트 내부에는 95개의 임대용 방, 매점
1개소, 이발소 1개소, 당구장 1개소, 전화실 3개소, 응접실
3개소, 욕장 2개소, 변소 6개소, 세면실과 화장실 6개소 등
으로 구성된 20개의 실이 지하실에 위치한다. 옥상은 발코
니가 되어 여름밤의 시원함을 가지고 또한 산책이나 놀이
를 위한 유보장(遊步場)으로 이용할 수 있다.

　　　임대실의 구조는 각각 4장(다다미) 반과 6장, 이
들 두 공간을 연결한 것이 있는데, 임대료는 4장 반이 12원
~15원, 6장이 17~20원, 2개를 연결한 것이 23~25원으로
되어 있다. 게다가 월 식대는 12원으로 저렴하여 실질본위
를 취지로 한 점이 특징이다. 난방 장치와 오락실, 그 외 설
비 모두 더할 나위 없어 아파트 맨(apart man)을 위해서는
참으로 다시없을 즐거운 환경일 것이다. 본 공사는 부내 천
정(泉町)의 이토 기이치(伊藤義一) 씨가 실제 공사를 맡아
중요한 역할을 했고, 앵정(櫻町)의 무라카미 고이치(村上
五一) 씨가 총공사비 15만 원을 부담해 근대건축의 정수
를 보인 우아하고 화려한 것이다.

　　　이 아파트는 평양 유지의 주식 조직에 의한 것으
로 유지들은 모두 일류의 쟁쟁한 명사로 대표자인 사장은
이사 요시무라 겐지(吉村源治) 씨, 중역은 이토 사시치(伊
藤佐七) 씨와 오하시 츠네조(大橋恒藏) 씨 두 사람, 감사에
요코타 토라노스케(田虎之助), 모리타 오사무(森田奈良治)
씨가 거론되고 있다. 또한 실제 운영은 모리 히데오(森秀

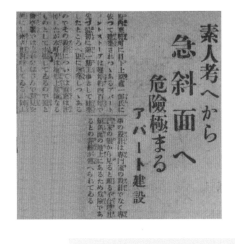

↑↑ 경성부 동사헌정(현 장충동) 아파트 신축 기사
출처: 『조선신문』 1930.2.14.

↑↑ 경성부 남대문통 아파트 건설 기사
출처: 『조선신문』 1931.3.27.

↑ 아파트 관리규칙을 제정하는 등
관리 강화가 시급함을 언급한 기사
출처: 『동아일보』 1938.5.6.

雄) 씨가 지배인을 맡을 것으로 씨의 원만한 인격은 틀림
없이 거주자들에게도 매우 만족을 줄 것이다.

경성 내자동의 미쿠니아파트보다 정확하게 7개월 먼저 평양에서 대
규모 아파트를 준공한 것이다. 따라서 '무엇이 최초의 아파트인가'라
는 질문은 잠시 접어두어도 좋을 것이다. 세밀한 조사와 문헌 검토
를 비롯해, 북한을 염두에 두어야 하는가의 문제, 무엇을 아파트로
규정할 것인가 등을 먼저 다루지 않으면 안 된다. 확인해야 할 것은
또 있다. 회현동과 내자동의 미쿠니아파트 이외에도 1930년대 중반
에 삼판통 조선은행 사택 서측의 대로변 전찻길 옆 주택지에, 미쿠니
상회가 지은 미사카(三坂)아파트가 있었다.

당시 미쿠니상회의 사세 확장이나 건축시공회사의 생산
능력이 매우 공격적이고 대단했다 하더라도, 여러 곳에 지은 아파트
모두를 사원용 합숙소나 사택(社宅)으로 운영했을 까닭이 없다. 여
러 해에 걸쳐 지어진 이 아파트들 가운데 많은 경우가 일본인을 위
한 임대아파트였을 가능성이 농후하다. 1930년 2월에 이미 경성부
동헌정에 일본인 우에하라(上原直一)가 위험성이 높은 급경사지에
400평 규모의 아파트를 신축하겠노라 했던 것을 일부 변경하여 규
모를 늘리겠다는 신청서를 본정서(本町署)에 제출했다는 신문기사
도 있고, 1931년 3월 26일에는 남대문통5정목(南大門通5丁目, 현 남
대문로5가) 총포사 건너편 공지에 아파트를 짓겠다고 관할경찰서에
세밀한 건축허가서를 제출했다는 기사도 확인할 수 있다. 딱히 같은
아파트일 까닭은 없지만 박태원의 소설 「윤초시의 상경」[44]에도 '남
대문 밖 아파트'가 등장한다. '3층집을 일컬어 아파트로 불렀다'는 내
용과 함께 '큰길가에서 불쑥 들어설 수 있는 주택'[45]으로 묘사했다
는 사실은 일제강점기 아파트라는 새로운 건축에 대한 전문가들의

← 경성부가 독신자를 위해
훈련원 부근에 3층짜리
철근콘크리트 아파트를 짓겠다는 기사
출처:『매일신보』 1937.1.21.

↓ 도쿄 각 구의
아파트먼트 하우스 분포 수 비교(개소)
출처: 도쿄부 학무부 사회과,
『사회 조사 자료』
(東京府学務部社会課,『社会調査資料』,
第26輯, 1936)

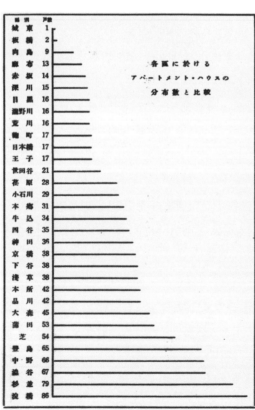

인식과 작가의 생각이 같은 맥락 속에 있었음을 보여준다.

　　"도시의 독신 샐러리맨들의 안식소 아파트는 근대적 도시 건설로 약진하는 대경성에 매년 늘어가고 있거니와 이 아파트 영업자들은 아파트 안에 식당은 물론 삘리야-드[당구][46] 등의 오락기관을 두어 영리를 도모하여 가장 현대적인 하숙집의 형체를 갖추고 있는데, 금번 경찰에서는 이 집단생활을 영위하는 아파트에 대한 종래의 불완전한 취체 방법을 고치고자 지금 연구 중"이라는 내용은 아파트에서의 풍기문란을 지적했던 것과 같은 해인 1938년 5월 6일자 『동아일보』에 실린 기사다. 아파트에는 다양한 상업공간이 1층에 들어와 있고 독신 샐러리맨들의 숙소였다는 언급이 여기서도 빠지지 않는다.

　　말하자면, 1930년대는 '경성의 아파트 시대'였다. 일본인 사업가들에 의한 아파트 신축과 임대업은 상당한 정도였다. 일본의 수도 도쿄도 마찬가지였다. 이미 1920년대를 거친 뒤에는 '아파트야말로 월급생활자의 표준주택'[47]이라는 찬사를 받았고, 도쿄뿐만 아니라 오사카 등지에서 이미 아파트의 등급이 저급, 중급, 고급으로 분류되어 사업가들 사이에서는 유망한 사업으로 자리 잡았을 때였다. 식민도시 경성 또한 예외가 아니었을 것은 자명하다.

부영아파트
등장

중일전쟁과 태평양전쟁(1941~1945)이 본격화되며 건축자재 부족과 물가 상승으로 인해 한반도를 대상으로 한 일제의 주택공급 계획은 차질을 빚는다. 이때 조선총독부가 취한 중요한 조치 가운데 하나가 지대가임통제령(地代家賃統制令, 1939년 9월) 발령이다. 이에 따라

218

지대와 집세를 한 해 전인 1938년 12월 말일 기준으로 되돌리고, 부(府)와 읍(邑) 단위의 행정청에서는 공영(公營)주택 건설 대책을 강구하며, 특별히 경성, 평양, 부산, 대구 등과 같은 대도시에서는 대규모 주택수요에 대응해 '아파트' 건축을 검토하라는 정무총감의 지시가 내려졌다.[48] 이 조치에 따라 자재 수급의 어려움과 함께 임대료 인하 압력을 받게 된 민간업자의 주택 건설은 자연스럽게 급감했고, 많은 경우는 기존의 아파트를 호텔로 전용하며 총독부의 조치에 맞서기도 했다. 결국 민간부문에서의 주택공급이 여의치 않아지고, 전쟁 여파로 건축자재 품귀 현상이 더욱 심해지며 주택난이 심각해지자 조선총독부는 1941년 7월 조선주택영단을 설립하여 공영주택 건설을 담당하도록 했다.[49] 이때 설립된 조선주택영단이 대한주택영단을 거쳐 대한주택공사(1962년)로, 다시 한국토지공사와의 합병(2009년)을 통해 지금의 한국토지주택공사(LH)가 된다.

조선총독부 정무총감의 지시와 강력한 조치는 신문을 통해 크게 다뤄졌고, 대도시의 주택난 해소에 결정적 역할을 할 것처럼 부풀려졌다. 그러나 경성이나 평양 등 대도시에서 건축자금 마련을 위한 공채 발행 계획이 구체적으로 수립된 것은 그로부터 1년 가까이 경과한 1939년경이었다.[50] 현재 공개된 국가기록원의 관련 자료를 통해 확인하면 1939년과 1941년에 각각 추진된 청진과 대구의 신영비 기채(新營費起債, 아파트 신축비용 마련을 위한 공채 발행) 관련 문건을 통해 그 대강을 확인할 수 있다.[51]

경성에서도 조선에 일찍이 없던 '가족아파트'를 부영주택으로 1939년 가을에 착공한다는 발표[52]가 있었지만 안타깝게도 그 구체적 내용은 확인할 수 없다. 다만, 관련 기사로 미루어보건대 경성의 경우 특별히 '가족아파트'라는 점을 강조했다는 사실은 그동안 경성에 지어진 대다수 아파트가 '가족을 위한 것이 아니라 독신자를 위한 것'이었음을 반증한다. 평양의 경우도 다르지 않아 평양 부영아파트 부지가 거의 결정되었다는 기사가 1941년 7월 17일자 『매일신보』에 실리기도 했다. 조선주택영단 역시 총독부의 지시에 의해 아파트 건설 구상을 가다듬기 시작했다.[53]

공공에 의한 아파트 건설사업이 어느 정도의 규모로 실현되었는지 여부와 무관하게 당시 부영아파트 관련 자료들을 추적할 이유는 충분하다. 조선총독부가 행사한 권력이 1930년대 후반 '아파트'라는 대상을 어떻게 이해하고 있었는가를 추론할 수 있는 본격적 근거가 되기 때문이다. 이는 곧 일본을 거쳐 한반도에 출현한 아파트의 유전적 속성을 가려내는 작업인 동시에 그것이 해방 이후 이 땅에 어떠한 변이를 거쳐 전승되었는지를 살피는 데 중요한 단서가 된다.

먼저 살필 사례는 1939년 2월 2일 생산된 「청진부 부영아파트 신영비 기채의 건」[54]이라는 문건에 부속된 각종 아파트 관련 도면이다. 우선 그것이 어떤 곳에 어떤 방식으로 자리하고 있는가를 살펴야 한다. 1층 평면도를 오른쪽으로 180도 돌리면 문건에 부속된 위치도와 같은 방향인데, 아마도 청진 시가지에서 가장 넓어 보이는 도로와 그보다 폭이 다소 좁은 도로에 건축물의 2면이 직접 면한다. 대로변 정문과 마당 쪽 귀퉁이 쪽문을 이용한 2가지 방식을 동시에 꾀하고 있다. 또한 직사각형에 가까운 부지의 한 귀퉁이를 비워 거주자들에게 상대적으로 폐쇄적이며 정온한 공지를 제공함으로써 정원이나 마당으로 활용하도록 했다는 점은 일본의 도준카이아파트가 취한 방식과 동일하다. 가로 경관과 진입, 외부공간 확보 등 거의 모든 점에서 이미 앞에서 여러 차례 언급한 도시형 임대아파트의 위치 선정과 배치 원칙을 그대로 따르고 있다. 또한 지하 1층, 지상 3층의 단일동 건축물인 청진 부영아파트의 위치와 배치 특성 모두 앞서 살폈던 1935년에 준공한 서울 내자동 미쿠니아파트와도 다르지 않다.

1층 평면은 방문객의 자유로운 진입이 허용되었고 이들이 이용할 수 있는 다양한 시설공간을 구성했다. 1층 북서 방향의 뭉툭한 부분에는 카운터를 거쳐 출입하는 식당과 주방, 담화실(談話室)을 두고 이들 공간의 효율적 관리와 출입자 확인 등을 위한 관리 및 사무공간을 내부계단과 마주하게 하였으며, 거주공간이라 할 수 있는 나머지 각 실이 위치하는 장변 방향의 입구에는 변소, 세면소, 욕실 등 공용공간을 두고 있다. 또한 복도를 중심으로 서로 마주하는 각 실은 다다미 4.5장에서 8장에 이르는 다양한 규모의 세대가 자리했다.

2층과 3층은 1층과는 달리 거주용 공간으로만 채워졌으며, 지하실에는 보일러실과 화부(火夫)가 상주하는 4.5장의 다다미 방이 들어섰다. 내자동 미쿠니아파트에 비해 다소 간단하고 단순한 공간 배치인데, 이는 청진부라는 공공 주체가 기채를 통해 대지 매수와 건축 비용을 충당해야 한다는 절박함과 더불어 본격적인 중일전쟁의 와중에 벌인 사업이었기 때문일 것이다. 민간에 의한 임대아파트와는 사정이 다를 수밖에 없었다. 청진부가 이러한 아파트 건설계획 이외에도 관사와 사택 건설의 독려와 함께 20동의 부영주택을 따로 공급한다는 계획도 신문지상에 보도되었다.[55] 경성에서 먼저 추진된 부영아파트 건설계획을 참조 삼아 청진부에서도 추진한 것으로 보인다.

주목할 만한 또 다른 사례는 서로 다른 지역 2곳을 대상으로 동시에 추진된 대구 부영아파트다.[56] 이 가운데 상대적으로 간략한 도면으로 표현된 대구 부영아파트(A)는 청진 부영아파트와 형태와 배치, 공간 구성 방식 등에서 매우 유사하고, 자세히 살펴보면 1935년 서울 내자동에 지어진 미쿠니아파트와도 사뭇 닮았다. 다만,

→ 청진 부영아파트 각 층 평면도(왼쪽부터 3, 2, 1층)
출처: 「清津府アパート新營費起債ノ件」
(「청진부 아파트 신영비 기채의 건」, 1939.2.2.)

↓ 호텔로 전용된 뒤 해방 후
미군 가족호텔로 쓰인 취산(翠山)아파트(1948.8.)
출처: 미국국립문서기록관리청

→ 청진 부영아파트 위치도
출처: 「청진부 아파트 신영비 기채의 건」,
1939.2.2.

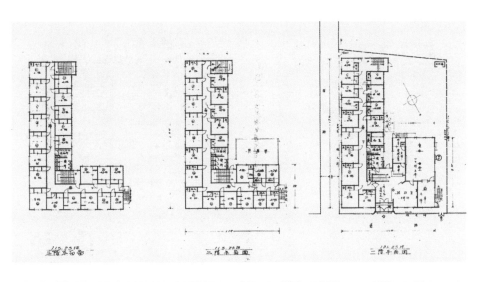

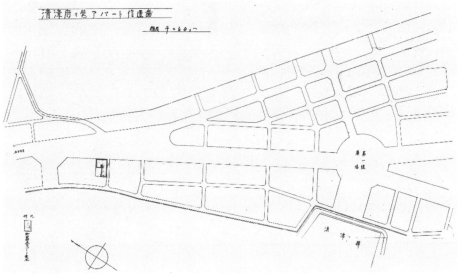

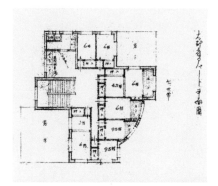

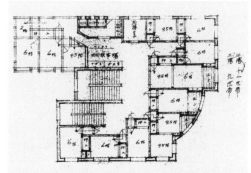

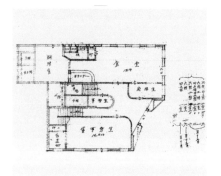

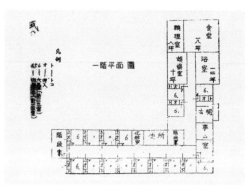

↑↑ 대구 부영아파트(B) 4층 평면도
출처:「大邱府營住宅又アパート新營費起債ノ件」
(「대구 부영주택 및 아파트 신영비 기채의 건」, 1941.10.27.)

↑ 대구 부영아파트(B) 1층 평면도.
출처:「대구 부영주택 및 아파트 신영비 기채의 건」
1941.10.27.

↑↑ 대구 부영아파트(B) 2층 및 3층 평면도
출처:「대구 부영주택 및 아파트 신영비 기채의 건」
1941.10.27.

↑ 대구 부영아파트(A) 1층 평면도
출처:「대구 부영주택 및 아파트 신영비 기채의 건」
1941.10.27.

식당, 조리실, 오락실, 욕실 등을 한곳에 집중 배치해 일반 내방객과 거주자의 이용시설을 한데 모은 것은 다른 점이다.

지상 4층으로 계획된 대구 부영아파트(B)는 직사각형 바닥의 귀퉁이 한 곳을 잘라 모서리에서 진입하는 방식을 취한다. 현관이 되는 이곳 상부는 둥글게 설계돼 비를 피하는 등 캐노피 기능을 충족하기도 했지만, 도로 2개가 교차하는 부지에 세워진 아파트의 경관 효과를 극대화하기 위한 장치이기도 했다. 사실 1층의 이 캐노피가 만든 둥근 호(弧) 때문에 2층과 3층 2개 세대의 마루 외벽과 창 역시 곡선으로 만들어질 수밖에 없었는데, 이는 공간 활용 측면에서 결코 장점이랄 수 없었다. 차라리 분주한 거리에서 시선을 끌기 위한 입면의 장치라고 보는 편이 타당할 것이다.

이와 더불어 대구 부영아파트(B)의 각 층 평면은 유려한 곡선을 일부 활용하면서 매우 다채롭고 다양한 실내공간 구획을 보여준다는 점에서 다른 어느 사례에 비해서도 뒤지지 않는 정교한 짜임새가 돋보인다. 단순한 외곽선을 가지는 건축물의 각 층 바닥면적을 일정 모듈을 중심으로 채워가는 방법을 이용하는 점은 1930년대 다른 아파트들과 다를 것이 없다. 하지만 1층에 거주공간을 두지 않았다는 점부터 다르다. 2층 이상의 거주공간에는 복도와 공동취사장 및 공용변소 등을 계단과 조화롭게 배치한 뒤 모든 단위주거는 건축물 외피를 구성하는 방식을 취한 점이 독특하다. 특히, 최상층인 4층에 사선 방향으로 둔 2개의 대형 발코니(露臺)는 생활과 경관 형성 등의 측면에서 도시에 대응하는 건축이었다는 점을 잘 보여준다. 옥상정원이라는 근대건축 원리를 수용했음은 물론이다.

대구 부영아파트(B)는 1층엔 가로로부터 직접 출입할 수 있는 카운터를 둔 식당과 조리실, 그리고 통상 사교실이나 담화실로 부르곤 했던 응접실과 화장실 등이 한쪽에 집중되어 있다. 관리사무

↑↑ 최초 준공 때와는 달리 철저하게 울타리를 두른
내자동 미쿠니아파트(1956.5.)
출처: 국가기록원

↑ 1973년 7월 촬영된 충정로 일대 항공사진
(위가 개명아파트, 아래가 충정아파트)
출처: 서울특별시 항공사진서비스

실이 중앙에 있고, 숙직실이 딸린 16.8평에 달하는 일반 임대용 사무실이 길과 면하는 곳에 주어졌다. 아파트가 당시에는 길과의 관계에 주목하면서 1층은 도시민을 위해 수요가 커진 각종 상업공간과 사무실, 점포, 식당 등으로 사용되었음을 그대로 보여준다.

　　대구 부영아파트(B)는 학생, 기자, 작가 등 새롭게 등장한 도시의 직업군에 종사하는 독신자들과 도심 거주가 불가피한 단순 핵가족을 위한 고밀도 임대주택으로서의 의미를 드러내는 사례이기도 하다. 2층부터 4층에 걸쳐 배치된 28개의 단위주거는 가장 작은 다다미 4장 반 규모의 1실형(월 임대료 10원)부터 6장과 4장 반짜리 방을 함께 갖춘 2실형(월 임대료 17원)이 다양하게 조합되었다. 하지만 세대공간 내 독립된 변소나 화장실은 없었고 계단실과 인접한 곳에 공동화장실과 홀 일부를 활용한 공동취사장이 층마다 배정되었다.

　　단위세대가 상대적으로 많은 2층과 3층에 4층에는 없는 응접실을 따로 구획하였다는 사실도 주목할 만하다.[57] 이는 당시 조선총독부가 아파트를 어떻게 이해했는지를 파악할 수 있는 유용한 단서다. 그들은 아파트를 '살림하는 곳으로 여기지 않고, 그저 잠만 자고 식사나 다른 이들과의 만남 등은 각 층의 응접실을 이용하는 곳'으로 상정했다. 당시의 아파트는 '새롭게 도시로 몰려든 노동계층의 단기거처용 임대주택'이었다. 그런 연유로 주로 경제활동이나 모든 것이 상대적으로 활발한 '도심에 아파트가 위치'하도록 했고, 1923년의 간토대지진 이후 강조된 '내화 성능'을 강화한 구조와 재료가 쓰였다. 지금까지 살펴본 바와 같이, 일제강점기에 처음 등장한 아파트라는 주택 유형은 오늘날의 아파트와는 전혀 다른 것임을 확인할 수 있다. 도준카이아파트가 한반도에 많은 영향을 끼치긴 했으나, 그 유전자는 완전히 변이되었다. 1930년대의 아파트는 큰길가에서 거리낌없이 들고 날 수 있었으나, 지금은 높은 담장이나 방음벽으로 철저하게 가려진 단지형이 대세다. 이러한 변이의 몇몇 분기점을 이어지는 내용에서 더 자세히 다룰 것이다. 여기서는 단지화가 도시 공동체에 미치는 영향만 미리 언급해두고자 한다. 건축학자 박인석은 "아파트는 한국 근현대사를 고스란히 담고 있는 살아 숨 쉬는 유물이면서, 한국사회의 성격을 규정하는 데 가장 결정적인 역할을 하는 상징물"[58] 이라 평가한 뒤, "'단지'로 한정된 생활공간을 공동체 형성의 호 조건으로 인식하고 접근하는 것은 '단지'의 본질적 반(反)공동체성을 간과하는 행위다. 자칫 공동체 운동이 아니라 단지별 결사체를 공고히 하고 도시 공동체의 기반을 허무는 집단 이기주의로 변질되지 않을까 걱정하는 이유"[59] 라고 적었다. 적어도 1930년대의 아파트는 이런 양상과는 전혀 달랐다.

주

1　일제강점기에는 오늘날의 '아파트'를 매우 다양한 방법으로 부르거나 표기했다. 단행본이나 각종 대중잡지 혹은 여러 신문기사를 통해 확인한 결과 '아파-트멘츠·하우스', '아파-트멘트', '아파-트'라는 표기가 많았고, 때론 '아파-ㅌ멘트', '아파-아트(아파아트)', '아빠트', '아팟트' 등을 사용했다. 아주 예외적으로 미국인의 발음을 그대로 옮겨 '판멘'이라고 쓴 경우도 있다. '판멘'이라 표기한 예는 주요섭이 이전(李栓)이라는 고학생의 힘든 미국 생활을 보여준다는 취지에서 1930년 2월 22일부터 4월 11일까지 『동아일보』에 연재한 「유미외기」(留米外記) 가운데 3월 15일자 내용으로 확인할 수 있다. 여기서 다 다루지 못한 일제강점기의 아파트에 대해서는 박철수·권이철·오오세 루미코·황세원, 『경성의 아빠트』(도서출판 집, 2021) 참조.

2　심우갑·강상훈·여상진은 조선건축회의 '한 동의 상·하층에 여러 호의 관사가 배치된 것은 이제까지 조선철도에서는 그 예를 보지 못한 것으로, 거주자가 갖는 느낌이 어떨지 궁금하다'(『朝鮮と建築』第6輯 第5號[1927])고 쓴 글을 근거로 '이는 하숙이나 여관의 형태를 벗어난 본격적인 아파트 형식의 주거로 추정된다'(「일제강점기 아파트 건축에 관한 연구」, 『대한건축학회논문집』 제18권 제9호[2002], 163쪽)고 기술하고 있다.

3　김정동, 『문학 속 우리 도시 기행 2』(푸른역사, 2005), 132쪽.

4　박숙희·유동숙 편저, 『뜻도 모르고 자주 쓰는 우리말 나이사전』(책이있는마을, 2005), 316쪽; 최규진, 『근대를 보는 창 20』(서해문집, 2007), 170쪽; 전남일·손세관·양세화·홍형옥, 『한국 주거의 사회사』(돌베개, 2008), 145~146쪽; 김종인, 『주거문화산책』(도서출판 밀알, 2007), 117~118쪽 등 참조. 한편, 강상훈은 『동아일보』와 『중앙일보』의 1979년 2월 3일 기사를 근거로 도요타아파트를 일반인을 대상으로 한 아파트의 효시로 볼 수 있다는 견해를 밝혔다(『일제강점기 근대시설의 모더니즘 수용』[서울대학교 박사학위논문, 2004], 164쪽). 도요타아파트는 한자를 우리말로 음독해 '풍전아파트'로 불리기도 하고 때론 '유림(儒林)아파트'나 충정로에 위치하고 있다는 의미로 '충정(로)아파트'로 불리기도 한다. 도요타아파트는 그동안 1930년에 건립된 것으로 널리 알려졌지만 최근 이연경·박진희·남용협이 공동연구를 통해 아파트 준공시기가 1938년 8월 29일이라는 새로운 사실을 밝혔다. 이 논문에서는 충정로3가 일대의 토지대장과 건물축대장 등 관련 자료를 면밀하게 검토하면서 도요타 다네마쓰(豐田種松)라는 인물이 해당 필지를 구입한 때가 1932년 3월 10일이고, 1937년 8월 29일 철근콘크리트 구조의 4층 아파트로 준공했다고 밝히고 있다. 이와 관련해서는 이연경·박진희·남용협, 「근대 도시주거로서 충정아파트의 특징 및 가치」, 『도시연구: 역사·사회·문화』 제20호(2018) 참조.

5　손정목, 『한국 도시 60년의 이야기 2』(한울, 2005), 273~274쪽. 실제로 이 건축물을 시공한 건설회사 시미즈구미의 『공사연감』(1936), 90쪽에는 '三國アパ-ト'(미쿠니아파트)로 표기한 사진과 함께 설계자 가사이 시게오(葛西重男)와 소재지가 밝혀져 있다. 자세한 도면은 朝鮮建築會, 『朝鮮と建築』第14輯 第6號(1935) 참조.

6   서울 중구 주교동의 중앙아파트를 한국 최초의 아파트로 기록한 문헌은 김은신,
『한국 최초 101장면』(가람기획, 1991)인데, "중앙아파트가 우리나라 아파트의
효시"라고 밝힌 중앙산업 시사편찬팀, 『중앙가족 60년사: 도전과 응전의 60년
1946~2000』(중앙건설, 2006)을 근거로 한다. 뒤에 계속 언급될 중앙산업이 시공한
아파트들(중앙아파트, 종암아파트, 개명아파트)의 준공연도는 중앙산업 시사편찬팀의
기록을 따랐다.

7   허의도, 『낭만아파트』(플래닛미디어, 2008), 169쪽. 1958년 준공한 종암아파트를 광복
이후 최초의 아파트로 꼽은 연구는 많다. 장림종은 '아파트는 1958년 처음 출현해서
일반인들에게 주거의 한 유형으로 받아들여지기 시작한 1964년을 지나 본격적으로
대단지의 아파트들이 1960년대 말과 1970년대 초에 집중적으로 지어지고 나서 이제는
가장 많은 인구가 살고 있는 주거가 되었다'(「아파트, 어떻게 받아들여졌는가?」,
『POAR』[2006], 105쪽)고 말하며 종암아파트를 최초로 지목했고, 장성수는 '그 이전에
지어진 서울 행촌동의 행촌아파트가 있으나 이는 연립주택으로 분류될 수 있다는
점에서 1958년 7월 1일 대한주택영단에서 중앙산업이 건설한 아파트 3동을 부흥국채
자금으로 인수하여 일반에 분양한 종암아파트가 처음'(『1960~1970년대 한국 아파트의
변천에 관한 연구』[서울대학교 박사학위논문, 1994], 64쪽)이라고 주장한다. 이 외에도
손정목, 『한국 도시 60년의 이야기 2』, 276쪽; 염재선, 「아파트 실태 조사 분석」,
『주택』 제26호(1970), 105~106쪽; 전남일·손세관·양세화·홍형옥, 『한국주거의
사회사』, 180쪽; 발레리 줄레조, 『아파트 공화국』, 길혜연 옮김(후마니타스, 2007),
28~29쪽에서 같은 입장을 확인할 수 있다.

8   한국 최초의 아파트를 행촌아파트라고 특정하지는 않지만 '근대식 주택의 대량 건설을
시도한 최초의 체계적 시도'라고 밝힌 임서환, 『주택정책 반세기』(대한주택공사, 2002),
18쪽; '행촌동 아파트 및 연립주택(한미재단 시범주택)은 단순히 1956년이라는 건립
연도만 놓고 보더라도 해방 이후 한국 공동주거단지의 시작이라는 점에서 주거사적인
의의를 갖는다', 무애건축연구실, 『행촌동아파트·연립주택 조사보고서』(1986),
3쪽; '[행촌아파트는] 한국에서 처음이라 해도 과언이 아닌 Apartment House',
주강사·윤정섭, 「근린주구 계획구성의 개요」, 『건축』 제2호(대한건축학회, 1956),
98쪽; '아파트라는 새로운 주거 형태는 1956년에 행촌아파트의 도입을 시발로…',
이보라·이해경·손세관, 「우리나라 공동주택 도입기에 등장한 중·소규모 아파트의
계획적 특징에 관한 연구」, 『2005 추계 학술발표대회 논문집』(한국도시설계학회,
2005), 334쪽 등의 연구가 행촌아파트를 한국 아파트의 효시로 삼고 있다.

9   유영진, 「한국공동주거형의 발전」, 『대한건축학회지』 제13권 제32호(1969), 22,
23~41쪽; 서울특별시, 『주택백서』(1978), 65쪽 등에 등장하는 이 주장은 '행촌동'을
'행당동'으로 잘못 언급했으리라 추정된다. 당시 행당동에 새로운 유형의 아파트가
지어졌다는 기록은 전혀 발견할 수 없기 때문이다.

10   손정목은 한국 최초의 아파트로 미쿠니아파트를 지목하며 3가지 조건을 명시했다.
단순한 집합주택이 아니라, 공동의 계단과 복도, 현관을 갖춘 주거용 건물로서의
'집단성', 형식 면에서 일제강점기에는 4층 이상, 광복 후에는 5층 이상이라는
'계층성'(층수 기준), 그리고 필수 조건은 아니지만 가급적이면 각종 생활 관련 시설이

일괄적으로 배치되고 계획된 '단지성'이 그것이다(『한국 도시 60년의 이야기 2』, 273~274쪽). 그러나 광복 이후에 5층 이상인 경우를 아파트로 보았다는 주장은 사실과 다르다. 광복 이후 아파트를 규정한 것은 1961년 1월에 보건사회부 장관이 국무회의에 부의한 안건인 「공영주택 건설 요강 제정의 건」으로 추정되는데, 여기서 '아파트는 도시지역에 건설하는 3층 이상의 임대용 건물로서 건물 전체를 세대별 주거 및 부대시설로 사용하는 주택을 말한다'고 규정했고, 국무회의를 통해 이를 확인한 바 있다. 보건사회부 장관, 「공영주택 건설 요강 제정의 건」(1961.1.9.), 국무회의 부의안건, 국가기록원 소장 자료.

11 정순영·윤인석은 '각자의 생활을 독립적으로 영위할 수 있도록 한 적층형(積層型)의 건물 유형, 소유자와 거주자의 예속 상태에서 벗어난 계약에 의한 임대 방식, 추상성을 보이는 외관'(「한국 공동주택 변천에 관한 연구」, 『건축역사고찰』 제11권 제2호[한국건축역사학회, 2002], 51~52쪽)으로 아파트 판단의 조건을 전제한 바 있다.

12 '시인 김안서(金岸曙) 씨는 부인과 어린 애기를 진남포(鎭南浦)에 내려 보내고, 최근은 관수동(觀水洞)의 아파-트멘트에 이주하여 시작(詩作)에 분주하는 중이라고. 그런데 듣건대 서울에는 일본인이 경영하는 '아파-트멘트'는 많으나 조선사람이 경영하는 곳은 이 한 곳뿐이라든가.' 「김안서의 아파-트 생활」, 『삼천리』 제5권 제9호(1933), 71쪽; "일본인 청부업자가 압도적으로 유세(有勢)한 상황에서도 조선인 청부업자는 존재하였다. 1930년 『경성상공명록』(京城商工名錄)을 보면 토목건축청부란의 172명 가운데 조선인은 1명(정세권[鄭世權])이었다. 1933년 『경성상공명록』에는 토목청부 4명 가운데 조선인 1명(조창윤[曺昌潤]), 건축청부 21명 가운데 조선인 3명(정세권, 손덕[孫德鉉], 소영기[邵永基]), 토목건축청부 137명 가운데 조선인 3명(장세철[張世喆], 김경규[金慶圭], 김타[金陀])이 있다." 도리우미 유타카, 『일본학자가 본 식민지 근대화론』(지식산업사, 2019), 124쪽.

13 근대적 법령이라 부를 수 있는 「조선시가지계획령」이 마련됐고, 그 하위 시행 규칙이며 시행 세칙이 있었다고 하지만 1937년 11월에도 여전히 특수건축물에 해당하는 극장, 백화점, 자동차 차고 등에 대한 총독부의 통일적 관리 규칙이나 건축 및 설비 기준은 없었다. 그저 도령(道令)으로 정한 「극장 취체 규칙」과 「자동차 차고 취체 규칙」이 있었을 뿐이었다. 「가옥건축의 필수 상식 (5)」, 『동아일보』 1937년 11월 17일자 참조.

14 백욱인, 『번안 사회』(휴머니스트, 2018) 참조.

15 다이쇼(大正)는 1912년 7월 30일부터 1926년 12월 24일까지로 일제강점이 본격화된 시기인데, 이 시기를 거치며 아파트가 새로운 도시건축 유형으로 본격 언급되고 논의되었다는 사실에는 이론의 여지가 없는 듯하다.

16 伊藤裕久, 「近代における日本の集合住宅」, 大野勝彦 外 8人, 『JKK ハウヅンダ大學校 講義錄 ①』(小學館スクウェア, 2000), 113쪽.

17 藤井渫, 『簡易洋風住宅の設計』(鈴木書店, 1924), 150~156쪽; 佐野利器, 『住宅論』(福永重勝, 1925), 133~138쪽.

18 야나부 아키라, 『한 단어 사전, 문화』, 박양신 옮김(푸른역사, 2013), 56쪽. 이런 의미가

한국에서 수용돼 문화아파트니 문화촌아파트니 문화촌이니 하는 용례를 낳은 것으로
판단된다.

19   橋本文隆·內田靑藏·大月敏雄, 『消滅ゆく同潤會アーパトメント』(河出書房新社, 2003),
     21, 22쪽.

20   도준카이아파트는 1923년 간토대지진 후인 1924년 일본에서 재단법인
     도준카이(同潤會)가 설립된 뒤 1925년 12월에 문화아파트먼트하우스가 재단법인
     주도로 준공되면서 일본의 본격적인 아파트 시대를 열게 된 일종의 보편적 양식을
     말한다. 심우갑·강상훈·여상진은 1920년대 후반부터 1930년대 중반까지 『삼천리』,
     『별건곤』, 『동광』 등 대중잡지에서도 '아파—트 멘트' 혹은 '아파트' 등의 용어가 자주
     등장하였으며, 1927년의 경성고공 졸업 작품전에도 '아파트먼트 하우스'가 발표되기도
     했다고 언급한 바 있다(「일제강점기 아파트 건축에 관한 연구」, 161~192쪽). 이러한
     내용으로 미루어볼 때 1920년대 후반부터 조선의 건축계뿐만 아니라 학생과 일반
     대중도 아파트라는 주거 형식에 대해 일정한 이해가 있었음을 알 수 있다.

21   '요는 2층 또는 3층의 조적조(組積造) 건물로 보통 1~2개의 동(棟)으로 구성되며 한
     동에 약 9.9제곱미터(3평)의 단위주택이 여러 개 늘어서 있고, 같은 건물 내에 식당,
     공동욕실, 공동변소, 공동세면장 등이 마련되어 여러 사람이 함께 생활할 수 있도록
     50~70호 규모로 만들어진 건축물로 통상 목재나 벽돌, 블록으로 지어진 것'을 의미한다.
     전남일·손세관·양세화·홍형옥, 『한국주거의 사회사』, 144쪽 참조.

22   朝鮮建築会, 『朝鮮と建築』 第9輯 第12號(1930), 7~9쪽.

23   橋本文隆·內田靑藏·大月敏雄, 『消滅ゆく同潤會アーパトメント』, 23쪽.

24   같은 책, 24쪽.

25   에도가와아파트는 일제강점기 '한국의 모파상'으로 불렸다는 소설가 이태준의
     도쿄 방문기에 등장한다. "역에 나와 준 K군을 따라 그의 아파트로 갔다.
     에도가와(江戶川)아파트라고 꽤 대규모의 것으로 6층의 대건물이 오륙백 평의 정원을
     가운데 두고 둘렸는데 근 천 호의 가구가 들어 산다 한다"(「춘일춘상」(春日春想),
     『조선중앙일보』, 1936년 4월 26일자).

26   실제로 미쿠니상회는 조선으로 사업 범위를 확장한 일본 건설업체인 시미즈구미에
     의뢰해 미쿠니상점 부산지점 사옥을 1935년에 준공했다. 淸水組 編, 『工事年鑑』(1936)
     참조.

27   中村資良, 『朝鮮銀行會社組合要錄』(東亞經濟時報社, 1935년版)에 따르면
     미쿠니상회는 당시 석탄 기타의 연료, 금속, 여러 가지 광물의 판매와 그에
     부대하는 업무 일체 및 부동산에 관련한 일체의 사업 경영을 목적으로 일본인 도이
     세이이치(土井誠一)가 1934년 6월 7일 사업 종목을 확대했다고 기록되어 있다.
     부동산 임대업을 추가하면서 법인격 또한 주식회사로 변경한 것으로 보인다. 그 외에도
     도이 세이이치가 조선에서 고등교육기관에 다니던 일본인 학생들을 위한 기숙사도
     제공했다는 내용을 확인할 수 있는데(김정동, 『문학 속 우리 도시 기행 2』[푸른역사,

2005], 132쪽 참조), 남산동 미쿠니아파트가 그것이 아닐까 추정해볼 수도 있겠다.

28　채운장아파트는 해방 이후 거의 버려진 상태에서 미군정 당국에 의해 전재민(戰災民)과 귀환동포를 위한 수용소로 사용되었는데 서울역 앞 공립빌딩에 자리했던 조선공제회의 회장이자 경성에서 유명사업가인 조영(趙營)이 1946년 5월 초부터 7월 말까지 사비 386만 원을 들여 인수한 뒤 내부 수리와 식당 등을 보수해 1946년 8월 1일 이승만 박사와 윌슨 경성시장 등이 참석한 가운데 낙성식을 거행하고 고학생과 서북(西北)학생 기숙사로 사용하게 됐다. 『대동신문』 1946년 8월 1일자 및 8월 3일자 기사 참조. 따라서 1932년부터 일본인이 운영하던 채운장아파트는 해방 이후 미군정에 의해 적산(敵産)으로 분류돼 미군정이 접수했던 것으로 보인다. 이를 조선공제회 회장과 유지들이 자금을 마련해 불하받아 서북청년 기숙사로 활용했다고 보는 것이 합리적이다.

29　中央情報鮮滿支社編, 『大京城寫眞帖』(中央情報鮮滿支社, 1937), 31쪽. 『경성일보』 1930년 11월 9일자 기사에서는 '마치 대궐 같은 위용으로 로마 폐허의 구조물을 연상케 하는 이 아파트가 이제 4층 일부가 드러났는데 본정5정목(本町, 현 충무로)에 우에하라 간이치(上原貫一)가 독자적으로 건설한 것인데 대지 400평에 100실이 넘는 가구가 들어갈 예정'이라던 기사 속 아파트는 1932년 '채운장아파트'라는 이름으로 경성의 불특정 다수를 위한 임대아파트로 사용되기 시작했다. 이 기사에서 우에하라 나오이치를 上原貫一로 표기한 것은 오류로 그의 이름은 上原直一이다.

30　채운장아파트 영업 개시와 관련해서는 당시 신문에서는 1932년으로 언급한 경우와 함께 1934년을 전한 경우가 혼재한다. 이는 1차 공사 완료 후 증축과 연관된 것으로 추측할 수 있다. 채운장아파트는 당시 경성의 다른 아파트와 유사하게 전차정거장에서 매우 가까운 위치에 자리해 도심으로의 접근성이 뛰어났다고 할 수 있다. 당시 경성의 여러 아파트 위치와 교통 편의성 등에 대해서는 박철수·권이철·오오세루미코·황세원, 『경성의 아빠트』, 부록 참조.

31　이는 주남철의 주장과도 유사하다. 주남철은 '광복 전의 아파트로 특히 주목해야 할 만한 것은 아현동의 미쿠니아파트와 내자동의 내자아파트였다. 이들은 광복 이후에도 계속 아파트로 사용하다가 근년에는 호텔로 바뀌었다'(서울특별시사편찬위원회, 『서울육백년사』 제5권[서울특별시, 1983], 1,251쪽)고 했다. 내자동 아파트는 1935년 5월 본관과 별관 준공 이후 내자동 114번지 74평을 1935년 5월 15일 추가로 매입해 1동을 증축해 모두 3개 동으로 구성된 것이며, 아현동 미쿠니아파트는 지금까지 그 존재 여부를 확인할 수 없었는데, 회현동의 오기로 추정한다.

32　전남일·손세관·양세화·홍형옥, 『한국주거의 사회사』, 146쪽.

33　박노아(朴露兒), 「10년 후 유행」, 『별건곤』 제25호(1930), 102쪽.

34　참고로 「대경성부대관」에는 단 2건의 '아파트'만 정확하게 표기돼 있다. 하나는 후암동에 일본인들을 대상으로 임대했을 것으로 보이는 '미쿠니아파트'이고, 다른 하나는 지금의 남산3호터널 강북 측 입구 정도로 판단되는 위치에 지어진 '취산(翠山)아파트'다.

35　「모던어 점고」, 『신동아』, 통권 제18호(1933), 19쪽.

36 이는 앞서 언급한 주요섭의 「유미외기」에서 미국의 경우를 든 것과 비교하면 매우 흥미롭다.

37 Norbert Schoenauer, *6,000 Years of Housing*(Rev. & expanded ed.)(W. W. Norton and Company, 2000), 322쪽.

38 같은 곳.

39 橋本文隆·內田靑藏·大月敏雄, 『消滅ゆく同潤會アーパトメント』, 24쪽.

40 「전쟁 장기화 '가정생활' 주부 좌담회」, 『삼천리』 제12권 제3호(1940), 236~237쪽. 이 좌담회에는 여류평론가 박인덕(朴仁德), 동아일보 기자 황신덕(黃信德), 여류작가 최정희(崔貞熙), 전 동아일보사 편집국장 설의식(薛義植) 씨 부인 최의순(崔義順), 향상기예학교(向上技藝學校) 교사 음악가 박경희(朴景嬉)가 참석하였는데 아파트가 많이 지어지는 바람에 이제는 서로 들어가 살고 싶은 집이 되었으며, 위생적 설비와 핵가족 중심의 생활보장 등이 가능하다는 점을 장점으로 꼽으면서 공동생활에 따른 불편은 극복해야 하지만 땅값이 비싼 도시에서는 공동오락, 공동취사, 공동세탁 등을 통해 토지를 절약하는 주택 유형이라는 점을 강조했다.

41 「여학생 행장 보고서」, 『삼천리』 제8권 제11호(1936), 198쪽.

42 일본에서는 1932년 오오토미아파트 화재사건을 계기로 1933년 6월 29일 경시청령(警視廳令) 제21호로 「아파트 건축규칙」(アパト建築規則)이 발령됐다. 1933년 7월 15일부터 시행된 「아파트 건축규칙」의 주요 내용은 다음과 같다. 대상은 10호 이상의 아파트이며, 목조아파트의 경우 무도장, 여흥장, 카페 등과의 복합 금지(콘크리트 구조는 가능), 바닥면적 500제곱미터마다 방화구획, 1층엔 외부공간으로의 출입구 2개 이상 확보, 2층 이상에는 실내 또는 옥외 피난계단 설치, 지하공간 세대 임대 불허, 편복도는 1.2미터 이상, 중복도는 1.5미터 이상의 복도폭 확보 등이다.

43 『조선신문』 1934년 11월 2일자.

44 박태원의 단편 「윤초시의 상경」은 1939년 4월 『가정의 친구』(家庭の友)에 실린 소설인데 연재 당시의 제목은 「만인의 행복」이었으나 내용의 변화 없이 단행본 『박태원 단편집』(학예사, 1939)에 수록되면서 제목만 바뀌었다.

45 박태원, 「윤초시의 상경」, 『윤초시의 상경』(깊은샘, 1991), 81~83, 85쪽.

46 당구가 조선에 본격 등장한 것은 1920년대의 일인데, 주로 상류층의 사교용 오락이었다. 1930년대에 이르면 당구가 대중오락으로 자리 잡았고, 백화점, 버스, 주유소 등에서 일하는 여성에게 각각 데파트 걸, 버스 걸, 가솔린 걸로 이름을 붙여 호명했듯 당구장에서 손님과 함께 당구를 즐기거나 점수를 계산해주는 여성에게는 빌리어드 걸이라 불렀다. 아파트의 본격적인 등장과 함께 당구가 대중오락이 됐고, 당구장을 아파트가 상당 부분 수용하고 있었다는 점에 주목할 수도 있겠다. 이태영, 『다큐멘터리 일제시대』(휴머니스트, 2019), 315쪽 참조.

47 小林儀三郎, 『東京コンマーシャルガイド』(コンマーシャルガイド社, 1930).

48 이보다 앞서 1937년 10월 25일에는 총독부령 제160호로 「철강 공작물 축조 제한령」(鐵鋼工作物築造制限令)이 발령되어 11월 1일부터 시행되었다. 이때 아파트는 백화점, 극장, 영화관, 상점, 은행, 사무소, 여관, 숙박소 등과 함께 신축이 원칙적으로 불허되었고, 보안상 필요한 경우에 한해서는 허용하기로 했다.

49 조선주택영단은 1941년 5월 일본에서 설립된 일본주택영단을 본떠 설립한 것으로 이때부터 비로소 공공에 의한 주택공급이 시작되었다고 할 수 있다. 1941년 7월 설립과 동시에 2만 호 주택 건설4개년계획을 추진해 1945년 해방을 맞을 때까지 북한지역을 포함한 한반도 전역에 1만 2,184호의 주택을 건설하였다. 공동주택연구회, 「조선주택영단의 설립과 주택 건설」, 『한국 공동주택계획의 역사』(세진사, 1999), 32~33쪽 참조.

50 그러나 공채 발행과 건설이 계획에 따라 제대로 시행된 예는 극히 적다. 전시체제에서 민간자본을 공공사업에 끌어들이는 것 자체가 쉽지 않았기 때문인데 국가기록원의 문건에 따르면 많은 사업이 취소되었음을 알 수 있다. 1940년 2월 20일자 『부산일보』 기사에 따르면, 대구부가 6만 원의 기채로 1941년 신축하려던 부영아파트가 자재난과 함께 부지 매입의 어려움이 겹쳐 보류되기도 했다.

51 「淸津府アパ―ト新營費起債ノ件」(1939.2.2.), 「大邱府營住宅又アパ―ト新營費起債ノ件」(같은 제목의 서로 다른 문건 2건) 등이 있다. 이 문서들은 온라인에서 열람 가능하다.

52 『동아일보』 1939년 6월 20일자.

53 『매일신보』 1939년 7월 14일자 기사에 따르면, 조선주택영단은 평양에 180가구를 수용하는 규모의 아파트 건설계획을 수립했다.

54 같은 제목의 문건은 여러 건 발견된다. 1939년 2월 2일과 1940년 1월 16일에 생산된 경우가 가장 구체적인데 이들 문서에 담긴 아파트 관련 도면자료는 동일하다.

55 『동아일보』 1940년 2월 19일 기사에 의하면, 청진의 주택난은 날로 심해져 1940년 한 해 동안 약 20동의 부영주택을 신설할 예정이었고, 그럼에도 전반적인 주택난의 해결은 쉽지 않아 청진부 당국은 경성 등에서 실시한 아파트 건설도 고심했다. 그러나 결과적으로 청진 부영아파트는 지어지지 않았다. 국가기록원의 관련 문건에 의하면 기채가 여의치 않았는지 사업 취소를 알리는 문건이 존재한다.

56 청진 부영아파트가 날짜를 달리하는 같은 제목의 문건에 동일한 도면이 실린 것과는 달리 대구 부영아파트의 경우는 같은 날짜에 생산된 문건에 위치와 규모, 평면이 서로 다른 두 건의 아파트 도면이 실렸다. 같은 제목의 문건에 담긴 두 가지 서로 다른 사례를 편의상 각각 A, B로 구분했다.

57 「大邱府營住宅又アパ―ト新營費起債ノ件」(1941.10.27.), 국가기록원 소장 자료.

58 박인석, 『아파트 한국사회』(현암사, 2013), 12쪽.

59 같은 책, 302쪽.

5 도시한옥

『천변풍경』과 『소설가 구보 씨의 일일』로 잘 알려진 작가 박태원은 1963년 행정구역 변경에 따라 삼선동1가 226번지로 바뀌기 전 주소지인 돈암정(敦岩町, 현 돈암동) 487번지 22호 땅을 1938년에 구입한 뒤 도시한옥을 새로 지어 가족들과 살았던 적이 있다. 1939년 9월 종로구 예지동 121번지에서 첫 아들 일영을 낳은 뒤 늘 꿈꿔온 자신의 보금자리 마련을 위해 장만한 것이었고, 직접 설계하고 건설업자에게 부탁해 집을 지은 뒤 1940년 4월 초 이사했다. 이후 1942년 1월에 차남 재영을, 5년이 지나 1947년 7월엔 삼녀 은영을 돈암정 집에서 얻었다.[1]

　　　박태원이 터를 잡아 집을 지은 경성부 돈암정 487번지 일대는 1936년 경성부 행정구역이 확장되며 새로이 경성에 편입된 곳으로 1937년 11월 8일 토지구획정리사업[2] 인가가 난 후, 이상적인 주택지로 발전하리라 예상되던 곳이었다. "경성 도심부에서 동북 4킬로미터인 동소문 밖을 흐르는 성북천 양쪽 기슭지대로 지구의 북쪽은 경성-원산 1등도로가 통과하며 남쪽은 신설정(新設町, 현 신설동)의 춘천가도에 접하며 동서쪽은 산악으로 경계한 약 220정보(町步, 1정보가 약 3,000평이므로 전체 66만 평 정도)의 산간지대이다. 이 지구는 사위가 산지로 공기가 맑아 주택지대로 가장 양호한 위치에 있어 장래 이상적 주택지로 발전이 기대되며 지구의 중앙을 관통하는 동서, 남북 양 간선도로의 양측지대는 상점가로 발전할 것이 예상된다."[3]

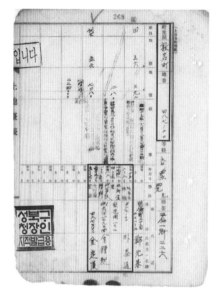

↑ 조선공영주식회사의 안암장 주택 신축 청부 광고.
박태원이 집을 지어 입주할 당시
도시한옥의 수요를 짐작케 한다
출처: 『조선일보』 1940.6.28.

← 1940년 8월 8일 돈암정 487번지 22호 소유권이
정원기로부터 박태원으로 이전된 구(舊)토지대장
출처: 성북구청

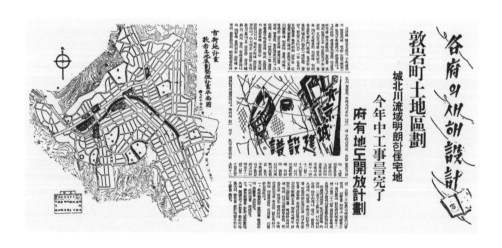

↑ 'No.1 주택지'로 언급된
돈암 토지구획정리계획지구 평면도
(박태원 가옥 위치 표시는 필자)
출처: 『동아일보』 1939.1.7.

　　박태원의 아들 박일영이 기억하는 돈암정 집은 대략 다음
과 같다. '이끼 서린 옛 성터를 등지고 자리 잡은 돈암정 집은 터도 넓
고 집도 컸는데, 대청 뒤쪽의 4쪽짜리 유리 분합을 열어놓으면 높은
대지 위에 콩잎과 옥수수 밭이 자리한 너른 공터가 보였다. 집은 동
향에 디귿 자 조선기와집으로, 추녀가 높다랗게 하늘에 떴고, 넓은
차양이 달린 두벌대⁴ 집이었는데 마루가 꽤나 넓었으며 그곳 대청엔
백항아리를 올려놓은 뒤주와 책장이 놓았다. 오른쪽 벽에는 삼촌 문
원이 그려 선전(鮮展)에 입선했다는 그림이 걸렸는데, 그 밑엔 빅터
레코드 플레이어와 12인치짜리 LP판들이 세간을 이뤘다. 작가 박
태원은 이곳 대청에 다른 것은 놓지 못하게 하면서 초겨울까지 청동
화로의 2배는 실히 되는 일본 사기화로 하나로 큼지막한 교자상 앞
에서 원고를 썼다.'⁵ 영락없는 도시한옥 풍경이다.

　　　돈암 토지구획정리사업지구는 일제가 내선일체(內鮮一體)
를 내걸고 조선인과 일본인이 서로 이웃해 살도록 의도한 곳이었지
만, 실제로는 대부분 조선인 건축업자에 의한 도시한옥으로 채워지
며 1937년부터 1940년 사이에 본격 개발이 진행되었다.⁶ 이들 주택
지의 개발은 일본인과 조선의 부유층이 주도했다. 염복규에 따르면,
"재(在)경성 일본인 유산층은 '경성도시계획연구회'를 발족하여 자
신들의 이익을 관철시키기 위해 주도적으로 움직였다. 경성부도 '내
선융화'와 '내선일체' 정책에 부합하기 위해 신흥 주택지에 '일본인'
과 '조선인'이 함께 거주하는 '내선인 혼주'를 유도하는 정책을 취했
다. 대경성의 신흥 주택지는 한마디로 '내선일체' 정신의 물리적 구현
체"⁷였다. 박태원의 소설 「애경」에는 관동정과 신설정 등이 신흥 주
택지로 등장하는데⁸ 그 직접적 대상지 가운데 하나가 바로 돈암 구
획정리사업지구였다.

　　　구보 큰아들의 회고는 도시한옥의 구조와 당시 도시의 상

↑↑ 돈암 토지구획정리사업지구 일대의 항공사진(1972)
출처: 서울특별시 항공사진서비스

↑ 일본 건설회사 경성지점의 주택건축 광고
일본식과 조선식을 구분했고, 일본식은 거주용과 임대용 구분
출처: 『조선일보』 1940.6.30.

황을 구체적으로 재구성해보는 데 도움이 된다.[9] '마당은 두 자는 실히 되는 섬돌(댓돌) 아래에 너른 마당이 있고, 앵두나무 옆에 뒷간이 있었으며, 그 옆에 조그마한 뒷문이, 그 옆은 장독대인데, 그 위에 오르면 담 너머 한 길 건너 벽돌담을 한 아랫집 마당이 들여다보였다. 장독대 밑에는 나오다 말다 하는 수도가 있었고, 앵두나무가 있던 화단 오른편에는 짠지 냄새가 나는 어둡고 습한 두 쪽의 광문(廣門)이 버티고 있었다. 집은 모두 천장이 높았고, 대청에서는 상량이 보이는 집으로, 창도 많고 유리 분합문도 많아 겨울이면 몹시 춥고 외풍이 심해 추울 때에는 윗목에 놓인 물 대접에 살얼음이 잡히기도 했다. 겨울엔 보온을 위해 일제 때 등화관제에 쓰던 방장(房帳)을 치고 살았다. 전깃불은 남북에 각각 새 정부가 들어서면서 압록강 수풍댐으로부터의 송전선이 끊겨, 초저녁이면 전기가 나갔다가 새벽녘에 다시 들어오곤 해서 전기기구(곤로)는 물론 촉수 밝은 전구도 사용해선 안 됐다. 어찌됐건 돈암정 집은 안채에 사랑채에 행랑채까지 방이 다섯이나 됐다.'

'조선기와집'으로 불렸던 작가 박태원의 돈암정 집은 건축 설계와 시공(請負)을 동시에 하던 당시 청부업자들에게는 그저 '와가'(瓦家), '조선식' 등으로 통용됐는데 이는 '서양식'이나 '화양식'(和洋式)과 구별하기 위해서였다. 때론 '신식 조선가옥'이나 '조선식 주택'으로도 불렸다.[10] 당시 조선에 오래 머물렀던 한 일본인은 새로 조성된 주택지에는 조선식 주택이 다수였다고 적었다. 학교를 졸업하고 조선으로 건너와 10년 이상 머문 한 또 다른 일본인의 기록에 따르면 경성은 그사이 눈에 띄게 바뀌어 있었다. "최근 십수 년 사이에 연이어 새 빌딩이 생겼고 거리 모습은 상당히 변했다. 특히 최근에는 [만주]사변 경기의 영향일 것이다. 기와지붕을 한 신식 조선가옥의 증가가 눈에 띈다. 교외 근처에 새롭게 세워진 주택은 대개 조선가옥

244

●京城府竹添町二丁目五番地ノ二
一垈六百三十坪
最低競賣額金三萬千五百圓
右地上建設
一陳瓦造鈑丹葺平家本家一棟
最低競賣額金七百七十五圓也
一木造瓦葺二階建本家一棟
附屬木造瓦及鈑丹葺平家倉庫一
外二階建坪十三坪九合二勺
內二階建坪二十四坪八合一勺
附屬木造瓦及鈑丹葺二階建工場一
建坪六十九坪八合七勺
內鈑丹葺坪十四坪八合七勺
外鈑丹葺坪十三坪九合二勺
附屬木造瓦葺平家建便所一棟
附屬木造鈑丹葺平家建人夫室一棟
附屬木造鈑丹葺平家建本家一棟
建坪二木造瓦葺鈑丹葺平家建本家一棟
建坪二十九坪二合
一木造鈑丹葺平家建本家一棟
內鈑丹葺坪二十四坪二合
最低競賣額金一千八百十二圓也
一京城府竹添町二丁目三番地ノ二
最低競賣額金五百八十四圓也
申立人株式會社朝鮮殖産銀行
債務者執行猪太郎

↑↑ 1930년 11월 조선식산은행의
부동산 경매공고에 나타난 당시 주택 호칭
출처: 『매일신보』 1928.11.1.

↑ 안암동 도시한옥 밀집지역(1976.9.9.)
출처: 서울역사박물관 서울역사아카이브
ⓒ임인식

이다."[11] 이를 '선양절충주택'(鮮洋折衷住宅)[12]이라 했던 글에 근거를 둔다는 입장에서 '절충한옥'으로 부른 경우도 없진 않았다.

　　이처럼 당시 조선기와집이나 조선가옥 등으로 불리던 이 주택 유형을 최근에는 '도시(형)한옥'으로 부르는 것이 보통이다. 이 흐름을 주도한 송인호에 따르면, "전통한옥 유형인 한옥이 도시주거지라고 하는 새로운 구조 속에서 자생적으로 형성된 도시형 주택의 한 유형"[13]이다. 이는 일제강점기 근대적 도시계획과 대도시의 인구 집중으로 토지 이용 밀도가 증가하면서 등장한 '대경성(大京城) 한옥'에 대한 거듭된 연구와 조사를 통해 기존의 한옥이 '도시의 상황에 적응한 유형'이라는 점에 연구자들이 대강의 합의를 이룬 호칭이다.[14] 정리하면, 도시한옥은 전통한옥 가운데 근대 도시의 조건과 요구에 적응하면서 진화한 것으로, 1930~1960년대 서울을 중심으로 대형 필지를 분할하거나 토지구획정리사업을 하면서 새로 조성한 주거지에 집단으로 건설된 일군의 한옥을 일컫는다.

　　도시한옥은 때론 '개량한옥'으로 불리기도 했다. 구한말 서양인들이 들어와 전통적인 한옥에 거주하면서 자신의 기거 방식에 따라 일부를 고쳐 사용한 경우나,[15] 일제강점기에 새롭게 등장한 주택수요에 맞춰 주택을 상품으로 대량공급하기 위해 표준평면과 부재를 사용하는 등의 근대적 경영 방식으로 접근한 점[16]을 부각하기 위해서였다. 개량한옥이라는 용례가 등장한 이면에는 1920~1930년대의 주택개량운동이 있다. 부엌의 개량과 입식생활의 권고 등을 비롯해, 1940년에 실시된 전래 주택의 개량운동 등이 반영된 것이다. 이외에도 조선의 것은 전근대적이라고 여기고, 이를 수정하거나 보완하는 것들에 대해 '개량'이라는 형용어를 붙여 이르는 경우가 적지 않았다. 한편, 도시한옥은 1950년대 이후 목재의 질을 조금 낮추고 지붕의 형태와 재료 선택 등에서 시공의 용이성을 확보해 기존 한옥

보다 저렴하게 공급한 경우를 따로 구분해 부르는 '간이한옥'[17]과 명확하게 구별하기가 쉽지 않다. 이렇게 여러 이름으로 불린 도시한옥은 20세기 중후반 아파트로 대표되는 공동주택 계획 규범이 성립되는 과정에 직접적 영향을 미친 중요한 주택 유형 가운데 하나다.[18]

정세권의 건양사와
도시한옥

서울에서 나고 자란 김수영 시인은 도회지의 소음과 속도 그리고 세속 등 서울의 다양한 것들을 노래했다. 시인은 종로6가 116번지의 22평 단층한옥에서 살았던 것으로 전해지는데 1959년에 발표한 「가옥찬가」에서 그 일단을 유추해볼 수 있다. "집과 문명을 새삼스럽게 즐거워하고 비판한다 … 너의 머리 위에 / 너의 몸을 반쯤 가려주는 길고 / 멋진 양철 채양이 있다고 외쳐라." 구리에 아연과 니켈을 추가한 양은(洋銀)처럼 외래의 것인 양철(洋鐵)[19], 한옥에는 사용하지 않던 재료, 서로 다른 문화의 접점에 시인의 눈길이 닿았다.

　　　　이런 문화 충돌 혹은 새로운 재료의 수용이나 절충(혹은 개선이나 개량이라는 용어도 빈번하게 사용)이라고 할 수 있는 상황을, 식민지 시기 조선인 최고의 부동산 개발업자라 해도 좋을 정세권은 분명히 인식하고 있었고 이를 장점으로 내세웠다. "정세권은 건양주택(건양사[建陽社]가 지은 주택)의 장점으로 위생적이고 실용적이고 경제적이라는 점을 들었다. 수도 시설을 한옥 내부에 설치하고 부엌 바닥에 타일을 깔거나 석탄 아궁이를 설치해 기존의 한옥이 가지고 있던 위생상의 문제를 해결하려 했다. 햇빛이 잘 드는 남쪽 면을 넓게 설계하고, 집 내부의 이동을 효율화하기 위해 방과 부엌 등의 공간을 위계를 고려해 집중적으로 배치했다. 그리고 식당, 세탁

장, 하수구 등이 모두 물을 사용하는 주방에 인접해 사용이 편리했
다."[20] 실제로 정세권이 이끌었던 건양사는 창립 10주년 기념행사로
'주택 개선 강연회'를 개최했고, 10주년 당일 열린 기념식에서는 '개
량주택 도안 설명'을 갖기도 했다.[21]

분합에 유리가 끼워졌고, 물을 사용하는 부엌 바닥에는
타일이 쓰이고, 처마 끝에 양철이 덧대진 차양이 등장했다. 정세권의
건양사를 중심으로 김동수의 공영사, 마종유의 마공무소, 오영섭
의 오공무소, 이민구의 조선공영주식회사 등과 같은 경성의 근대적
주택개발업체들이 공급한 조선주택(조선식 주택, 한옥)에 이들 재
료가 적극 쓰였다. 정세권의 분명한 입장을 주택설계와 공사에 적극
적용한 건양사는 주부들의 호응을 얻으며 그 이름을 떨치게 된다.[22]
1920년대 중반 이후 서울에는 집장사가 많이 생겼고, 새집들이 등장
하며 부락을 이루는 곳도 생겨났다. 이 시점에 건양사의 최초 분양
광고가 등장했다.[23]

도시한옥이 재래의 한옥과 달리 불리게 된 가장 중요한 이
유 가운데 하나는 '주거지와 한옥이 동시에 조성'[24]되었다는 점이다.
이로써 한옥은 조건과 상황에 맞춰 개별로 이뤄지는 주문식 주택에
서 벗어나 표준적 상황에 반복적 대응이 가능한 보편적 공간 해법
을 추구할 수 있었다. 이것이 대지와 주택을 동시에 분양하는 방법
이 등장하게 된 배경이다. 이로써 주택 건설업체는 보다 적극적으로
표준평면을 제시할 수 있게 되었고, 건양사의 분양 광고에서처럼 관
철동과 낙원동이라는 서로 다른 곳에 동일한 평면 형식을 가졌던 것
으로 추정되는 31칸(間)의 집을 동시에 공급할 수도 있었다. 건설업
체 입장에서는 상대적으로 많은 주택을 공급해 집적이익(集積利益)
을 극대화하기 위해 대규모 택지가 필요하게 되었다. '기존의 대형 필
지를 분할'[25]할 수 있는 곳이거나 이미 정형화된 대지를 획득하기 쉬

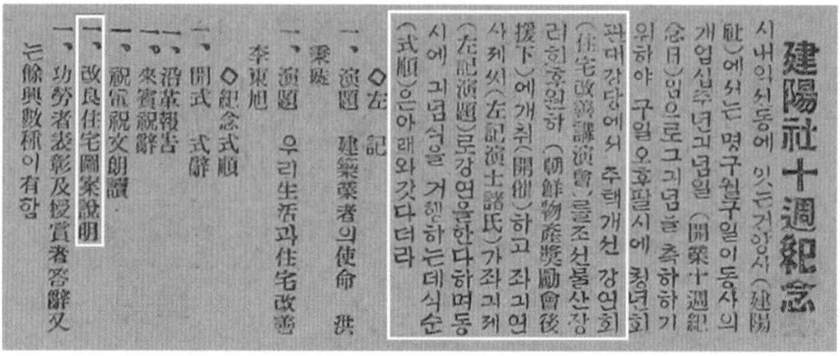

建陽社十週紀念

시내익선동에 잇는건양사(建陽社)에서는 명구월구일이동사의 개업십주년긔념일(開業十週紀念日)임으로그긔념을 축하하기 위하야 구일오후팔시에 청년회관대강당에서 주택개선 강연회(住宅改善講演會)를조선물산장려회후원하(朝鮮物産奬勵會後援下)에개최(開催)하고 좌긔연사제씨(左記演士諸氏)가좌긔제(左記演題)로강연을한다하며동시에 긔념식을 거행하는데식순(式順)은아래와갓다더라

◇左 記

一、演題 建築業者의使命 洪秉琁

一、演題 우리生活과住宅改善 李東旭

◇紀念式順

一、開式 式辭

一、沿革報告

一、來賓祝辭

一、祝電祝文朗讀

一、改良住宅圖案說明

一、功勞者表彰及授賞者答辭又는餘興數種이有함

放賣家

貫鐵洞一二〇新建瓦家 三十一間一棟三十一間一棟

樂園洞一九五 新建瓦家 三十一間一棟

寬勳洞一九七 新建瓦家 三十六間半一棟

昭格洞九八 新建瓦家 十七間一棟

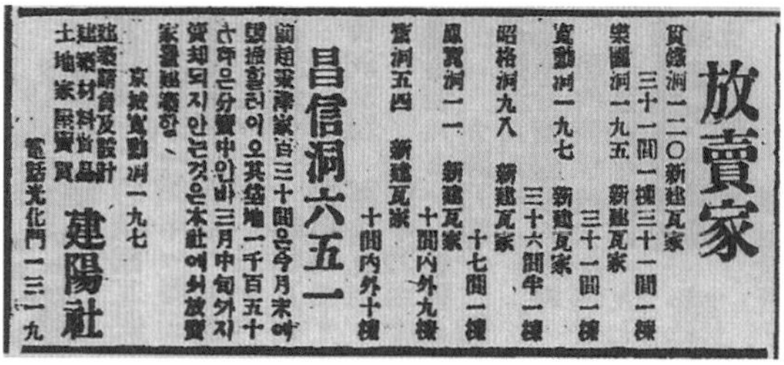

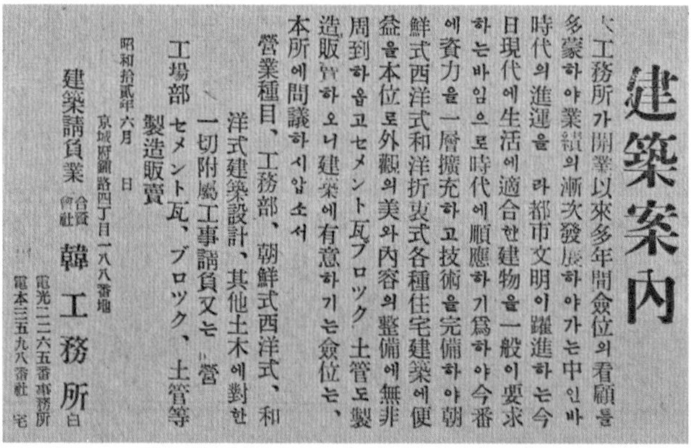

鳳翼洞一一 新建瓦家 十間內外九棟

齋洞五四 新建瓦家 十間內外十棟

昌信洞六五一

簡易建築家百三十間은今月末에竣成할터이오其垈地一千百五十六坪은分讓中인바三月中旬外지賣却되지안는것은本社에서放賣家登錄함、

京城寬勳洞一九七

建築請負及設計
建築材料當品
土地家屋賣買

建陽社

電話光化門一三一九

建築案內

ㄷ、工務所가開業以來多年間僉位의看顧를多蒙하야業績의漸次發展하야가는中인바時代의進運을 라都市文明이躍進하는今日現代에生活에適合한建物을一般이要求하는바임으로時代에順應하기爲하야今番에資力을一層擴充하고技術을完備하야朝鮮式西洋式和洋折衷式各種住宅建築에便益을本位로外觀의美와內容의整備에無非周到하옵고セメント瓦ブロック土管도製造販賣하오니建築에有意하기는僉位는、本所에問議하시압소서

營業種目、工務部、朝鮮式西洋式、和洋式建築設計、其他土木에對한一切附屬工事請負又는經營

工場部 セメント瓦、ブロック、土管等製造販賣

昭和拾貳年六月 日

京城府鐘路四丁目一八八番地

建築請負業 合資會社 韓工務所

電光二二六五番事務所
電本三三五九八番社 宅

↑↑↑ 건양사 창립
10주년 행사를 알린 신문기사
출처: 『중외일보』 1930.9.10.

↑↑ 건양사 최초의
주택 분양 광고
출처: 『조선일보』 1929.2.7.

↑ 건축청부업 합자회사 한공무소의
'조선식', '서양식', '화양식'
주택 설계·시공 광고
출처: 『매일신보』 1937.6.13.

↑ 서울 가회동 11번지 일대 도시한옥 엑소노메트릭
출처: 서울시립대 역사도시건축연구실

→ 서울 와룡동 연립형 도시한옥 평면도
출처: 송인호, 『도시형한옥의 유형 연구』
(서울대학교 박사학위논문, 1990)

↓ 서울 동대문구 용두동 일대 도시한옥 밀집지[26] 항공사진(1972)
출처: 서울특별시 항공사진서비스

운 토지구획정리사업지구가 주된 주택공급 대상지로 자연스럽게 부
상했다.²⁷ 그 위에 서게 되는 주택은 근대적 재료와 위생설비를 갖춘
표준평면을 활용했다. 따라서 서울을 예로 든다면 1920~1970년대
에 지어진 한양도성 안팎의 한옥 주거지 모두를 이 범주에 넣을 수
있다. 물론 전주나 대구 등 대도시의 공급 방식도 이와 유사했을 것
이다.

　　　이런 의미에서 '도시한옥'은 영남이나 호남 지방 일대에 두
루 남아 전하는 전통한옥과 규모뿐만 아니라 평면 구성에서도 커다
란 차이가 있으며, 가옥의 배치 방법이나 내용 역시 매우 다르다. 또
한 시기적으로 근대기 이전의 한옥과도 구조 형식이나 주택공급 방
식도 다르다는 점에서 매우 독자적인 의미와 지역적 특수성을 갖는
다고 할 수 있다. 이러한 특성을 중심으로 의미를 좁혀 생각한다면
도시한옥은 개량한옥이나 절충주택이라 불리는 양식주의 건물과
도 다르다.

1930년대
부동산 가격 폭등

1935년 10월 『사해공론』에 발표한 「대경성의 점경」이라는 글을 통
해, 유광열은 '게딱지같이 낮은 북촌의 초가집, 주룩주룩 비가 새던
계동과 가회동 일대가 1930년 이후 시골의 지주나 상인이 와서 옛집
을 헐어제치고 선양절충(鮮洋折衷)의 화려한 새로운 주택을 지어 면
모를 일신하였다'고 했다. 아울러 '어느 동 대감이니 어느 동 판서 댁
이니 하던 곳이 전혀 다른 곳으로 바뀌어 이름 없는 시골 지주의 아
들이나 일확천금을 한 부자들이 서울로 와 패권을 쥐게 된 상황을
젊은이들이 동경하게 되었다'고 썼다. 여기서 선양절충의 화려한 새

↑ 1939년 서울 북촌 일대의 도시한옥
출처: 모던일본사, 『일본잡지 모던일본과 조선 1939』(2007), 화보

로운 주택이 바로 도시한옥이다. 새로운 주택지에, 짧은 기간에 면모를 일신한 표준주택이 대량공급되기 시작했다.

　　유광열이 글을 발표한 다음 달, 건양사 대표 정세권의 글이 『삼천리』에 실렸다.[28] 정세권은 지방의 지주층이 자꾸 서울로 올라오는 이유를 진단했다. '중농 이하의 자작농이 점점 몰락하는 한편 지주와 소작농의 대립이 첨예한 까닭으로, 소작농들이 아무리 선조로부터 물려받은 땅이라 하더라도 애착을 잃고 그만 떠나고 마는 것이 한 가지 이유겠지만 다른 한 가지는 아동 교육을 위해 서울로 올라오게 되는 형편이다. 그 결과 지방 지주들의 서울 집중이 갑자기 늘어 재작년인 1933년부터 금년인 1935년까지 경성에는 새로 신축된 가옥 수가 약 6~7천 호에 이른다.'[29]

　　정세권은 같은 글에서 경성의 부동산 가격 상승을 구체적으로 전하는데, 이를 재구성하면 대략 다음과 같다. 1933년부터 1934년까지 한 해 동안 북촌의 땅이 한 평당 10원에서 15원으로 50퍼센트가 올랐고, 1935년에는 30원이 넘어 2년 동안 3배가 되었고, 시외 지역 토지 가격 상승이 더욱 심해 4배가 됐는데, 특히 1935년 봄부터 심해졌다. 토지 가격이 급등하니 집값도 덩달아 뛰어올랐다. 1933년 한 해 동안 10퍼센트 정도 오른 것에서 시작해, 2년이 지난 1935년에는 50퍼센트가 올랐다. 그럼에도 불구하고 1935년 봄부터 북촌산 밑 일대는 어느 한 곳 빈틈이라고는 없이 모조리 산을 파내고 헐어내서 집을 지어대기 시작해 약 4천여 호가 새로 생겨났다. 서울 시내에는 더 이상 집 지을 자리가 없기 때문에 시외로 확장될 수밖에 없다.[30] 몇 년 전에는 주택지 땅 한 평에 30원이었으나 1935년에는 60원이 되었으며, 신축 중인 집들도 칸에 최소 250원, 보통 300원 이상이었고, 잘 지은 것은 500원가량이었다. 몇 년 전에는 50채 이상을 한 번에 지으면 분양까지 몇 달씩 걸렸지만, 1934년부

254

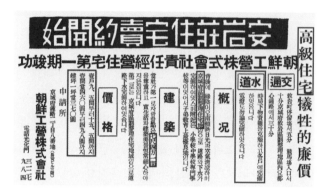

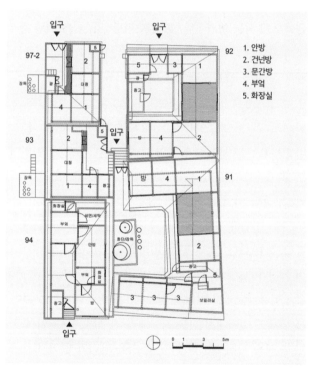

1. 안방
2. 건넌방
3. 문간방
4. 부엌
5. 화장실

↑↑ 1940년 조선공영주식회사
안암장 주택 분양 광고
출처: 『동아일보』, 1940.5.28.

↑ 서울시 성북구 동소문동4가
91, 92, 94, 97-2의 도시한옥 평면도
ⓒ김영수

터는 한 번에 많이 짓더라도 준공도 되기 전에 '예약제'로 50퍼센트 이상이 분양됐고, 준공이 될 때면 모두 분양을 마치는 형편이라는 것이다.[31] 바야흐로 서울의 부동산 가격이 폭등하기 시작했다.

　　이 정도를 시대 상황으로 두고 구체적인 사례를 하나 재구성해보자. 1940년 일이다. 건축가 이민구가 이끌었던 조선공영주식회사가 돈암정 토지구획정리사업지구(안암장)에 분양한 주택은 호당 9.5~15.5칸이었고, 칸당 분양가는 460~498원, 평당으로는 370원 이하로 건축비가 제한되어 있었다.[32] 이때 한 칸으로 잡은 치수는 장방형 7척(尺)이었으므로 가로세로 모두 약 2.1미터에 해당한다. 이를 평수로 고쳐 계산하면 1.334평이다. 칸 수를 기준으로 집값을 산출하면 9.5칸 집은 대개 4,370~4,731원(평당으로 계산하면 4,689원)에 해당하고, 15.5칸 집의 가격대는 7,130~7,719원(평당으로 치면 7,650원)이다. 안암장은 토지구획정리사업지구이므로 토지주들은 대부분 감보율(減步率)이 적용된 상태에서 원래 토지보다 작은 규모의 토지를 돌려받는 상황이었다. 자기 땅이 아니라 분양하는 체비지를 구입해야 하는 경우에는 통상적인 건축비에 토지 구입 대금을 보태야 한다. 이와 관련해 '토지비는 수도시설을 포함해 평당 16원을 계상'[33]하였다고 하니 50평 토지를 기준으로 한다면 토지 가격은 800원이 되는 셈이다.

　　물론 정세권이 글을 쓴 1935년에 비해 5년 정도 경과했을 때이지만 중일전쟁 격화로 1939년 9월부터 「지대가임통제령」(地代家賃統制令)이 발동되어 1938년 12월 말 가격 이상은 법적으로 받을 수 없었다는 점을 고려한다면 물가 상승분은 무시해도 좋겠다. 그러니 안암장 50평의 대지에 9.5칸 집(12.67평 정도)을 신축하는 경우라면 토지비를 제외하면 약 4,690원, 토지비를 포함한다면 여기에 800원을 보탠 5,490원 정도가 들었다. 15.5칸의 주택(20.68평)이라면 토지비 제외 7,650원이, 포함하면 8,450원이 들었으리라고 추정할 수 있다. 땅도 집도 집을 짓는 쪽에서 팔아 이문을 남겼으니 부동산 중개업은 썩 반갑지 않았을 터이다. 이태준의 소설 「복덕방」(1937)에 이런 사정이 묘사되는데, "건양사 같은 큰 건축회사가 생기어 당자끼리 직접 팔고 사는 것이 원칙처럼 되어가기 때문에 중개료의 수입은 훨씬 준 셈"³⁴이란 대목이 그러하다. 건양사나 조선공영주식회사처럼 토지 비용을 포함해 주택을 직접 판매하는 업체들의 출현을 두고 '근대적 디벨로퍼의 등장'이라고 평하는 시각도 있다.³⁵

박태원이 1936년에 발표한 『천변풍경』은 당시 좀 산다는 이에게도 도시한옥 값이 만만찮게 느껴지던 상황을 고스란히 묘사하고 있다. 민주사의 첩실이 무슨 이유인지 어느 날 갑자기 민주사와 첩살림을 하던 관철동의 집을 팔고 계동 꼭대기의 집장수 집을 사자고 간청하는 장면인데, 첩실이 새로 장만하고자 하는 계동 집이 관철동의 살림집에 비해 방 하나와 광 하나가 더 붙었다지만 관철동의 집을 매 칸에 300원씩 받고 팔더라도 거기에 1천 원이나 더 보태야 한다는 사실에 민주사는 기가 막힌다. 건양사나 조선공영주식회사 광고처럼 좀 잘 지은 집을 첩실이 봐뒀던 모양인데, 민주사는 새로 지은 집이 뭐가 좋은지 모를뿐더러 그 값이 경성 한복판인 관철동의 집값보다 비싸니 도무지 이해할 수 없었던 것이다. 도시한옥을 둘러싼 당대 풍경이며 통속의 한 장면이다.

새로운 시대의 도시문화를 중심으로 당대의 모더니즘을 소개한다는 취지로 1930년 10월 창간한 일본 문예춘추사의 대중교양 잡지 『모던일본』(モダン日本)도 조선의 도시한옥을 다룬 바 있다. 모던일본사는 '일본인이 조선에 대해 아는 것이라고는 기생과 금강산'뿐인 천편일률적 조선관을 비판하면서 보다 폭넓은 차원에서 조선에 대한 이해를 돕기 위해 '조선판'을 기획했다. 두 차례에 걸쳐 임

시 증간 형식으로 발행된 『모던일본 조선판』은 조선 지식인으로 알려진 마해송(馬海松, 1905~1966)이 기획하고 출판했다. 그는 해방 후인 1957년 어린이헌장을 기초한 인물로 알려져 있지만 1930~1940년대에 모던일본사의 사장을 지내기도 했다. 총 27쪽에 달하는 화보가 실린 『모던일본』 1939년 11월호 '조선판'에는 '조선의 집들'이라는 이름으로 1930년대 말의 주거지 풍경이 소개됐는데 이를 통해 당시 경성의 북촌이 어떻게 조성되었는가를 일부 확인할 수 있다.

> 지금은 경성도 발전에 발전을 거듭해 모든 구릉이 주택지로 개발되기 시작했다. 그리고 거기에 세워진 집은 모두 남향으로 줄지어 있다. 최근 시가지에서는 조선 특유의 아름다운 지붕선을 볼 수 없다. 그러나 도심을 조금 벗어나면 볼 수 있는 높은 바위산의 경사면에 계단을 만들어, 나란히 세운 기와지붕과 흰 벽의 집이 대륙적인 따가운 태양빛을 받아서 비늘처럼 반짝이는 풍경은 역시 특별한 맛이 있다. 시가지 뒤편의 골목길을 걸어보는 것도 재미있다. 특히 경성 시가의 골목길은 어디를 어떻게 가면 빠져나갈 수 있을지 당황하게 된다. 땅에 뻗쳐 있는 듯한 지붕을 쳐다보면 오른편에 빨강, 하양, 흑색 기와와 돌로 쌓아올린 훌륭한 벽 위에 처마선이 늘씬하게 뻗어 있다. 사람들이 골목길에 서 있고 행상인들이 기묘한 소리를 내며 그 사이를 지나간다.[36]

당시 경성 한복판인 북촌 도시한옥은 때론 조선기와로 불렸던 먹기와가 아닌 컬러 기와를 사용했던 경우도 있었던 모양이고, 모두 남향한 집들의 풍경 묘사를 보아 가회동 31번지 일대를 지칭한 것으로 보인다.

↓ 서울 종로구 가회동 31번지 일대
도시한옥 밀집지역 골목의 풍경(2006)
ⓒ박철수

↓↓ 『모던일본』 1939년 조선판에서 언급한
북촌의 풍경(2004)
ⓒ박철수

도시한옥이 밀집한 북촌이 형성된 당시, 일부를 제외하곤 대부분의 시선이 도시한옥을 사뭇 부정적으로 묘사한 데 반해, 일본인들의 경우는 이국적 풍경이자 계획적인 근대 도시의 발현지로 여겼다는 사실이 의미심장하다. 이태준은 1936년 발표한 소설 「장마」에서 '동(洞)이나 리(里)를 깡그리 정화시킨다는 것에 적지 않은 불평이 있다면서 성북동을 성북정(城北町)이라 부르면 이주사로 불러야 할 어른을 리상이라고 남실거리는 격'이라고도 했으니 같은 대상을 바라보는 시선이 이렇게 다를 수도 있다. 지배를 받는 조선인들에게 북촌의 도시한옥은 뉴타운이요, 투기의 대상이어서 근본 없는 자들의 세속적 욕망을 부추기는 것으로 치부됐지만, 지배자인 일본의 편에서는 도시한옥의 처마가 조선 특유의 아름다운 지붕선으로 보인 것이다. 물론 이는 건축계에서 집장사로만 회자된 정세권[37]이 가졌던 뜻과는 별개다.

1925년 종로에서 출생한 아동문학가 어효선은 자신이 자란 북촌의 당시 도시한옥을 구체적으로 묘사했다. 정세권의 말을 다시 빌리면 '칸마다 500원 정도를 들인 제대로 지은 도시한옥'과 '매 칸 250~300원을 들인 보통 도시한옥'의 차이를 설명하는 구절로 손색이 없다.

제대로 지은 한옥의 구조는 안채와 바깥채(사랑채)로 되어 있다. 첫째, 안채나 사랑채나 남쪽을 보게 앉힌다. 그래야 햇빛이 잘 들어서, 집 안이 밝고, 구석구석이 보송보송하여, 병균이 발을 붙이지 못한다는 것이다. 그래서 남향집에 살려면, 위로 삼대가 착한 일을 많이 했어야 한다는 말까지 있다. 대청을 중심으로 왼쪽에 안방, 그 사이가 대청, 오른쪽에 건넌방, 부엌은 안방에 붙는다. 부엌에 붙여

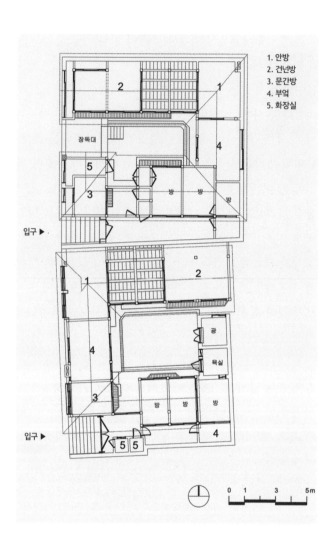

1. 안방
2. 건넌방
3. 문간방
4. 부엌
5. 화장실

↑ 서울 종로구 가회동 11-93과 11-94 도시한옥 평면도
ⓒ김영수

서 찬방, 그리고 따로 떼어서 아래채, 여기에 있는 방을 아
랫방이라고 한다. 바깥채에는 가운데에 들문, 대문 들어서
면 방이다. 이 방을 행랑방이라고 하고, 허드레꾼 내외를
살게 했다. 중문 들어서서 양쪽이 광이나 방이다. 사랑채
는 바깥주인이 거처하여 손님을 맞는 집채다. 사랑채에는
대청은 없고, 방과 방 앞에 마루가 있다. 대문, 중문 들어서
면 뜰, 안채와 사랑채를 둘러막는 담이 있고, 조그만 일각
대문을 내었다. 규모가 작은 집은 담이 없다. 안채의 대청
은 대개 6칸이다. 그래서 육간대청이라고 한다. 약 6평. 1평
은 3.3058평방미터다. 대청이 왜 이렇게 넓으냐 하면, 옛날
에는 여기가 거실이었다. 그때 사람들은 겨울에도 마루에
서 화롯불을 피워 놓고 지냈고, 노인이나 병약자만 온돌에
서 지내게 했기 때문이다.[38]

도시한옥에도 격이 있어 대충 지은 것과 제대로 지은 것이 공존했을
뿐만 아니라 전근대의 가치와 근대의 가치가 서로 충돌하는 현장이
바로 북촌이었음을 이 글에서 읽어낼 수 있다. 또한 '규모가 작은 집
은 담이 없다'고 한 대목은 바로 오늘날 도시한옥이라는 나름의 정
의를 획득했던 근거가 되기도 한다.

「삼화원 주택지 분양도」로 본
실제 상황

「삼화원 주택지 분양도」(三花園住宅地分讓圖)[39]는 지금의 북촌로1다
길 동서 켜를 중심으로 남북 방향으로 길게 이어진 118개 필지에 대
한 대지와 주택 분양을 위해 경성부 삼청동 35의 3에 소재했던 삼화

↑↑ 율곡로 개설을 위해 철거되는
도시한옥군(1975.8.11.)
출처: 서울성장50년 영상자료

↑ 율곡로 개설 이후
동대문 주변의 도시한옥지(1976.3.14.)
출처: 서울특별시 항공사진서비스

원주택분양사무소에서 1936년 1월 26일 발행한 안내문이다. 당시의
상황을 이해하는 데 크게 도움이 된다고 판단해 분양도의 내용 일
부를 그대로 옮겼다.[40]

① 남단은 경성 화동 제1고보 인접
　　삼화원 주택지 분양도(三花園住宅地分讓圖)
　　축척 1/1,200
　　북단은 경성 삼청동 공원 인접
② ★가옥을 주문하시면 대지와 함께 매 칸 230원 이상으로
　　협의수응(協議酬應, 요구에 따라 협의 가능함)하며, 견본
　　가옥이 있으니 방문해 문의하시기 바라며, 장차 영리 목적
　　으로 우리 사무소와 동업 건축하실 분에게는 대지를 출자
　　합니다.
③ 차제에 모든 분들의 건강하심을 엎드려 축원합니다. 대경
　　성도시계획에 맞춰 [분양 도면처럼] 주택지 약 1만 평을
　　대규모로 조성하기 위해 올해 철저하게 공사하고 있는 중
　　인데 공사를 마치게 된 부분은 즉시 매도하였고, 아직 공
　　사가 마무리되지 않은 지역은 예약 판매할 예정이니 유의
　　하시되 우선 방문하셔서 도면과 실제 부지를 대조하여 즉
　　매 혹은 예매를 속히 정하시기 바랍니다. 음력 3월까지 공
　　사가 완료될 예정이니 조속히 결정하지 않으면 싼값으로
　　살 수 없습니다. 현재는 평당 40여 원의 염가로 즉매 혹은
　　예매합니다. 총독부 인접지역의 다른 곳 택지 시세는 평
　　당 55원 이하로는 전무한 현상임을 양촉(諒燭)하시기 바
　　랍니다. 배치도 중앙 동서 방향 도로 북측은 공원 언저리
　　로 65개 필지에 면적은 약 4천 평이 되는데 유지 사업가에

도매로 양도할 의향이 있으니 오셔서 문의하시기 바랍니다. [이 경우] 도면과 같이 완전히 평지로 조성하려면 평당 3원 50전의 비용이 들 것을 예상하고 있으며, 본 사무소에서 깔끔하게 마무리하겠습니다.

④ 본 주택지는 공기와 조망과 신설 대공원 및 도처 약수 등 조기운동 취미의 위생이 경성에 제1 위치인 줄을 해내(海內, 나라 안)가 선각(先覺)하시는 바이올시다.

교통으로는 총독부와 안국동4가에서 도보 5분 간 되는 지척일뿐더러 현재 삼청동 하천 복개도로 공사가 시작되었으므로 경성전기 버스와 전차가 문 앞에 정류할 예정이며, 안국동에서 출발한 자동차 선로는 당지국내(當地局內)에 개통되었고, 당지에서 공원으로 통행하는 자동차 통행도로를 시설하여 주택지 가가호호 문 앞에 자동차가 도착되도록 한 것이 특색입니다. 이 교통을 이용하는 공원 나들이객을 위하여 찻집, 식당, 아빠트 사업 등 영업이 유망합니다. **북에 북악산, 서에 인왕산이 가까이 있어 장풍향양(藏風向陽, 바람을 감추면서 볕이 드는 남향) 주택지입니다.**

교육으로는 유치원은 본 주택지 내에서 건설할 계획이요, 초등은 사범부속, 재동, 교동, 수송동, 매동, 청운동, 종로, 삼흥, 동덕여보, 각 보교, 중등 및 전문은 제1, 제2, 중앙, 휘문, 배재, 이화, 배화, 중동, 도상(道商), 대동상업, 협실(協實), 실업전수, 법전, 의전, 고공, 고상, 숙명, 진명, 여고, 여상, 여사(女師), 근화 등 모든 학교가 당지 부근을 둘러싸고 있어 통학에 크게 편리한 지대라는 것 또한 특색입니다. 따라서 집집마다 학생 기숙에 편의를 주는 공익사업이 가능합니다.

당지는 이상적 주택지로서 상수도, 하수도, 특설 전등
및 기타 문화적 시설이 완비되어 있습니다. 가옥은 전부 남향이
요, 시계는 인천항까지 달합니다.

택지 한 필지는 34평에서 50여 평으로 되어 있
으나 구입하려는 측의 요청에 따라 수의 분할하거나 합병
해 드립니다.

⑤ 소화 11년(1936년) 1월 26일 경성부 삼청동 35의 3
삼화원주택분양사무소 이계준, 구창회 근고. 전화 1199번
(주의) 택지 등기부 및 토지대장, 지적도는 경성부 삼청동
35번지의 일대를 열람하시오.

다시 내용을 정리해보면, 1) 분양 안내서의 필지는 모두 118필지이
며, 가장 규모가 작은 것은 27번지와 75번지의 18평이고, 가장 큰 규
모 필지는 22번지의 373평으로 나라 안에서도 손꼽히는 경성 최고
의 필지, 2) 버스, 전차, 자동차 접근성이 양호한 택지이자 주변 산과
공원 나들이객을 대상으로 찻집이나 식당 혹은 아파트 임대업 등이
유망한 사업지, 3) 교육기관과 학교가 밀집한 곳으로서 학생들 기숙
에 편의를 제공할 수 있는 각종 사업 유망지, 4) 상수도, 하수도, 전
기 등 문화시설 구비와 남향 주택지인 동시에 시계가 트인 전망 좋
은 곳으로 인천까지 조망 가능, 5) 부지 분할 및 합병 등 가능하고,
삼청공원변 65개 필지는 일괄 매도 가능, 6) 대지 가격은 평당 40원,
건축비는 칸당 230원 정도로 상대적 염가 매도가 가능하다는 선전
이다.

일부 지적에 의해 부정형의 대지가 생겨 더러 크기가 완전
히 일률적이진 않았지만 대부분 일정한 크기의 정형 부지로 구획해
큰 것, 중간 것, 그리고 상대적으로 작은 것 등 3가지로 필지를 나눴

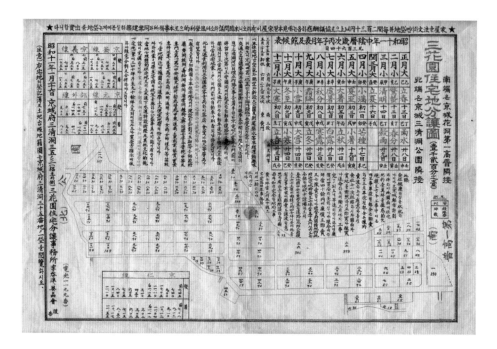

↑ 삼화원주택분양사무소,
「삼화원 주택지 분양도」
출처: 한국토지주택공사 토지주택박물관

→ 삼화원 주택지가 포함된
북촌 도시한옥 밀집지역의 도시조직
출처: 서울시립대 역사도시건축연구실

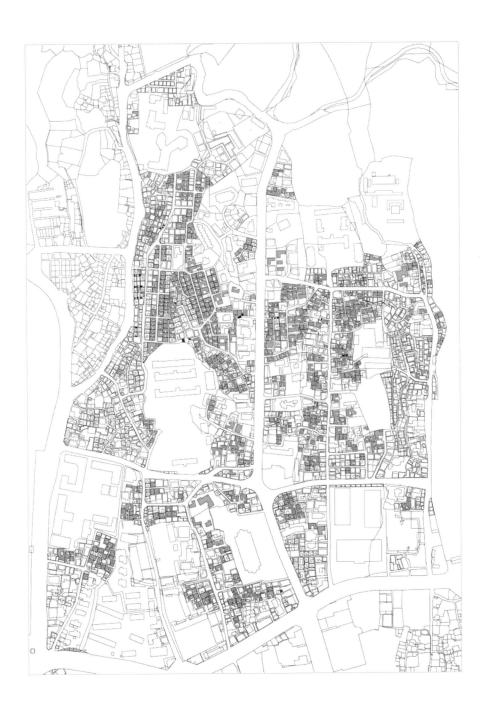

268

↑ 한국전쟁 휴전 이후
미공군이 촬영한 청량리역 남측의
도시한옥군(1954.3.)
출처: 미국국립문서기록관리청

← 「대경성부대관」(1936.8.) 속
서울시 종로구 원서동 일대의
도시한옥 밀집지 모습
출처: 서울역사박물관

다는 사실은 정세권의 건양사와 마찬가지로 표준적 주택공급을 염두에 두었다는 증거다. 한편, 인근에 많은 고등교육기관이 있다고 강조하며 단독주택이나 아파트를 지어 하숙 등 임대사업을 하기 좋다는 대목에서는 당시 아파트가 단기 거주자를 위한 셋집이었음을 확인할 수 있다.

도시한옥의 정체성[41]과 유전형질

1930년대 이후 도시 인구가 증가하면서 커진 고밀도 개발 요구에 따라 많은 조선인 개발업자에 의해 조성된 도시한옥을 바라보는 다양한 시선이 여러 문학 작품 속에 녹아 있다.

먼저 언급할 수 있는 태도는 크고 작은 규모의 도시한옥이 빚어내는 집단적 경관에 대한 긍정적 평가와 함께 사라진 것들에 대한 아쉬움이라 할 수 있다. 이들은 주거 블록 사이를 잇는 좁은 골목에 주목한다. 예를 들어 도시한옥 밀집지역을 '한옥처마를 따라 여러 번 굽이치는 골목길과 고택담장을 따라 놓인 별궁길'[42] 이라거나 '추녀를 나란히 한 고만고만한 조선기와집'[43]과 같이 묘사한 것은 표준설계에 의해 조성된 풍경에 대한 기억이다. 이는 도시한옥이 조성되던 당시에는 일본인을 제외하고는 찾아볼 수 없었던 시선이다. 개발의 관성에 밀려나고 사라진 것들을 회고하는 부류에 속한다.

두 번째로 꼽을 수 있는 것은 도시한옥의 형식에 대한 관심이다. 도시한옥은 채 나눔에 의해 전체가 짜이고, 각 채는 서로 결합하거나 접속하면서 일정한 형식을 이룬다는 것을 강조하는 시선이다. ㄱ자형의 안채와 一자형의 문간채가 만나 완성되는 형식이 흔했는데[44] 여러 방식으로 기억되고 묘사되는 다양한 문학작품 속에

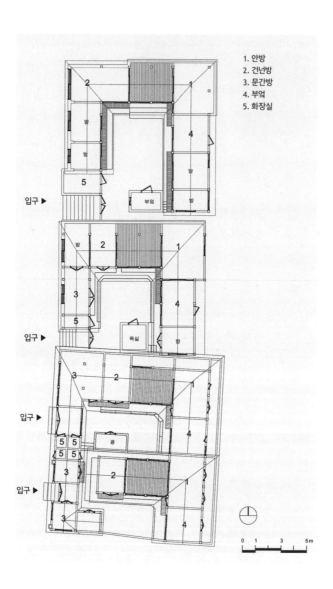

1. 안방
2. 건넌방
3. 문간방
4. 부엌
5. 화장실

↑ 군집을 이루며 조성된 서울 종로구 가회동 11번지 일대
ⓒ김영수

서는 안채와 사랑채, 행랑채, 문간채, 뒤채처럼 채를 구분한 뒤 이것들의 결합을 통해 드러나는 꼴에 별도의 형식 명칭을 부여한다. '안채와 대청 등이 만든 튼 ㅁ자형'이라거나[45] 'ㅁ자 집 안'[46] 또는 'ㄴ자 구조와 ㄱ자 구조가 맞물린 ㅁ자'라는 등의 언급이 있는가 하면,[47] '담까지 합쳐 几(궤)자 모양의 집칸'이라고 한자어를 동원하기도 했다.[48] 도시한옥이 즐비했던 원남동을 기억하는 이는 "우리 집은 한길에 위치해 있으면서 행랑채와 사랑채, 안채와 뒤채로 이루어진 전형적인 한옥"이었다고 묘사하기도 한다.[49]

　　　세 번째는 도시한옥 전체를 일별할 때 발견되는 기술, 의장 요소를 구체적으로 다루면서 공간적 깊이에 주목하는 경우다. 즉, 홍예문, 솟을대문, 대문, 중문 등 도시한옥에 들어서면서부터 맞닥뜨리는 공간의 구성 요소를 묘사하거나 가까이 다가서야 구체적으로 보이는 대들보나 서까래, 섬돌, 청마루 등을 언급하는 것이 통상이다. '서까래가 내려앉은 집은 구들장이 놓인 한옥'[50]이라거나 '둥근 대들보와 휘어진 서까래가 아름다운 조화'[51]를 이룬다는 등의 감상이나 감흥이 빠지지 않는다. 물론 도시한옥이 지어질 당시부터 원거리에서 인식할 수 있는 먹기와 따위를 언급한 경우도 있다.[52] 각 채를 이루는 요소의 진정성에 주목하는 이 같은 시선에서 더욱 의미 있게 포착해야 할 것은 각종 의장 요소를 있는 그대로 그림으로써 도시한옥의 시각적 아름다움을 전한다는 점이다.

　　　그러나 현대주택으로 계승된 도시한옥의 가장 중요한 유전적 형질은 일상 생활공간의 확장을 위한 마당과 뜰이라고 할 수 있다. 문학작품 속에서 도시한옥은 '조붓한 화단에 장미가 피어나던 집',[53] '꽃담이 아름다운 한옥에서 사랑채에는 서재를 만들고 마당에 파초를 심어 빗소리를 듣던 집'[54]으로 기억된다. 박태원의 아들 일영이 오래전 자신이 살았던 도시한옥의 특징 가운데 하나로 기억한

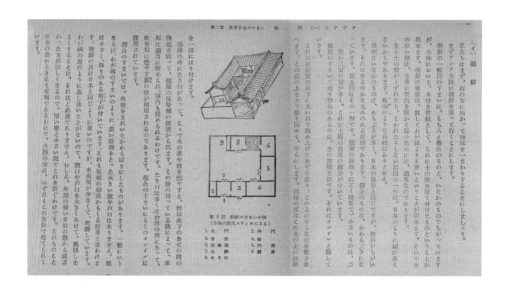

第二章　世界各地のすまい　30　　29　（一）　アジア

〈イ〉　朝鮮

私たちはまず、西の方に向かって地球を一まわりすることにしましょう。まずアジア大陸に朝鮮を通って行くことにします。

朝鮮の一般民のすまいは、もちろん都会のものと、いなかのものとちがいますが、大体、木材骨組として、これに土の壁を貼り付けたものというようなことが出来ます。朝鮮の家族は、廊下わけが廊下よりも寒いということが出来ます。それで土の厚い壁は、冬季に室内を暖かく保つために、適当なのであります。なお土の壁はくずれたり、とれたりしない以上、日本のように雨が多くないからであります。権鮮のような長雨はありません。

朝鮮のすまいで多く、日本の農家と同じで、勾配がちがいます。それはゆるやかな丸みのある屋根であります。都会のものは、かわらのようになっています。第五図はその一例です。農家の詳取は甚だ簡単で、小さいものは、朝鮮のすまいで一番特徴のあるのは、冬の設備方法です。

これは俗に居居室の床面に丸い石で積み上げたあぜを貼り、この上に土でその上に小さな石を敷き並べ、この石の上を土で塗り固めて、かためます。この上に小さな石金敷き並べ、部屋の床はこの土の上に油紙を貼ってあります。この石の上で物を焚き、その熱を利用するのです。それはオンドルと称しています。

を一面にはり付けます。

部屋の外にたらロがあって、こゝで木の葉や枝を燃やすと、燃えは床下の高さの間の煙道を過って、部屋の反対側の煙突から出ます。この煙の持っている熱によって、床面は過当に暖められるわけです。都会のすまいは多くは台所の所が一番高くなっています。朝鮮のすまいでは、外壁をきれいにかわらばりにしたものがあります。

ならば、わが国のすまいのように、廣い縁側をとった大きい窓や戸口はありません。窓は小さく、飾りのある格子が付いているのですが、木魚気が少ないことは、わが国の夏のように蒸し暑いことがないので、風通しよくすることは、それほど必要でありません。むしろ、外部の強い日射の熱から遮った方が涼しくなるので、厚い壁と小さい窓、これを防じのです。これらのと炊事用に燃やす話の焜が利用されるのであります。都会のすまいはこの上にオンドルは採用されています。

第5図　朝鮮のすまいの例
《今和次郎氏スケッチによる》
1. 大門　4. 車庫　7. 夫夫房
2. 內庭　5. 廊房　8. 穀房
3. 倉　6. 客間　9. 厨房

↑ 콘 와지로의 스케치가 포함된 도시한옥에 대한 일본인의 인상
출처: 기무라 고이치로, 『주거 이야기』(木村幸一郎, 『すまいの話』, 1948)

'섬돌 아래 너른 마당과 앵두나무가 있던 화단'이 바로 그것이다. 흔히 개방적 공간감 혹은 땅과 접하는 속성이라는 뜻에서 접지성(接地性)으로 불리는 이러한 특징은 '마당의 대체공간으로서의 아파트 발코니 혹은 거실'과 같은 아파트의 공간 해석에 중요한 실마리를 제공한다.[55]

한국 공동주택의 단위계획(unit)은 일견 서구적 주거 형식의 특징을 보이면서도 거실을 중심으로 한 개방적 공간이라는 독특한 구성 방식을 일종의 규범으로 지속하고 있는데, 이러한 특유의 공간 구성은 전래의 주거 양식과 외래의 그것 사이에서 상당 기간 갈등과 변용을 거치면서 정착된 것이다. 계획 규범이 성립하는 데에 직접적인 영향을 미친 것으로는 ①1930년대 전후로 집장사들에 의해 도시지역에 건설된 도시한옥, ②1941년 작성된 조선주택영단 표준설계에 의한 주택, ③1950년대 중반 이후 대한주택영단에 의해 건설된 외인주택 등을 들 수 있다.[56] 도시한옥은 지금까지 이어지는 한국인의 집에서 일종의 시작점인 것이다.

즉, 사택과 관사 등이 일제에 의해 전국에 집중적으로 공급되고, 다른 한편으로 서구 양식에 주목한 문화주택이 호사가들에게 각광을 받던 와중에, 재래식 생활의 불편을 해소하면서도 조선인 특유의 기거 방식을 수용하는 도시한옥이 등장해 나름의 경쟁 구도를 유지했다는 점을 주목해야 한다. 또 1941년 이후 조선주택영단의 표준주택이 철저하게 일본식 주택의 공간 구성 방식을 택해 일본인과 조선인 모두에게 공급되는 상황에서 이들 주택과는 커다란 차이를 갖는 재래적 공간 구성 방식으로 시장에서 그 명맥을 유지했다는 점 역시 도시한옥이 지닌 역할로 재평가되어야 한다. 나아가 도시한옥의 번성기 즈음에 '일제의 북진에 도시한옥이 밀집한 북촌이 맞섰다는 사실'도 기억해야 한다.[57]

↓ 1940년대 초 부평 산곡동에
조선주택영단이 공급한 한옥풍 영단주택
출처: 서울역사박물관,
『콘 와지로 필드노트』(2016)

↓ 해방 이후 '선양절충형'
영단주택공급 관련 기사
출처: 『중앙신문』 1946.2.11.

↓↓ 서울 북촌 일대의
도시한옥과 소규모 필지의 정합(2016)
출처: 서울특별시 항공사진서비스

↓ 일제강점기 도시한옥을 짓던
각급 공무소는 해방 직후
미군정의 발주 건축청부 수주
출처: 『수산경제신문』 1946.8.8.

↓↓ 서울시 성북구 동소문동4가
도시한옥 밀집지역의 엑소노메트릭
ⓒ김영수

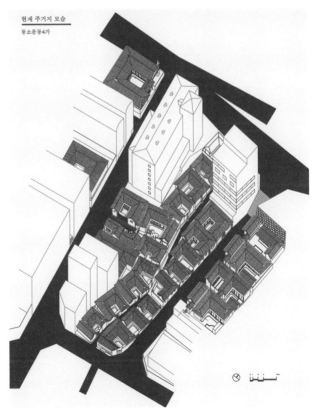

현재 주거지 모습
동소문동4가

발코니와 응접실, 서재 등의 서구적 공간 요소를 적극 수용한 문화주택과도 다르고, 속복도를 둔 일식 주택과 전혀 다르게 마당과 대청을 중심으로 각 실들을 두르는 전통적인 공간 구성을 택한 도시한옥은 중산층 이하의 서민 대중의 수요에 응한 유형이란 점에서도 중요한 의의가 있다. 사택과 문화주택이 겨냥한 관료, 전문직 종사자, 일부 조선인 호사가 등과 같은 상류층을 염두에 둔 것이 아니었다.

도시한옥의 유전적 형질은 십수 년 뒤까지 계승되어, 한국전쟁 이후 토지구획정리사업지구와 새로이 조성된 공공주택용지에 지어진 부흥주택, 희망주택, 재건주택, 국민주택에 스며들었다.

주

1　박일영, 『소설가 구보 씨의 일생』, 홍정선 감수(문학과지성사, 2016), 113~119쪽.

2　"당시 토지구획정리사업이 시작될 때까지의 절차를 간략하게 정리하면, 구획정리는 원래 구역 내 지주들이 자율적으로 하는 것이 원칙이었으나, 「조선시가지계획령」은 구역 내 지주 전원의 합의가 없으면 '국가'가 구획정리를 하도록 규정했다. 따라서 구획정리사업의 행정절차는 먼저 해당 지방 행정청이 구획정리(대상)지구의 사업시행 인가신청 기한 지정을 총독부에 신청하면, 총독부는 구역 내 토지 소유자에게 언제까지 구획정리 인가신청을 하라는 통지를 내린다. 이어서 구역 내 지주 전원이 합의하여 지정된 일자까지 사업시행 인가신청을 하지 않으면(당연히 인가신청은 없다) 총독부는 지방 행정청에 공사완료 일자를 정해서 공사시행 명령을 내린다. 그러면 행정청은 지방의회를 소집하여 사업계획을 상정하고, 지방의회를 거친 사업계획을 총독부에 상신한다. 마지막으로 총독부가 사업계획을 승인하면 구획정리사업은 비로소 개시된다. 사업이 시작되면 행정청은 공사 설계를 하여 실시계획을 수립하고 이를 총독부가 승인하면 실제 공사가 시작된다." 염복규, 『서울의 기원 경성의 탄생』(이데아, 2016), 193쪽.

3　같은 책, 192~216쪽에는 일제강점기 경성부의 부유지(府有地)와 토지구획정리사업지구에 대한 설명이 지구별로 실려 있다.

4　전통건축에서 습기나 빗물 등이 집으로 스미는 것을 방지하기 위해 기단을 쌓을 때 장대석을 길이 방향으로 이어 한 단만 놓으면 외벌대(이럴 경우 계단은 통상 설치하지 않는다)라 하고, 장대석을 두 단으로 해 계단을 두는 경우를 두벌대라 부른다. 이렇게 만든 터 위에 다시 댓돌 등을 두어 대청으로 오르는 데 불편이 없도록 했다.

5　박일영, 『소설가 구보 씨의 일생』, 119쪽 요약.

6　"[1920~1930년대] 서류상 존재가 확인된 근대적 디벨로퍼는 정세권의 건양사(建陽社), 김동수의 공영사(公營社), 마종유의 마공무소(馬工務所), 오영섭의 오공무소(吳工務所), 이민구의 조선공영(朝鮮工營)주식회사, 김종량, 정희찬 등이 있다. 또 1935년 경성 숭인동 171번지에서 토목청부업(건설업)을 한 진한득이 있다." 김경민, 『건축왕, 경성을 만들다』(이마, 2017), 44~45쪽; "1940년대에는 장지환의 신주택사, 박흥식 소유의 경인기업주식회사, 이승병과 조흥호의 신흥건축사 등이 있었다. 당시 한 업체가 동일한 형태의 200호 또는 500호를 개발해 마을 이름이 '2백호동' 혹은 '5백호동'으로 불리기 시작했다고 한다." 김란기, 『한국 근대화 과정의 건축제도와 장인활동에 관한 연구』(홍익대학교 박사학위논문, 1989), 7쪽.

7　염복규, 「식민지 도시계획과 '교외'의 형성」, 『역사문화연구』 제46집(2013), 57쪽.

8　권은, 『경성 모더니즘: 식민지 도시 경성과 박태원 문학』(일조각, 2018), 263쪽.

9　박일영, 『소설가 구보 씨의 일생』, 119~120쪽 내용 요약. 맞춤법에 따라 일부를 고쳐

인용했다.

10   김경민은 "조선계 근대적 디벨로퍼들이 조선인을 위해 집단적으로 공급한 한옥은
      기존의 한옥과 전혀 다른 형태였다. 이 한옥들은 과거와 달리 아주 작은 규모였고, 한
      채씩 지어진 것이 아니라 대단지로 개발되었다. 우리가 현재 삼청동, 가회동, 익선동에서
      볼 수 있는 근대적 한옥집단지구가 탄생한 것"(『건축왕, 경성을 만들다』, 47쪽)이라며
      도시한옥을 '근대적 한옥'으로 해석했다.

11   모던일본사, 『일본잡지 모던일본과 조선 1939』, 윤소영 외 옮김(어문학사,
      2007), 384쪽. 이 인용문은 1930년 10월 일본의 문예춘추사가 창간한 월간잡지
      『모던일본』(モダン日本)의 1939년 11월호에 당시 잡지기획팀이 조선이나 일본에
      거주하는 유명인사들에게 엽서를 보내 '조선과 나'를 주제로 글을 다시 보내라 청한
      내용을 「엽서회담 조선과 나」라는 제목으로 정리해 게재한 내용 가운데 하나로 모리야
      가쓰미(森谷克巳)라는 사람의 회신 내용 일부다.

12   유광열, 「대경성의 점경-2」, 『사해공론』 제1권 제6호(1935).

13   송인호, 『도시형한옥의 유형 연구』(서울대학교 박사학위논문, 1990), 3쪽.

14   송인호, 「도시한옥」, 『한국건축 개념사전』(동녘, 2013), 297쪽.

15   임창복에 따르면, 구한말 한반도에 들어온 서양인들은 우리 정부에 고용된 뒤 지정받은
      한옥에서 거주하거나 서양인 집에서 하숙을 했는데 그렇지 못한 외국인들은 한옥을
      구입해 자신들의 습관과 용도에 맞게 개조하여 거주하기도 했다. 이처럼 전통한옥의
      기능을 서구식으로 고쳤다는 의미에서 개량한옥이라는 표현을 사용했다(『한국의
      주택, 그 유형과 변천사』[돌베개, 2011], 129~131쪽 참조). 그는 또한 "서울에서는
      1930년대부터 주택개발업자들이 개발한 한옥을 일반적으로 '개량한옥'이라
      불렀다"(같은 책, 214쪽)고 적고 있다. 실제로 1929년 9월 건양사를 설립해 도시한옥을
      본격 공급했던 정세권은 1929년 홍문사에서 출간한 『경성편람』의 「건축계로 본
      경성」에서 이르길 "근래의 경향은 일반(인들)이 개량을 요구하는 모양입니다만,
      개량이라면 별것이 아니라 종래 작았던 정원을 좀 더 넓게 하여 양기가 바로 투입하고
      공기가 잘 유통하여 한열건습의 관계 등을 잘 조절함에 있습니다. … 활동에 편리하며,
      건축비, 유지비와 생활비 등의 절약에 유의함이 본사의 사명"(김경민, 『건축왕, 경성을
      만들다』, 68쪽 재인용)이라고 해 '개량'이라는 용어를 비교적 적극 수용하는 태도를 보인
      바 있다.

16   김태영, 『한국근대 도시주택』(기문당, 2003), 231쪽.

17   전봉희·권영찬, 『한옥과 한국주택의 역사』(동녘, 2012), 164쪽.

18   공동주택연구회, 『한국 공동주택계획의 역사』(세진사, 1999), 334쪽. 한국의 공동주택
      계획규범의 핵심이 개방적 공간감의 확보와 거실 중심형 공간 구성이었으며, 일반
      대중의 재래적 주거문화가 근대적 도시라는 새로운 환경에 자생적으로 대응하는
      과정에서 등장한 도시한옥의 마당이 이들 계획규범의 실질적 토대였다고 설명한다.

19   얇은 철판의 안팎에 주석을 입힌 것으로 주로 통조림통이나 석유통 따위를 만드는 데

쓰인다.

20   이경아, 「정세권의 중당식 한옥에 관한 연구」, 『대한건축학회 추계학술발표대회
       논문집』 제3권 제2호(대한건축학회, 2015), 166쪽.

21   춘원 이광수는 홍지산장(弘智山莊)으로 불렸던 자신의 12칸 반짜리 집과 관련해 건양사
       정세권 대표와의 일화를 소개한 바 있다. 정세권에 대한 인물평으로 손색이 없으므로
       조금 길지만 인용한다. "내가 이 집을 짓는 데 감사하지 않으면 안 될 분이 한 분 계시니
       그는 장산사주(獎産社主) 정세권 씨다. 도무지 세상을 모르는 내가 청부업자에게
       속는다, 세월은 가도 집은 안 된다 하는 것을 내 아내로부터 들으시고 그는 자진하여 내
       집 역사를 맡으셨다. 그는 건양사주로 다년 가옥건축에 경험을 가진 전문가요, 또 수하에
       노련한 장색을 많이 둔 이라 그에게 역사를 일임한 뒤에는 나는 모든 시름을 놓고 매일
       역사를 구경이나 하고 있었다. 설계의 일부와 물역소수(物役所需)도 선택을 전혀 그에게
       일임하였다. 내 집이 이만큼 된 데는 정세권 씨의 공로가 가장 크다. 나는 씨의 소유인
       가회동 가옥을 전세로 빌어서 3, 4개월 살았지만 씨가 어떠한 인물인지 잘 몰랐다. 다만
       가끔 그가 두루마기를 입고 의복도 다 조선산으로 지어 입고 다니는 것과 머리를 바짝
       깎고, 좀 검고 뚱뚱한 영남사투리를 쓰고 말이 적은 사람인 것만 보았었다. 나중에 알고
       보매 그는 조선을 사랑하는 마음이 극히 깊어서 조선물산장려를 몸소 실행할뿐더러
       장산사라는 조선물산을 판매하는 상점을 탑골공원 뒤에 두고 조선산 의복차, 양복차를
       장려하고 『실생활』이라는 잡지를 발행하여 조선물산장려를 선전하는 이인 줄을 알았다.
       또 그는 보통 집장사로 청부업을 하는 것이 아니라 조선식 가옥의 개량을 위하여 항상
       연구하여 이익보다도 이 점에 더 힘을 쓰는 희한한 사람인 줄도 알았다. 쌍창(雙窓)은
       용자(用字)보다 완자(完字)가 좋다는 것이나 덧문은 재래의 배미리 지창(紙窓)보다
       용자유리창(用字琉璃窓)이 합리라는 것이다. 머름보다도 합중방이 실용으로나 청결로나
       합리라는 것이다. 기타 설계에서 변소, 마루, 토역재료 등 내가 안 것만 하여도 정 씨의
       개량한 점이 실로 적지 아니하다. 미닫이 밑에 굳은 목재를 붙이는 것도 아마 씨의
       창의라고 믿는다. 보통 집장사의 집이 겉치레란 하고 눈에 안 띄는 곳을 날리는 것은
       공연한 비밀이지만 내가 몸소 들어본 경험으로 보건댄 정 씨가 지은 집은 재목, 기와는
       물론이거니와 도배, 장판까지도 꼭 제집과 같이 세 벌, 네 벌로 하고 토역·석축도 완전을
       기하여 표리가 다 진실하게 하였다. 이것은 그의 참되고 성실한 인격의 반영일 것이다."
       춘원, 「성조기」(成造記), 『삼천리』 제8권 제1호(1936), 242쪽.

22   「나는 어떻게 성공하였나 ⑤ 집값 폭락시대의 무시무시한 그때를 말하는 건양사주
       정세권」, 『매일신보』, 1936년 5월 21일자.

23   정세권의 가회동 주택지에는 행정관료, 회사 사장, 은행원, 변호사, 무용가 등이
       거주했던 것으로 알려지며, 대부분 해외유학을 했거나 고등교육을 받은 중상류
       계층이었다. 이경아, 『경성의 주택지』(도서출판 집, 2019), 39쪽 참조.

24   송인호, 「도시한옥」, 298쪽.

25   건양사가 매입해 도시한옥지구로 개발한 창신동 651번지는 거부 조병택의 대저택을
       매입해 분할 개발한 경우다.

26 용두지구는 1940년 1월 실시계획이 인가되어 1941년 9월 1일 공사 착공한(준공 기한은 1944년 3월 31일) 경성의 제2기 토지구획정리사업지역으로 전농정(典農町, 현 전농동), 용두정(龍頭町, 현 용두동), 마장정(馬場町, 현 마장동), 하왕십리정(下往十里町, 현 하왕십리동), 행당정(춤堂町, 현 행당동), 신설정(新設町, 현 신설동) 등의 일부를 포함해 총면적이 41만 3천 평에 달했다.

27 대표적인 사례로 1939년 토지구획정리사업이 실시된 돈암지구를 꼽을 수 있다.

28 정세권, 「폭등하는 토지, 건물 시세」, 『삼천리』 제7권 제10호(1935), 39~40, 101쪽. 이 기사는 4명이 각각 집필해 「천재일우인 전쟁호경기래(來)!, 어떻게 하면 이판에 돈 벌까」로 게재됐다.

29 같은 글, 39쪽 일부를 맞춤법에 따라 수정하여 재정리했다.

30 같은 글, 40쪽 일부를 맞춤법에 따라 수정하여 재정리했다.

31 같은 글, 101쪽 일부를 맞춤법에 따라 수정하여 재정리했다.

32 1939년 당시 건축업은 사업 확장과 개업이 「자금조정법」(資金調整法) 때문에 불가능했는데, 조선공영주식회사는 예외적으로 허용돼 설립인가를 받았다. 『동아일보』 1939년 8월 30일자 기사 「불허가되던 건축업, 자조법 인가를 결정」은 이를 '총독부의 방침 전환'으로 봤다. 중일전쟁이 격화되면서 건설 자재 품귀와 주택 가격 앙등이 심해지며 민간건설업이 위축돼 주택문제가 심각해지자 총독부가 입장을 선회한 것으로 판단된다. 이후 창립한 조선공영주식회사는 매년 300호의 조선가옥을 건축하겠다고 발표했다.

33 「각 부(府)의 새해 설계: 돈암정토지구획」, 『동아일보』 1939년 1월 7일자.

34 이태준, 「복덕방」, 『무진기행: 한국 현대문학 100년, 단편소설 베스트 20』(가람기획, 2002), 93쪽. 「복덕방」은 1937년 『조광』에 발표한 단편소설이다.

35 김경민은 "정세권은 1920년 회사령이 폐지되자마자 우리나라 최초의 부동산 개발회사인 '건양사'를 설립해 근대식 한옥집단지구를 경성 곳곳에 건설한다. 이는 포디즘에 기초한 미국 대형 개발회사들의 대규모 개발과 궤를 같이할 정도로 도시개발사적 의미가 있는 것"(『건축왕, 경성을 만들다』, 194쪽)이라 했다.

36 모던일본사, 「조선의 집들」, 『일본잡지 모던일본과 조선 1939』, 48쪽.

37 김경민은 저서 『건축왕, 경성을 만들다』(194~199쪽)에서 '정세권은 우리나라 최초의 부동산 개발회사를 설립, 운영한 근대적 디벨로퍼로서 그의 주택개발은 조선물산을 장려한 것이었으며, 일본인 거주지역이 남촌을 넘어 북촌으로 확장하는 시도를 막을 수 있었다. 그의 업적은 부동산 개발 분야에 한정되지 않으며, 조선어학회 활동 등으로 인해 그는 대사업가이면서도 독립운동가이고 출판인이며 사회운동가였다'고 평가했다. 이와 함께 고인이 된 정세권의 둘째 딸 정정식이 '집장사로 매도되었던 점과 조선물산장려회의 황금기를 이끌던 부분이 외면받는 현실을 안타까워했다'고 회고한다.

38 어효선, 『내가 자란 서울』(대원사, 1990), 144~145쪽.

39   삼화원주택분양사무소, 「삼화원 주택지 분양도」(1936.1.26.), 한국토지주택공사 토지주택박물관 소장. 삼화원주택지는 원래 국유지였는데 정희찬이라는 인물이 관공서와의 친분에 기대 평당 1원이라는 헐값으로 9,000평을 불하받은 뒤 바위산은 다이너마이트로 폭파해 석재는 따로 팔고, 그 자리에 수백 호의 주택을 지어 이익을 챙기고자 도모했으나, 인근 주민들이 채석 반대 의견을 신문에 내 호소하고 각급 기관에 진정을 하는 바람에 일이 어그러졌다. 그런데 후일 그의 아들 정대규가 회사를 물려받고 본격적으로 주택지를 조성했다. 삼화원 주택지에 대한 자세한 내용은 이경아, 『경성의 주택지』, 109~115쪽 참조.

40   「삼화원 주택지 분양도」에 적힌 안내의 원래 뜻을 훼손하지 않는 범위에서 한자를 풀이하고 맞춤법에 따라 고쳐 재정리했으며, 붉은색으로 쓴 부분은 강조해서 옮겼다. 「삼화원 주택지 분양도」에는 1936년의 24절기와 경부선, 경의선, 경인선의 출발 시각과 도착 시각이 적혀 있어 벽에 붙여두고 늘 봐도 될 정보지처럼 만들어졌다.

41   이 부분은 박철수, 「문학지리학적 관점에서 본 북촌 도시한옥의 물리적 정체성에 관한 연구」, 『한국주거학회논문집』 제19권 제2호(한국주거학회, 2008), 115~124쪽 내용을 보완하고 축약한 것임.

42   김연수, 「쉽게 끝나지 않을 것 같은, 농담」, 『나는 유령작가입니다』(창비, 2005), 23쪽.

43   박완서, 「그 남자네 집」, 『친절한 복희씨』(문학과지성사, 2007), 51~52쪽.

44   송인호, 『도시형한옥의 유형 연구』, 150~155, 160쪽.

45   박범신, 『외등』(도서출판 이룸, 2001), 26쪽의 묘사는 다음과 같다. "아, 가회동집, 그리고 목련. 어머니를 따라가 살게 된 가회동집은 한옥으로서 굳이 말하자면 튼 ㅁ자형이었다. 대문을 열면 좌우에 사랑방과 창고가 들여져 있었고, 곧 뜰로 이어졌다. 곱은자형의 안채에는 안방과 윗방이 있었으며, 대청을 사이에 두고 건넌방이 있었다. 뜰은 나무들이 울창했다."

46   전경린, 「천사는 여기 머문다」, 『2007 제31회 이상문학상 작품집』(문학사상사, 2007), 17~18쪽.

47   박완서, 「그 남자네 집」, 51~52쪽.

48   김진규, 「달을 먹다」, 『달을 먹다』(문학동네, 2007), 165쪽.

49   이세기, 「벚꽃 날리던 구름다리길」, 『서울을 품은 사람들 1』(문학의 집, 2006), 237쪽.

50   서성란, 『특별한 손님』(실천문학사, 2006), 62쪽.

51   이정림, 「사직동 그 집」, 『서울을 품은 사람들 1』(문학의 집, 2006), 142쪽.

52   안창남, 「공중에서 본 경성과 인천」, 『개벽』 제31호(1923).

53   송은일, 「딸꾹질」, 『딸꾹질』(문이당, 2006), 148쪽.

54   이정림, 「사직동 그 집」, 『서울을 품은 사람들 1』, 142쪽.

55   최재필, 「우리나라 근대주거의 변화」, 『주거론』(대한건축학회, 1997), 157~186쪽 참조.

56   공동주택연구회, 『한국 공동주택계획의 역사』, 333~334쪽.

57   「일본인의 북진과 부(府) 정책도 북촌 주력」, 『조선일보』, 1928년 11월 28일자.

6 영단주택

1941

조선주택영단의
탄생

1940년 2월 29일 조선총독부 주택대책위원회에서 다음과 같은 의결이 이루어진다. 총독부 내무국 원안 내용을 50여 명으로 구성된 주택대책위원회가 그대로 수용해 이루어진 것이었다.

> 시국 관계로 건축용 자재 획득이 매우 어렵고, 이에 따라 건축비가 오를 수밖에 없어서 주요 도시의 주택공급은 더욱 감소되고 그로 인한 심각한 주택난은 대륙전진 병참기지인 조선의 인적 자원 유지·함양에 지장을 초래한다. 뿐만 아니라 군수산업, 생산력 확충 계획산업, 기타 중요산업 수행에 필수적인 기술자, 노동자, 기타 종업원 등 노무자에 대한 주택공급을 원활하게 하지 못해 산업의 확장·발전을 저해하는 일이 많으므로 신속히 주택공급의 방도를 강구해야 할 것이다. 그러므로 물자 통제계획을 고려하여 ①주택공급 장려, ②주택 건설 조성, ③시급한 경우를 제외하고는 건축자재 수급 상황 완화를 위해 건축 금지나 건축 제한을 실시한다.[1]

조선총독부가 주택정책이라 불릴 만한 내용을 궁리한 것은 1930년대 중반부터다. 1934년 「조선시가지계획령」(朝鮮市街地計畫令)을 공포하면서[2] 경성부 등 지방자치단체에서 부영주택(府營住宅) 건설에 속도가 붙었고, 경성의 확장과 더불어 문화주택지로 불리는 교외주택지가 민간건설업자에 의해 조성되기 시작했다. 또한 '각 지방행정은 토지구획정리사업뿐만 아니라 직접 택지 조성사업을 진행해 확보한 택지를 주택 건설 희망자들에게 공급했다. 하지만 이미 자금난에 자재난까지 겹친 상황이어서 건설업자든 일반 개인이든 실제로 지은 주택의 수는 급증하는 수요에 미치지 못했다.'[3] 게다가 중일전쟁이 격화되고 길어지면서 1939년 10월 칙령 제704호를 통해 「지대가임통제령」이 공포되고, 한반도에서도 「지대가임통제령 시행규칙」이 1939년 10월 16일 공포돼 27일부터 시행됐다. 이에 따라 지주나 주택 소유자는 1938년 12월 말일 기준의 임대료를 넘길 수 없었고, 인상한 경우 즉시 인하해야 했다.

이러한 조치를 관리·지원한다는 명목으로 1939년 7월 12일 조선총독부에 주택대책위원회가 설치되어 주택문제가 좀 더 본격적으로 다뤄지기 시작했다. 그 결과 앞서 인용한 것처럼 주택난 완화 대책이 의결되었고, 이로부터 1년 쯤 뒤에 조선주택영단이 설치되었다.[4] 총독부가 별도의 제령[5]을 통해 서민과 노동자를 위한 공공주택을 공급할 배타적이고 독점적인 기관을 만든 것이다.

조선주택영단은 일제 강점기인 1941년 6월 14일에 제정된 조선총독부 제령 제23호 「조선주택영단령」(이하 영단령)에 의해 같은 해 7월 1일 '노무자 기타 서민의 주택공급을 위해 설립된 법인'이다.[6] 「영단령」 제7조는 '조선주택영단이 아닌 자는 주택영단이라는 명칭을 사용할 수 없다'고 규정함으로써 일제강점기 조선주택영단의 공공주택공급기관으로서의 절대성과 독점성을 법적으로 보장했다. 이 밖에도 조선주택영단에 여러 특전이 부여되었다. 주택공급이 필요할 경우에는 「토지수용령」에 따라 토지를 수용할 수 있는 권리와 함께 영업세, 등록세, 인지세, 부동산소득세 등이 면제됐다. 대단히 강력한 법적 지원을 받는 주택공급 전문기관이었던 것이다.[7] 한반도에 조선주택영단이 설립된 시점보다 두 달 앞선 1941년 5월 일본에서 일본주택영단이 먼저 만들어졌다. 조선주택영단은 일본주택영단[8]을 고스란히 본떠 만들어진 조직이었다.

　　　　조선주택영단 설립 즈음, 경성부 제1토지구획정리로 사업이 마무리된 영등포지구와 돈암지구를 비롯해 제2토지구획정리가 종료되었고(대현지구), 한남, 번대, 용두, 사근, 청량리, 신당, 공덕지구 등이 속속 토지구획정리사업을 마무리하여 분양을 개시했거나 실시계획 인가를 받았다.[9] 조선주택영단 설립 등기를 마치기도 전인 1941년 6월 10일부터 토지구획정리사업에서 일단의 주택지 경영사업으로 사업 방식이 바뀐 경성 부유지 3곳(신촌, 상도, 금호지구)과 함께 영등포, 돈암, 한남, 번대, 대현, 용두, 사근지구에 대한 주택 및 택지 분양이 시작됐다. 공식적으로 영단이 사옥을 광화문통(光化門通, 현 세종로) 84번지 조선총독부 전매국 4층에서 신축 건물을 새로 매입해 이전하기도 전이었지만, 분양 광고 하단에는 조선주택영단이 곧 이사 갈 주소 경성부 장곡천정(長谷川町, 현 소공동) 45번지가 명기됐다. 이렇게 택지와 주택 분양을 서두른 것은 당시 주택난이 매우 심각해 총독부는 어떻게든 여기에 대처하지 않을 수 없었기 때문이다.[10]

　　　　해방 이후 조선주택영단은 어떻게 되었을까. 1945년 8월 15일 해방과 더불어 한반도는 남북으로 갈려 각각 군정이 실시됐다. 조선주택영단은 미군정청 학무국 사회과로 편입되었다가 경기도 적산관리처로 소속이 바뀌는 등 우여곡절을 겪다가 1962년 7월 1일 대한주택공사로 모습을 바꿨다. 5·16 군사정변이 일어난 지 보름 뒤 설립된 대한주택공사의 초대 총장은 육군사관학교 8기생이며 군사

↓ 해방 이전인 1943년 7월 1일 기준 영단주택 건설지 분포도
(나진, 청진, 성진, 신의주, 함흥, 평양, 진남포, 원산, 사리원,
평강, 경성, 인천, 수원, 대전, 군산, 대구, 부산)
출처: 조선주택영단,『조선주택영단의 개요』(朝鮮住宅營團,『朝鮮住宅營團の槪要』, 1943)

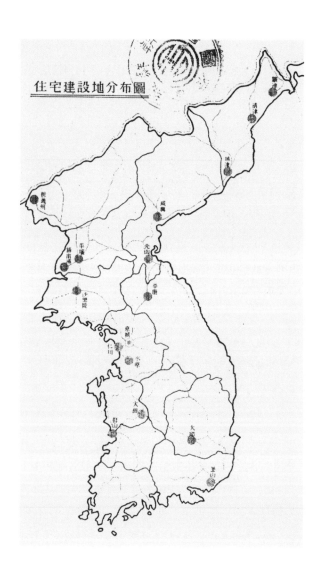

↓ 광화문통 84번지 조선총독부 전매국 4층에
설립 등기한 뒤 9월 27일 신축 건물을 매입해 옮긴
조선주택영단 위치,「경성정밀지도」(京城精密地圖, 1933)
출처: 서울역사박물관

↓↓ 조선주택영단과 경성부토지상담소가
공동으로 게재한 주택지 분양 광고
출처: 경성부,『경성휘보』
(京城府,『京城彙報』, 1941.8.)

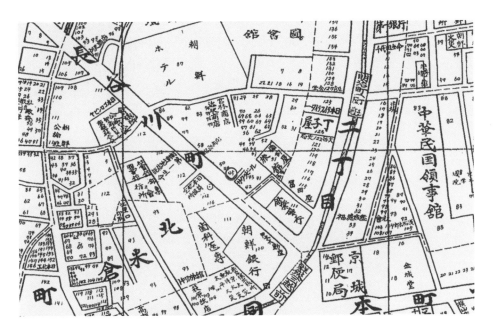

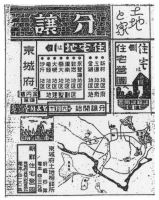

↑↑ 1937~1945년 경성부
시가지계획 구획정리 총괄도
출처: 서울특별시, 『서울 토지구획정리 연혁』(1991)

↑ 넓은 의미에서 '영단주택'으로 부를 수 있는
부산의 운크라(UNKRA)주택(1954.1.1.)
출처: 유엔기록관리본부(UN archive)

정변의 대구 지역 핵심 인물 가운데 한 명인 현역 대령 장동운(張東雲)이었다. 1962년 7월 1일 '영단'을 '공사'로 대체한 뒤 잠깐 동안 이 사장을 두었지만 이는 명목상의 우두머리에 불과했고, 실권은 총재에게 주어졌다.[11] 그는 7월 2일 국민회당(현재의 서울특별시의회)에서 열린 창립 기념식에서 '영단'에서 '공사'로 바뀌게 된 배경을 '일제강점기 식민지정책에서 비롯된 주택영단은 본래의 사명을 다하지 못한 반신불수의 길을 걸었을 뿐만 아니라 이승만, 장면 정권에서는 그 난맥상이 이루 말할 수 없을 정도여서 국민들의 주택문제 해결에 어떤 도움도 주지 못'한 것으로 설명하며, 새로 출범한 '공사'만이 유일한 공공주택공급기관이라고 역설했다.[12] 대한주택공사가 한국주택사에 남긴 족적에 대해서는 뒤에서 더 자세히 논의한다.

영단주택
=기설주택 ⊆ 공영주택

조선총독부가 관장하던 일제강점기의 조선주택영단 시기(1941~1945년)와 해방 이후 대한주택공사로 변모하기까지(1946~1961년) '조선주택영단'이나 '대한주택영단'의 이름으로 건설, 공급, 관리되었던 주택을 모두 영단주택이라고 할 수 있다.[13] 부흥주택, 재건주택, 상가주택, 희망주택, 국민주택 등과 같이 '영단'이라는 법인명 아래 공급한 모든 주택은 '영단주택' 범주에 든다.

같은 대상을 칭하지만 다른 이름을 쓰기도 한다. 『대한주택공사 20년사』에는 '해방 전에 조선주택영단이 지은 집을 기설(旣設)주택 내지는 기존(旣存)주택'이라 칭했다고 씌어 있으며,[14] 『서울육백년사』에는 '1955년부터 대한주택영단, 한국산업은행, 서울특별시 등 공공단체와 금융기관, 외원단체(外援團體) 등에서 주택을 지

↓ 한강외인아파트 준공식에 참석한
박정희 대통령(오른쪽에서 두번째)과
장동운(다섯 번째) 총재(1970.11.8.)
ⓒ장동운

↓↓ 「공영주택 건설 요강 제정의 건」에 담긴
공영주택의 정의와 각각의 건축 기준(1961.1.9.)
출처: 국가기록원

二、（用語의 定義）

1. 公營住宅

自家住宅을 常備收入者 또는 住宅常備地를居住코자하는 者를 謂하여 買貸하거나 또는 工賃事施設로 編함

住定吳 工賃事施設로 編함

가. 甲種公營住宅

都市에 建設하는 「아파-트」로서 賣買하는 住宅을 謂한다

「아파-트」라함은 三層以上 建物로서 金体를 世帶別 住居및 附帶施設로 使用하는 住宅을 말한다

나. 乙種公營住宅

都市周邊에 建設하는 連立住宅으로서 長期個別慣還으로 收護하는 住宅을 謂함

한다

「아파-트」로서 賣買하는 住宅을、謂

都市에 建設하는 「아파-트」로서 賣買하는 住宅을

가. 甲種公營住宅

「아파-트」라함은 三層以上 建物로서 金体를 世帶別 住居및 附帶施設로 使用하는 住宅을 말한다

나. 乙種公營住宅

都市周邊에 建設하는 連立住宅으로서 長期個別慣還으로 收護하는 住宅을 謂함

씨上이 居住하는 住宅을 말한다

連立住宅이라함은 二層 또는 單層의 建物로서 二世帶

(二) 住宅基準

連立住宅
世帶當建坪 九坪（A型）및 七坪（B型）으로한다

아파-트型
世帶當建坪 九坪（C型）및 七坪（D型）으로한다

482

어 공급하기 시작했는데 이렇게 지어진 주택들을 일괄하여 공영주택'[15]이라 불렀다고 적혀 있다. 조선이 붙든 대한이 붙든 주택영단이 지었으니 '영단주택'이라 하면 편할 텐데, 기설주택 또는 공영주택이란 이름이 등장한 까닭은 무엇일까? 일단, 『대한주택공사 20년사』의 시각은 기본적으로 해방 전 식민기관이었던 조선주택영단과 해방 후 대한주택영단이 지은 주택을 구분하는 데 있다. 그래서 조선주택영단이 지은 것은 '기왕 지어진 주택으로 이미 재고주택이라 할 만한 것'이란 뜻에서 '기설' 또는 '기존' 주택이라 칭한 것이다. 그에 비해 『서울육백년사』에 등장하는 '공영주택'은 해방 후 대한주택영단을 비롯해 주택공급에 참여한 공공기관들, 예컨대 서울특별시나 한국산업은행까지 포괄하는 용어다.

후에 '공영주택'은 좀 더 구체적인 행정 용어로 정착한다. 1961년 1월 보건사회부 장관이 국무회의에 부의한 안건에서 공영주택은 '무주택 서민 수입자 또는 불량주택지구 거주 영세자를 위하여 임대하거나 또는 특별히 장기 저리로 상환하도록 분양하는 주택 및 그 부대시설'[16]로 정의되었다. 또한 갑종(甲種)과 을종(乙種)으로 구분해 '갑종은 도시에 건설하는 3층 이상의 건물인 아파트로서, 임대하는 주택', '을종은 도시주변에 건설하는 2층 혹은 단층의 건축물인 연립주택으로 장기 저리 상환으로 분양하는 주택'으로 규정했다. 이때 아파트 세대당 건축면적은 9평(A형)과 7평(B형)이었고, 연립주택 건축면적 역시 세대당 9평(C형)과 7평(D형)이었다. 이 기준을 초기 대한주택공사의 상징과도 같은 마포아파트에 적용시켜보면, $C''+C'''$-Type 단위세대는 8.91평이었던, 아파트 A형이자 임대용으로 분류할 수 있다.

공영주택이 1964년 「공영주택법 시행령」[17]을 통해 법적 근거를 획득하면서 아파트(갑종)와 연립주택(을종) 구분은 사라졌

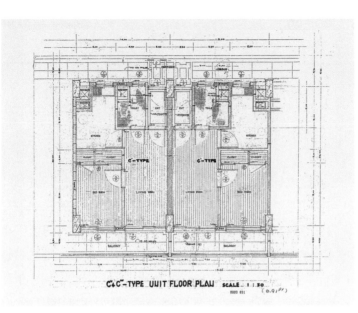

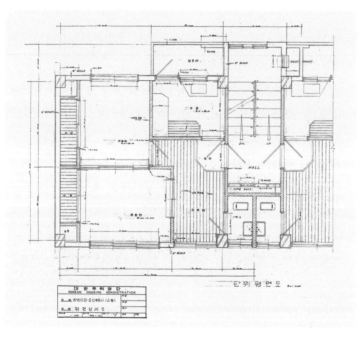

↑↑ 마포아파트 C-1형에 중
C″+C‴ 단위세대 평면도(1961.10.)
출처: 대한주택공사

↑ 대한주택영단 시기 작성된
공영아파트·A형 단위세대 평면도(1960.12.)
출처: 대한주택공사

다. 대신 공급 주체에 따라 제1종과 제2종으로 구분하고, 전자는 대한주택공사가 건설·공급하는 주택, 후자는 지방자치단체가 건설·공급하는 주택으로 정의된다.

　　　이를 토대로 영단주택, 기설(기존)주택, 공영주택의 용례를 다시 한번 정리하면 다음과 같다. 가장 협의의 영단주택은 일제강점기 조선주택영단이 건설·공급한 주택으로, 해방 이후엔 기설(기존)주택으로 불렸지만 실제론 같은 대상을 지칭한다. 좀 더 외연을 넓힐 경우, 조선주택영단과 대한주택영단 시기에 지어진 주택을 총칭한다. 다만, 대한주택영단 시기엔 공공주택공급의 일선에 있던 다른 공공기관도 포함하는 용어인 공영주택이 영단주택과 병용되었다. 이후 「공영주택법 시행령」이 제정되고서야 공영주택공급 주체를 대한주택공사와 지방자치단체로 정확히 나누어 각각 제1종과 제2종으로 구분했다.

　　　복잡한 사정에도 불구하고, '영단주택'이라 하면 대부분 일제강점기 조선주택영단이 공급한 주택으로 이해된다. 여기서는 조선주택영단 시절 공급된 주택을 자세히 살펴본 후, 대한주택영단이 이끈 사업 내용도 두루 살피고자 한다.

조선주택영단의
표준설계

일제강점기 경성부에서는 "1937년부터 토지구획정리사업을 실시하여 1941년까지 10개 지구 총면적 536만 평에 신시가지 개발을 추진하고 있었고, 조선주택영단은 그중 여러 곳에 주택단지를 조성하게 된다".[18] 조선주택영단은 최초 설립 이후 해방에 이르기까지 4년 동안 총 1만 2,814호의 주택을 건설했다. 대부분을 미리 정해진 표준설

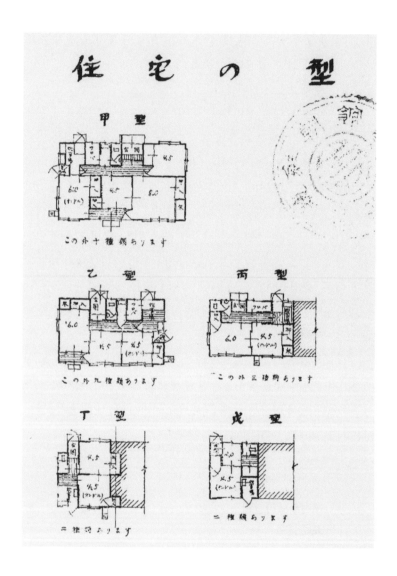

↑ 조선주택영단의 표준주택 기본 유형(5종)
출처: 조선주택영단, 『조선주택영단의 개요』(1943)

→ 조선주택영단 기본형 주택 유형 표준설계도
출처: 대한주택공사, 『대한주택공사 20년사』(1979)

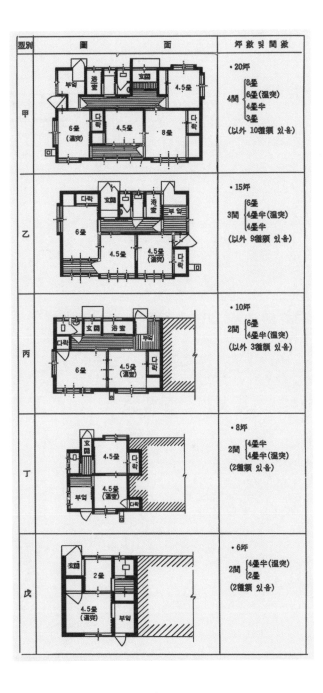

型別	圖　　面	坪數 및 間數
甲	부엌　浴室　玄關　4.5疊　6疊(温突)　다락　4.5疊　8疊　다락	・20坪　4間 {8疊 / 6疊(温突) / 4疊半 / 3疊　(以外 10種類 있음)
乙	다락　玄關　浴室　부엌　6疊　4.5疊　4.5疊(温突)　다락	・15坪　3間 {6疊 / 4疊半(温突) / 4疊半　(以外 9種類 있음)
丙	玄關　浴室　부엌　다락　6疊　4.5疊(温突)　다락	・10坪　2間 {6疊 / 4疊半(温突)　(以外 3種類 있음)
丁	玄關　4.5疊　다락　부엌　4.5疊(温突)　다락	・8坪　2間 {4疊半 / 4疊半(温突)　(2種類 있음)
戊	玄關　2疊　4.5疊(温突)　부엌	・6坪　2間 {4疊半(温突) / 2疊　(2種類 있음)

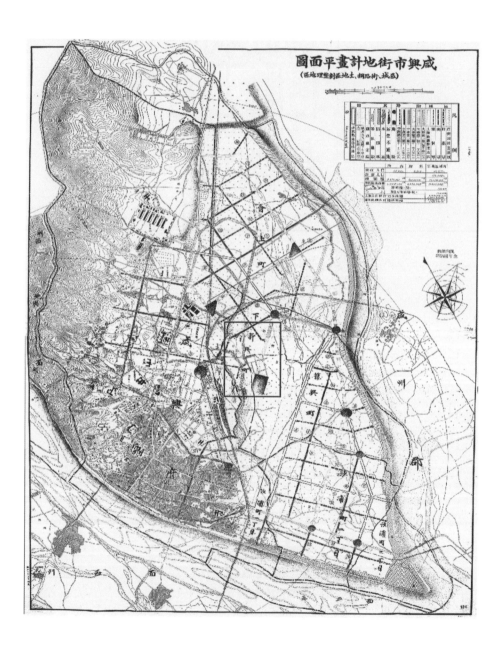

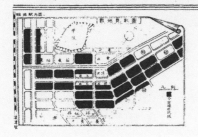

↑ 청진 반죽지구 영단주택지
출처: 대한주택공사, 『대한주택공사 20년사』(1979)

← 함흥 신흥정 영단주택지
출처: 「조선시가지계획령 제8조에 의한 토지수용세목 고시의 건」
(「朝鮮市街地計畫令第八條二依ル土地收用細目告示ノ件」, 1939.9.23.

계도에 따라 지어 공급했는데, 절대적인 주택 부족에 효과적으로 대응하기 위해서였다.

조선주택영단은 토지구획정리사업지구에 대량의 주택을 효과적으로 공급하기 위해 노무자와 중류 이하의 봉급생활자 계층을 대상으로 하는 표준설계를 구상했다. 표준설계는 갑, 을, 병, 정, 무 5가지 유형이 있었고 각각의 건평은 20평, 15평, 10평, 8평, 6평이었다. 주택이 들어설 부지는 전시체제라는 점에서 방공(防空)과 방화(防火)를 위해 건평의 3배 이상으로 하였고,[19] 병형과 정형 그리고 무형은 연립주택으로 건설할 수 있도록 했다.[20] 각 주택 유형엔 기본형 외에도 복수의 변형 선택지가 있어서 상황에 따라 선택적 적용이 가능했다. 갑형의 경우는 기본형 외 10종, 을형은 기본형 외 9종, 병형은 기본형 외 3종, 정형과 무형은 기본형 외 1종이 추가되어 모두 29개의 표준 유형이 마련되었다.

갑형 주택은 중상류층, 을형은 중류 중층, 병형은 중류 하층, 정형과 무형은 하류 서민과 노동자용 주택으로 규정하고 갑형은 통상 분양으로, 을형은 희망에 따라 분양할 수 있도록 했으며 병형과 정형 그리고 무형은 모두 임대를 원칙으로 삼았다. 따라서 조선주택영단의 표준주택 규모 설정과 공급 원칙은 사실상 「조선주택영단령」 제1장 총칙 제1조에서 규정한 "조선주택영단은 노무자 기타 서민의 주택공급을 목적으로 설립된 법인"이라는 내용에는 제대로 부합하지 않는 것이었다. 「조선주택영단령」을 준수했다면 모든 주택을 노무자와 서민을 위해 공급해야 했기 때문이다.

대지면적은 주택 건평의 3배 이상으로 한다는 조선주택영단의 기준은 처음엔 조선총독부의 반대에 부딪쳤다고 알려졌다. "「조선시가지계획령」에서는 건폐율을 60~70퍼센트로 정해놓고 있으므로 3배는 너무 과다하다는 것이 반대 이유였는데 조선주택영단

측에서 공영주택의 품위와 권위를 위해 3배는 되어야 한다고 주장하여 끝내 의견을 관철시켰다"[21]는 것이 대한주택공사의 공식 기록이다. 그러나 이는 사실과 다르다. 앞서 언급한 대로 조선주택영단 설립 2주년을 맞아 1943년 7월 1일 발간된 『조선주택영단의 개요』(朝鮮住宅營團の槪要)에서 이미 '부지는 방공, 방화 등 비상시를 고려하여 건평의 3배를 적용'하는 것을 원칙으로 삼았기 때문이다.[22]

표준설계도의 작성 지침을 둘러싸고 여러 가지 의견이 나왔으나, 기본적으로 영단은 ① 아무리 양(量)의 공급이 급하더라도 절대로 질(質)을 희생시키지 않는다, ② 넓은 마당을 마련한다, ③ 어떠한 집이라도 하루 4시간 이상 일광이 들어오도록 한다, ④ 원칙으로 온돌방을 하나 이상 넣도록 하되 경성 이남 지역에는 온돌방이 있는 집과 없는 집을 반반으로 한다, ⑤ 갑형, 을형, 병형에는 목욕탕을 설치하고 목욕탕이 없는 집들은 50호 단위로 공동목욕탕을 설치한다는 등의 지침과 기준을 마련했다.[23]

조선주택영단 설립 후 1년여가 지난 뒤 영단주택이 최초 준공된 곳은 경성의 번대방정(番大方町, 현 대방동과 신길동 일대)이었다. 청진부 반죽정(班竹町)과 평양부 율리정(栗里町)이 그 뒤를 이어 준공됐다.[24] 조선주택영단 설립 이후 만 2년 동안 주택 유형별 건축공사 계약 및 준공 호수, 지역별 건설 및 준공 호수를 살펴보면 302쪽의 표와 같다. 표를 보면, 조선주택영단 출범 당시의 여러 정황에 비해 실제 공급은 여전히 미미했음을 알 수 있다. 함흥부(咸興府)에서는 동운정, 산수정(山手町), 신흥정(新興町) 등 3곳을 대상으로 1943년에 380호 공급 계획이 마련됐지만 그해 7월 1일까지 단 한 채도 공급하지 못하기도 했다.

경성 금호지구와 함께 1940년부터 1942년에 걸쳐 일단의 주택지 경영사업에 의해 대지 조성이 완료된 신촌지구는 전체 주거

조선주택영단의 유형별 건축공사 계약 및 준공 호수

연월일	1942년 6월 30일					1943년 6월 30일				
호수	공사계약 호수 (호)			준공 호수 (호)	계약 대비 준공 비율 (%)	공사계약 호수 (호)			준공 호수 (호)	계약 대비 준공 비율 (%)
유형	분양	임대	계			분양	임대	계		
갑	638	17	655	7	1.00	1,558	73	1,631	506	31.02
을	103	985	1,088	–	–	1,210	966	2,176	973	44.66
병	13	1,280	1,293	48	3.71	153	1,490	1,643	924	58.22
정	2	282	284	–	–	176	422	598	236	39.46
무	136	378	514	–	–	2,601	1,098	3,699	642	27.35
공동주택 및 합숙	33	–	33	–	–	333	6	339	69	20.36
합계	925	2,942	3,867	55	1.42	6,031	4,055	10,086	3,350	33.21

조선주택영단의 지구별 건설 및 준공 호수

연월일	1942년 6월 30일			1943년 6월 30일		
호수 지구명	건설 호수 (호)	준공 호수 (호)	건설 대비 준공 비율 (%)	건설 호수 (호)	준공 호수 (호)	건설 대비 준공 비율 (%)
경성	1,731	7	0.40	3,859	1,809	46.87
인천	–	–	–	293	8	2.73
수원	–	–	–	50	–	–
대전	–	–	–	108	–	–
대구	–	–	–	87	–	–
부산	–	–	–	932	15	1.60
평양	806	–	–	1034	714	69.05
진남포	–	–	–	180	36	20.00
신의주	134	–	–	211	10	4.73
평강	–	–	–	18	–	–
원산	312	–	–	331	–	–
함흥	–	–	–	380	–	–
성진	100	48	48.00	953	100	11.49
청진	784	–	–	1,523	658	43.20
나진	–	–	–	127	–	–
합계	3,867	55	1.42	10,086	3,350	33.89

지 7만 평 가운데 2만 7,625평을, 1941년부터 1944년 사이에 대지 조성이 이뤄진 상도지구는 전체 면적 14만 평 가운데 3만 1,714평을 조선주택영단이 직접 구입해 영단주택을 공급했다.[25] 원래는 경성부가 소유했던 곳이나 조선주택영단으로 소유권이 바뀌며 영단주택이 공급되었기 때문에 해당 지구의 '토지와 주택'은 경성부 토지상담소와 조선주택영단이 공동으로 분양사업에 나섰다.

　　　당시의 영단주택은 단층에 목조 구조였으며 기와지붕을 얹었고 일본식에다 한국식을 가미한 것이었다. 대량생산을 할 수 있도록 기와는 시멘트로 만들었고, 벽은 영단주택의 특징인 오카베(大壁)[26]였다. 오카베는 약 10센티미터(3.5촌)의 기둥 사이를 대나무로 얽어 거기에 시멘트나 흙으로 벽을 치고 다시 철망을 덮고 기둥까지 함께 모르타르를 바르는 공법이다. 내부벽은 회칠을 하였다. 이 공법은 시공이 빠르고 보온이 잘되었으나 벽 내부에 공간이 있었으므로 화재에 취약한 단점도 있었다. 욕탕은 팽이형의 철제 가마솥이었고 가마솥 아래에서 직접 불을 넣고 나무판을 깔아 그 위를 밟고 목욕을 하게 되어 있었다.[27]

영단주택지의
공간구조

지금도 영단주택지의 공간구조를 그대로 유지하고 있는 도림정(道林町, 현 문래동) 영단주택지구에 대해 『대한주택공사 20년사』는 다음과 같이 기술하고 있다.

　　　영단이 조성한 도림단지는 바둑판 모양의 넓은 도로가 나 있고 각 블록마다 녹원지(綠園地) 등이 마련되었으며, 병

원, 목욕탕, 이발소, 상점 등 후생시설과 공공시설이 계획
되어 있었다. 당초의 계획으로는 단지 내에 들어설 500호
의 주택은 모두 꽃담장을 하도록 되어 있었으며, 도처에 마
련된 녹원지와 함께 전체가 꽃과 나무로 수놓게 되어 있었
다. … 갑, 을, 병형에는 목욕탕을 설치하고, 목욕탕이 없는
집들은 50호 단위로 공동목욕탕을 설치했다.[28]

앞에서 언급했듯이 경성부가 이미 사업 시행을 완료한 도림지구
를 조선주택영단이 필지별로 매입해 이곳에 영단주택을 공급했다.
한국, 중국, 대만 등 일본의 식민지 영단주택을 연구한 도미이 마사
노리(富井正憲)에 따르면, "도림정, 상도정을 포함한 영등포지구는
1937년 11월 12일부터 경성부에 의해 155만 1천 평의 토지구획정리
사업이 시행되어 1941년 3월 30일까지 공사를 준공시킬 예정이었다.
따라서 1941년 7월에 설립된 조선주택영단이 도림정의 부지를 매수
한 시점에서는 이미 모든 도로와 가구 형상은 경성부에 의해 계획되
어 공사도 마무리된 것이다. 실제 영단은 경성부의 구획정리사업에
서 미리 구상된 부지를 그 소유자들에게 매수한 것"[29]이었다.

　　　　바둑판 모양의 넓은 도로와 각 블록마다 녹원지를 설치한
것도 1939년 7월 3일 제4회 경성시가지계획위원회에서 정한 공원
배치 모식도에 근거한 것이었다. 허나 공원은 중일전쟁 격화로 인한
소개공지(疏開空地) 마련책의 일종이었을 뿐, 쾌적한 주거 환경을 위
해 마련된 공간은 아니었다. 또한 병원, 목욕탕, 이발소, 상점 등의 후
생시설과 공공시설 역시 조선주택영단 설립 이전부터 '단지의 주택
호수에 따라 점차 확장하되 현재 일용잡화점, 식료품점, 연료점, 문
방구점, 이발소, 욕장(浴場) 및 의원 등 일상생활에 필요한 시설을 설
치'[30]한다는 경성부의 원칙을 반영한 결과였다. 도림정 영단주택지

는 구획된 가구(街區)마다 마련된 약 140평 안팎의 공지가 블록의 중심 역할을 했고, 이 중앙에 후생시설이 배치되었다. 도로는 3미터, 6미터, 8미터로 위계에 따라 배치되었다.[31]

1942년 조선주택영단은 전년에 계획한 주택들이 준공됨에 따라 분양을 시작했다. 처음에는 일반 공모를 하여 추첨으로 대상자를 선정할 계획이었으나 방향을 바꾸어 신청자를 영단에서 심사하되 관공서나 중요 산업체의 종사원들에게 우선권을 주기로 했다. 2차 연도 이후부터는 개인 신청 외에 관공서나 산업체로부터 단체신청도 받기로 했다. 심사를 통해 분양이 이루어졌기 때문에 어떤 유형의 주택을 누구에게 분양할지는 영단의 의지에 달려 있었다. "특갑형이나 갑형 등 주로 큰 규모의 주택은 일본인 관리나 사원에게 분양되고, 을형은 일본인과 한국인이 반반 정도, 병, 정, 무형은 주로 한국인 노무자에게 분양되었다."[32] 영단의 주택 역시 일본인에게 우선 순위가 돌아간 셈이다.

1943년 7월 1일까지 영단주택의 계획 대비 준공 비율은 32.9퍼센트였다. 가장 높았던 지역은 68.05퍼센트였던 평양부였고 경성이 46.87퍼센트로 두 번째, 43.2퍼센트의 청진부 동수남정(東水南町)이 그 뒤를 이었다. 동수남정 영단주택지는 'ㄱ'과 'ㄴ'이 결합하면서 생겨난 중앙부를 공원으로 조성하는 방법을 매우 기계적으로 적용한 곳이다. 중앙 공지에 이르는 도로의 폭을 6미터-4미터-3미터로 점점 좁아지도록 하고, 블록 중앙마다 공원을 둔 배치는 도림정 영단주택지와 크게 다르지 않다.

조선주택영단의 존재 이유는 단순히 주택난 해결이 아니라 '군수산업과 생산력 확충산업의 생산성 유지를 위한 노무자 주택 건설·공급'이었다. 조선의 병참기지화를 뒷받침하기 위해 산업시설 밀집지인 대도시에 영단주택을 집중 건설·공급했다. '일본 육군

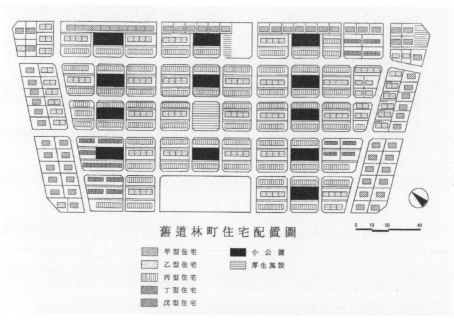

舊道林町住宅配置圖

甲型住宅	小公園
乙型住宅	厚生施設
丙型住宅	
丁型住宅	
戊型住宅	

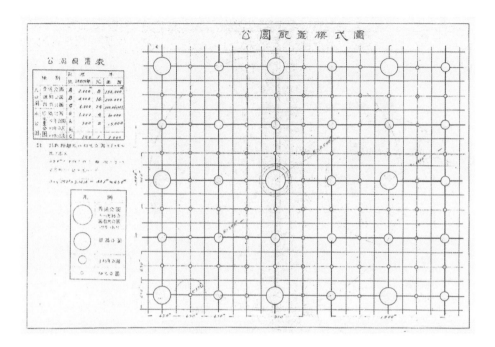

← 도림정 주거지계획
출처: 도미이 마사노리, 『일본·한국·대만·중국의
주택영단에 관한 연구』, 도쿄대 박사학위논문
(富井正憲, 『日本·韓國·臺灣·中國の住宅營團に關する硏究』,
東京大 博士學位論文, 1996)

← 영단주택과 종연방적 아파트가 빼곡하게 들어선
도림정의 모습(1950.9.)
출처: 미국국립문서기록보관청

↑ 「제4회 시가지계획위원회 관계철」(1939.7.)에
보존된 일제강점기 공원 배치 모식도
출처: 미국국립문서기록관리청

↓ 경성 상도정 주택 배치도
출처: 대한주택공사, 『대한주택공사 20년사』(1979)

→ 신촌부유지 안내도
출처: 「경성부 택지조성사업비 기채요항 변경의 건」
(「京城府宅地造成事業費起債要項變更ノ件」, 1943.3.)

↓↓ 상도동 영단주택지 항공사진(1972)
출처: 서울특별시 항공사진서비스

→ 상도부유지 안내도
출처: 「京城府宅地造成事業費起債要項變更ノ件」, 1943.3.

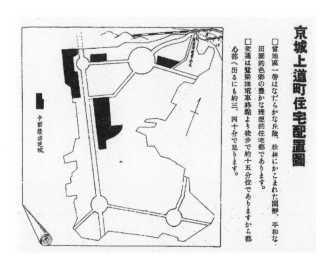

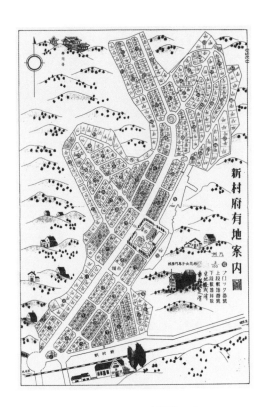

新村府有地案内圖

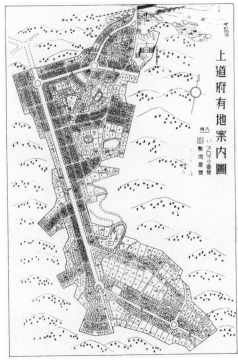

上道府有地案内圖

310

↓ 청진부 동수남정 서민주택지계획도
출처: 「청진부 동수남정 서민주택 조성비 기채의 건」
(「清津府東水南町庶民住宅造成費起債ノ件」, 1943.4.1.)

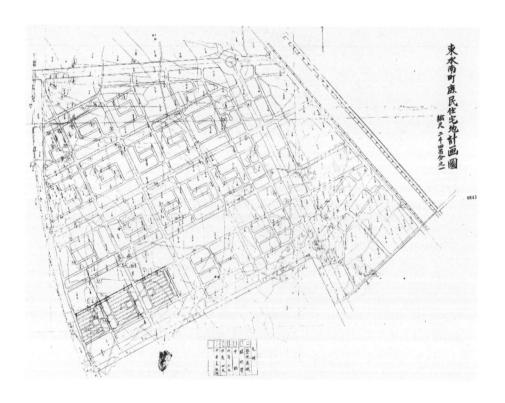

↓ 청진부 동수남정 주택유효지 분양 평면도
출처: 도미이 마사노리, 『일본·한국·대만·중국의 주택영단에 관한 연구』(1996)

↓↓ 콘 와지로의 인천 백마정(白馬町) 스케치
출처: 도미이 마사노리, 「조선주택영단의 주택에 관한 연구(2)」, 『일반재단법인 주총연에서』
(富井正憲, 「朝鮮住宅営団の住宅に関する研究(2)」, 『一般財団法人住総研より』, 1990)

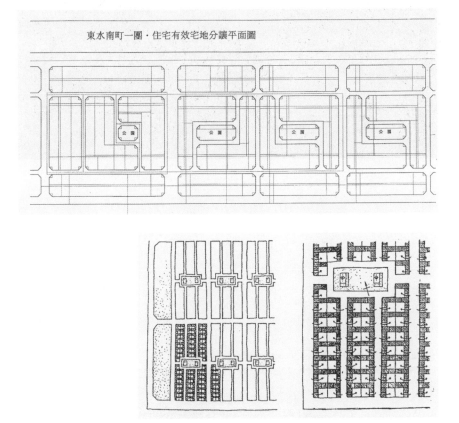

↑ 백마정 노무자주택지
한옥풍 영단주택 모습(1948)
ⓒNorb‒Faye

→ 국민주택설계도안현상공모 1등안
출처: 조선건축회, 『조선과건축』, 제21집 제10호(1942)

→ 국민주택설계도안현상공모 취지
출처: 조선건축회, 『조선과건축』, 제21집 제6호(1942)

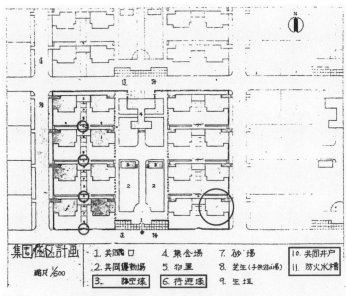

集團体区計画　縮尺 1/600

1. 共同出入口	4. 集合場	7. 砂場	10. 共同井戶
2. 共同運動場	5. 物置	8. 芝生(子供遊び場)	11. 防火水槽
3. 防空壕	6. 待避壕	9. 生垣	

入選第一席　ブロックプラン

一、設計募集ノ趣旨

今次大東亞戰爭ヲ契機トシテ我國ハアラユル分野ニ於テ戰時卽應ノ諸政策ノ樹立ニ邁進シツツアルガ更ニ一進ンデハ最後ノ勝利ヲ包含シタル國家百年ノ大計ヲ確立スベキ重大時機ニ直面スルニ到レリ國民保健、體位向上ガ重要ナル國策ノ一タルハ元ヨリ論ナキ所ニシテ諸厚生施設ノ研究ニ住宅改良ノ問題又最モ緊急ナル課題ノ一トナレリ、今ヤ戰爭遂行途上資材ノ不足其ノ他幾多ノ困難ヲ伴フベキハ豫想セラルル所ナルモ此ノ困難ナル事情ノモトニ於テ眞ニ時局ニ適應シ又次ノ時代ニ備ヘテ完璧ニ近キ多分ニ厚生的要素ヲ具備セル國民住宅ノ創造ハ一日モ之ヲ等閑ニ附スベキニ非ルナリ。

本會茲ニ見ル所アリシガ、適々本年ハ本會創立二十周年ニ當レルヲ以テ其ノ記念事業ノ一トシテ朝鮮ノ實情ニ適應スル國民住宅設計案ヲ広ク募集シ建築界ノ總力ヲ擧ゲテ時局下住宅問題ノ解決ニ貢獻セントス。

의 조병창(造兵廠)에서 일하던 조선인 노동자들의 숙소로 만들어진'
인천부 백마정(白馬町, 현 산곡동) 영단주택이 그 대표적인 예다.[33]
12개 블록 가운데 8개 블록이 소위 조선식 가옥으로 이루어져 있다
는 점이 이 단지의 특징이다. 건축계획에 조선인 기술자가 참여했기
때문이다.[34] 반면 단지 배치는 비슷했다. 블록별로 중앙에는 약 70평
의 공지가 있고, 공동우물을 2개씩 두고 있었다. 영단주택지의 공동
우물은 방화용수(防火用水)를 겸한 것이었다. 1942년 6월 조선건축
회는 창립20주년 기념사업으로 '도시에 지어지는 국민주택 설계도
안 현상 공모'를 실시했는데 같은 해 10월 발표된 1등 당선작은 방공
호와 대피호를 비롯해 방화수조와 공동우물을 모두 구비한 제안이
었다. '중대시기에 직면한 시국의 정황을 완벽하게 대응하고 동시에
후생시설 역시 구비함'[35]으로써 현상설계 공모의 취지를 가장 철저
하게 반영한 안이었다.

일제강점기
영단주택의 의미

일제강점기 영단주택은 1942년 9월 19일에 남한에서는 경성의 번
대방정 현장에서 최초의 준공식을 가졌다.[36] 청진과 평양 등에서는
1937년부터 실시된 토지구획정리사업에 따라 구획정리가 끝난 대
지를 중심으로 영단주택 건설사업이 착수된 뒤였다. 경성이 조금 늦
은 것은 1941년 8월에 총독부가 실시한 전국 주요 도시 유휴부지 조
사 결과를 기다려 용지 매입에 나섰기 때문이다. 이때 경성에서는
돈암, 대현, 번대방, 한남, 신촌, 금호, 상도, 도림 등 총 8개 지구가 매
입 대상이었다. 그리고 이들 가운데 번대방, 상도, 도림지역이 먼저
택지 조성에 들어갔다.[37] 영단주택사업의 첫 삽을 뜬 것이다. 1년 후

1942년 번대방정에 첫 영단주택지가 완공되었다.

택지 매입은 4차 연도 내내 지속됐고 대구, 대전 등 전국으로 확대됐다. "영단은 이때 장기적인 안목으로 앞으로 5개년에 사용할 용지를 미리 확보한다는 방침을 세웠"다고 하지만 사실상 그럴 정도로 조선의 주택난이 위중했다는 의미다. 이렇게 확보된 많은 땅은 후일 다른 용도로 전환되거나 해방과 한국전쟁을 거치면서 재건주택, 국민주택, 희망주택 등을 공급하는 대체 용지로 사용되었다.[38] 정릉지구, 휘경지구, 창천지구 등이 그 대상지였다. 같은 밭에서 다른 작물을 키우게 된 셈이다.

일본건축학회 주택문제연구회는 1941년 1월에 도시노동자를 대상으로 상정한 '서민주택의 기술적 연구'를 마련하여 발표했다. 여기에는 서민주택의 규모, 평면계획, 구조 재료, 수세식 변기의 설비, 부지계획 등 5가지의 수준을 제시하면서 그동안 모호하게 언급했던 '국민주택'의 내용을 구체화했다. 이에 따라 일본 후생성은 1941년 3월에 주택규격협의회를 통해 '주택 및 부지의 설계 기준'을 발표하기에 이르렀는데 집단주택지의 규모를 500호 기준으로 하고 공원과 일조 문제를 포함하되 화재 방지를 위한 인동거리 등을 기준에 담았다.[39]

일본주택영단 연구부는 후생성이 발표한 기준을 준거 삼아 실제 설계안을 마련하는 작업에 돌입했고 식침분리론(食寢分離論)[40]을 포함한 영단형 평면계획을 만들었다. 그 후속 조치로 일본에서는 1943년에 임시 일본 표준규격이 제정되어 1호형 19제곱미터에서 7호형 70제곱미터까지의 유형이 만들어졌다. 전쟁 상황임을 고려해 단위세대의 면적은 1944년에는 23.18제곱미터, 1945년에는 20.24제곱미터 등으로 점점 작아졌다.[41]

영단주택 표준설계도 작성에 앞서 1939년 조선총독부는

316

주택대책위원회 설립 취지를 밝히며 "주거 양식이 국민생활에 끼치는 영향이 지대하므로 실생활에서의 내선일체의 구체화를 꾀하는 가장 유효한 방법으로 재래 조선식 주택 양식의 개량 방책을 장려하기 위함"⁴²을 우선과제로 삼은 바 있다. 표준주택은 기실 식민지 정책의 일환이었던 것이다. 조선주택영단이 설립된 1941년에 일제는 또 다른 식민지 대만에도 대만주택영단을 설립했다.⁴³ 일제는 '건강한 국민의 육성을 위해 영단을 설립하고 이 법인으로 하여금 규격 평면을 만들어 공급케 하는 동시에 전쟁을 지속하기 위한 방어 전략의 하나로 전시주택지(戰時住宅地)'⁴⁴를 식민지에 적극 조성하고자 의도했다.

조선주택영단의 1944년 사업은 일본의 패전 상황을 그대로 반영했다. "전쟁 수행을 위한 절망적인 정책을 타성적으로 되풀이하고 있었는데, 그중의 하나가 경성, 부산, 평양[추후에 인천]의 소개(疏開)정책이었다."⁴⁵ 총독부는 1945년 4월 11일 경성 등 4개 도시의 주택밀집지구와 위험건물지구를 소개대상지구로 지정하였고, 지구 안의 초가집과 위험하다고 판단되는 건물은 경성부가 매수하기로 하고 중학생 등으로 이루어진 작업대가 철거작업에 동원되었다. 소개의 법적 근거는 「조선총독부칙령」 제1134호로, 1941년 12월 16일 제정되어 12월 20일부터 시행된 '법률 제91호 「방공법」 중 개정의 건'⁴⁶이었다.

소개작업으로 인해 주택난은 더욱 심화되었다. 대한주택공사의 기록에 따르면, "도시 인근에서 초가집이 평당 1,500원, 기와집이 2,500원에 뒷거래되었으며 주택 사정은 더욱 악화되어갔다. 이에 따라 총독부는 비상대책으로 「방공법 시행규칙」을 고쳐 도지사에게 건물주나 그 관리자에 대한 임대명령권을 주어 공공건물이나 사원[주택]은 물론 일반 농가에도 강제로 소개자(疏開者)를 입주시켰다. 이때 영단도 경성부의 교외에 500호의 소개주택을 건설하기로 하고 정릉, 신촌, 휘경 등지에 소개로 철거된 건물의 자재를 활용한 소형주택 건설을 시작하였으나 해방으로 중단되었다".[47]

대한주택공사 설립 이전의
영단주택

조선주택영단은 1945년의 해방과 더불어 미군정청 학무국 사회과에 편입됐다가 1945년 10월에는 신설된 보건후생부 주택국 관할로 편입된다. 1946년 6월에 주택국이 폐지되면서 지방관서인 경기도 적산관리처로 이관되었고, 1948년 대한민국 정부가 수립되며 중앙관재처 산하기구로 들어간다. 그러다가 1953년 휴전 직후에는 다시 정부기관인 사회부에 소속됐고, 1955년 2월 16일 사회부와 보건부를 통합해 발족한 보건사회부 관할로 이관됐다. 1961년 5·16 군사정변 이후 설치된 국가재건최고회의가 1961년 10월 2일 공포한 「정부조직법」에 따라 같은 해 11월 13일자로 국토건설청 관할기관으로 편성됐고, 1962년 1월 20일 「대한주택공사법」이, 1962년 3월 20일 「대한주택공사법 시행령」이 공포된 뒤 6월 18일자로 다시 건설부로 관할이 이관되어, 종국에 1962년 7월 1일 자본금 5억 원의 '대한주택공사'가 설립된다.

한국전쟁이 한창이던 시절에도 영단주택은 지어졌다. 1952년 부산으로 피난을 간 대한주택영단은 마루 하나, 부엌 하나, 방 하나에 따로 변소가 있는 9평짜리 시험주택 하나를 지었다. "이 흙벽돌의 외부는 시멘트를 발랐으므로 외관상으로는 시골집보다도 현대적이었다. 시험 건축에서 자신을 얻은 영단은 봄철부터 본격적인 건축에 착수하여 여름에 모두 준공시켰다." 『대한주택공사 20년

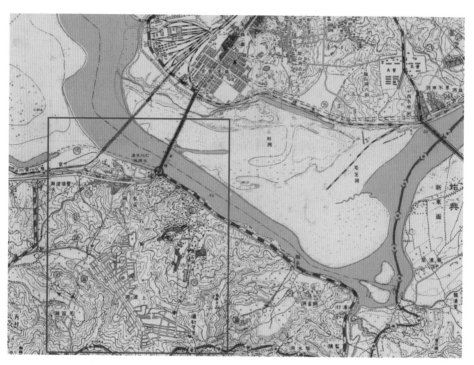

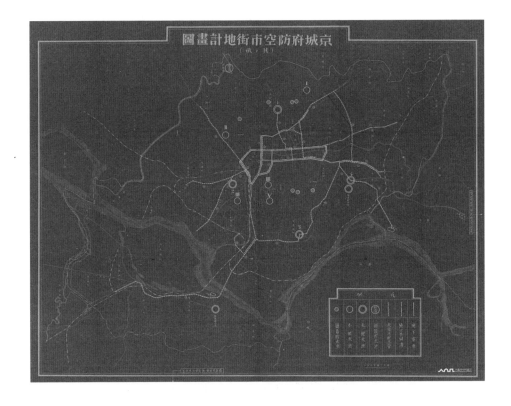

圖畫計地街市空防府城京

← 일제강점기 도시공간 조직을
그대로 간직한 상도동 일대를 보여주는
「서울도시계획 도로망도」(1953)
출처: 서울역사박물관

↑ 1937년 이후 「경성부 방공 시가지 계획도」
출처: 서울역사박물관

← 1941년 8월 일본 후생성이 발간한
『주택문제해결』(住宅問題の解決) 표지
출처: 일본 국회도서관 디지털컬렉션

↑↑ 1942년 준공된 상도동 영단주택
출처: 대한주택공사, 『대한주택공사 20년사』(1979)

↑ 1953년 준공된 답십리 영단주택
출처: 대한주택공사, 『대한주택공사 20년사』(1979)

사』에 따르면 "영단이 부산에 피난을 가서 활동을 한 최대의 성과였다".[48] 이런 시도의 연장선상에서, 1953년 서울로 돌아온 뒤에 사회부는 일반후생주택(재건주택)을 전국 각 도에 건설할 것을 결정했고 대한주택영단의 "기술진은 부산에서 가지고 온 흙벽돌 제조기계로 흙벽돌을 만들어 안암동에 흙벽돌 시험주택을 짓자 국내 각계인사들이 주목하여 평을 하기 시작"했다.[49]

한국전쟁이 끝나고 1953년부터 공사 설립이 이루어진 1962년 이전까지 주택 건설 실적은 다음과 같다.[50]

대한주택공사 설립 이전 연도별·종류별 주택 건설 실적

년도	국민	부흥	시험	재건	희망	시범	아파트	개량	외인	상가	기타	계
1953										200		200
1954				410							1	411
1955				68	334							402
1956				725	39				25			789
1957	300	720		150	232		132		54			1,588
1958	250	252		200	146	34	152		90	43		1,167
1959	560				106		75	190	176	51		1,158
1960	350		5		105					5		465
1961	351								20			371
계	1,811	972	5	1,553	962	34	359	190	365	99	201	6,551

출처: 대한주택공사, 『대한주택공사 20년사』(1979), 234쪽

1956년 6월 『문학예술』을 통해 발표한 김광식의 소설 「213호 주택」은 인쇄공장 기사 김명학의 눈을 통해 1950년대 후반 영단주택의 풍경과 그곳의 일상을 실감나게 묘사한다. 김명학이 사는 동네인 서울 상도동은 일제강점기부터 집단주택지로 개발된 곳이자 한국전쟁 이후에는 주택난을 해결하기 위해 새롭게 건설한 집단주택촌이

↑ 서울시 영등포구 문래동
영단주택지의 모습(2006)
ⓒ박철수

← 인천시 부평구 산곡동
일명 미쓰비시 줄사택의 풍경(2016)
출처: 부평구

었다. 노량진에서 영등포로 뻗은 길 왼편의 아리랑고개를 넘어 첫 번째 로터리에는 대한주택영단이 건설한 집들과 똑같은 형태의 특호주택들이 즐비하게 들어서 있었다. 이어서 갑호주택, 을호주택이 서열 순서에 따라서 관악산 아래 자락까지 뻗어 있었다.

　　서울역에서 남으로 향하여 한강 인도교를 건너가면 왼편으로는 흑석동으로 넘어가는 언덕길이 뻗었고, 우편으로는 사육신 무덤이 있는 산을 돌아 영등포로 향한 아스팔트길이 플라타너스 가로수의 그늘을 받고 뻗어갔다. 노량진 장터를 지나면 바로 왼편으로 넓은 오르막길이, 산허리를 굽이굽이 돌아 올라가는 길이 있다. 이 오르막길을 아침저녁으로 오르내리는 산 너머 사람들은 이 고개를 아리랑고개라고 한다. 산 너머 사람들이라고 하면 마치 두메산골 사람으로 관념할지 모르나 이 아리랑고개를 아침저녁으로 넘나드는 사람들은 대개가 서울 장안에 직장이 있는 공무원이나 회사원인 양복을 입은 한국의 지식인들이다. 처음으로 이 아리랑고개를 올라선 사람이라면 깜짝 놀랄 것이다. 플라타너스 가로수가 우거진 넓은 길이 좌우로 갈라져서 내려가고, 종로 화신 앞 같은 로터리가 있기 때문이다. 이 로터리로 해서 동서남북으로 갈라진 십자로 길가로는 영단주택, 꼭 같은 형의 특호주택이 즐비해 섰다. 이 로터리에서 서[西]로 향한 길을 내려가면 또 아담한 로터리가 있다. 여기에서 동으로 관악산을 바라보는, 가로수가 늘어선 길 한복판으로 맑은 산물이 흘러내리는 내천이 있다. 이 내천 양편으로 수양버드나무 늘어진 가지가 푸른 바람을 받고 실가지를 내천에 적신다. 멋진 길이 이러한 데

있으리라고는 상상 못 할 것이다. 이 로터리 이 길을 기점
으로 주택이 좌우로 줄지어 아득히 보이는 산허리에까지
뻗치었다. 잔잔한 계곡을 타고 자리 잡은 꼭 같은 형의 특
호주택, 꼭 같은 형의 갑호주택, 꼭 같은 형의 을호주택이,
줄줄이 좌우로 마치 전차 기갑사단이 푸른 기를 꽂고 관
병식장에 정렬하여 서 있는 것 같은 감이다. 관악산의 줄
기가 병풍처럼 천여 호의 주택을 둘러쌌다. 이 주택촌을 상
도동이라고 한다.[51]

주

1 『동아일보』 1940년 3월 1일자 '주택난 완화책' 관련 기사 중 주요 내용을 맞춤법에 따라 일부 수정하고 정리한 것임.

2 「조선시가지계획령」은 1934년 6월 20일 「조선총독부령」 제18호로 제정되어 같은 해 6월 28일부터 시행됐다. 이 영은 시가지의 창설 또는 개량을 위하여 필요한 교통·위생·보안·경제 등에 관한 중요시설의 계획을 관장하는 법령으로 조선총독에게 모든 결정 권한이 있었다. 오늘날 도시관리계획에서 정하고 있는 주거지역, 공업지역, 상업지역 등이 1939년 9월 18일부터 지정된 것도 이 법령에 의해서였다.

3 손정목, 「시민생활」, 서울특별시사편찬위원회, 『서울육백년사』 제4권(서울특별시, 1995), 1,180쪽 내용을 축약 정리한 것임.

4 「조선주택영단령」이 제정되기 전인 1941년 5월 31일 조선총독부는 제령에 의해 설립될 영단의 설립 준비에 착수, 정무총감을 설립위원장으로 하고 내무, 재무, 식산, 농림, 경무국장 등을 위원으로 임명한 뒤, 이사장 내정자 등 다수의 인물을 준비위원으로 위촉했다. 조선주택영단, 『조선주택영단의 개요』(1943), 3~5쪽.

5 1910년 10월 1일 제정, 시행된 조선총독부 법령 제8호 「1910년 제령 제1호에 의한 명령의 구분에 관한 건」에 따라 "현재 효력을 지닌 명령으로 제령으로 정해야 할 사항을 규정한 것은 제령으로, 조선총독부령으로 정해야 할 사항을 규정한 것은 조선총독부령으로, 경무총감부령으로 정해야 할 사항을 규정한 것은 경무총감부령으로, 도령으로 정해야 할 사항을 규정한 것은 도령으로, 경무부령으로 정해야 할 사항을 규정한 것은 경무부령으로 정하기로 한다"고 규정했다.

6 「조선주택영단령」 제1장 제1조 ①조선주택영단은 노무자 기타 서민의 주택공급을 목적으로 한다, ②조선주택영단은 법인으로 한다. 법제처 국가법령정보센터-법령-근대법령 참조.

7 조선주택영단의 설립 배경에 대한 구체적이고 분명한 조선총독부의 입장과 태도는 영단 설립 2년 뒤인 1943년 12월에 조선총독부가 펴낸 『조선사정』(朝鮮事情) 247쪽에서 확인할 수 있다. '중일전쟁 장기화로 인한 건축용 자재의 수급난과 건축비의 앙등으로 주택공급이 격감함에 따라 이에 대한 대책으로 군수산업과 생산력 확충계획산업 기업가로 하여금 노무자주택의 건설을 적극 권장하고, 부와 읍에는 공영주택을 건설 공급하도록 채근하는 동시에 1941년부터는 조선주택영단이 설치되므로 정부의 보호 아래 계획적이고 신속하게 다수의 주택을 건설 공급하도록 한다'는 것이 골자이다.

8 일본주택영단은 1955년 일본주택공단으로, 1981년에는 주택·도시정비공단으로 모습을 바꾼 뒤 1999년에는 지방 도시개발과 정비부문을 추가하면서 도시기반정비공단으로 변화한다. 이후 2004년 7월 1일에 독립행정법인인 도시재생기구(UR)로 변신을 거듭해 산업구조와 인구구조의 전환에 따른 토지 이용의 재편, 도시의 생활·교류·경제거점

확보, 재해 대비를 위한 밀집 시가지 개선, 민간임대주택공급 지원, 기존 임대주택을 활용한 생활거점 정비사업 등에 주목했다. 흥미로운 사실은 2019년 3월 31일자로 도시재생기구 도쿄뉴타운 사업본부가 해체됐는데 더 이상 대단위 주거지개발 및 정비가 도쿄권 일대에서는 유효하지 않다는 인식을 시사하는 것으로 우리에게 전하는 의미가 결코 적지 않다.

9   1944년에 경성부가 발간한 『예규유집』에서 1939년 2월부터 1943년 8월까지 토지구획정리사업을 언급한 내용을 참고했다. 이에 대한 구체적 내용은 서울역사편찬원, 『국역 경성부 법령 자료집』(서울역사편찬원, 2017), 262~290쪽 참조.

10   각 지구 토지구획정리사업 연혁은 다음과 같다.

- 영등포지구: 1937년 10월 25일 사업 인가, 1941년 9월부터 분양 시작
- 돈암지구: 1937년 11월 8일 사업 인가, 1939년 4월 분양조합 조직,
  미쓰코시백화점에서 도시계획전람회와 강연회 개최
- 대현지구: 1943년 3월 31일 사업 준공
- 한남지구: 1939년 11월 실시계획 인가, 1941년 9월 분양 시작, 1944년 3월 31일 준공
- 번대지구: 1940년 1월 실시계획 인가, 1940년 8월 설계 완료, 1941년 9월 분양 시작,
  1944년 3월 31일 준공
- 사근지구: 1940년 1월 실시계획 인가, 1941년 6월 공사 착공, 1944년 3월 31일 준공
- 용두지구: 1940년 1월 실시계획 인가, 1941년 9월 공사 착공
- 청량·신당·공덕지구: 1940년 10월 공사 실시 인가, 1942년 이후에 착공

이 밖에도 금호, 상도, 신촌, 전농지구는 대략 1940~1944년에 토지구획정리사업을 실시하려 했으나 경성부가 소유권을 가진 부유지가 많았던 탓에 구획정리사업을 일단의 주택지 경영사업으로 대체해 시행했다. 이상 내용은 염복규, 『서울의 기원 경성의 탄생』(이데아, 2016), 192~216, 288~292쪽 내용을 중심으로 정리한 것임.

11   대한주택공사, 『대한주택공사 30년사』(1992), 100쪽. 대한주택공사는 1962년 1월 20일 제정·시행된 법률 제985호 「대한주택공사법」에 따라 설치되었다. 이 법에 따르면, 주택을 건설·공급 및 관리하고 불량주택을 개량하여 국민생활의 안정과 공공복리의 증진에 기여하게 함을 목적으로 하며, 줄여서 '공사'로 부른다. 따라서 「대한주택공사법」을 기준으로 그 전의 조직은 '영단', 이후에는 '공사'로 부르는 것이 통례다. 한편, 1962년 1월 1일부터는 국제적인 공통 연호를 사용한다는 취지에서 단기(檀紀)를 서기(西紀)로 변경했고, 제1차 경제개발5개년계획이 발표됐으며, 6월 10일에는 제2차 화폐개혁을 통해 화폐단위를 환(圜)에서 원으로 변경하고 10대 1로 평가절하 하는 조치가 취해졌다. 다시 말해, 1962년은 여러 측면에서 사회 변동을 추동하는 조치가 취해진 해였고, 대한주택공사 창립도 이런 관점에서 살필 필요가 있다. 다할편집실 편, 『한국사 연표』(다할미디어, 2007), 464쪽 참조. 1962년 7월 1일 대한주택공사 설립과 함께 이사장을 '총재'로 호칭했는데 그 후 10여 년이 지난 1973년 1월이 되어서야 '사장'으로 바뀔 정도로 대단히 권위적인 기관이었다.

12   장동운, 「식사」(式辭), 『주택』 제9호(대한주택공사, 1962), 3쪽.

13 대한주택공사, 『대한주택공사 30년사』, 47~98쪽 참조.

14 대한주택공사, 『대한주택공사 20년사』(1979), 212~213쪽.

15 서울특별시, 『서울육백년사』 제6권, 1,092쪽.

16 보건사회부 장관, 「공영주택 건설 요강 제정의 건」(1961.1.9.), 국무회의 부의안건,
   국가기록원 소장 자료.

17 1963년 11월 30일 제정되어 같은 해 12월 31일부터 시행된 「공영주택법」(법률
   제1457호)의 하위 법령인 「공영주택법 시행령」(대통령령 제1828호)은 1964년 5월
   28일에 제정, 시행되었다.

18 공동주택연구회, 『한국 공동주택계획의 역사』(세진사, 1999), 224쪽. 같은 책 81쪽에는
   여러 곳의 토지구획정리사업지구의 전체 면적, 주거지면적, 공사 진척도 등이 자세히
   언급되어 있다.

19 朝鮮住宅營團, 『朝鮮住宅營團の概要』(1943), 2쪽.

20 대한주택공사, 『대한주택공사 20년사』, 174~175쪽 참조.

21 같은 책, 175쪽.

22 朝鮮住宅營團, 「朝鮮住宅營團の概要」, 2쪽.

23 후생시설에 대한 정확한 언급은 『조선주택영단의 개요』 2쪽에 실렸는데, '단지(團地)'의
   주택 호수에 따라 후생시설은 점차 늘리되 [1943년 7월 현재는] 일용잡화점, 식료품점,
   연료점, 문방구점, 이발소, 욕장, 의원 등 일상생활에 필요한 시설을 설치한다'고
   했다. 이 내용에서 의미 있게 검토하고 언급할 용어 가운데 하나는 '단지'인데, 이미
   조선주택영단 출범 당시부터 일정 규모 이상의 대량주택을 공급할 경우에는 이를 단지로
   불렀음을 유추할 수 있다.

24 1942년 준공된 영단주택은 '제1기 주택'으로 불렸는데 경성부는 1942년 9월 19일에,
   청진과 평양은 각각 1942년 10월 24일과 1942년 11월 14일에 해당 지구에서 제1기
   주택 준공식 행사를 가졌다.

25 공동주택연구회, 『한국 공동주택계획의 역사』, 224쪽 참조.

26 오카베(大壁)로 불리는 일제강점기 조선주택영단의 주택은 압록강 연안의 목재와
   만주와 대만의 목재를 한반도에 반입하여 사용하였으며, 서로 벽을 맞대는 맞벽건축을
   적용했다. 회칠은 소석회와 해초, 백모(白毛) 여물을 사용했다.

27 대한주택공사, 『대한주택공사 30년사』, 62~63쪽 내용 일부를 맞춤법 표기에 맞춰
   재정리한 것임. 이와 관련해 신철식은 흥미로운 이야기를 전한다. "낙산 중턱에 자리한
   이 집은 마당에 손바닥만 한 연못이 있고, 수풀과 잡목이 우거진 야트막한 동산이 그
   뒤를 에워싸고 있는 운치 있는 한옥이었다. 마당에 들어서면 방 세 칸과 대청, 부엌으로
   구성된 기역자형의 안채가 마주 보이고, 대문 바로 오른쪽에 행랑채, 왼쪽에는 아버지가
   서재 겸 응접실로 쓰는 사랑채가 있었다. 고대광실은 아니었지만 부모님과 4남매,

그리고 우리가 가족처럼 여기는 이들과 더불어 살아가는 데는 전혀 부족함이 없었다. …
목욕실은 부엌 옆에 있었는데 아궁이에 불을 지펴 커다란 무쇠솥에 물을 데웠다. 뜨거운
물 위에 나무 격자를 띄우면 나는 그걸 밟고 솥에 들어가야 했다. 솥 바닥이나 옆면에
피부가 닿으면 벌겋게 데었다. 하지만 그렇다고 해서 '앗, 뜨거!' 하고 약한 소리를 하면
회초리가 날아왔다"(『신현확의 증언』[메디치, 2017], 25, 57쪽). 일제강점기 관사며
사택 혹은 영단주택 등에 목욕용으로 설치됐던 팽이 모양의 가마솥(고에몬부로)은 해방
이후에도 여전히 중류계층 이상의 주택에 설치됐음을 추정할 수 있다.

28 대한주택공사, 『대한주택공사 20년사』, 178쪽.

29 富井正憲, 『日本·韓國·臺灣·中國の住宅營團に關する硏究』, 東京大 博士學位論
文(1996), 487쪽.

30 「조선주택영단령」 제3장 '업무' 제14조에는 '1. 주택의 건설 및 경영, 2. 주택 건설 및
경영의 수탁, 3. 일단지의 주택의 건설 혹은 경영의 경우엔 수도, 승합자동차, 시장,
식당, 욕장, 보육소, 수산장(授産場), 산부인과의원과 유사함), 집회소 등의 시설에 대한
건설·경영'을 규정한 바 있다. 조선주택영단, 「조선주택영단령」, 『조선주택영단의
개요』, 86쪽.

31 공동주택연구회, 『한국 공동주택계획의 역사』, 224쪽 참조.

32 대한주택공사, 『대한주택공사 30년사』, 67쪽.

33 김시덕, 『서울선언』(열린책들, 2018), 279쪽. 『매일신보』는 1944년 8월 25일자
조선주택영단 관련 기사에서 멸적증산(滅敵增産)에 정진감투하고 있는 산업전사들의
생활 안정과 주택난 완화를 위해 백마정에 건설하고 있는 영단주택에 대해
'산업전사주택'이라는 호칭을 부여하기도 했다.

34 공동주택연구회, 『한국 공동주택계획의 역사』, 87쪽.

35 「朝鮮建築会創立20周年國民住宅設計圖案懸賞募集趣旨」, 『朝鮮と建築』 第21輯
第6號(1942).

36 대한주택공사, 『대한주택공사 20년사』, 185쪽.

37 그 이전에도 경성의 대규모 택지조성사업이 있었다. 신당정(新堂町, 현 신당동)에
1932년에 동양척식주식회사의 방계회사인 조선도시경영주식회사가 약 3만 평을
조성하였지만 이는 「조선시가지계획령」 제정 이전의 사례로서 공공시설이나 체계적인
계획이 없는 상황에서 단순히 획지를 하고 분할 판매한 것에 불과했기 때문에
대한주택공사 스스로 이를 최초의 사례로 꼽지 않는다. 대한주택공사, 『대한주택공사
20년사』, 177~178쪽.

38 예를 들어, 1943년에 영단이 매입한 동작지구 용지는 해방 후 국립묘지로 편입되었고,
신촌지구 용지의 대부분은 연희, 이화재단에 매각되었다. 같은 책, 187쪽 참조.

39 이는 1941년 8월 5일 후생행정조사회(厚生行政調査会)가 『주택문제 해결: 주택영단
병대가조합이란?』(住宅問題の解決: 住宅営団並貸家組合とは?)으로 엮어 발간됐는데,

여기엔 전시체제 아래서 '새로운 국민생활'이 무엇인가를 강조하는 동시에 군수산업에
가담하는 노무자주택의 공급계획을 포함해 일본주택영단의 역할과 국민주택 자재,
국민주택 설계와 규격, 주택지의 계획 등이 망라되어 있다.

40   식침분리론이란 공사실분리론(公私室分離論)과 함께 일본 건축계가 정립한 주거공간
      분화의 원리 가운데 하나다. 식침분리는 식사공간과 침실의 분리, 공사실분리론은
      거실(公室)과 침실(私室)의 분리를 뜻한다. 그들의 이론에 따르면 주거공간의 분화는
      식침분리를 거쳐 공사실분리로 진전된다.

41   內田靑藏·大川三雄·藤谷陽悅 編著, 『圖說·近代日本住宅史』(鹿島出版社, 2002),
      113쪽을 요약 정리한 것임.

42   강영환, 『한국 주거문화의 역사』(기문당, 1991), 176쪽.

43   강인호·한필원, 『주거의 문화적 의미』(세진사, 2000), 233쪽 참조.

44   佐藤滋, 『集合住宅團地の變遷』(鹿島出版社, 1998), 119~127쪽 참조.

45   대한주택공사, 『대한주택공사 30년사』, 70쪽.

46   이 법령의 조문과 부칙은 매우 간단하여 "1941년 법률 제91호는 1941년 12월 20일부터
      시행한다"라는 조문과 "이 영은 공포한 날부터 시행한다"는 부칙으로만 구성되어 있다.
      일본에서 1937년 4월 제정되고 1941년 11월에 개정·보완된 「방공법」을 그대로 따랐기
      때문이다.

47   대한주택공사, 『대한주택공사 30년사』, 70쪽. 『매일신보』 1945년 5월 7일자 기사
      「간편한 주택 5천 호, 소개 위해 각지에 신축」에 따르면, 전국적으로는 5천 호의 주택을
      새로 지어 소개주택으로 사용할 것을 총독부가 지시했고, 별안간 집이 헐리는 사람은
      주택영단의 소개주택에 3개월 정도 수용한 뒤 6~7평 정도로 마련할 간이주택으로
      이주해 몇 해 정도를 살 수 있도록 했다.

48   대한주택공사, 『대한주택공사 20년사』, 206쪽.

49   같은 책, 208쪽.

50   같은 책, 234쪽.

51   김광식, 「213호 주택」, 『20세기 한국소설 18』(창비, 2007), 44~45쪽.

7 DH주택

1945

제2차 세계대전 한창이던 1943년 연합군은 카이로 회담을 통해 일본이 점령한 '한국의 해방과 독립'에 합의했고, 1945년 7월 포츠담 선언을 통해 이를 다시 확인했다. 그리고 일본의 무조건 항복 이전에 미국, 영국, 소련과 중국은 38선을 중심으로 남과 북 지역을 미군과 소련군이 각각 진주하는 것에 합의한 바 있다. 이에 따라 미군은 1945년 9월 8일 인천에 상륙하였다. "상륙부대는 존 리드 하지(John Reed Hodge)가 이끄는 제10군 제24군단이었다. 당시 미군 중 한국과 가장 가까운 곳에 주둔한 부대라는 이유만으로 워싱턴으로부터 한국 점령의 임무를 부여받았던 것이다. 상황이 그러했기에 오키나와에서 온 하지는 한국과 한국인에 대해 무지할 수밖에 없었다. 9월 9일 제20사단을 이끌고 서울로 들어온 하지는 그 이튿날 주한 미군 사령부를 설치하고 9월 12일에는 아놀드 소장을 군정 장관(軍政長官)으로 임명하면서 미군정을 본격적으로 시작하였다. 하지의 첫 임무는 종래 한국인들이 자치적으로 결속되어 조직된 인민위원회와 '표면적인' 정부조직이었던 인민공화국 모두를 불법화하고 미군정만이 남한의 유일한 합법기관임을 천명하는 것이었다. 한편, 제20사단을 중심으로 서울의 행정 및 치안을 빠르게 장악해가는 와중에도 미군의 한반도 진주는 계속 이어졌다. 9월 말경에는 제40사단이 부산에 입항했으며, 10월에는 제6사단이 들어왔다. 그로 인해 남한 전지역에 진주한 미군 병력은 1945년 11월 말경에는 총 7만 명에 달했던 것으로 추정된다."[1] 소위 우리가 '해방'이라 부르는 한반도의 정치

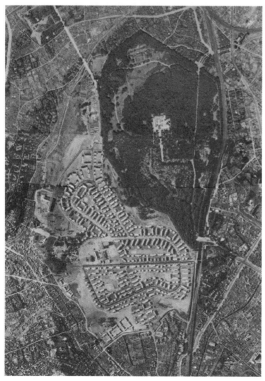

← 태평양전쟁 승리 후
일본을 점령한 미군의 도쿄 숙소
출처: Robert. V. Mosier,
『撮影写真資料(1946~1947)』

← 1947년의 요요기 공원 일대의   ↓ 미군 주둔지였던 일본 도쿄의
미군 주둔지역 항공사진   요요기 공원에 남겨진 주둔군 가족주택
출처: www.shiro1000.jp   출처: www.shiro1000.jp

적·군사적 힘의 변화다.

　　패전 직후 조선총독부는 미군정에 행정권을 넘기고 조선
에 거처했던 일본인들과 함께 자기 나라로 물러났고, 이 과정에서 일
본 정부와 일본인이 소유한 유형의 고정자산과 일부 금융자산이 조
선에 남을 수밖에 없었다. 남한에 진주하여 통치에 나선 "미군정은
군정 법령 제2호(1945.9.25.)와 제33호(1945.12.6)를 통해 귀속재산
을 접수하여 사실상 미군정 소유로 전환"했다.[2] 실질적으로 미국의
속지가 된 한반도와 일본을 다스리기 위해 미군이 당장 필요로 했던
것은 바로 자신들의 체제를 효과적으로 이식할 사람들의 일상적 거
주공간이었다. 한국에 7만 명, 일본에 35만 명의 미군이 주둔했으니
그들에게 제공할 숙소 마련은 그리 간단한 일이 아니었다. 이런 배경
과 필요에서 기획되고 공급된 것이 바로 'DH주택', '주둔군(미군) 가
족주택'이었다.

　　미군기지에서 밴드 활동을 한 고사카 가즈야는 자서전에
서 점령군의 주택 하이츠(heights)[3]를 다음과 같이 묘사했다.

　　기지에서 제일 가까운 작업장은 누가 뭐라고 해도 화이트
　　하우스였다. 현재 NHK와 국립요요기경기장을 합해 요
　　요기 공원 일대는 전부 미군의 가족용으로 건설된 주택들
　　로 채워졌다. 여기를 경비하는 공군병들의 숙사 빌딩도 있
　　었지만, 대부분은 단층집 또는 이층건물의 목조주택이었
　　다. 녹색의 페인트가 아름답고 광대한 부지에 산재하고 있
　　었다. 정비된 잔디밭 정원의 여기저기에 그네와 미끄럼틀
　　이 있었다. 빨랫줄에 달려 있는 세탁물조차 아름다운 전
　　망으로 비쳤다. 마치 전람회를 장식한 만국기 같았다. 포
　　장도로에는 LIMIT 15MPH(제한시속 15마일)의 표식에

맞춰 색색의 미국차가 느긋하게 오갔다. 정말로 꿈의 아메
리카 타운이었다. … 미군의 가족용 주택의 정식 명칭은
'Dependent Housing' 또는 'Dependent House'였다. 디펜
던트(dependent[s])에는 '부양가족'의 의미가 있다. 점령군
주둔의 경우, '가족용 주둔'(Dependent Housing)과 '군인
관사'(Troop Housing)가 구별됐다.[4]

일제강점기를 통해 그들이 남긴 여러 재산, 이른바 귀속재산을 처리
하기 위해 재무부에 설치된 외청인 관재청의 관료였던 신규식은 미
군이 살던 주택이 한국 고급 주택의 원형이 되었다고 회고했다.

해방 직후 군정청의 고관들이 가장 군침을 삼키며 욕심을
냈던 적산가옥(敵産家屋) 300여 채가 서울에 있었다. 모두
건평 100평이 넘는 대저택들이었다. 미군들은 군정이 실시
되자마자 이들 고급 문화주택을 군정청의 귀속 내지는 종
속가옥으로 지정하고 일반인들의 점유를 일체 허용치 않
았고, 연고권도 인정해주지 않고 마구 명도집행(明渡執行)
을 단행했다. 우선적으로 이 호화 주택에 들어간 것은 물
론 미군들이었고 그 나머지는 한국인 고위관리들이 차지
했다. 미군들은 이들 고급저택을 군정청의 관사라는 뜻으
로 디펜던트 하우스라고 불렀다. 이를 한국인들은 약자
를 따서 'DH 하우스'라고 불렀고, 이 말이 하나의 유행어
처럼 호화 주택의 별칭으로 시정에서 통용되었다. 따지고
보면 DH 하우스들은 일제시대 이 땅에 진출한 일본의 대
회사 중역들의 사택이 대부분으로 대지 200~500평에 건
평이 100평이 넘는 호화 주택들이었다. 최근에도 호화 주

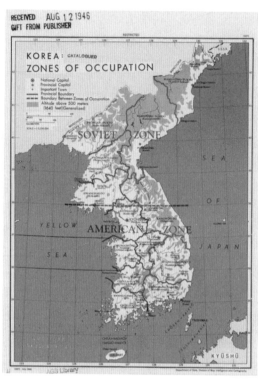

← 1945년 7월의 포츠담 선언에 의해
38선을 중심으로 분할된 한반도
출처: 미국국립문서기록관리청

↓ 미군 진주를 환영하는
인천 시민(1945.9.8.)
출처: 미국국립문서기록관리청

택이 말썽을 빚었지만 이들 DH 하우스는 서민들이 넘볼
수 없는 귀족사회의 별궁처럼 여겨지고 있었다. 서울 장충
동(장충체육관 앞), 신당동, 약수동(장충체육관과 한남동
으로 빠지는 길 사이 주택가) 등 3개 동에 이런 주택이 약
150채 정도 있었고, 나머지는 남산동, 청파동, 후암동, 신
교동 등에 흩어져 있었다. … 이 고급저택들 거의 모두 정
부 고관에게 불하됐으므로 관재청에서 일반 적산가옥보
다 가격을 낮게 사정(査定), 특혜를 주어 싼값으로 불하를
받게 해주기도 했다. 현재 우리나라 최대의 재벌 이병철 씨
가 살고 있는 장충동집은 당시 서상권 법무부 장관이 불
하받아 이 씨에게 팔아넘긴 것. 이처럼 오늘날의 고급 호
화 주택의 원류가 DH 하우스에서 출발한다.[5]

연합군 가족들의 주둔지 혹은 주둔지의 주택이 'DH 하우스'였다.
이들은 일본에서는 '꿈의 아메리카 타운'이자 '오늘날 한국의 호화
주택 원류'였다.[6] 엄밀하게는 군인 관사와 구분해 '주둔군 가족주택'
또는 '연합군 가족주택'으로 부를 수도 있다. 실제로, 일본을 점령한
연합군 최고사령관을 대신한 부관이 1946년 9월 12일 도쿄 주재 중
앙사무처에 보낸 명령서 「점령군과 그 가족들을 위한 주거시설을
한국에 건설하는 건」에서 이를 구분해서 사용했다. 한국에 주둔할
군인과 가족들을 위한 1만 채 주택자재 비용을 조속하게 처리할 것
을 일본에 요청하는 문건 「한국으로의 건축용 목재와 시멘트 선적」
(1946.5.20.)에서도 troop housing과 dependents housing을 명확하
게 구분하고 있다는 점에서 'DH 주택'은 '주둔군 가족주택'이나 영
외생활이 보장된 '미군장교 사택'이었다.

　　DH로 줄여 부르는 약어 가운데 D는 dependent(s)를 의

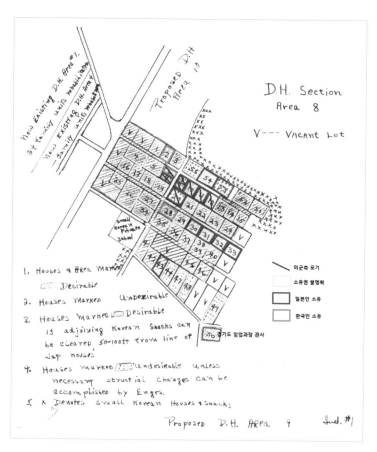

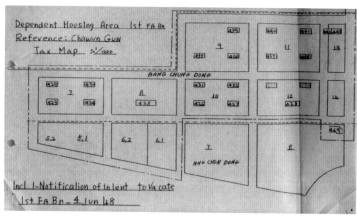

↑↑ 미 제24군단이 서울 신당동 DH Section 8구역 일대의 문화주택지를
소유권에 따라 구분한 기록(1947.11.24.)을 중심으로 필자가 도면에 표기
출처: 미국국립문서기록관리청

↑ 1945년 9월 25일 미군이 DH주택으로 접수한
진해의 일제강점기 관사 배치도(1948.6.10.)
출처: 극동군 최고사령부 RG 554 문건

미한다. 이 단어가 들어간 다른 어휘인 'dependent domain'을 뜻풀이한 사전에 따르면 '속지(屬地) 혹은 속령지(屬領地)'가 되니 DH를 그대로 옮기자면 '속(령)지주택'이다. 일본의 경우는 이를 '점령군주택'(占領軍住宅)으로 번역해 표현하지만 우리나라에서는 그런 주택 유형을 일러 먼저 정의하고 통용한 선례나 정해진 규범이 없고, 보통 'DH 주택'으로 부르곤 한다.

미군의 점령과
그 가족들의 이주

DH주택과 관련해 꼼꼼한 조사와 이에 바탕을 둔 연구 성과를 남긴 "일본에서는 1945년 12월에 GHQ(General Head Quarter, 최고사령부)가 일본 정부에 약 2만 호의 진주군(進駐軍) 가족용 주택을 건축하도록 명령했다. 이 주택을 디펜던트 하우징이라고 하였다. 건축 장소는 도쿄, 요코하마를 비롯하여 일본 전국에서 1만 6천 호, 조선 4천 호였다고 한다. 그 일환으로 1948년 6월에 나리마스비행장 터에 그랜드하이츠(グラントハイツ)가 준공되었고, 그 자료집으로 발간된 것이 『Dependents Housing』이라는 책자"인데[7] "일본을 주된 대상으로 하되 조선에서의 공사 내용도 게재하고 있다. 특히, 이 책의 제2장에 게재된 조선에서의 DH주택 공사 상황을 찍은 사진은 귀중한 자료"[8]라는 것이 일본인 저술가들의 견해인데 구체적인 내용은 확인하지 못했다.[9]

　　　DH주택에 관한 연구가 드물고 구체적인 조사와 기록이 충분치 못한 점은 아쉽지만, 한국의 경우엔 2012년 12월 국가기록원이 펴낸 『중요 공개기록물 해설집 V: 국세청·성업공사 편』에 담긴 내용이 향후 주둔군 가족주택에 대한 폭넓은 연구에 중요한 실마리

GENERAL HEADQUARTERS
SUPREME COMMANDER FOR THE ALLIED POWERS

AG 420 (12 Sep 46)GD
(SCAPIN - 1199)

APO 500
12 September 1946

MEMORANDUM FOR: IMPERIAL JAPANESE GOVERNMENT

THROUGH   : Central Liaison Office, Tokyo

SUBJECT   : Housing Facilities for Occupation Forces and their
                 Dependents to be Constructed in Korea

    1. References:

        a. Memorandum, C.L.O. No. 1456 (ET), subject as above, dated
28 Mar 1946.

        b. Memorandum, C.L.O. No. 2438 (ET), subject "Shipment of
Lumber and Cement to Korea", dated 20 May 1946.

        c. Memorandum for Imperial Japanese Government, AG 111 (18
May 1946)GD (SCAPIN- 967), subject "Japanese Budget for Fiscal Year
1946", dated 16 May 1946.

    2. The request contained in references 1a and b, above, that
materials shipped to Korea for construction of housing facilities for
Occupation Forces and their dependents be charged to the foreign trade
settlement fund is not favorably considered.

    3. In this connection, it is pointed out that reference 1c, above,
directed inclusion in the budget for the Japanese fiscal year 1946 of
the costs of materials required for troop housing and for 10,000 family
units of dependents housing, for use of the Occupation Forces.

        FOR THE SUPREME COMMANDER:

                                    John B. Cooley
                                    JOHN B. COOLEY,
                                    Colonel, AGD,
                                    Adjutant General.

← 점령군과 그 가족의 주택을
한국에 건설할 것을
연합군 최고사령관이 지령한 문건
(1946.9.12.)
출처: 일본국립국회도서관

↓ 미군정청 사법고문
헤러드(Herrod) 소령 내외가
DH주택에서 한복을 입고
조선인의 서빙을 받고 있다(1947.11.12.)
출처: 미국국립문서기록관리청

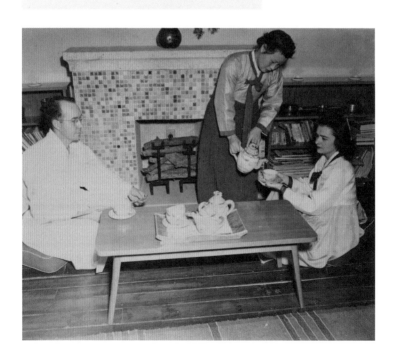

를 제공할 것으로 판단된다.[10] 미군정 실시와 관련한 귀속가옥의 처리정책을 언급한 연구 논문 또한 "[서울의] 고층건물은 특수한 관리 예규를 두고 관리되었다. 또한 고급 주택의 경우는 소위 'D·H'(Dependent House)로 이름 붙여져 미군정 관사들이나 미군 장교들의 사택으로 징발, 사용되었다. 재무부가 1958년 발행한 『재정금융의 회고』를 보면 'D·H' 건물로 지정된 재산(고급 주택, 호텔)은 총 419건이고, 그 후 '한·미 행정 협정'에 의하여 그중 27건이 미국 관리하로 다시 편입"[11] 됐다고 언급하며 국가기록원 해설집과 재무부가 펴낸 『재정금융의 회고』에 기대고 있다. 한편, 1953년 성업공사가 생산한 문건에는 "해방 전에 조선인이 소유하던 주택으로서 미군이 사용하던 것은 없었다"고[12] 언급돼 있어 보다 치밀한 확인이 요구된다.

확실한 것은 남한에 진주한 미군이 "「군정법령」 제2호(1945.9.25.)와 제33호(1945.12.6.)를 통해 귀속재산을 접수하여 사실상 미군정 소유로 전환"[13] 했다는 것이다. 귀속재산(歸屬財産), 약칭 귀재(歸財)는 해방 전 일제나 일본인 소유의 재산을 일컬으며, 광복 후 조선으로 '되돌려졌음'이 강조된 표현이다. 같은 뜻을 가진 '적산'(敵産)은 곧이곧대로 풀이하면 '적국의 재산'이니 조선을 착취한 일제의 존재가 부각된 표현이나, 귀속재산과 혼용했다. 여하간 귀속재산에는 관사(官舍)와 사택(社宅)뿐 아니라 조선에서 부동산임대업을 했던 기업가 개인이나 법인의 여관이며 호텔, 아파트 등이 포함됐다.[14] 물론 조선에 거주했던 일본인 개인의 주택도 예외없었다. 미군은 규모가 크고 관리 상태가 양호한 관사와 호텔 등을 그들의 거처로 삼았다. 이후 가족 동반이 허용됨에 따라 미군정의 자산으로 귀속시킨 가옥(적산가옥)[15] 가운데 일부를 동반 가족의 거주용으로 썼다.

이와 관련한 대한주택공사의 기록은 상당히 흥미롭다.

Louis M.Buckles	1st Lt.	12/17/46	395	364-9 Shin Dong Chung
James W.Burwell	1st Lt.	" " "	335	353-30 Shin Dong Chung
Lewis S.Clark	2nd Lt.	"/20/"	346	353-22 Shin Dong Chung
Frank A.Crown	2nd Lt.	"/17/"	371	429-1 Shin Dong Chung
Addison D.Davis	2nd Lt.	" " "	338	353-32 Shin Dong Chung
James P.Downey	1st Lt.	" " "	342	353-16 Shin Dong Chung
Charles R.Fletcher	1st Lt.	" " "	392	50-12 Tong Sa Hong Chang
Arthur L.Fluharty	1st Lt.	" " "	331	353 Ching Dong Chung
James N.Furr	1st Lt.	" " "	343	353-25 Shin Tong Chung
Robert W.Kile	1st Lt.	" " "	386D	Cap Apt.4 Bldg.5
James A.Knight	2nd Lt.	"/20/"	310	House 9 Cap Grounds
Paul H.Morgan	2nd Lt.	"/17/"	347	353-42 Shin Dong Chung
Harlod L.Osborne	1st Lt.	" " "	344	353-24 Shin Dong Chung
Don 6.Osterhout	2nd Lt.	" " "	374	429-1 Shin Dong Chung
Allen H.Parker	1st Lt.	" " "	333	353-66 Shin Dong Chung
Herbert L.Steigmeir	2nd Lt.	" " "	339	353-34 Shin Dong Chung
Lynn Stevens	2nd Lt.	" " "	337	353-32 Shin Dong Chung
Frank P.Theus	2nd Lt.	" " "	377	433-10 Shin Dong Chung
Jack F.Waldrow	2nd Lt.	" " "	380	353-43 Shin Dong Chung
Jeff S.Henderson	Lt.Col.	1/6/47	20	3-11 Chuk Chun Chung
McGinn	Capt.	1/7/47	386D	Cap Grounds Apt.Bldg.5 Apts.4

四百餘戶住宅에明渡令

新堂洞一帶住民들極度로不安

(세로쓰기 신문 기사 본문)

← 부산에 위치한 캠프 하야리아의 미군 주택지(1964년)
출처: 임시수도기념관,
『낯선 이방인의 땅 캠프 하야리아』(2015)

↑↑ 미군정 부 장관이 작성한 DH주택 목록 일부
(죽첨정, 신당정 내 주택, 용산아파트 등)
출처: 국사편찬위원회

← 서울 용산 미군기지 내 미군가족주택(1966.8.)
출처: 국가기록원

↑ 군정청의 주택명도 명령이 내려진
신당동 일대 400호 주민에 관한 신문기사
출처: 『한성일보』 1947.7.13.

↑ 한국에 주둔한 미군 가족이 최초로 인천항에
도착했다는 소식을 전한 1946년 9월 22일자 기사
출처: 『성조기』(Stars & Stripe) 1947.7.13.

『대한주택공사 20년사』에 따르면, "[1946년에] 침체 상태에 있던 (조
선주택)영단에 미군정청에서 주택 건설 요청이 있었다.[16] 해방 후 일
본인들이 물러갔을 때 그들의 고급 주택이 들어선 신당동, 장충동,
청파동, 후암동의 적산가옥에 난민들이 무질서하게 입주 점거했는
데 미군정 관리들이 그 가옥들을 수리, 사용하겠다는 것이었다. 따
라서 입주자들을 퇴거시켜야 하는데 미군정청이 공사비를 줄 터이
니 영단이 철거민이 입주할 주택을 지어달라는 요청"[17]이 있었다. 군
정 당국이 적산가옥을 정리하는 과정에서 상대적으로 고급이라고
판단한 주택은 군정 관리의 관사나 미군 장교의 사택으로 사용했다
는 사실을 확인할 수 있는 대목이다. 주택영단은 군정청의 요청에 따
라 고급 주택을 점유한 전재민들의 퇴거를 유도하기 위해 1946년 후
반부터 1947년 초반에 걸쳐 돈암동에 11호, 용두동에 14호, 안암동
에 24호, 신설동에 5호, 사근동에 11호, 홍제동에 8호의 주택을 지어
공급했다.

　　　　한국에 전재민 퇴거용 주택공급을 요청한 연합군은 동시
에 일본 정부에 한국으로의 건축용 목재와 시멘트 선적이라는 제목
의 공문을 한 통 보낸다. 미군과 그 가족이 지낼 주택 건설에 필요한
자재를 보내라는 내용이었다. 그리고 열흘이 채 지나지 않은 1946년
5월 29일 오전 10시 서울에서 미군정 공보국장 클린 중령이 성명을
발표했다.[18] 정리하면 다음과 같다. '미군 당국은 미국 장교 및 병사
의 가족 200~250세대를 금년 하반기에 [한국으로] 오도록 할 계획
이다. 해외에 근무하는 군인들이 오랫동안 자기 가족과 떨어져 있는
상황을 감안해 육군성은 장병 가족의 해외 주둔지 동반을 허용했
다. 지금까지는 소수의 군인이 가족 동반을 희망하고 있는 형편이다.
동반 가족의 50퍼센트 정도는 경성에, 나머지는 한국의 남부지방에
산재한 미군기지 근처에 거주하게 될 것이다. 동반 희망 가족들은 오

↑↑ 서울 용산 미군기지 내
가족주택지 항공사진(1954.8.27.)
출처: 미국국립문서기록관리청

↑ 용산 미8군기지 내 골프장(1960.6.4.)
출처: 국가기록원

→ Dependent House Type A-2
평면도 및 입면도
출처: GHQ, 『Dependents Housing』(1948)

→ 해방 직후(1948.8.30.) 제6공병단과
주둔군 가족주택이 들어선 부산의 미군기지
출처: 미국국립문서기록관리청

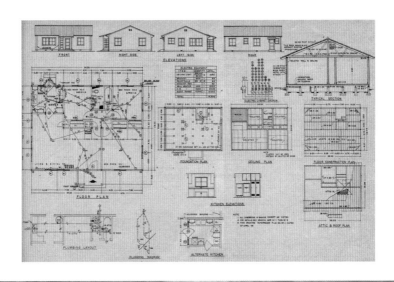

는 7월이나 그 이후에 조선에 도착할 예정이다. 이들 가족은 전쟁 전 일본인이 소유했던 가옥에 거주시킬 계획이었는데 대부분을 이미 미군이 점유하고 있다. 따라서 미군은 현재 조선 이외의 지역에서 획득한 재료로 이들을 위한 집을 짓고 있다. 새로 건축하는 미국인의 주택은 미군이 퇴거할 때는 조선 정부에 넘겨 조선의 주택문제 해결에 이바지하게 될 것이다. 미군 당국에서는 [이미 접수한] 일본인 가옥을 미국인이 사용할 수 있도록 개장(改裝)하고, 또 신축을 위해 미국에서 수입된 자재 외에 일본 정부에 재료 청구 수속을 한 바 있다. 미군의 조선 주둔은 단기간일 수도 있다는 판단에서 동반 가족들에게는 최소한도의 생활도구를 가져오도록 통보했다.'¹⁹ 같은 해 9월 12일 연합군 최고사령관은 다시 한번 일본에 1만 채의 주택 자재 비용을 조속히 처리하라고 요청한다. 주둔이 장기화되며 한국으로 들어오는 동반 가족이 늘어나자 미군은 주둔군 가족주택을 집단적, 표준적으로 건설하고자 했다.

  "해외 주둔 병력과 군인 가족 대부분은 흔히 '리틀 아메리카'라고 불리는 거대한 도시 규모의 주둔지에 거주한다. 람슈타인, 오키나와의 가데나 공군기지(Kadena Air Base), 평택의 캠프 험프리스(Camp Humphreys) 등이 대표적"²⁰이었다. "리틀 아메리카는 미국적 삶의 상징인 동시에 그런 삶의 과장된 모습이 되었다. 불규칙하게 뻗은 부지와 쇼핑몰, 패스트푸드, 골프장, 자동차에 의존하는 생활방식(군인은 해외로 무료로 자동차를 싣고 갈 수 있으며, 보조금 덕분에 휘발유를 아주 싼 값에 구입한다) 등 여러 면에서 리틀 아메리카는 빗장 동네(gated community)와 비슷하다. 건축학 교수이자 전직 공군 장교인 마크 길럼(Mark Gillem)이 '교외 복제품'(simulacrum of suburbia)이라고 지칭한 이 리틀 아메리카는 주변 지역의 생활상을 미묘하게 또는 노골적으로 규정하면서, 수용 국가에 미국 문화의 특정한 가치관을 제시하고 미군의 소비 습관을 반영하도록 지역 경제를 변모"[21] 시켰다.

3년이라는 비교적 짧은 기간 존재한 미군정에 비해 이들이 남긴 주택은 한국의 주택과 주택문화에 적지 않은 영향을 미쳤거나 미치고 있다. 당시 "중앙행정처가 서울에 350동의 주택을 2가지 평면 유형으로 건설한 사례가 있지만, 이 시기에 한국 근대주택에 영향을 준 것으로 알려진 주택은 미군주택(美軍住宅, Dependents Housing)이다. DH주택은, 1960년대 이후 지속적으로 지어졌으며 소위 '양옥'이라 널리 알려진 주택 유형의 근간으로 인식되고 있다".[22]

한국이 세계에서 세 번째로 미군기지가 많은 나라인 만큼 주둔군 가족주택 역시 그에 비례할 것이 분명하며, 남북이 여전히 대치 중인 상황에서 미군의 정보를 속속들이 살피는 데 한계가 있어 DH주택은 늘 호기심을 북돋는 대상이다.

미군기지 안팎의
DH주택 추적

1948년 8월 15일 대한민국 정부가 수립되고 그해 9월 11일 '한미 간 재정 및 재산에 관한 최초 협정'이 체결됐다. 이 협정의 주요 내용은 그동안 군정청을 내세운 미국이 보유했던 권리, 명의 및 이익을 새로 출범한 대한민국 정부에 이관하고(하지만 일부는 미군이 계속 사용하겠다고 했으며 이에 관한 내용이 협정문에 비교적 자세히 기술돼 있다)[23] 대한민국 정부는 미군정청과 과도 정부가 제정, 시행했던 법률과 규칙을 승계한다는 것이었다.

특히 협정문의 제9조를 구체적으로 부연한 부속서의 기(記)에 따르면, 한국은 미국의 요구에 응하며 미국이 관심을 가지는

↓ 한미협정에 따라 미국이
방대한 지역을 요구한다는 기사
출처: 『경향신문』 1948.9.19.

↓↓ 한미협정에 따라
미국영사관 일대 토지와 함께
미국이 공여한 기존 차관의
20분의 1로 상쇄된 반도호텔(1948)
ⓒNorb-Faye

한국에 소재한 한국 재산의 소유권을 무상 또는 양국 정부가 합의한 가격으로 양도해야 했다. 이 양도 대상의 상당 부분이 바로 DH주택이었으며, 그 목록은 다음과 같다.

(가) 미군가족주택 제10호 및 대지인 정동 1의 39, 1,362평, (나) 러시아인 가옥 제1호 정동 1의 39, 720평, (다) 현재 미국영사관 서측 공지인 정동 1의 9, 1,414평, (라) 현재 미국영사관 남측 공지 서울클럽 재산에 이르기까지 현재 미국영사관 곁으로 통한 도로의 일부인 정동 8의 1, 8의 3, 8의 4, 8의 5, 8의 6, 8의 7, 8의 8, 8의 9, 8의 10 및 8의 17, 53, 540평, (마) 미군 가족주택 제10호 및 러시아인 가옥 제1호 정동 쪽에 있는 삼각형 대지 및 그 대지에 있는 창고 1동, 가옥 3동 및 기타 건물과 서대문구 정동 1의 39, 1,675평, (바) 전 군정청 제2지구 전부 및 그 대지에 있는 약 43동의 가옥과 기타 건물로서 이 지역에 있는 식산은행 소유 재산 전부를 포함하며, 송현동 49의 1 전부. 사간동 96, 97의 2, 98, 99, 102, 103의 1, 104의 1 및 104의 2와 그 대지상의 기타 건물 약 9,915평, (사) 반도호텔 및 그 동측에 연접한 주차장인 종로구 을지로 180의 2, 1,944평 등이다.

이 밖에 미국의 임시로 무상 차용한 재산의 목록 또한 DH주택으로 수렴된다. 구체적으로는 (가) 군용지대 제1, 제2 및 제7호 내에 있는 특정 가옥 제1동 및 대지, (나) 각 호에 산재한 미인가족주택 제9호, 제109호, 제143호, 제218호, 제221호 및 미군숙사 제5호, 제10호 및 제11호, (다) 반도호텔 건너편의 삼정빌딩 및 대지, (라) 미공보관 및 대지(전 수도청 빌딩), (마) 제24군단 특무대지구, (바) 남대문 근처에 있는 제216 보급대용 콘크리트 제식고, (사) 미군 제7사단지구(서빙고)에 있는 56동의 가옥 및 대지, (아) 중앙청지구내에 있는 57동의 가옥, (자) 미군숙사 제32호(국제호텔) 및 미군

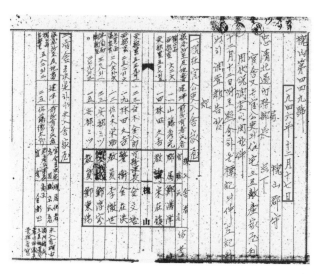

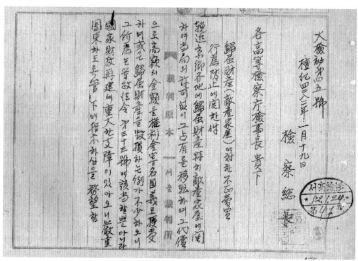

↑↑ 해방 후 괴산군 일대의
적산가옥을 점유한
관공리 조사 문건(1946.12.)
출처: 국가기록원

↑ 검찰총장이 고등검찰청 검사장에게 보낸
「귀속재산(적산가옥)에 대한
부정매매행위 방지에 관한 건」(1949.1.)
출처: 국가기록원

숙사 제24호(수도호텔), (차) 미군숙사 제23호(내자아파트)의 3동 건물, (카) 미군숙사 제38호(프라자호텔), (타) 영등포 미인가족주택 지대 제1지구의 사용가옥 8동 및 15동의 아파트 등이다.

이렇게 구체적으로 번지수까지 적시된 대지, 주택, 호텔, 아파트 목록을 미군에서 제시했다는 것은 이미 이들 건물을 DH주택으로 활용하고 있었다는 증거다. 미군에서 대한민국으로 정부가 이양됐음에도 DH주택은 여전히 미국의 것이었다.

실제로 일제강점기인 1935년에 미쿠니상회(三國商會)가 부동산임대업으로 사업 영역을 확장한 뒤 준공한 내자아파트(내자동 미쿠니아파트)도 해방과 동시에 당연히 미군정청에 의해 적산으로 분류됐고, 미군의 진주 후 그들의 숙소로 사용됐다.[24] 내자아파트가 미군숙사 제23호였음은 한미 최초 협정 부속 문건에서 확인된다.

손정목은 미쿠니아파트의 건립과 변화, 철거를 다음과 같이 정리하는데, 「한미 최초 협정」에 언급된 내용과 일치한다.

내자동 75번지에 세워진 미쿠니아파트는 연건평 647.45평의 4층짜리 본관 건물과 연건평 199.132평의 지하 1층 지상 3층의 별관 건물로 나뉘어져 있었으며, 본관에 독신자용 31호와 가족용 28호, 별관에 독신자용 2호와 가족용 8호가 있었다. 본관에는 별도로 사무실, 사교실, 오락실, 식당, 욕실 등이 갖추어졌고 별관에는 매점, 창고, 보일러실 등이 갖추어진 철근콘크리트 건물이었다. 시공은 시미즈구미(淸水組)에서 맡아 1934년 8월에 기공하여 1935년 5월에 준공하였으며, 일제강점기의 주거용 건물로는 최대 규모였다. 광복 후에는 내자아파트라는 이름으로 오랫동

안 미군용 숙소로 사용되었고, 1960년대 말에 한국인이
인수하여 잠시 호텔로 사용하다가 도로 확장으로 인해 철
거되었다.[25]

이와 관련된 기사가 『중앙일보』 1970년 6월 19일자에 실렸다. 기사
에 따르면 내자아파트라 불리는 이 아파트는 광복 이후 미군정청 장
교 숙소에서 여군숙소로, 한국전쟁 때에는 주한 경제협조처(Eco-
nomic Cooperation Administration in Korea, ECA)[26] 숙소, 휴전회
담 때에는 종군기자들의 취재본부로, 1955~1958년에는 유엔한국
재건단(United Nations Korean Reconstruction Agency, 이하 UN-
KRA)에서, 1961년까지는 미 대사관 경제조정관실에서 사용했다.
내자아파트는 해방 이후 1960년대 말까지 'DH주택'으로 사용됐다.
　　　이 밖에 부산의 DH주택 상황을 알 수 있는 자료가 있다.
당시 경상남도 관재처에서 작성한 2편의 보고서가 그것인데 하나
는 1949년 1월 30일을 기준으로 한 조사자료로서 「미군 사용 해제
재산처리 상황보고서」이며, 다른 하나는 1949년 4월 11일자 자료인
「미 주둔군 사용 해제 재산처리 상황 정례보고서 제출의 건」이다.
이 둘은 국가기록원 소장 자료 『부산 D.H. 목록』에 편철되어 있다.[27]
　　　첫 번째 조사 보고서에는 부동산을 (가) 주택, (나) 건물,
(다) 토지, (라) 미군 축조물의 4종류로 구분하여 미군이 사용 해제
한 재산에 대한 처리 상황을 보고하고 있다. 이 자료에서 주택 부문
을 보면, D.H.No.100, D.H.No.101처럼 D.H. 표기 뒤에 일련번호
가 붙은 82개의 주택 목록이 있다. 이 가운데 51개는 해방 전에 일
본인 개인이 소유했던 주택이며 나머지 31개는 금융조합연합회, 경
남도청, 법원, 미쓰비시 등 단체나 정부기관, 민간기업체가 소유했던
주택이다. 해방 전 조선인이 소유한 주택 가운데 미군이 이를 접수

해 사용했다는 기록은 발견할 수 없다. 대부분의 주택은 1948년 혹은 1949년에 사용계약이 해약됐는데, 새롭게 계약한 사람들도 있었다. 주한 미국사절단(AMIK) 18건을 비롯하여 판사 혹은 검사와 검찰관이 10건, 관재처 직원이 6건, 경찰 관련 인사가 6건 등이었다. 의외로 '미국' 타이틀을 단 AMIK보다 오히려 이전 미군정청 소속 한국인 직원이나 사법계, 경찰, 군인 등 정보에 민감하거나 상대적으로 사회 권력층에 있었던 부류가 기존의 DH주택에 입주한 것을 알 수 있다. 부산지역 DH주택은 남부민동(39건), 부민동3가(21건), 초량동(17건) 등 3개 동에 집중되어 있었다.

부산 내 미군 사용 해제 재산 중 '건물' 부문에는 부민동 2가, 충무로1가와 3가, 광복동1가와 2가, 범일동, 대교로2가, 대창동1가 등 주로 부산 시내에 산재해 있던 비교적 규모가 큰 사무실 혹은 공장 건물을 활용한 41건이 있었다. Port Club, M.G.Camp, B.O.Q. #1 Oriental Inn, CIS Qtrs, PX(1204), 71st Station Hospital, Finance Office같은 건물 이름에서 알 수 있듯 대부분 클럽, 병사(兵舍, camp), 장교 숙소(B.O.Q.), 호텔이나 여관, 병원, 각종 사무실로 쓰였다.[28] 미군이 남한에 준비 없이 들어와 주둔하면서 거주 시설을 이렇게 '징발'하다시피 해서 쓴 것은 미국이 한국을 독립적인 국가로 갈음하지 않고 패전국 일본과 거의 유사하게 여겼음을 보여준다.[29]

미군이 나중에 DH주택을 기지 내에 집단으로 새로 지은 후, 주변의 풍경이 확연히 달라지기 시작했다. 미군 기지 바깥에 양옥 주택지가 들어선 것이다. 미국인 빌 스모더스가 1958년~1963년, 그리고 다시 1965년~1966년 토목기술자로 한국에 파견되어 체재하는 동안 촬영해 공개한 사진[30]에서 이를 확인할 수 있다. 이 사진들을 대한주택공사가 쓴 다음의 기록과 함께 보면 흥미로운 사실을 알 수 있다.

New Itaewon Homes on Namsan Mountain, Korea, Winter 1959-1960

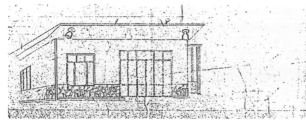

↑↑↑ 1959년의 이태원 외인주택
ⒸBill Smothers

↑↑ 1959년 겨울에 촬영한
남산 자락의 이태원 외인주택
ⒸBill Smothers

↑ 육군 공병단이 설계한
No-1형 외인주택 투시도
출처: 대한주택영단,
「이태원 외인주택 인수인계」(1957.1.)

↑↑ 육군 공병단이 설계한
이태원 외인주택(1957.10.31.)
출처: 대한주택영단,
「이태원 외인주택 인수인계」(1957.1.)

↑ 이태원 외인주택지구 배치도
출처: 대한주택공사,
『대한주택공사 주택단지총람 1954~1970』(1979)

↑↑ 이태원과 한남동
외인주택지 매각 광고
출처: 『동아일보』 1970.12.12.

↑ 1967년 5월 9일 개관한
용산 미8군기지 내 '서울 프렌드십 아케이드'
출처: 국가기록원

[1957년] 3월 1일에 [대한주택]영단은 국무원 사무처로
부터 서울 용산구 이태원동에 건설된 단독주택 168동
(185호)의 외국인 주택을 인수하였고 … 그 후 남산 외인
아파트 건설 재원을 확보하기 위해 118동(133호)을 민간
인에게 불하[했다].[31]

이른바 외인주택의 등장이다. 외인주택은 한국과 미국 양측의 정치
적, 정책적 필요에 의해 이태원과 한남동 일대에 집단으로 조성되었
다. 정부는 산업부흥국채 발행기금 또는 귀속재산처리적립금 중 일
부를 사용해 외국인 주택을 건설하고 관리했다.[32] 산업부흥국채 발
행기금을 기반으로 육군 공병단이 설계하고 중앙산업이 시공한 이
태원 외인주택지구 '아리랑 레지던시'[33]가 대표적이다. 이후 1955년
부터 대한주택영단이 외인주택을 관리했으나, 1970년에 들어 민간
에 매각되기 시작했다. 경제적 격차와 거주 방식의 차이가 확연했던
외국인들이 사용했던 주택은 시장에 나오자마자 고급 호화 주택으
로 인기를 끌었다.

　　　　이 맥락과 닿아 있는 사례 가운데 하나가 한미재단(KAF)
시범주택[34]이다. 미국식 생활의 이식을 전제로 교북동(현 행촌동)에
지어져 1961년 3월에 전세 광고를 냈는데, 전형적인 서양식 주택의
요소인 난방, 수세식 변소, 온수가 나오는 욕실, 양식 주방, 가구 부
착형 침실과 응접실, 자가 발전, 전화 시설, 주차장을 장점으로 내세
웠다. 재밌게도 입주 조건이 '서양식 생활에 익숙한 4인 이하 가족'이
었고, 외국인을 위한 영어 안내문도 함께 실렸다. 한국인에겐 단편적
이고 제한적으로만 접근 가능했던 DH주택이 한국전쟁 이후 외인
주택이란 이름으로 보급된 것이다.

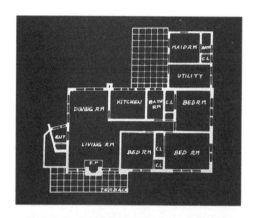

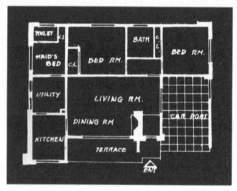

← 서울 용산구 이태원 외인주택 평면도
출처: 대한주택영단, 『주택』제5호(1960)

↓ 서울 용산구 한남동 외인주택 평면도
출처: 대한주택영단, 『주택』제5호(1960)

↓↓ 쓰루세(鶴瀬) 2단지(1962년 입주 시작) 안내도
출처: 고단워커(公団ウォーカー) 홈페이지

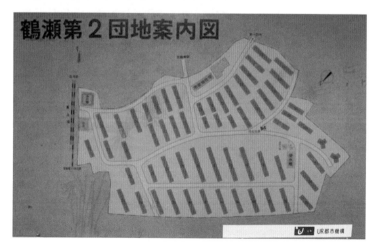

DH주택의
이해

구체적으로 알려진 적이 없지만 '리틀 아메리카'로 알려진 DH주택 밀집지역의 속사정과 일상은 입에서 입으로 부풀려 전해졌다. 때론 전혀 다른 사람들이 살아가는 신세계라 여겼고, 그런 풍문은 여럿을 거치며 자연스럽게 욕망의 대상으로 자리 잡았다. 물론 그곳에서 일상을 영위하는 장치로서의 주택 역시 부풀려져 담장 하나를 사이에 둔 곳이었으나 함부로 들고 날 수 없는 꿈의 공간으로 바뀌기 일쑤였다. 그 안에서 허드렛일을 하는 사람들을 선망의 눈으로 바라다보기도 했고, 우리가 누리지 못하는 다른 종류의 자유가 넘쳐나는 공간이자 장소로 이해했다. 100년 전 정동 일대의 외인촌을 풍문으로 들었던 이가 그곳에는 연어 빛깔을 한 꼬리 달린 이들이 살고 있다고 했던 것과 크게 다르지 않았다.

일본에 거주하는 미군 가족을 위한 주택단지는 이후 일본주택공단이 건설하는 주택단지의 본보기가 된다. 이를 토대로 1950년대 중반에 일본주택공단이 건설하기 시작한 주택단지는 수세식 화장실·욕실·식당·주방·베란다 등을 도입한 현대적 주택으로 동경의 대상이 되었다.

1950년대 일본주택공단은 한정된 예산으로 주택을 공급해야 했기 때문에 표준설계라는 이름으로 규격화된 건물을 건설했다. 표준설계로 비용을 낮출 수는 있었으나 건물의 개성을 살리기는 힘들었다. 1960년대 고도성장기에는 전문직 직장인을 대상으로 한 단지형 아파트가 널리 보급되었다. 1955년에 일본주택공단이 건설한 쓰루세(鶴瀬) 2단지 안내도를 보면 오른쪽 끝 돌출부의 Y자

↑↑ 1956년 8월 완공된 한미재단(KAF)
시범주택 가운데 하나인 행촌아파트
출처: 국가기록원

↑ 한미재단 시범아파트 전세 광고
출처:『경향신문』1961.3.8.

형 아파트와 일자 판상형 아파트들로 아파트 단지가 구성
되어 있다. 1950년대에 건설된 아파트 단지는 주로 5층짜
리 건물이었는데, 이는 엘리베이터 운용에 관한 주택 관련
규제에 따른 결과다.[35]

일본주택공단의 전신인 일본주택영단이 1941년 5월 설립되고, 식민
지였던 조선에는 그로부터 두 달 뒤 1941년 7월에 조선주택영단이
설립됐다는 점, 나아가 미군이 일본을 점령한 후 38선 이남을 순차
적으로 점령했다. 이로 인해 두 나라 모두에서 미국 문화에 대한 동
경과 선망이 발생했다는 사실 등을 전제한다면 한국의 상황 역시 앞
서 인용한 일본의 상황과 근본적으로 다르지 않으리라 판단된다.
       "한국인들은 군정 기간 동안 미국이 보여준 멸시적인 태도
에도 불구하고 미국에 대해 동경을 거두지 않고 신뢰를 지켰다. 거기
에는 한국전쟁이라는 계기가 작용했다."[36] 정치적인 이유를 떠나 한
국인들은 이중적 차별에서 자신을 해방시킨 미국을, 그리고 그들이
보여준 생활방식을 선망했고, 한국전쟁 이후에는 '공산진영과 자유
진영은 야만적인 전근대 문명과 인본주의적 근대 문명으로 대비되
어 대중들에게 선전'[37]된 까닭에 선망과 동경이 한층 강화됐다. 일제
강점기의 '문화주택'이 자연스럽게 '외인주택'으로 치환됐고, 일본을
경유하거나 그들이 번안하지 않은 상태로 직접 목격할 수 있는 서구
생활은 '문화'라는 표현의 애매성을 일거에 파괴했다.
       이 과정에서 두 가지 서로 다른 층위의 선망이 등장했다.
하나는 그들이 집단으로 일궈놓은 미지의 세계, 미군 기지에 대한
호기심이고, 다른 하나는 기지 밖 외인주택지에 대한 동경이다. 달
리 말하면 '풍요로운 단지'와 '개별 주택이 담은 고급의 설비와 색다
른 외양'에 대한 부러움이었다. 일제가 한반도 통제를 위해 조성한

↑ 한국인 남녀 하인이 미 24군단 DH에서
저녁식사를 준비하는 모습(1947.11.25.)
출처: 미국국립문서기록관리청

일본 군영은 여전히 출입이 아주 제한된 미군기지로, 각급 관청의
관사와 민간기업체 사택은 고스란히 집단화된 외인주택지로 전환되
면서 문화주택에 가졌던 양가적인 평가가 외인주택으로 전이되었으
니 외인주택과 결이 비슷한 DH주택은 오늘날 한국인의 주택에 매
우 의미 있는 참조적 선례라 할 수 있다.

주

1   차철욱, 「한국 분단사와 캠프 하야리아」, 『낯선 이방인의 땅 캠프 하야리아』(임시수도기념관, 2015), 15쪽; 미군 숫자 추정에 대한 내용은 이재범 외, 『한반도의 외국군 주둔사』(중심, 2001), 330쪽 재인용.

2   최상오, 『원조, 받는 나라에서 주는 나라로』(나남, 2013), 22쪽.

3   상대적으로 지대가 높은 구릉지역에 집단적으로 지어진 주택단지를 말한다.

4   니시카와 유코, 『문학에 나타난 생활사』, 임미진 옮김(제이엔씨, 2012), 75~76쪽.

5   신규식(3대 관재청장 서리), 「비화 한 세대: 경향 창간 30돌 맞아 발굴하는 숨은 이야기들」, 『경향신문』 1977년 10월 14일자.

6   재무부가 펴낸 『재정금융의 회고』(1958)에는 DH 하우스라는 말 대신 공관건물(D·H)로 표기돼 있다. 그리고 이를 '군정시 귀속된 재산 중 최고급에 속하는 주택 또는 빌딩 기타 남한에 주둔하고 있었던 미군의 숙사(宿舍)로 징발 사용하였던 재산으로서 1958년 4월 1일 「관재수속요령」 제21호 및 「미 주둔군 사용 해제 사무처리 규정」에 의하여 미국 정부기관에 무상 대여된 가옥 및 한인, 연합국인, 도 … 시유(市有) 건물로서 소유자에게 반환한 재산을 제외한 기타의 재산을 공관(D·H) 재산으로 지칭하고 있는바, 주로 외빈 및 정부 공관용으로 수급하기 위하여 특수대상 건물로 지정된 후 직접 중앙소관으로서 일반귀속재산과 같이 임차인 선정 후 매각 절차를 취해왔'(132~133쪽)다고 설명한다.

7   미태평양최고사령부 기술본부설계과(General Headquarters United States Armed Forces Pacific Office of the Chief Engineer)에서 설계한 내용을 일본 상공성공예지도소(Japanese Staff‒Design Branch Industrial Arts Institute‒Ministry of Commerce and Industry)가 편집하여 기술자료간행회(技術資料刊行會)가 1948년에 발행한 것으로 영문 제목은 'Dependents Housing'이지만 속표지에는 '연합군 가족용 주택 집성' (聯合軍家族用住宅集成)으로 표기됐다. 국가기록원, 『중요 공개기록물 해설집 V: 국세청·성업공사 편』(2012), 38쪽.

8   小泉和子·高藪昭·內田靑藏, 『占領軍住宅の記録(上)』, 4, 29쪽, 권용찬, 『대량생산과 공용화로 본 한국 근대 집합주택의 전개』(서울대학교 박사학위논문, 2013), 7쪽 각주 21 재인용. "애당초 계획은 2만 호의 주택을 짓기로 했고, 그중 조선에는 전체의 20퍼센트인 4천 호의 주택을 짓는 것으로 계획했으며, 이는 서울, 부산, 광주, 대구, 대전 및 기타 지역에 있는 군인 가족 총 1,582세대를 대상으로 하는 것이었는데 실제 지어졌던 주택의 개수는 파악할 수 없다"(『占領軍住宅の記録(上)』, 35~54쪽, 같은 글 재인용). 하지만 권용찬은 "DH주택의 경우 한국에 신축했다고 추정할 수 있는 근거는 있으나 신축현장에 대한 사진 등의 자료를 확보하지 못했다"고 밝히고 있다(같은 글, 14쪽 각주 56).

9   이와 관련해 발행연도가 알려지지 않은 것으로 Engineer Section FEC(Far Eastern
        Commission)에서 영문으로 발행한 *Dependents Housing*라는 책자가 존재한다는
        얘기도 전해지지만 확인하지 못했다. 1948년에 발행된 *Dependents Housing*과 동일한
        것이 아닐까 추측할 뿐이다.

10   이 해설집에서 DH주택과 관련한 구체적 내용은 20, 43~44쪽 등에 나온다. 이와 함께
        1958년 재무부가 펴낸 『재정금융의 회고』 역시 중요한 연구 자료로 삼을 수 있다.

11   김란기·윤도근, 「일제의 주거유산과 미군정기 주택사정 고찰(II)」, 『대한건축학회
        논문집』 제3권 제6호(1987), 85쪽. "미군정 관사나 미국 장교의 사택은
        'D.H'(Dependent House)로 분류된 주택을 징발하여 사용해왔다. 이들 주택은
        대부분 일제시대에 일본인 자산가들이 거주하던 고급 주택이었다. 재무부의 자료에
        따르면 'D.H'건물로 지정된 재산인 고급 주택과 호텔은 총 419건이었으며, '한미
        재정 및 재산에 관한 최초 협정'에 의하여 대부분 대한민국 정부에 이관되었지만 그중
        27건은 계속 미국관리 하로 두어지는 것으로 협약되었다"고 기술하고 있다(허수열,
        「귀속재산처리 관련 법령과 규정」, 『중요 공개기록물 해설집 V: 국세청·성업공사 편』,
        19~20쪽).

12   국가기록원, 『중요 공개기록물 해설집 V: 국세청·성업공사 편』, 42쪽. 이 내용은
        1953년 성업공사가 생산한 『귀속기업체 현황 및 중요재산 처리 개요 외』라는 제목의
        문서철에 포함된 『부산 D.H. 목록』 내 「미 주둔군 사용 해제 재산 처리 상황」이라는 조사
        자료를 근거로 삼고 있다.

13   최상오, 『원조, 받는 나라에서 주는 나라로』, 22쪽.

14   국사편찬위원회 전자사료관의 "Billets Received from HQ XXIV Corps.
        Commandnat's Office upon Activation"을 통해 서울의 주요 빌딩과 호텔, 아파트
        등을 미군이 어떻게 사용했는지 파악할 수 있다.

15   '해방 후 일본인이 물러가면서 남한에 남겨놓고 간 재산을 적산'으로 부르기 시작했다는
        통념에 대해 세심하게 살필 필요가 있다. 왜냐하면 일제가 조선을 식민지로 삼았던
        1941년 12월 22일에 이미 조선총독부법률 제99호로 「적산관리법」(敵産管理法)이
        제정, 시행됐고, 이 법 제1조 제2항을 통해 일제가 '적산'이란 용어를 먼저 정의했기
        때문이다. 해당 조항은 '이 법에서 적산이라 함은 적국·적국인·기타 명령으로 정하는
        자에 속하거나 그자가 보관하는 재산(사업이나 영업 또는 이에 대한 출자를 포함한다)을
        말한다'고 했다. 그러나 일제의 「적산관리법」 시행 후 얼마 지나지 않아 일본은
        패망했고, 그들이 적으로 규정했던 미국에 무조건 항복함과 동시에 일제의 모든 자산은
        군정청으로 귀속되어 오히려 일제의 재산이 미국에 의해 '적산'으로 바뀌었다. 1948년
        1월 15일 제정, 시행된 군정법령 제162호 「일본 적산관리인 명의 등기 말소에 관한
        건」과 같은 해 7월 12일 제정, 시행된 군정법령 제210호 「일본 정부에 의하여 적산으로서
        동결된 재산의 해제」에 따라 일본 소유권 등기는 말소되고, 적산은 군정청으로 이관되는
        절차를 밟는다. 국가법령정보센터 홈페이지-근대법령-적산관리법 검색 참조.

16   당시 조선주택영단은 자칫 민간에 매각되거나 폐지될 수도 있는 처지였다. 1946년

6월 군정청 주택국 폐지와 동시에 주택영단은 적산으로 분류돼 지방관서인 경기도 적산관리처로 이관됐기 때문이다.

17   대한주택공사, 『대한주택공사 20년사』(1979), 198쪽.

18   『동아일보』 1946년 5월 30일자.

19   군정청 공보국장의 발표대로 미군 장병 가족 189명이 미군 수송선을 타고 1946년 9월 8일 인천항에 도착한 뒤 9월 9일 상륙했다. 일제의 패망 후 승전국 군인이 인천으로 상륙해 남한에 진주할 때가 1945년 9월 8일이었으니 정확하게 1년 만에 주둔군 가족이 같은 항구에 도착했다. 동아일보 1946년 9월 10일자에 따르면, 이때 온 주둔군 가족의 대부분의 서울에 머물렀지만, 군정 장관의 부인이나 주한 미군 제7사단장 부인과 딸 등 군정청 관계기관의 가족 등 일부는 부산, 대전, 광주 등지로 이동했다. 주둔군 가족주택을 마련하기 위해 군정청 관재처는 과거 일본인 소유였던 주택 임대에 대한 특례를 마련해 이들 주택을 미군이 사용하고자 할 경우 기존 계약을 해지하도록 했다. 이 때문에 해방 후 이미 이 가옥들을 점유해 지내던 조선인 전재민들과 군정 당국의 갈등이 자주 불거졌다. 다음 장에서 자세히 다룰 신당동 명도집행 저항 사건은 유명하다.

20   데이비드 바인, 『기지 국가』(갈마바람, 2017), 76쪽.

21   같은 책, 78쪽.

22   『현대주택』, 1984년 8월호, 대한주택공사 주택연구소, 『공동주택 생산기술의 변천에 관한 연구』(1995), 7쪽, 권용찬, 『대량생산과 공용화로 본 한국 근대 집합주택의 전개』, 7쪽 재인용.

23   한미 간 재정 및 재산에 관한 최초 협정의 주요 내용은 국가법령정보센터 참조.

24   이에 관해서는 유순선, 「1930년대 삼국상회의 내자동 삼국아파트에 관한 연구」, 『대한건축학회 논문집』 제37권 제1호(대한건축학회, 2021), 117~124쪽 참조.

25   손정목, 『한국 도시 60년의 이야기 2』(한울, 2005), 274쪽. 내자호텔의 미국 점유와 사용에 대해서는 김석환, 「한미교섭의 이면사 간직한 내자호텔」, 『월간중앙』 1989년 1월호, 462~466쪽 참조.

26   1948년 12월 10일 체결돼 12월 14일에 발표된 '한미 원조 협정'에 따라 미국 정부는 한국 정부의 경제정책 전반에 막강한 권한을 행사할 수 있는 제도적 근거를 확보했다. 협정에서 한국 정부의 재정·금융·무역정책, 경제부흥계획 등이 미국 원조 당국과의 협의 또는 동의 아래 이행하도록 규정했기 때문이다. 이에 따라 미국 원조 당국은 미국 측이 공여하는 원조뿐만이 아니라 원조와는 무관하게 한국 측이 보유한 자원의 사용에까지 그 통제권을 행사했다. 이러한 미국의 권한을 행사할 기구인 주한 경제협조처가 1949년 1월 설치됐고, '한미 원조 협정'은 1961년 2월 28일 발효된 '한미 경제·기술 원조 협정'으로 대체됐다.

27   허수열, 「귀속재산 처리 관련 법령과 규정」, 42쪽, 그림 03 포함.

28   같은 글.

29 김란기·윤도근, 「일제의 주거 유산과 미군정기 주택 사정 고찰(II)」, 82쪽 내용을 일부 요약 정리한 것임. 이와 관련해, 차상철은 "미군정은 남한에서 무력적인 '지배자'의 모습을 드러냈다. 1945년 9월 7일, 맥아더는 포고문을 발표하고, 또다시 한국민에게 점령군에 저항하거나 공공질서와 안녕을 파괴하는 행위는 엄중한 처벌을 받게 될 것이라고 경고했다. 또한 군정이 계속되는 동안 영어가 남한에서 공식어로 사용될 것임을 선언했다. 이렇듯 미국은 한국을 일본과 마찬가지로 패전국으로 간주했던 것"(『미군정시대 이야기』[살림, 2014], 21쪽)이라고 쓰고 있다.

30 https://www.flickr.com/photos/smothers

31 대한주택공사, 『대한주택공사 20년사』, 217쪽. 이태원 외인주택은 조성철 사장이 이끌었던 중앙산업이 대부분 건설했는데 이와 관련해서는 이 책의 12장에서 자세히 다룬다.

32 같은 책, 213쪽.

33 『경향신문』 1955년 9월 27일자에 따르면, 때론 '아리랑하우스'라고 불렸다.

34 미국국립문서기록관리청이 소장한 1957~1958년 생산 문건에 따르면 이 아파트는 서대문아파트(West Gate Apartment)라는 이름으로 사업이 추진됐음을 알 수 있다.

35 백욱인, 『번안 사회』(휴머니스트, 2018), 240~242쪽. 이 글에서는 1955년 일본주택공단이 쓰루세 아파트단지를 건설했다고 기술돼 있으나 확인 결과 1962년부터 입주가 시작됐다. 고단워커(公団ウォーカー) 홈페이지 codan.boy.jp 참조.

36 이하나, 「미국화와 욕망하는 사회」, 『한국현대 생활문화사 1950년대』(창비, 2016), 139쪽.

37 같은 책, 143쪽.

8 전재민·난민 주택

1946

1945년 해방과 동시에 남북이 분단되면서 일거리를 찾아 만주나 일본으로 이주했다 돌아온 귀환동포(당시 이들을 일컫던 일반적 호칭은 전재민[戰災民]) 가운데 38선 이남으로 돌아온 사람은 대한민국 정부 수립이 이루어질 때까지 대략 160만 명으로 추산된다. 여기에 소련이 점령한 북한지역의 공산주의 체제에 동조하지 않고 남한으로 내려온 이들도 1945년 8월부터 1948년 8월까지 45~65만 명에 달했음[2]을 감안하더라도 70~90만 명의 일본인이 돌아갔음[2]을 감안하더라도 100~150만 명의 인구가 단기간에 불어난 셈이다. 이는 남한 총인구의 5~7퍼센트에 맞먹는 숫자였다. 남한의 농촌에는 이들을 수용할 여력이 없었으며 농사 지을 땅도 없었으니, 이들은 도시에 허름한 집을 얼기설기 지어 눌러앉을 수밖에 없었다.[3]

　　　　해방 이후 서울지역을 관할했던 미군정의 문서뿐만 아니라 모든 활자매체가 하루가 멀다 하고 소식을 다룰 만큼, 전재민 문제는 당시 가장 심각한 사회문제 가운데 하나였다. 일례로 1945년 9월 28일자 미군정 기록에 따르면 "영등포구 내의 모든 이용 가능한 빈집들은 전재민이 사용할 수 있도록 전재민 구호활동 책임자에게 이관되었고, 서울시청 후생부에서 지원하는 전재민 관련 회의에 모두 18개 단체가 초청되었으나 13개 지역 구호단체가 참석해 이들을 묶어 서울시전재민구호연합회로 조직했다".[4] 군정 당국은 민간의 각종 구호단체와 함께 문제를 해결하고자 같은 해 10월 15일까지 구호단체 신고 및 등록을 마쳐달라고 재차 권했다.[5]

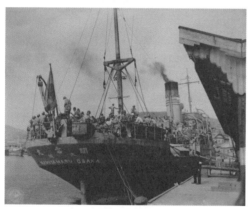

↑↑ 해방을 맞아
일본에서 귀환하는 한국인들
출처: 미국국립문서기록관리청

↑ 패전 후 부산항을 통해
일본으로 돌아가는 일본군
출처: 미국국립문서기록관리청

← 신고를 거쳐 확보한
일인가옥을 전재민에게
우선 공급한다는 내용의 신문기사
출처: 『조선신문』 1945.11.29.

이 와중에도 싼값에 집을 마련해주겠다며 전재민을 속이는 모리배들이 있었다. 서울시 사회과에서는 군정청과 협의하여 1945년 11월 21일부로 일본인이 소유했던 가옥을 매매하거나 관리하고 있는 이들은 1945년 11월 30일까지 일제히 신고하도록 했다. 이 조치를 시행한 배경은 아직 군정이 행정을 장악하지 못한 상황에서 투기를 일삼는 자들을 가려내고, 터무니없는 가격으로 집을 구매했거나 이미 집을 가지고 있으면서 이익을 좇아 여러 채의 집을 사들이는 부정 매매자의 가옥을 강제 징발해 전재민과 응징사(應徵士), 소개자(疏開者)[6]와 무주택자에게 공평하고 적당한 방법으로 제공하기 위함이라고 군정 당국은 밝혔다.[7] 이 조치는 매우 엄격하게 시행되었다. 급히 자국으로 돌아가는 일본인들에게 돈을 주고 구입한 정상적인 경우도 모두 무효화한 것이어서 민원이 끝없이 이어졌다. 군정 당국과 서울시는 일제 신고를 통해 확보한 일본인 가옥을 전재민에게 우선 공급하겠다는 의지를 표명함으로써 문제를 진정시키려 했다.

군정청은 전재민을 위한 주택 마련에 애썼다. 1946년에 이르러서는 장충단에 전재민 수용소를 개설했고, 서울의 영등포와 여의도, 의정부, 원주, 주문진 등에 간이주택을 이용한 전재민 수용소를 조성했다. 미군정 당국에 소속됐다가 적산으로 분류된 조선주택영단엔 자칫 영단이 적산기업으로 굳어져 민간에게 불하되거나 해체될지도 모른다는 위기감이 팽배한 가운데,[8] 미군과 군정청의 전재민 주택공급 방침에 적극 협력하며 기민하게 대응했다. 1946년 10월에 돈암, 안암, 북아현, 신촌, 용두지구 등 토지구획정리사업지구를 대상으로 152호의 전재민 주택 건설에 착수하겠다고 나선 이유이기도 하다.[9]

전재민 주택문제와 관련한 3가지 사례는 당시의 상황을

이해하는 데 도움이 된다. 하나는 일본인 우에하라 나오이치(上原直一)가 건설한 채운장(彩雲莊)아파트이며, 다른 하나는 군정 당국의 신당동 문화주택지 명도 명령과 관련해 전재민들이 군정 당국과 격렬하게 대립했던 사건이다. 나머지 하나는 1946~1947년에 벌어진 서울시와 군정 당국의 적산 요정, 유곽, 여관을 전재민주택으로 전환, 배정하는 과정과 관련된 것이다.

경성 제1의 아파트
채운장아파트

일제강점기 조선에서 사업가로 활동한 일본인 우에하라는[10] 『경성인물계』(京城人物界, 1933)와 『조선인사흥신록』(朝鮮人事興信錄, 1935)[11] 등에서 사업수완이 뛰어나며 착실하고 성실해서 머지않아 조선 실업계에서 큰 활약을 할 것이란 평가를 받은 인물이다.[12] 이런 평가의 근거가 되어준 것이 바로 채운장아파트다.[13] 그는 1930년 초에 광희문 밖 400평 대지에 100세대가 넘는 아파트를 독자적으로 설계하고 필요한 건축자재를 현장에서 제작해 시공한 뒤 1932년부터 냉방·온방 장치와 식당, 욕실 등을 두루 갖춘 아파트로 주택임대사업을 시작했다. 아직 본격적 임대사업을 시작하기 전인 1930년 11월 19일자 『경성일보』[14] 기사에서 '곧 그 모습을 드러낼 조선 제1의 아파트'라 불렀을 정도로 대규모 아파트였다. 경성부 동사헌정 38번지에 위치한[15] 이 아파트는 3층 건축물에 100여 개의 방을 갖춘 임대주택으로 1930년대 중반 경성의 아파트 가운데 최고 시설을 자랑했다. 신문에는 건설현장 사진도 함께 실렸는데 옥상이 될 4층 일부가 이미 모습을 드러냈고 곳곳에는 실내 칸막이용 블록이 쌓여 있다고 소개했다.

　　우에하라는 1927년경부터 아파트 사업에 힘을 기울였고, 5년 뒤인 1932년에 비로소 아파트 임대사업을 시작했는데 아파트 앞에 '채운장'이라는 고유한 명칭을 붙여 세인의 이목을 끌었다.[16] 아파트 준공 이전에는 '광희문 밖 아파트' 정도로 불렸지만 본격적인 임대가 시작된 후에는 대부분 '채운장'이라는 명칭으로 알려졌다. 마치 오늘날의 아파트 브랜드처럼 말이다. 이곳을 경성 제1의 아파트라고 했던 『경성일보』 기사에 채운장이라는 이름이 등장하지 않은 까닭이다.

　　이 아파트는 1936년 8월에 발간된 「대경성부대관」[17]에도 등장한다. 관공서와 주요 관사 등을 중심으로 경성을 입체적으로 그린 이 지도에서 채운장아파트는 이름도 없이 다소 흐릿하게 그려져 있어 단번에 찾기는 힘들다.[18] 미쿠니상회 직원 숙사와 임대용 주택으로 쓰였던 후암동 미쿠니아파트가 이름과 함께 여러 동짜리 건물로 세밀하게 표시된 것과 비교되는 점이다. 하지만 채운장아파트가 주변을 압도할 정도로 거대한 규모라는 것만큼은 확인할 수 있다.

　　1932년 준공 이후 40년이 지난 1972년까지도 채운장아파트가 최초의 모습을 거의 그대로 유지한 채 그 자리에 존속했다는 점이 흥미롭다. 서울특별시 항공사진서비스를 이용해 확인한 결과 1973년부터 일부 철거가 시작된 것으로 보이고, 1980년에 이르러서는 주변과 유사한 크기의 여러 개 필지로 대지 전체가 분할되면서 오늘에 이르렀다. 사실 확인이 필요한 많은 질문이 있지만 이렇다 할 기록을 남기지 않은 채 채운장아파트는 가뭇없이 사라졌다.

　　다른 일본인 소유의 기업체나 관사 혹은 사택이 그랬듯 채운장아파트는 해방 이후 거의 버려진 상태에서 미군정 당국에 수용되었고, 후속 관리가 온전치 않은 상황에서 전재민과 귀환동포 들이 점유하며 그들의 거처로 사용됐다.[19] 그러던 차에 서울역 앞 공

↑↑ 의정부 미군부대 구내와
인근에 설치됐던 전재민 수용소(1948.10.)
출처: 미국국립문서기록관리청

↑ 북측으로부터의 월남자 수용을 위해
미국과 한국군이 공동으로 운영했던
국립주문진이재민보호소(1948.5.25.)
출처: 미국국립문서기록관리청

↑↑ 콜로세움을 연상시킨다고 소개된
채운장아파트 건설 당시 모습
출처: 『경성일보』 1930.11.19.

→ 채운장아파트 항공사진(1972)
출처: 서울특별시 항공사진서비스

→ 전재민 입주를 위해 개수한
채운장아파트의 낙성 소식을
전하는 신문기사
출처: 『대동신문』 1946.8.1.

립빌딩에 자리했던 조선공제회의 회장이자 경성에서 사업가로 유명했던 조영(趙營)[20]이라는 인물이 등장한다. 그는 적산[21]을 인수해[22] 1946년 5월 초부터 7월 말까지 사비 386만 원을 들여 내부 수리와 식당을 보수한 뒤 1946년 8월 1일 이승만 박사와 윌슨 경성시장 등이 참석한 가운데 낙성식을 거행했다. 재단장한 채운장아파트는 고학생과 서북(西北)학생 기숙사로 사용됐다. 당시 발행된 여러 신문에서는 채운장아파트 낙성 내용을 사업가 조영의 미담으로 채웠다.

신당동 경성 문화촌
명도 명령과 전재민

각하, … 경기도 재산관리처의 니스벳 소령이 갑자기 10월 1일까지 현재 우리가 거주하는 주택의 명도를 지시한 것을 거두어주시기를 간절히 호소합니다. 우리는 이 명도령에 당황하고 있고, 또 귀하의 승인하에 발부된 것인지 의아해하고 있습니다. 그래서 감히 이 사안을 각하에게 직접 전달하려고 합니다. 곧 추위가 닥칠 텐데 지금 이 계절에 청천벽력과 같은 소식을 듣고 노인과 어린이, 가녀린 부녀자들은 어쩔 줄을 몰라 하고 있습니다. 우리는 당신의 동료 군인들이 우리 동네에 같이 사는 것을 달갑지 않게 여기는 것이 아닙니다. 당신네 미국인들에게 땅을 내놓지 않으려는 것도 아닙니다. 하지만 이곳의 거주민들이 모두 이미 너무 많은 고통을 받고 해외로부터 돌아왔고, 지금 양식 걱정과 입을 옷이 없어 고통을 받고 있는 것 또한 사실이 아닙니까? 우리는 이 불쌍한 영혼들이 살 집도 없이 어떻게 될지 이루 말로 다 표현할 수가 없고, 또 그들을 위해 어떻게 해야 좋을지 정말로 모르겠습니다. … 이 문제를 당신이 재고해주시고, 당신의 권한으로 이 명령이 가능한 한 빨리 철회될 수 있도록 해주시기를 간절히 비나이다.[23]

이 절절한 글은 신당동 일대의 주민들이 1946년 9월 21일 미군정 사령관 하지 장군에게 보낸 탄원서다. 1932년 8월 동양척식주식회사의 자회사 격인 조선도시경영주식회사가 분양을 개시한 뒤 '경성 문화촌'으로 불리던 주택지를 미군정 관리들이 사용하기로 하면서, 이곳을 점유하고 있던 난민들에게 퇴거 명령이 내려졌다. 일제강점기부터 신흥 주택지로 유명했던 일대의 적산가옥들은 점차 늘어나는 군정 관리나 미군 장교의 사택으로 지정되었고, 그 때문에 지금의 서울 중구 장충단공원 동쪽과 북쪽 일대의 전재민들과 마찰을 빚었다. 미군 가족의 동반 거주가 허용되면서 조바심이 난 군정의 밀어붙이기가 갈등 증폭에 한몫을 했을 것이다.

이런 이유로 미군정청은 1946년 조선주택영단에 주택 건설을 요청했다. 대한주택공사의 기록에 따르면, "해방 후 일본인들이 물러갔을 때 그들의 고급 주택이 들어선 신당동, 장충동, 청파동, 후암동의 적산가옥에 난민들이 무질서하게 입주, 점거했는데 미군정 관리들이 그 가옥들을 수리, 사용하겠다는 것이었다. 따라서 입주민들을 퇴거시켜야 하는데 군정청에서 공사비를 줄 터이니 영단이 철거민이 입주할 주택을 지어달라"[24]고 했다. 이렇게 지어질 주택엔 신당동과 청구동 일대의 전재민들이 들어갈 예정이었다.

적산이란 오명에서 벗어나 하루라도 빨리 제 살 길을 찾아야 했던 조선주택영단은 군정청의 요청에 따라 1946년 후반부터 1947년 전반에 걸쳐 돈암동에 11호, 용두동에 14호, 안암동에 24호,

Subject: A Petition.   Sept. 21st, 1946.

To: Lt. Gen. John R. Hodge,
     Commander General,
     U.S.Army in Korea.

Honored Sir:
          We, the residents of Sindang-jung, Aynggunam-jung,
Nammuhak-jung, Dongsahanjung, Seoul; with our hearty apprecia-
tions for your friendly works for Koreas' sake; beg leave to
appeal to you that we are unexpectedly instructed by Major
Nisbbet of the Kyunggi Do Property Custody Office that we are
to live in above mentioned locations no longer than October
the first.

          Yet, we are puzzled and cannot help wondering if
this notice is issued under your approval; so that we are now
taking liberty to bring the matter directly in your presence.

          At this junction of season that frost-biting
weather is never at hand, on receiving such a thunder-like
instruction, the aged and youngsters and feeble women folks
are in a loss of what-to-do.

          We do not mean to unwelcome your companies come
to reside among us; nor to refuse to give ground to your folks,
but is it not true that most of the residents in these parts
are from abroad, who have suffered too much already; not only
in anxiety for their food but also they have nothing to wear on
for the weather? We cannot find word to express what would
become of these poor souls without home to live in, and we are
really at a loss of what to do for them.

          We believe that your are quite able, with
materials, mechanics, machines and transporting means, to have
new buildings constructed in a brief of time.

          Would there be any further favorable design of
our deliverance from this dreadful question of this day!
Pray be so good to take this matter once more in your considera-
tion and favor us with your authority to have the order altered
at your earliest convenience.

          With great many appreciations in advance,

          We are,
                    The whole residents of
                         Sindang-jung,
                         Aynggu-nam-jung,
                         Nammuhak-jung,
                         Dong-saheun-jung,
                         Seoul.

↑ 1946년 9월 21일 신당동 일대 주민들이 하지 중장에게 보낸 탄원서
출처: 미국국립문서기록관리청

신설동에 5호, 사근동에 11호, 홍제동에 8호의 주택을 고급 주택에
서 퇴거하게 될 전재민들에게 공급하기에 이른다. 군정 당국의 명
도 요청은 주민 청원에도 불구하고 지속적으로 반복됐다. 급기야
1947년 7월 15일에는 미군을 직접 앞세운 명도 집행이 실시됐으나
주민들의 격렬한 저항으로 무산되었다. 바로 다음 날 무장한 헌병과
한국인 순경 200명이 출동해 다시 명도 집행을 시도했으나, 이 역시
주민들과 불안을 감지한 인근 지역민들의 극렬한 반대로 군정은 뜻
을 이루지 못했다. 이 과정에서 주민 50여 명이 부상당했다. 이 사건
은 결국 명도 집행에 대한 여론을 악화시켰고, 각종 정치·사회단체
가 이 사안에 개입하는 빌미를 제공했다.[25]

　　당시 민정 장관인 안재홍은 기자회견을 열고 전재민의 집
단적 저항을 맞아 전재민을 도시와 지방으로 분산 수용할 수 있도
록 수용소를 지을 것이며, 동시에 귀농을 권고한다는 방침을 밝혔
다. 특히, 전재민들이 의심을 가지는 명도 집행 후 불하에 대해서는
이 계획이 신당동 주택과는 무관한 일이며, 원래 적산은 연합군의
소유로서 미군이 관리권을 가지는 것이고, 장래에는 조선 사람들에
게 돌아갈 것이라고 덧붙였다. 주택을 불하해달라는 전재민의 요구
는 그저 희망에 불과할 뿐이라는 확인이었다.[26] 그러나 전재민주택
에 대한 군정 당국의 명도 집행을 둘러싸고 부정적 여론이 확산되면
서 결국 1947년 7월 17일 명도 집행 취소가 발표됐고, 7월 24일 오전
에는 군정 장관 대리 찰스 헬믹(Charles G. Helmick) 대장이 중앙청
출입기자단과의 회견에서 신당동 일인주택 거주자들에 대한 퇴거
명령은 당분간 보류한다고 공표하면서 일단락됐다.

　　임시방편으로 계획했던 전재민 수용소는 곳곳에 설치됐
다. 1946년 4월 2일에 서울 장충단 옛 일본 군영에 전재민 수용소가
개설됐고, 대구 등지에서도 이어졌다. 문제는 이들 시설이 임시수용

↑↑↑ 신당동 주택 명도 명령에 대해
집집이 '주택강탈 결사반대'
구호를 붙여 저항했다는 기사
출처: 『현대일보』 1947.7.15.

↑↑ 제2차 강제 명도 집행(1947.7.16.)에
저항하는 주민들 소식을 다룬 기사
출처: 『한성일보』 1947.7.17.

↑ 전재민을 위한 염가주택(1947.12.)
출처: 미국국립문서기록관리청

소여서 입소 후 5일 동안만 체류가 가능하고, 그 이후에는 입소자 스스로 거처를 마련하거나 고향을 찾아 돌아가도록 되어 있어 항구적 해결 방안은 아니었다. 신당동 주택 명도 사건도 이런 상황에서 발생한 것이다.

신당동 경성 문화촌에 대한 명도 집행이 전격 취소되고 20일 후쯤 언론에 소개된 답십리 전재민 수용소의 상황을 살펴보자. 일제강점기에 법률에 밝은 법조보조인을 양성하기 위해 설립됐던 답십리의 법정(法政)학교는 폐교 절차를 거쳐 전재민 수용소로 사용됐는데, 교사와 창고를 합친 5채의 건물 바닥면적이 250평가량이었던 이곳에 전재·이재 동포 2천여 명이 머물고 있었다.

넓은 교실과 창고에 질서 없이 거적을 깔고 또 세대와 세대 간의 간격을 거적으로 막은 곳도 있으나 대부분이 침구, 의복 등을 한 자(尺)가량 쌓아놓은 것이 각 세대의 거처를 구별하게 되었고, 심한 곳은 3~4세대가 한 평 반 정도 되는 거적 깔린 바닥을 공동으로 쓰며 잠자고, 음식을 끓여 먹고 있으니 결국 한 평에 여덟 사람이 거처하는 것으로서 누워 자는 것이 아니라 앉아서 지루한 밤을 새며 바꿔 입을 옷조차 없어 때 묻은 옷을 세탁할 수도 없는 딱한 형편이다. 마침 저녁식사를 마련하는 창백한 얼굴의 아낙네들은 밀가루 국수물을 끓이고, 빵을 찌고 이리하여 각 세대가 몹시도 분주하였다. 원래 빈손으로 고국에 돌아왔고, 또 38선을 넘어온 그들의 가재집기라고 변변할 까닭이 없고 냄비, 풍로, 깡통이 있을 뿐 현재 국민학교 150여 명, 중등학교에 6명이 통학 중이고 새롭게 국민학교에 들어갈 어린이도 200여 명이나 있다고 한다. 현재 구제해야 할 전재·

388

↓ 값싼 비용으로 공급한
군정기의 전재민주택지(1947.12.)
출처: 미국국립문서기록관리청

↓↓ 건설 과정에서 재정문제로 방치된
서울의 전재민주택(1948.3.)
출처: 미국국립문서기록관리청

이재동포들만 하더라도 서울 시내에 20여만 명이나 살고 있는데 시 당국에서 직접 구호하는 장충단 수용소와 같은 곳이 있지만 이미 기자들이 소개한 각 처 외에는 각 구에 집단적으로 혹은 분산적으로 인간 이하의 암담한 생활을 영위하고 있다. 자력으로 생활의 재건을 꾀해야 할 것을 그들이 모르지 않지만 아무런 힘이 없는 형편이라. 국가와 사회를 향한 부르짖음은 일치하여 우선 일자리를 달라는 것과 옷과 집을 주는 동시에 보건후생시설을 베풀어 구급처치를 하도록 해달라는 것이다.[27]

1947년 10월 8일, 서울시 고문인 제임스 윌슨 중령은 일본인 가옥 명도에 응한 사람들을 위한 대체주택 400호가 10월 중 완공될 것이라고 발표했다. 상대적으로 규모가 큰 경우는 한 채당 60만 원이 들었고, 작은 경우는 45만 원이 소요된 것으로서 안암동에 163호, 신당동에 96호, 왕십리에 15호, 충정로에 25호가 곧 마무리될 예정이고 나머지는 다른 곳에 건축하는 중이라고 밝혔다.[28]

　　신당동 주택 명도문제는 일단락된 것으로 보였지만 아주 교묘한 방법으로 계속됐다. 1947년 10월 14일 오전, 기마경찰 200명과 미군 헌병을 동원해 문제가 됐던 신당동 41채 주택 가운데 396-53번지 일대 4채의 주택에 대해 즉시 퇴거를 요청해 주변 10여 세대가 허둥지둥하는 사이에 미군 트럭이 들이닥쳐 이들의 가재도구를 앞서 윌슨 중령이 밝힌 왕십리와 북아현동, 안암동 방면의 이전(移轉) 처소로 무작정 옮겨버리는 사건이 발생하기도 했다.[29]

유곽, 요릿집, 여관을 이용한
전재민 대책

신당동 전재민 주택 명도 명령으로 분위기가 험악했던 당시, 많은 전재민이 토막(土幕)조차 차지하지 못한 상태에서 전국 여러 도시에 임시로 마련된 전재민 수용소에서 비참한 생활을 이어가고 있었다. 서울의 경우 장충단 전재민 수용소와 일제가 구축한 방공호를 오가는 전재민이 약 3만 명에 달했다고 전해진다.

　　1946년 겨울, 전재민 대책에 대한 각계의 요구는 극에 달했다. 곧 닥칠 겨울 추위를 어떻게 할 것이냐는 우려였다. 『동아일보』 1946년 11월 26일자는 이렇게 전했다. "군정 당국에서는 전재민들의 과동(過冬) 대책으로 움집을 지어주기로 발표한 것에 대하여 전재민실업자위원회에서는 방대한 가주택(假住宅) 건설비를 유효적절하게 안배하여 엄동에 들어가기 전에 입택(入宅) 수용할 수 있도록 하는 동시에 서울 시내 사찰과 유곽 등 왜인들의 여관집, 요릿집들을 적당히 이용하여 전재민을 수용하도록 각 방면에 요망하고 있다." 각종 전재민 구호단체가 모여 만든 전재민실업자위원회는 유곽이나 요정, 요릿집을 서울시와 군정 당국이 접수해 전재민에게 제공하라고 요구했다. 당시 서울시가 진행한 임시주택 건설로는 그 수요를 감당할 수 없으니 기존의 시설공간을 활용하자는 현실적인 제안이었다.[30]

　　전재민들은 거처만 없는 것이 아니었다. 당장 닥칠 추위를 견딜 옷가지도 없었으며, 먹거리뿐만 아니라 불을 피울 장작조차도 마련하지 못했다. 그럼에도 불구하고 서울시는 기자회견을 통해 '집이 없는 전재민은 그리 많지 않고, 방공호에 거처하는 사람들도 채 200세대가 되지 않는다'고 말했다.[31] 그러나 이러한 숫자는 당시 전재동포원호회 중앙본부가 자체 조사를 거쳐 발표한 전재민 10만

명, 제대로 된 옷가지를 가지지 못한 시급한 경우에 해당하는 동포 100만 명이라는 숫자와 큰 차이를 보였다. 당시 실상과 대처 방안의 격차는 대단히 컸다.

본격적으로 겨울이 시작된 1946년 12월 21일 서울시와 군정 당국은 13채의 요정을 우선 개방해 전재민들의 거처로 사용할 것을 결정하고, 12월 23일부터 전재민 2,460명을 수용하겠다고 발표했다. 1차 개방 대상으로 선정돼 영업정지 처분이 내려진 서울의 요정은 충무로 5곳, 회현동 5곳, 명동 3곳 등 13곳이었다.[32] 충무로, 회현동, 명동 등은 일제강점기 일본인들의 주된 활동무대였던 곳이다. 그러나 서울시의 이러한 구상은 계획대로 실현되지 못했다. 13개 요정의 개방 계획은 최종적으로는 7개소로 줄었고, 이로 인해 난정(蘭亭)에 들었던 동일자혜원 고아 70여 명과 경화정(京和亭)에 수용됐던 수십 명의 고아가 다시 쫓겨나 삼성학원(三省學院)에 마련된 임시 거처에서 추위를 견뎌야 하는 지경이 이르렀다. 이에 대해 동일자혜원과 조선기독교애육원 등의 관계자들은 이런 조치가 과연 '누구를 위한 개방이요, 누구를 위한 취소냐?' 물으며 '모리배와 특수 계급들의 음모굴인 요정을 존속시킬 이유가 과연 무엇이냐?'며 강하게 반발했다.[33] 결국 1947년 1월 14일 전재민 수용소에 있던 전재민들은 서울시장에게 다시 탄원서를 보내 전재민 거처 마련을 촉구했다.

해방의 감격을 안고 고대하던 고국강산을 찾아왔건만 따뜻한 손길을 보내는 이는 적고 임시정부 수립은 막연하다. 엄동설한에 밥을 옥외에서 짓고, 침소는 금침 없는 맨 널장판 위가 되니 슬프다. 아무 일도 아닌 것처럼 어려움을 겪는 와중에 지난해 12월 23일 당국의 13동 요정 개방 발표를 접견하고 감격의 눈물로 오랜 준비 끝에 출발할 시간

死線에 直面한 戰災民
當局의 無誠意에 失望

敵産接收코져 우二百世帶收容

천재민들의 애소롯는지 못듯는지 책임
문제의 二千五百圓짜리 土幕조차 아즉실
市當局의 성의돗차 여관二十六戶을 접수하야
우六일에야 市內日人격유곽을 여관나머지 번명책을 발표하엿
전재민약一〇〇세대를 수용한나머지 번명책을 발표하엿
더니 작금 전재민수용소 (樂忠복戰災民收容所) 와
市內각처방공호 (防空壕) 등을
약三萬전재민이 일부가 동사직전에
호소하는격이나 이것은 過半人身賣買禁止令이
지게까지 일보전진하야 그방한間식이라도 분여해주어
야할것분은 도리혀市當局의 전재민구제책에실
이겨내을 어디케지내나 천재민들의 당하고잇슬분이다
當局에서는 문제의 二千五百圓짜리 월시키지못하고잇어

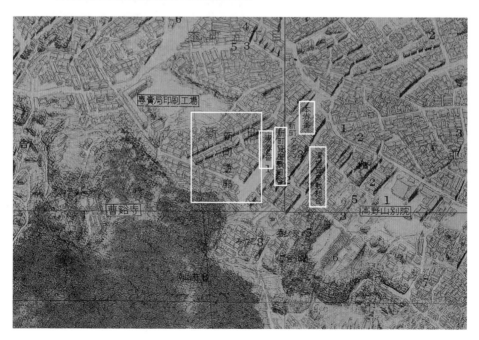

← 유곽을 비워 전재민 대책을
마련하겠다는
서울시 방침에 우려를 표한 기사
출처: 『수산경제신문』 1946.12.8.

↓ 「대경성부대관」에 표기된
신정유곽(新町遊廓)과
대좌부조합(貸座敷組合) 및
권번(券番) 밀집지역34
출처: 서울역사박물관

을 고대하였으나 요정 개방 취소의 보도![35] 또다시 우리 전
재자들은 암담한 설움을 품고 난방장치 불완전하고 협소
한 수용소에서 매일 영양 고려 전무한 동일한 부족량의 밀
밥으로 인하여 환자는 물론 사망자 연일 속출하여 이 밤
을 어찌 지낼까 하는 차제에 개방 취소된 요정 속에선 가
무 소리가 또다시 높으니 어찌된 사회이며, 이미 개방한
3곳의 요정 가운데 3분의 1의 방수는 시청 직원 및 업자의
점령으로 말미암아 반(半)직원합숙소가 되었으니 전재자
들을 위한 요정 개방이라더니 어찌된 사실인지요. 그리고
부러운 입장이나마 우리들에게 주는 각종 배급품은 어떻
게 소멸되었으며, 또 어떻게 배급될 것인지요. 과도기인들
집 뺏기고 옷 잃은 문자 그대로의 전재동포에 대하여 당
국조차 여사 냉정하니 이것이 내 동포며 내 고국이었던가.
이번에 수용소에서 겨울을 나는 것은 극난이오니 귀 단체
담당자들께서는 이상의 진상을 찰지(察知, 살펴서 앎)하시
고 긴급한 선책을 강구하게끔 적극적 협력을 하여 주시기
탄원함.　　　　　　　　　　　　　　　 1947년 1월 14일

신당동 주택에 대한 명도 집행은 그대로 진행되고, 유곽이며 요정,
요릿집 개방은 지지부진해지는 등 전재민을 위한 거처 마련 계획은
사실상 성과가 없었고, 남한은 한국전쟁을 맞이하기에 이른다. 그 결
과, 미처 해결하지 못한 전재민 주택문제에 전쟁난민 주택문제가 결
합하면서 구호용 원조주택이라는 이름이 등장한다.

쫓겨나는 戰災孤兒들

開放取消된料亭에서다시街頭로

누구爲한
開放이요
누구爲한
取消이냐

↑↑ 요정 개방 취소로 쫓겨난
전재고아의 형편을 다룬 기사
출처: 『동아일보』 1947.1.7.

↑ 한국전쟁 피난민이 지내던
부산 피난민수용소(1950.9.)
출처: 미국국립문서기록관리청

해방 후 전재민주택과
한국전쟁 후 난민주택

대한주택공사의 기록에 따르면, "미군정은 1946~1947년에 걸쳐 주택 건설에 약간의 업적을 남겼다. 보건후생부에서는 1946년에 3,921만 원을 서울시를 비롯한 각 도에 배당했는데 1947년 7월 15일 현재로 이 예산으로 각 도에 세워진 전재민주택은 2만 1,391호에 달했다".[36] 그 구체적 내용을 확인하기는 쉽지 않지만, 제대로 지어졌을 리는 만무하고 임시방편에 지나지 않았을 것이다. 일제의 식민지라는 정치적 상황으로 인해 나라를 등졌다가 해방 이후 되돌아온 귀환 조선인들은 엄밀하게는 전쟁으로 재난을 입은 건 아니었으나 '전재민'으로 간주되었다.[37] 한반도 바깥에 있다가 해방을 맞은 조선인들은 해당 국가 점령 권력의 불투명한 책임 소재가 맞물린 혼란스럽고 복잡한 국제 관계에 휩쓸릴 수밖에 없었다. 해방기의 귀환민은 난민으로 부유하게 되었고, 내국 난민은 자신의 국적국 영토 내에서 결코 보호받지 못한 채 국민과 시민의 변경을 떠도는 유랑자로 존재했다.[38]

　　　　1946~1947년 전재민주택 2만 1,391호가 지어졌다는 대한주택공사의 기록을 추적해보면 이렇다. 군정이 시작되고 얼마 지나지 않은 1946년 3월, 조선의 주택문제를 관장하던 미군정 산하 주택위원회를 통해 당국은 650만 원의 자금을 조선주택영단에 지원하면서 사용 계획서 제출을 요구했다. 당시 존립 여부에 대한 우려와 함께 자금 부족에 허덕이던 조선주택영단 내부에서는 이 예산의 사용처를 두고 임원진인 이사들과 실무자 격인 과장들의 의견이 엇갈렸다. 임원진은 1년 전인 1945년부터 미군정이 조선주택영단에 요구한 1만 호 주택 건설을 모두 난민주택으로 지을 것이 아니라[39] 국가 백년대계를 생각해 도시의 간선도로변이나 경부선의 연변에 근사한

문화주택을 지어야 한다고 주장했다. 반면 과장급들은 미군정의 자금을 시급한 구호주택(救護住宅)에 활용하는 것이 옳다고 맞섰다. 이상과 현실, 치레와 실리가 맞섰다.

그러는 사이에 "미군정청에서는 서로 의견을 달리하는 영단 측의 동태를 살피다가 반년 쯤 지난 뒤에 650만 원의 반환을 명했다. 영단 측은 명에 따라 그 자금을 미군정청에 반납했는데 미군정청은 이 예산을 각 도에 배분하여 구호사업에 사용했다".[40] 해방 이후 귀환동포와 북한에서 월남한 동포를 수용할 구호용 난민주택이나 간이주택에 활용했던 것으로 추정되는 대목이다.

이 과정에서 서울시 적산관리처에서는 적산요정을 (일부) 개방하였고 일본인이 경영했던 여관, 유곽 등도 (추가로 일부) 개방하여 전재민을 수용하는 한편, 서울 시내의 적산가옥 수를 정확히 파악하기 위해 각 세무서와 연락해 조사를 진행했다.[41] 귀환동포들을 위해 적산가옥을 전재민용으로 전환하는 데에도 상당한 자금이 동원됐을 것으로 보인다. 1946~1947년 2년 동안 2만 세대 이상을 모두 신축주택으로 채우기는 불가능했을 터이니, 대한주택공사가 말한 2만 1,319호엔 구호주택이나 후생주택 등 여러 명칭을 사용하면서 재정을 투입한 경우가 모두 포함되었을 것이다. 물론 전재민에게 개방된 적산요정도 계산했을 것이다.

1950년 한국전쟁 발발로 인한 피해로 집을 잃은 피난민과 피난 후 탈환한 지역으로 다시 돌아온 귀환자들을 뭉뚱그려 부를 때도 전재민이라는 용어를 사용했고 이들을 수용한 주택 역시 전재민주택이라 칭했다. 한국전쟁이라는 비상사태를 맞아 피난민을 임시 수용하는 구호용 거처를 제공하기 위해 "정부는 폐허가 된 서울에 운집하는 전재민의 주택난을 해소하기 위하여 시책을 입안했다. 사회부는 부산에서 「피난민 수용에 관한 임시조치법」을 발효시켜

경남 등지에서 시행하여 좋은 성과를 거두었는데, 수복 후에는 이것을 서울지역에도 발효시켰다."[42] 사회부 장관이 한국 정부로 이양된 귀속재산 가운데 주택, 요정, 여관 등의 건물관리인에 대하여 수용할 피난민의 규모와 기간을 정해 명령을 행사하도록 한 것으로서 해방 이후 전재민주택으로 개방했던 방식을 다시 되풀이한 것이다. 마치 해방 이후 미군정이 고급 주택이나 호텔, 여관 등을 미군 숙소로 징발하여 DH주택으로 전용한 경우와 유사하다 하겠다.

　　국토연구원의 자료에 따르면 한국전쟁 전에 328만 4천 호였던 남한의 주택 가운데 약 5분의 1에 달하는 59만 6천 호가 파괴되었다. 전쟁 기간 내내, 그리고 전후에 주택 복구는 무엇보다 시급한 사안이었다. 전쟁 중이었던 1951~1953년에도 정부는 "전재민 수용소, 월동용 간이주택, 후생주택, 복구농민주택, 수복지구 간이주택 등 총 8만 2,658호를 지었으며, 민간이 21만 6,344호의 주택을 건설했다".[43] 부산 피난 시절인 1951년 대한주택영단은 부산에도 전재민주택을 신축했다. "부산에는 피난민이 자꾸 운집하여 앞으로의 월동문제가 어렵게 되자 봄부터 전재민용의 구호주택을 짓기로 하고, 그 일부를 대한주택영단에 맡겼다. 영단은 이 구호주택 500호를 범일동과 영선동[44], 감만동 일대에 지었는데 12세대와 8세대가 이어진 칸막이 장옥이었다. 이 난민주택 건설에는 유엔한국재건단(United Nations Korean Reconstruction Agency, UNKRA)에서 질 좋은 루핑과 못, 미송을 제공했다. 건평은 1호당 4~5평에 지나지 않았다. 온돌도 없고 벽도 마루도 전부 나무로 지은 조잡한 것이었다. 주택의 공사비는 정부가 부담했고 전재민들은 무상으로 분배를 받았는데 부엌과 신발 넣는 곳은 입주자가 만들었다."[45]

　　전쟁을 피해 부산으로 피신한 사람들을 난민으로 이해했으니 그들을 위한 주택은 난민주택이라 불렸다. 이렇게 공급한 난민

↓ 1950년 12월 19일
함경남도 함흥시 흥남부두의 피난민들
출처: 미국국립문서기록관리청

↓↓ 1951년 8월 20일 서울 수복 후
서울 곳곳에 마련된 피난민 천막촌
출처: 미국국립문서기록관리청

주택이 장옥이었다는 사실은 사업의 시급함과 동원 가능한 자원의
부족을 동시에 확인시켜준다. 이후 화재나 홍수 등 각종 자연재해로
집을 잃은 이재민을 위한 임시주택도 허술한 가설 건축물이나 장옥
형식으로 지어졌다.

　　　정리하자면, 전재민주택은 구호나 구휼의 차원에서 지어
진 주택, 포괄적인 의미에서 '난민주택'이었다. 시기와 유형을 3가지
로 나눠보면, 먼저 일본 패망 이후 혼란기에 일본, 중국, 남아시아 등
지에서 귀환한 동포와 월남민을 대상으로 이루어진 적산가옥 개방
과 대도시 주변에 공급했던 염가주택을 꼽을 수 있으며, 이어서 한
국전쟁으로 인한 주택 파괴와 손실을 복구하고 전쟁으로 해체된 가
족과 실향민 등을 위한 원조주택, 임시주택과 피난민 수용주택이 해
당된다. 마지막으로는 1960년대 전후로 발생한 크고 작은 재난으로
거처를 잃은 사람들을 위한 난민주택이나 철거민 정착주택, 이재민
주택 등이 있다.

　　　이러한 구분은 공급 주체와 시기를 기준으로 보면 주택영
단의 일제강점기 시절 및 해방 후 시기, 주택공사 설립 이후와 대체
로 일치한다.[46] 점유 방식으로 본다면 단기 임시거처부터 분양주택
에 이르기까지 다양하며, 공급 방식은 군정 당국이 접수한 적산주
택처럼 일시 점유 후 불하를 거치는 기존 재고주택의 활용에서부터
신축에 이르기까지 폭넓다. 또한 물자와 자금 투여 방식도 여럿이다.
미국을 중심으로 한 유엔이나 국제기구의 원조물자를 이용한 경우,
자금이나 건축재료 제공을 통해 신축하는 경우, 임시 가설주택으로
조성한 후 후일 일반에게 분양한 경우에 이르기까지 매우 다양하다
고 할 수 있다.

　　　구호의 일환으로 지어진 전재민주택은 해방 후 미군정에
의해 각 도에서 공급한 난민주택과 전쟁이나 재해 혹은 재난으로 일

↑ 1952년 부산 피난 시절 대한주택영단이 공급한 청학동 난민주택
출처: 대한주택공사, 『대한주택공사 20년사』(1979)

상적 거주공간을 잃은 사람들을 위한 임시주택을 모두 포괄하는 것이다. 주택에 부여한 명칭은 사회적 관심이 반영된 것으로, 그 명료한 구분은 사실상 불가능에 가깝다고 하겠다.

전쟁고아를 위한 고아원

1954년 2월 1일 김해에 있던 육군공병학교[47]의 교육부장 로버트 엘리스(Robert R. Ellis)는 주한 미군사고문단(The United States Military Advisory Group to the Republic of Korea, KMAG)[48] 사무국 앞으로 '미군원조기구(Armed Forces Assistance to Korea, AFAK) A Project'라는 제목의 공문을 하나 보냈다. 1954년 2월 15일부터 3월 15일까지 한 달 동안 고아원 건설사업에 필요한 자재를 지원해줄 것을 요청한 내용인데, 이 문건에는 최초 'B Project'라는 이름으로 마무리했던 고아원 도면이 몇 장 첨부되었다. 이를 통해 전재민인 고아를 위한 거처 마련이 어떤 경로와 과정을 통해 이뤄졌는가를 가늠해볼 수 있다.

고아원 건설사업은 교실, 사무실, 숙소, 관리실, 세탁실과 우물 및 변소 등 모두 6동의 건물을 짓는 것이었다. 당시 대부분의 고아 수용시설은 일반 전재민 임시 거처와 다를 바 없이 천막으로 지어졌고, 이 안에서 관리 및 사무, 나아가 교육과 취침 기능이 모두 수행되었는데, 새로운 사업은 이를 각각의 공간으로 분리하는 목표를 두었던 것으로 보인다. 이에 따라 교실을 별도 건축물로 구성하되 필요에 따라 고아를 수용해 주거 기능을 담당할 수 있도록 했다.

또한 한국군 공병학교가 당시 시공하고 있던 사무용 건물의 바닥과 천장, 창문을 보완하기 위해 자재를 추가로 요청하면서,

→ 한국전쟁으로 인한 고아들(1954)
출처: 국가기록원

↓ 1957년 UNKRA 지원으로 조성된
서울 고아원
출처: 국가기록원

→ 1955년 5월 미군원조기구
자재 원조로 준공된 대구시청
출처: 국가기록원

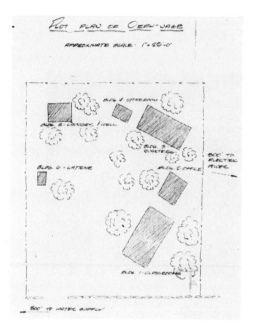

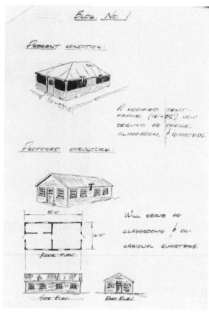

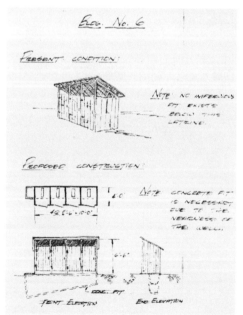

← 고아원 변소 관련 도면
출처: 미국국립문서기록관리청

↓ 부산 영산동에서 흙벽돌을
제작하는 모습(1952년 추정)
출처: 미국국립문서기록관리청

↓ 유엔 8201 공병단이 제작한
흙벽돌집(1952.5.)
출처: 미국국립문서기록관리청

↑ 한국전쟁 이후 서울에 설치된 월남민 정착촌(1954.12.)
출처: 미국국립문서기록관리청

고아들의 숙소에 주방을 덧붙이고 내벽에는 단열을 위해 판재를 보강할 것이라며 자재 지원을 요청했다. 그밖에 변소 시설이 누추할 뿐만 아니라 위생상 불결하고 용변을 보는 공간이 프라이버시를 유지하지 못한다는 판단에 따라 배설물이 지하구조물의 경사를 따라 모이게 해 처리가 가능하도록 지하 매설용 콘크리트 박스를 추가하고, 이용자가 개별적으로 출입할 수 있는 덧문을 개별 부스마다 설치하는 등의 위생 조건 개선계획을 담고 있다.

한국전쟁은 무수한 생명의 손실을 초래했다. 국가의 명령에 따라 전투에 참가한 이들의 상당수는 몸을 다쳤고, 수를 헤아릴 수 없을 정도의 많은 가족이 해체됐다. 국가는 이들을 치유해야 했고, 거처를 마련해야 했지만 상황은 좋지 않았다. 가장 쉬운 방법은 이들을 분류하고, 분류된 이들을 저렴한 비용으로 수용하는 것이었으며, 외곽지역을 택해 이들을 집단화하는 것이었다. 때론 자립이라는 이름을 붙여 국가의 도움 없이 스스로 생계를 이어가도록 했지만, 그들을 내몰고 집단화하는 것은 변함이 없었다. 1957년 마련된 서울 대방동의 미망인 정착촌이나 1958년 11월 서울 보광동에 건설된 상이용사촌,[49] 1961년에 조성된 서울 신길동 상이용사촌 등도 이와 다르지 않았다. 1961년 4월에 서울 중구 회현동에 상이용사회관을 만들어 이들의 자활 의지를 돕는 창구며 베이스캠프가 되도록 했던 것도 같은 맥락이다. 그 가운데 가장 유명한 사례는 미아리 난민 정착촌사업이다.

미아리
난민정착촌

1959년 11월 5일자 『성조기』(Stars & Stripes)[50]에는 서울 '미아리 정

착촌'에 대한 기사가 실렸다. 서울에서 북쪽으로 10킬로미터 떨어진 곳에 살던 이들은 2년 전까지만 해도 거처가 없었고 아무런 구호의 손길도 받지 못했지만 지금은 달라져 1천 세대가 넘는 교외주택이 지어지며 주민들이 희망에 벅차 있다는 내용이다.[51] 서울시와 유엔 경제조정관실(Office of the Economic Coordinator, OEC) 지역개 발부가 협력하여 전쟁 난민을 위해 추진한 '지역사회개발'[52] 선도사 업이라는 점도 더불어 강조했다.

　　1957년부터 시작된 미아리 난민정착사업은 신생독립국에 해당하는 한국에 미국의 생활 양식을 이식하고 민주주의를 고취시 켜 지역사회를 하나의 자발적 단위공간으로 재편하기 위한 사업으 로, 1955년 10월부터 인도, 파키스탄, 필리핀 등을 방문한 ICA 자문 관들이 주도했다. 이 사업의 또 다른 목표는 생활 개선 사항을 하향 식으로 전달하면 국민이 자발적으로 자신의 생활방식을 바꿔나가 도록 유도하는 것이었다.[53] 이런 까닭에 '자립, 자조, 참여'[54]의 정신 이 강조됐고, 능동적인 시민 권리의 회복을 위해 정부와 국민의 일 치단결을 도모하는 한편 진보와 안전을 추구했다. 따라서 미아리 난 민정착촌 조성사업은 미아리 일대에 국한되지 않는 '난민의 재정착 과 동화'(resettlement and assimilation of refugee)를 실천하는 선도 사업으로서 주거지와 더불어 교육, 보건, 위생 등 제반 사회문제의 혁신을 목표했다.

　　이 사업의 특징은 정착촌의 건립부터 마을의 운영까지 주 민에게 맡기는 시스템이었다는 점이다. 미국식 자조정신이 투영된 결과인데, 한편으로는 미국의 재정 부담을 줄이기 위한 방편이었다. 사업 진행 과정의 대강은 다음과 같다. 정부와 대한(對韓)원조기구 등이 정착촌 부지를 결정하면 전재민 50명 이상이 모여 정착촌 건설 과 이를 기반으로 한 경제 자립안을 포함하는 계획서를 제출하고 심

↓ 1959년 11월 5일자
『성조기』에 실린
미아리 난민정착촌 관련 기사
출처: 미국국립문서기록관리청

↓↓ *Miari A Pioneer Project in Assimilation*
and Community Development(1958)에 실린
1957년 서울시 난민정착사업장 개발 상황도
출처: 미국국립문서기록관리청

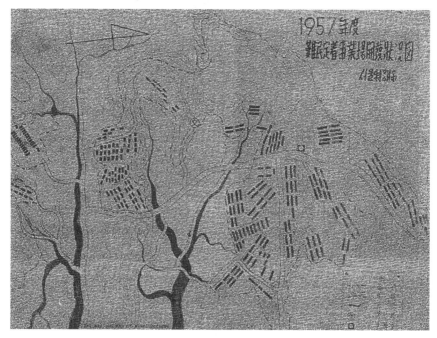

사에 통과한 조합은 원조기구가 제공하는 도구와 건설자재를 지급받았는데, 사업 전반을 관리·운영하는 기술교육 수강이 의무였다.[55]

    미아리 정착촌은 서울시가 먼저 32만 평의 부지를 제공하기로 했고, 정착촌 건설을 위한 노동력은 모두 전재민과 난민이 부담했으며 서울시 소속 기술자가 관리·감독을 맡았다. 정착촌에 들어올 수 있는 자격은 재정 여력이 전혀 없고 기본적인 기술과 노동력을 갖춘 경우라야 했다. 예를 들면, 트럭 운전이나 목수일이 가능하다거나 양계 경험이 있거나 간단한 농사를 지을 수 있어야 했다. 이런 기준에 따라 1957년 4월 12일 처음으로 50가구가 미아리 정착촌에 들어와 20개 그룹을 조직해 주택을 짓기 시작했다. 각 그룹에 목공, 시멘트, 콘크리트, 페인트, 타일 작업자가 고루 배치되도록 했고, 부인들도 손을 보탰다. 그해 여름엔 한국전쟁 중에 눈을 다쳐 앞을 보지 못하는 상이용사 10가구를 비롯해 총 17가구가 추가로 입주했다.

    작업이 진행되는 동안 한국 정부가 식사를 제공했고, 관리는 서울시 공무원이 맡았다. 이 밖에도 정부는 침구류와 의류를 지원했고, 경제조정관실에서는 목재와 시멘트, 못과 함께 농지 개척과 경작에 필요한 도구 500세트를 제공했다. 민간에서도 손을 보탰다. 가톨릭단체가 고기와 콩, 상당량의 분유를, 베트남에서는 쌀을 원조했다. 이렇게 진행된 정착촌사업은 최초 입주한 가구들이 36일 동안 50채의 집을 짓고, 다음 200여 명의 주민조직이 72일간 150채를 지음으로써 확장되었다. 1957년 12월경에는 900채의 주택이 미아리에 건설되었다.[56]

    미아리 정착촌의 20개 그룹이 결성된 후 얼마 지나지 않아 자조단위가 구성됐다. 각 그룹에서 선출한 사업위원이 2명의 보조원과 함께 사업 전반을 책임졌고, 아주 작은 사업단위를 책임지

↓ 미국 경제조정관실의
미아리 난민정착촌 관련
자문관 보고서 표지(1958.4.)
출처: 미국국립문서기록관리청

↓↓ 미아리 난민정착지 전경(1958.9.)
출처: 국가기록원

↓ 미아리 난민정착지 자조 관리구역(20개) 설정도
'Unclassified Subject Files – ca 1955~1961'
출처: 미국국립문서기록관리청

↓↓ 미아리 난민정착지 위생관리 구역 구분도(1959.10.)
출처: 미국국립문서기록관리청

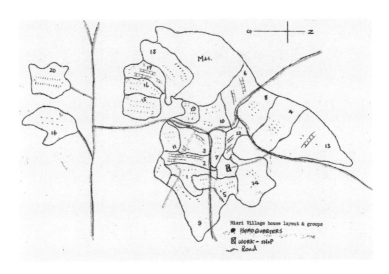

는 분과장들을 임명하기도 했다. 50세대로 이루어지는 하나의 그룹은 다시 10세대씩으로 쪼개 반을 꾸렸다. 반은 미아리 정착촌에 관한 각종 정보를 알리고 관련 교육을 진행하는 단위였으며, 각 반의 장을 선출해 운영했다. 정착사업이 마무리되면서 자연스럽게 지역사회를 운영하는 소규모 가게가 생겼고, 10~20세대마다 편물기 3대씩을 두는 가내수공업을 시작하기도 했다. 식료품점 4곳을 포함해 정미소와 목공소가 들어섰으며 이발소 한 곳이 자생적으로 등장했다. 1958년 초에는 의사와 간호사, 약사 등으로 구성된 제법 수준이 높은 사설 의원이 등장했는데, 여전히 많은 사람이 의료비를 감당할 수 없는 형편이어서 주민이 부담하는 비용은 매우 저렴했고, 경우에 따라서는 아예 비용을 받지 않는 일도 빈번했다. 정착촌에 사는 40대 중반의 여성은 1957년 여름 이후 아기 200명의 출산을 돕기도 했다. 경제조정관실과 한국 정부는 안정된 정착지를 기반으로 토끼 농장 사업을 궁리했다고 1958년의 보고서는 전한다.

　　2년 후 미아리 정착촌에는 최초 정착민의 반 정도만 남게 된다. 1958년의 보고서가 밝힌 밝은 미래와 달리 정착촌에서의 생계가 불확실해 주민들이 나은 일자리를 찾아 중심 시가지로 떠났기 때문이다. 당시 난민촌의 주택은 1959년 시세로 10만 환에서 25만 환 사이에서 거래됐고, 교통이 편리하고 전기 공급이 원활한 경우는 35만 환까지 거래됐다고 한다.[57] 외곽지에 이룬 집단 주거지는 일상을 지원하지 못했다.

　　1960년대에 들어서며 난민이나 전재민 정착사업은 기대와는 다른 방향으로 흘러가기 시작했다. 원조기관과 정부 등의 협력으로 조성한 정착촌이 해방 이후 혹은 한국전쟁 이후의 난민수용소와 다를 것이 없었고, 마을의 자조조직으로 만들어진 조합이나 그룹의 지도자들이 자신에게 주어진 권리를 남용하면서 크고 작은 사회문제를 일으켰다. 정부나 원조기관의 물자를 개인적으로 착복하거나 조합 명의의 융자금을 전용하는 등 비리가 빈번하게 발생했다. 특히, 일부 조합장들은 자신의 경험을 바탕으로 여러 곳의 난민촌 조성사업에 개입해 무상으로 제공되는 부지를 이용해 개인사업을 벌이거나 난민들에게 지급되는 구호 식량을 횡령하는 일도 있었다.[58] 그럼에도 불구하고 정부와 서울시 등 대도시에서는 난민정착촌 조성사업이 계속됐고, 특히 서울시의 경우는 1960년대 중반 이후 서울에서 벌어진 도시미화사업과 도로 개설 등을 이유로 판자촌 철거민을 시 외곽 정착촌에 몰아넣으며 이 사업을 강화했다.

1960년대 들어 바뀐
재민주택의 의미

1960년대 들어서는 화재나 집중 호우 등 예기치 않은 자연재해로 인해 거처를 잃은 사람들을 위한 응급주택을 '난민주택'에 포함시켰다. 이와 관련해 1966년 4월 19일 "서울시는 봉천동 수재촌민에 3천만 원의 예산으로 난민주택 188동을 짓기로 하고 9월까지 완공을 목표로 공사에 들어갔다. 이 난민주택의 면적은 9.91제곱미터(3평)로, 완공 후 봉천동 난민 752가구가 입주했다"[59]는 기록이 있다. 또한 1969년 숭인동 판자촌 화재로 발생한 이재민 200가구를 수용할 목적으로 영등포에 조성되었던 임시 주택지도 '난민촌'으로 불렸다.[60] 이 시기 전재민주택, 구호주택, 난민주택은 불가항력에 의한 피해로 발생한 유랑가족을 위해 임시로 지은 천막이나 간이주택이었다. 전재민, 난민이란 이름과 한국전쟁의 고리는 점차 옅어졌다.

　　봉천동과 영등포 난민주택 조성은 5·16 군사정변 이후 서울시장에 취임한 김현옥 시장 재임 시절 있었던 일이다. 당시 서울은

↑↑ 서울 대방동 미망인 정착촌(1957.4.) ↑ 서울 신길동 상이용사촌(1961.9.)
출처: 국가기록원 출처: 국가기록원

대대적인 도시개조사업을 진행 중이었다.[61] "늘어나는 인구를 수용할 시가지 개발, 교통, 상하수도의 개선에 필요한 사회간접자본의 뒷받침이 없는 공황 상태에 서울시가 머물고 있을 때 부산시장 출신의 김현옥 씨가 서울시장에 임명"되었다.[62] 그는 1966~1970년 임기 동안 '돌격 건설'을 시정 구호로 삼고 서울의 대수술을 진행했다. 세운상가와 낙원상가, 한강변에 건설된 강변아파트와 강변도로, 여의도 개발과 청계 고가도로 건설 등이 그 결과물이다. 그리고 이때 또 다른 난민이 발생했다. 서울시의 도시개조사업 탓에 내몰린 철거민들이었다. 이들은 미아리 정착촌이 그랬듯 외곽으로 끝없이 밀려났다.

　　　슬프게도 이 시기에 조직을 재편한 대한주택공사는 난민주택이나 구호주택을 사업의 우선순위에서 삭제했다. 한국전쟁 직후인 1953년에 지어진 후생주택은 건평 9평에 방 2칸과 마루 한 칸, 부엌 한 칸이었고 총공사비 12만 환을 10년 연부로 상환하는 조건으로 공급되었다. 입주 조건은 ① 서울시에 전쟁 전에 주택을 소유하고 거주한 자로서 사변으로 인하여 주택이 전소 또는 전파되어 현재 주택이 없는 자, ② 극빈 피난민, ③ 반파된 주택 소유자였다.[63] 사실상 경제 기반을 상실한 사람에게 우선순위가 주어졌다. 그런데 대한주택공사 출범 1년 후인 1963년 공사는 "종전과 같은 난민용 주택이나 구호주택과 같은 사회후생적인 면에서 진일보하여 일반주택수요자를 위한 적극적인 주택 건설로 그 방향을 바꾸었다".[64] 설령 한국전쟁이라는 절망적인 상황을 얼마간 극복했다는 판단에 입각한 결정이었을지라도, 공공재정을 바탕으로 공공기관이 짓는 공공주택을 사실상 시장논리에 맞게 운영하겠다는 말이었다. 경제개발5년계획이 이런 전환에 영향을 미쳤음은 말할 것도 없다. 그렇게 전재민주택, 구호주택, 난민주택의 이름을 갖던 후생용 구호주택의 명맥은 서서히 사라진다.

← 수재를 입은 서울시 봉천동 일대의
난민 천막촌(1966.4.)
출처: 국가기록원

↓ 봉천동 난민주택(1966.11.4.)
출처: 서울성장 50년 영상자료

↓↓ 남원 수재민 구호주택(1961.8.)
출처: 국가기록원

1970년대
재민아파트

정부의 주택정책을 현장에서 지원한 대한주택공사의 기록에 따르면 재민(災民)아파트가 등장한 것은 1977년이다. "[1977년] 7월 9일 경인지역에 수해가 발생하자 박 대통령 각하의 지시에 따라 [대한주택]공사는 8월 말에 준공된 909호의 아파트 중 13평형 642호를 12월 31일에 이재민들에게 일반입주자보다도 경감된 월세 1만 7천 원의 임대료로 입주시켰다."[65] 이들을 위한 아파트가 한창 지어지던 때인 11월 11일, 전라북도 이리시 이리역(지금의 익산시 익산역) 구내에서 화약을 가득 적재한 열차 폭발사고가 발생했다. 박정희 대통령은 12월에 이리역 폭발사고 재해지구를 시찰하면서 재민아파트의 건설을 지시했고,[66] 대한주택공사는 대통령 지시내용을 시급하게 수행하기 위해 동절기 공사를 할 수 있는 기술과 장비를 갖춘 국내 굴지의 5개 건설회사(현대건설, 동아건설, 삼환기업, 삼부토건, 대림건설)를 시공자로 선정하여 12월 5일 이리 현장에서 기공식을 가진 뒤 9개월 만인 1978년 7월 7일에 이리시 모현동에 13평형 아파트를 준공하고 다음 날인 7월 8일에 준공식을 가졌다. 우리에게 익숙하지 않았던 재민아파트가 등장한 배경이다.

　　　　　다른 일도 있었다. 1978년의 일인데, 그해 9월 4일 오전에 서울시 서초구 반포주공 2단지 213동 11번 기계실에서 중앙집중공급용 가스 폭발 사고가 발생해 입주민 6명이 사망하고 21명이 부상을 입었다. 대한주택공사는 "인명과 재산 피해에 대해서 가능한 한 보상해줌으로써 사고 수습을 단기일에 마쳤다. 그리고 보상을 한 금액에 대해서는 시공회사인 동아건설로부터 구상을 받았다. 또 피해 동은 동아건설의 책임하에 완전 복구하였고 이를 분양한 대금으로 재해민을 위하여 같은 단지 내에 별도의 동을 신축했다".[67] 이 역시

↑↑ 서울 응암동
귀순동포주택 입주식(1966.10.)
출처: 국가기록원

↑ 이리역 폭발사고 후
재민아파트 준공 후 관계자 시찰(1978.7.)
출처: 국가기록원

재민아파트라 부를 수 있다.

　　이처럼 특별한 재난이나 재해를 맞아 집을 잃은 사람들을 위해 별도의 지역에, 혹은 기존의 주택 가운데 일부를 특별히 할당하여 공급하는 전재민주택은 1970년대 중반 이후에는 일반 주택과 아파트의 임대와 분양 과정에서 우선권을 부여하는 방식으로 전환된다. 예를 들어, 1979년에 춘천이나 울산 등 주요 지방 도시 8곳에 건설하고 있었던 8~13평형 임대아파트의 경우 "부양가족이 있는 무주택자로서 원호대상자, 철거민, 공단근로자, 재해민들에게 우선권을 주었다".[68]

　　재민이나 난민은 질곡의 한국 근현대사를 통해 어렵지 않게 떠올릴 수 있는 호칭이다. 해방 이후 유곽이나 요릿집에서 미래를 전혀 가늠할 수 없는 불안하고 비루한 삶을 곱씹었던 이들의 거처였으며, 한국전쟁의 와중에 해체된 가족이 뿔뿔이 흩어진 채 고단한 일상을 견뎌내야만 했던 절망의 공간이었다. 때론 홍수나 화재 등 예기치 않은 재해를 당해 허겁지겁 세간살이를 옮기고 자신의 삶을 원망했던 불운의 공간이거나 크고 작은 정치적 이유로 내몰림을 당했던 배제의 장소이자 불온의 공간이기도 했다. 그러나 무엇보다도 다시 성찰해야 할 것은 이들의 공간적 절연과 집단화는 늘 낙인이 됐다는 사실이다. 포용을 부르짖으며 우리 스스로 배제를 거듭했던 역사의 현장이었던 것이다.

주

1   유민영, 「미군정기의 사회·경제·문화」, 『한국사(신편)』 제53권(국사편찬위원회, 2002),
230~232쪽.

2   조선에 거주하다 고국으로 돌아간 귀환자들에 대한 일본인들의 시선은 곱지 않았던
듯하다. 1925년 7월 서울 평동의 적십자병원에서 태어나 조선을 떠난 적이 없이 살다가
패망으로 가족과 함께 스무 살에 일본으로 돌아간 만리코(万理子)의 기억을 채록한
그의 딸 사와이 리에(澤井理惠, 1954년 히로시마 출생)가 쓴 책에는 "(어머니의) 일본
귀환 당시에는 '귀환자 주제에…'라며 업신여김을 당했던 적도 많았다고 한다. 전쟁이
끝나고 식량난이 한창일 때 '타관 사람'이 왔으니 주위의 눈이 차가웠을 것이다. 게다가
'외지에서 편한 생활을 했다'고 생각하여 한층 원한을 샀을 수도 있었을 것이다. 그
후유증은 지금도 남아 있다. 귀환한 뒤에 엄마가 강하게 끌렸던 사람들은 아무래도
외지에서 자란 사람들이었다고 한다." 사와이 리에, 『엄마의 게이죠 나의 서울』, 김행원
옮김(신서원, 2000), 17쪽.

3   이희봉·양영균·이대화·김혜숙, 『한국인, 어떤 집에서 살았나』
(한국학중앙연구원출판부, 2017), 24쪽.

4   서울역사편찬원, 『서울지역 관할 미군정 문서』(서울역사편찬원, 2017), 146~147쪽.

5   이는 해방 이후 해외 전재동포의 귀환에 따라 우후죽순처럼 등장한 각종 전재민
구호단체의 기부금품 모집 행위를 통제하기 위해 마련되었다. 군정청은 경성부청에
설치한 '전재민구호연합회'에 10월 15일까지 가입하지 않은 단체는 구호단체로서
인정하지 않을 뿐만 아니라 기부금품 모집도 사전 승인을 얻도록 했다. 「전재민
구호단체는 오는 15일까지 부(府)에 신고하라」, 『민중일보』 1945년 10월 14일자.

6   응징사란 '일제의 강제징용에 응한 사람'이라는 뜻으로 조선의 식민 시기인 1943년
7월에 개정된 「국민징용령」(國民徵用令)에 따라 강제적으로 동원된 노무자를 일컫는다.
1944년 2월 8일 만들어진 「응징사복무규율」(應徵士服務規律)에 따라 징용된 노무자는
군인과 동일한 의무를 지며 생산량 증대에 동원돼 착취되었다.
     소개자란 1944년 11월 24일 도쿄가 연합군의 폭격을 당한 뒤 경성, 부산, 인천 등
대도시에서 실시된 소개정책으로 집을 잃게 된 사람들을 일컫는다. 이들 지역에서는
1945년 4월 11일 주택밀집지구와 위험건물지구를 지정하고 철거하면서 살 곳을
잃은 사람들이 발생했다. 당초 계획으로는 외곽지역에 대체주택을 마련하거나 인근
지역에 거처를 구해 이주시키려고 했으나 일제의 패전으로 졸지에 집만 잃은 꼴이 된
이들이었다. 소개지역 거주민의 70~80퍼센트를 차지했던 일본인은 시가의 절반도
안 되는 금액을 받고 대부분 고국으로 돌아갔고, 조선인들은 낙향을 선택한 이가
대다수였다. 일제는 낙향하는 조선인들에게 공급할 수 있도록 지방 각급 공공기관에
빈집을 우선 배정해주기도 했다. 서울에서는 정릉, 휘경, 신촌 등지에 작은 규모의
소개주택을 구상했으나 해방으로 중단되었다(대한주택공사, 『대한주택공사 30년사』

[1992], 70쪽).

7　　『중앙신문』 1945년 11월 22일자. 서울역사편찬원 기록에 따르면, 불법적으로
취득되거나 불법적으로 점유된 적산을 파악하기 위해 미군정청 재산관리자인 윌슨
중령이 이범승 서울시장으로 하여금 이를 모두 등록하도록 지시했고, 최초 예상과는
달리 등록 건수가 수천 건에 달해 11월 30일로 정해졌던 최초 등록 기한은 일주일
연장되었다(『서울지역 관할 미군정 문서』[서울역사편찬원, 2017], 239쪽).

8　　1941년 7월 일제에 의해 설립된 조선주택영단은 1945년 8월 15일 해방과 함께
미군정 학무국 사회과(1945.8.15.), 미군정 보건위생부 주택국(1945.10.17.)으로
소속을 유지했지만 1946년 6월 군정청 주택국이 폐지되면서 적산으로 간주돼 경기도
적산관리처(1946.6.)로 넘어갔다. 이때 조선주택영단은 자칫 민간에 매각되거나 폐지될
수도 있는 처지였다. 대한민국 정부 수립과 함께 대한민국 중앙관재처(1948.8.)로
소속되면서 대한주택영단으로 개칭했다. 1955년 2월부터는 보건사회부로 이관됐고,
1962년 「대한주택공사법」 제정, 시행으로 대한주택공사로 거듭났다.

9　　『대한독립신문』 1946년 10월 19일자. 전재민의 어려운 상황을 먼저 고려한 것이 아니라
신당동, 후암동, 청파동, 장충동의 적산가옥에 대해 군정 당국이 명도 요청을 했기
때문에 그곳에서 쫓겨나게 된 전재민을 수용하기 위한 궁여지책이었다. 신문에서 밝힌
주택공급 호수는 152호지만 후일 대한주택공사의 기록에는 돈암동 11호, 용두동 14호,
안암동 24호, 신설동 5호, 사근동 11호, 홍제동 8호 등 모두 73호만 건설된 것으로
확인된다. 애초 계획의 절반 정도에 불과한 수치다.

10　　1909년 아버지를 따라 조선으로 온 우에하라 나오이치는 아버지로부터 물려받은
우에하라 전당포를 운영하다가 주택임대업으로 전업한 일본인 사업가다. 中央情報鮮滿
支社編, 『大京城寫眞帖』(中央情報鮮滿支社, 1937), 31쪽.

11　　貴田忠衛 編, 『朝鮮人事興信錄』(朝鮮人事興信錄編纂部, 1935).

12　　국사편찬위원회–한국사데이터베이스–한국근현대인물자료, http://db.history.go.kr/
item/level.do?levelId=im_215_00834

13　　『경성일보』에 '마치 대궐 같은 위용으로 로마 폐허의 구조물을 연상케 하고, 본정5정목
대지 400평에 우에하라가 독자적으로 건설해 100실이 넘는 가구가 들어갈 예정'이라고
소개된 이 아파트는 특별한 이름 없이 '광희문 밖 대규모 아파트'로만 표기되었다. 이
기사엔 우에하라 나오이치(上原直一)가 上原貫一로 잘못 표기되었다.

14　　「住宅點景(三) ローマの鬪牛場」, 『京城日報』, 1930년 11월 19일자.

15　　中央情報鮮滿支社編, 『大京城寫眞帖』, 31쪽.

16　　장(莊)은 근대적인 도시가로망에 따라 위생적 설비와 기반시설을 제대로 갖춘 일종의
전원형 단독주택지를 일컫는다. 대표적으로 명수대를 중심으로 조성된 상도동 일대의
강남장과 연희장, 금화장, 안암장 등이 있다. 비슷하게 좀 더 교외지역의 문화주택지를
언급할 경우에는 원(園)이나 대(臺)를 붙이기도 했다. 오늘날의 아파트 브랜드와
유사하다고 할 수 있다.

17 일본의 조선강점 25주년을 기념하기 위해 제작한 「대경성부대관」은 1936년 8월 1일 발행되었다. 항공사진을 조감도 형식의 파노라마 지도로 다시 그린 것으로, 크기는 가로 153센티미터, 세로 142센티미터이며 1,500여 개의 색인이 첨부돼 있다. 영등포, 명수대, 인천이 별도로 포함되었다. 건축물의 규모와 입면을 대강이나마 확인할 수 있어 1930년대 중반 서울의 입체적 이해에 도움을 주는 자료다. 채운장아파트는 지도번호 62, 63을 통해 확인할 수 있다.

18 참고로 「대경성부대관」에는 단 2건의 '아파트'만이 구체적인 명칭으로 표기돼 있다. 하나는 후암동의 미쿠니아파트이며, 다른 하나는 오늘날의 남산3호터널 도심 측 입구 언덕에 자리한 '취산아파트'가 그것이다. 채운장아파트는 별도의 설명이나 이름은 기록되지 않은 채 그려져 있어 1933년에 발행된 「경성정밀지도」에 나타난 주소로 그 위치를 확인했다.

19 군정 당국은 정상적인 거래나 임대 절차를 거치지 않은 일본인 소유의 주택에 대해 강력한 명도 명령을 발동해 주민들을 퇴거시킨 뒤에는 철저한 관리를 하지 않았는데, 이런 상황은 대한민국 정부 수립 때까지 계속됐다. 1948년 3월 21일자 『평화신문』은 형편이 어려운 주민들이 점유했던 신당동 주택들이 명도 후 그대로 방치되고 있어 집 없는 사람들이 다시 점유하려 한다며 적산의 관리 부실을 지적했다.

20 조영은 경북 상주 출신으로 어려서 도쿄로 건너가 인력거를 끌며 고학해 일본대학을 졸업한 뒤 경성으로 돌아와 여러 분야에서 사업수완을 보인 사람으로 알려져 있다. 해방 이후에는 자신의 공제회 사무실을 전재민 수용소로 제공했다고 전해진다.

21 1945년 12월 6일 군정법령 제33호에 의해 일본인 재산이 '적산'으로 규정돼 군정청 소유가 되자 당시 조선인들은 이에 거세게 반발했다. 일제의 재산이 조선을 식민지로 지배하면서 착취한 것에 불과하므로 민족의 재산으로 여겼기 때문이다. 군정법령 제33호로 인해 일본인을 상대로 벌였던 조선인들의 토지 획득 투쟁이나 공장관리운동을 모두 불법화됐다. 역사학연구소, 『함께 보는 한국 근현대사』(서해문집, 2018), 279쪽 참조.

22 『대동신문』 1946년 8월 1일자 및 8월 3일자 참조.

23 정용욱, 「정용욱의 편지로 읽는 현대사: 귀환동포들의 주거권 투쟁」, 『한겨레』 2019년 3월 31일자.

24 대한주택공사, 『대한주택공사 20년사』(1979), 198쪽.

25 군정 당국의 주택 명도 명령과 관련해 1947년 7월 17일부터 18일까지 이틀에 걸쳐 한독당, 한민당 등 16개 정당이 연석회의를 열어 미군과 군정 당국에 선처를 호소하는 공동성명을 발표했고, 1947년 9월 2일 8개 정당사회단체가 충무로 남궁장(南宮莊)에서 회합해 신당동 주민들의 진정에 대한 회답을 촉진했다. 『제주신보』 1947년 7월 28일자 및 『독립신문』 1947년 9월 4일자.

26 「모리배 전거 방지」, 『한성일보』 1947년 7월 17일자. 기사 제목부터 지극히 정치적이다. 명도는 적산가옥의 불법적 거래나 투기를 방지하기 위함이라는 군정 당국의 설명을

그대로 옮긴 수준이다.

27　　　「전재민 수용소 현지보고」, 『동아일보』 1947년 8월 6일자.

28　　　『조선중앙일보』 1947년 10월 10일자.

29　　　『조선중앙일보』 1947년 10월 15일자.

30　　　그들은 왜 유곽을 개방하라고 요구했을까. 그것은 군정법령 제70호로 1946년 5월 17일 제정·공포된 후 5월 27일부터 시행된 「부녀자의 매매 또는 그 매매계약의 금지」(일명 인신매매금지령) 조치 때문이다.

　　　　　　「부녀자의 매매 또는 그 매매계약의 금지」의 내용은 다음과 같다.

• 제1조 부녀자의 매매 또는 그 매매계약의 금지

목적의 여하를 불문하고 부녀자의 매매 또는 그 매매계약은 이에 전적으로 금지함.

　　　이러한 모든 매매, 매매계약 또는 협정은 현재 한 것이나 이전에 한 것이나 혹은 추후에 할 것이나를 불문하고 사회 정책에 전적으로 위반될 뿐 아니라 무효하며 하등의 법적 효력도 없음을 이에 선언함.

• 제2조 부녀자 매매에 관하여 생(生)한 차금(借金)의 수집

부녀자의 매매 또는 매매계약에 관하여 생(生)한 여하한 차금도 전적으로 사회 정책에 위반되고 무효하며 방법 여하를 불문하고 이를 강요하거나 수집할 수 없음을 이에 선언함.

　　　따라서 이러한 차금의 수집을 위한 여하한 소송이나 여하한 종류의 수속도 이를 제기하거나 주장함을 부득함.

이러한 차금의 수집을 위한 기도 또는 금전 지불이나 그 입수나 혹은 대가라도 이러한 차금을 위한 것이면 어떤 사람이 하더라도 본령에 위반됨을 이에 선언함.

• 제3조 매매 당사자는 전부 동일죄

부녀자의 매매 또는 그 매매계약을 행한 자 또는 동일한 종류의 계약이나 협정을 한 자 그에 관하여 생(生)한 차금의 지불 또는 수집한 자 또는 본령을 위반하는 자는 당사자나 공모자나 대리인을 불문하고 전부 동일죄로 취급하고 주범으로써 처벌함.

• 제4조 처벌

본령은 규정에 위반한 자는 군정재판소의 결정한 바에 의하여 처벌함.

• 제5조 시행기일

본령은 공포일시 10일 후에 효력을 가짐.
재조선 미국 육군 사령관의 지령에 의하여
조선군정 장관
미국육군소장 아처 엘 러취

군정법령 제70호는 단순히 인신매매만 금지하는 것으로서 공창이나 사창 폐지와는

상관이 없었다. 여성단체 지도자들은 공창이나 사창을 폐지해달라고 청원했고, 입법의원은 1947년 10월 28일 「공창폐지법」을 통과시켰다. 이를 미군정 장관이 추인함으로써 1948년 2월 18일 공고됐다. 하지만 사창이 늘어나는 부작용이 발생했다. 한국전쟁 이후에는 생계를 위해 매춘을 하는 여성이 증가하기도 했다. 일제강점기 한반도에 등장한 유곽에 대해서는 김종근, 「일제강점 초기 유곽공간의 법적 구성 및 입지 특성」, 『한국지리학회지』 제6권 제2호(2017), 195~213쪽 참고.

31 『동아일보』 1946년 12월 10일자 및 12월 12일자. 당시 장작이 부족했기 때문에 강원도에서 공수해야 했는데 가솔린이 부족했던데다 운송 비용도 제때 지급되지 않아 땔감이 모자를 수밖에 없었다. 식수난도 심해 전재민에게 공급할 수돗물 설비 공사를 11월 말까지 마칠 예정이었으나 시멘트가 부족해 완공이 12월 15일까지로 미뤄졌다.

32 『동아일보』 1946년 12월 21일자에 따르면, 1차로 전재민주택으로 개방하기로 했던 곳은 다음과 같다. 봉월관(충무로2가), 춘향원(충무로1가), 송죽원(충무로2가), 봉래각(충무로2가), 춘향각(충무로3가), 난정(회현동1가), 도향각(회현동1가), 봉황각(명동2가), 국태관(명동2가), 고려정(명동2가), 향화원(회현동1가), 한양관(회현동1가), 한성관(회현동1가).

33 『동아일보』 1947년 1월 10일자.

34 대좌부조합이란 1916년 3월 일제가 제정한 「대좌부 창기 취체규칙」에 따라 합법적 성매매가 이뤄진 공창(公娼)조합이며, 권번은 기생들의 활동을 중개하고 수수료를 받았던 조직으로 1915년 이전에는 기생조합으로 불렸다. 일제강점기 경성에서 이들이 가장 밀집했던 곳 가운데 한곳이 신정(新町, 1914년 쌍림정, 아현동, 묵동 일부를 합쳐 설치)이었다.

35 전재민에게 개방할 것이 통보된 요정 가운데 난정을 비롯해 몇몇 곳이 준비 부족 등을 이유로 이를 극렬히 반대해 군정 당국은 요정 개방을 다시 한 달 연기했고, 전재민들은 이 결정은 사실상 취소로 받아들였다. 게다가 일부 개방한 요정조차 시청 직원이나 모리배들이 들이닥쳐 점유해 개방된 요정의 절반은 이미 직원 합숙소로 변질됐다고 전재민들의 반발이 거셌다.

36 대한주택공사, 『대한주택공사 20년사』, 199쪽.

37 안미영, 「해방공간 귀환전재민의 두려운 낯섦」, 『국어국문학』 제159호(국어국문학회, 2011), 265쪽 내용을 중심으로 재정리한 것임.

38 김예림, 「'배반'으로서의 국가 혹은 '난민'으로서의 인민: 해방기 귀환의 지정학과 귀환자의 정치성」, 『상허학보』(2010), 351, 339쪽 내용을 재구성한 것임.

39 여기서 난민은 중국, 만주, 일본, 동남아 등지에서 귀환한 동포와 북한에서 월남한 사람을 통칭하며, 당시 통계는 이들의 수를 120만~200만 명으로 폭넓게 추산하고 있다.

40 대한주택공사, 『대한주택공사 20년사』, 197쪽.

41 대한주택공사, 『대한주택공사 30년사』, 77쪽.

42 대한주택공사, 『대한주택공사 20년사』, 203쪽.

43 국토연구원, 『2011 경제발전모듈화사업: 한국형 서민주택 건설 추진방안』(2012), 16쪽.

44 이와 관련해 미국국립문서기록관리청에 소장된 촬영 일자 미상의 사진에는 '부산 영산동(Youngsan-dong)에서 진흙 벽돌을 찍어내는 모습'이라는 캡션이 달려 있는데, 여기서 '영산동'은 '영선동'의 오기로 보인다.

45 대한주택공사, 『대한주택공사 20년사』, 205쪽. 일부 내용을 알기 쉽게 풀이하였으며, 영문 약어는 국가기록원의 「연표와 기록」에 언급된 일반사항에 따라 우리말로 표기한 것임. 1952년부터는 남아프리카의 흙벽돌집에 착안해 UNKRA의 지원으로 흙벽돌 제조기를 들여와 청학동에 난민주택을 건설하게 된다.

46 대한주택공사는 「대한주택공사법」에 의한 공사 설립(1962.7.) 이전 시기를 일제 시기(1941.7.1.~1945.8.15.), 구호주택 건설기(1945.8.15.~1955.12.31.), 융자주택 건설기(1956.1.1.~1962.6.30.)로 구분한다. 해방 직후부터 한국전쟁이 끝나고 2년 뒤까지를 하나의 시기로 묶어 '구호주택기'로 본 것은, 귀환동포들인 전재민과 전쟁 난민을 위한 주택이 모두 구휼 차원에서 공급되었음을 암시한다. 대한주택공사, 『대한주택공사20년사』, 341쪽.

47 한국전쟁 중에 김해에 설치된 공병학교는 1952년 1월 미국에 파견했던 공병 교육생 6명 가운데 3명이 귀국해 교육장교로 복귀했고, 이에 따라 최신 교육제도를 채택하여 중장비 교육에 치중하고 장교와 사관생에 대한 정신 교육과 더불어 성적 우수자에 대해 특전을 부여하는 등 체제 개편을 모색했다. 「미식 교육 채택, 7일 공병관계 수뇌회의」, 『경향신문』 1952년 1월 8일자.

48 1948년 8월 24일 '한미 잠정 군사협정'에 근거해 설치된 주한 미군사고문사절단 산하 임시군사고문단(PMAG)이 1949년 7월 1일 주한 미군사고문단으로 정식 발족했다. 주한 미군이 남한에서 철수한 직후였다. 고문단의 주요 역할은 대한군사원조 집행, 미군 장비 및 무기 이양, 한국군 편성 및 훈련 지도 등이었다. 그 외에도 한국 육군, 해안경비대, 경찰로 구성된 한국치안대를 조직, 관리했고, 무장과 훈련 임무를 수행했다. 나아가 한국 국내 치안과 질서 유지, 38도선 방어, 불순세력 제거, 게릴라 침투 방지, 방어전쟁 수행, 그리고 해안 질서 유지에 관한 자문 역할도 맡았다.

49 보광동에 건설된 상이용사촌은 보건사회부와 육군에서 마련했다. 2호 연립주택 50호를 지어 총 100세대가 1958년 11월 20일 입주해 새살림을 꾸렸다. 서울 중구 회현동의 상이용사 회관은 1961년 4월 22일 준공했다.

50 미 국방부와 의회의 승인을 얻어 발행되는 군사 전문 일간지이다. 1861년 미주리주 블룸필드 기지 사병들이 창간했으며 지금은 미 국방부가 발행 주체지만 편집권은 지역별로 독립돼 있다. 평균 40~48쪽 분량의 타블로이드 형식으로 발간하고 있으며, 인터넷 신문도 동시 발행한다.

51 미아리 난민정착촌의 최종 입주 세대는 1,017세대다.

52 '지역사회개발'(community development)에 대한 당시 한국 정부와

유엔경제조정관실의 이해와 입장은 미국국립문서기록관리청이 소장하고 있는 "RG469, Office of Deputy Director for Operation(1953~61)" 155~170쪽 내용을 통해 일단을 확인할 수 있다. 1958년 8월 26일 있었던 미국 캘리포니아대학 경제학 교수이지 ICA 지역사회지문관인 폴 테일러(Paul S. Taylor)의 강언 자료(기술강의 제10호)를 포함한 이 문건은 '국가 경제가 강력한 중앙계획에 의해 통제되는 소련은 지역사회개발이 불필요하다고 생각하며 계획 수립과 실천에 일반인의 참여 여지가 전혀 없고 오로지 인민의 노동과 복종만을 필요로 하지만, [미국과 유엔경제조정관실의] 지역사회개발은 계획과 실천에 일반인의 참여와 창의력을 환영하는 것'으로 규정해 체제 경쟁의 입장을 견지했다. 다시 말해 '지역사회개발'은 일종의 이데올로기 배치의 구체적인 수단으로도 활용됐다. 인용은 같은 문건, 167~168쪽 내용 중 일부를 발췌 정리한 것임.

53 "RG469, Office of Deputy Director for Operation(1953–61)," p. 160.

54 정은경, 「1950년대 서울의 공영주택 사업으로 본 대한원조사업의 특징」, 『서울학연구』 LIX(2015), 107쪽에는 '자립'과 '자조'를 기술원조 대민사업의 특징으로 꼽았으나 "RG469, Office of Deputy Director for Operation(1953~61)" 문서철에 담긴 기술강의 자료의 내용에 따라 여기에 '참여'를 추가했다.

55 같은 글, 112쪽 내용 발췌 정리.

56 같은 글, 113쪽.

57 같은 글, 114쪽.

58 예를 들어 1963년 2월에는 인천 주안동 난민주택 거주자들이 자신들에게 주어질 양곡을 횡령한 반장을 고발했고, 3월 초에는 우후죽순 격으로 설립되는 난민 관련 단체에 대한 우려가 사회문제로 불거졌으며 6월에는 난민에게 제공될 구호품을 부락 책임자가 시장에 내다 팔아 착복하는 일이 벌어졌다. 결국 7월에 이르자 「난민을 등쳐먹는 자를 철저히 응징하라」(『경향신문』 1963년 7월 13일자)는 신문사설이 등장하는 등 난민정착촌 조성과 운영사업에 크고 작은 문제들이 연이어 벌어졌다.

59 서울역사박물관 유물관리과 편, 『돌격 건설: 김현옥 시장의 서울 I 1966~1967』 (서울역사박물관, 2013), 101쪽.

60 같은 책, 121쪽.

61 강홍빈, 「발간사」, 서울역사박물관 유물관리과 편, 『돌격 건설: 김현옥 시장의 서울 I 1966~1967』, 4쪽.

62 차일석, 『영원한 꿈 서울을 위한 증언: 차일석 회고록』(동서문화사, 2005), 84쪽 재정리.

63 대한주택공사, 『대한주택공사 30년사』, 83~84쪽.

64 대한주택공사, 『대한주택공사 20년사』, 240쪽.

65 같은 책, 300쪽.

66   같은 곳.

67   같은 책, 306쪽.

68   같은 책, 316쪽.

9 UNKRA주택,
ICA주택
그리고 AID주택

1953

1948년 정부 수립 직후, 한국 경제는 대단히 취약했다. 3년간 남한을 통치한 미국의 평가 역시 대단히 부정적이었다. "미국은 이승만 정권이 출발부터 정치적으로 고립되어 극히 취약한 기반을 가질 것이고 경제적으로는 미군 철수 후 '2개월 이내에 '우마차 경제'로 돌아가고 900만의 인구가 기아 상태에 직면할 것'이라고 우려했다. 이러한 상황에서 정권 붕괴를 막기 위한 예방 수단으로 한국에 대한 군사·경제 원조가 결정되었다."[1] 이에 따라 1948년 12월 한미 경제 원조 협정이 체결됐고, 유럽복구계획(European Recovery Program, ERP)에서 마셜 플랜을 책임지기 위해 창설된 경제협조처(Economic Cooperation Administration, ECA)가 한국 원조를 주도했다. 경제협조처는 한국 경제의 안정화정책을 실행하는 광범위한 역할을 감당했고 귀속재산 처리문제까지 다뤘다.

    1950년 6월 25일 한국전쟁이 발발하자 유엔안전보장이사회는 7월 7일 남한에 대한 군사적·경제적 원조를 미국 관리하의 연합사령부를 통하여 제공하기로 결의했다. 이어 7월 31일에는 유엔 경제사회이사회가 한국인이 직면한 극심한 가난과 재해 그리고 궁핍에 깊은 동정을 품고 한국 전재민의 구호를 위한 원조를 한층 강화할 것을 유엔 회원국 정부와 민간기관에 호소했으며, 그 결과 미국을 중심으로 한 서방 진영의 정부와 민간단체로 이루어진 민간구호원조(Civilian Relief in Korea, CRIK)의 지원이 시작됐다. 미군 중심의 유엔군사령부는 1950년 12월에는 한국에서 전재민 구호

品名	入荷豫定数	既入荷量	備考
天幕	1,050 Pieces	50 Pieces	罹災民收容 用으로 釜山에서 使用中
毛布(綿合包含)	1,000,000 "	70,000 "	方今釜山에서 國民收容中 및 또本國裏 面依存備蓄等으로手配中임
內衣	1,800,000 "	0 "	
양말	300,000 Prs	0	
毛布(綿)	100,000 Yds	0	
슈(手단락)	100,000 "	0	
合(綿)	10,000,000 lbs	0	
비누	270 M/T	0	
粉乳	180 "	150 M/T	南部各孤兒院 및 託兒所에 一部 分配中임 기타分은 市중에서 指示待中임
綿布.糸.針	10,000,000 Yds		

品名	入荷豫定数	既入荷量	備考
穀類	188,000 M/T	76,000 M/T	기타分은 備蓄임
고무	25 "	0	
木材	150,000 "	0	
飼	1,800,000 lbs	0	
세멘트	75,000 M/T	0	
燃料		Charcoal 1,000 M/T	
관	100,000 Cans	0	
乾燥菊	450 M/T	0	
糖	80,000 "	3,000 M/T	一人當 二近式으로配給中임
CARE	6,788 Box	6,788 Box	
衣類食料品外 毛布綿合帽子	147 M/T (4,695 Pcls)	0	

← 유엔구호물자
한국 입항 상황표(1950.12.14.)
출처: 국가기록원

↓ 1951년에 발행된
유엔군의 한국전쟁 참전
소개 책자에 실린 합성사진
출처: 국가기록원

↓ 이승만 대통령의 담화 내용
출처: 『동아일보』 1953.9.15.

↓↓ 유엔과 미국의 대한
원조기구 구성 및 프로그램(1954.2)
출처: 미국국립문서기록관리청

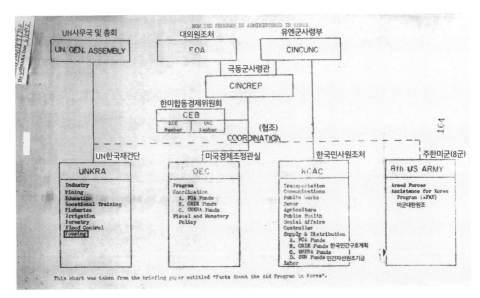

UN사무국 및 총회 — UN. GEN. ASSEMBLY

대외원조처 — FOA

유엔군사령부 — CINCUNC

극동군사령관 — CINCREP

한미합동경제위원회 — CEB (ROK Member / UNC member)

(협조) COORDINATION

UN한국재건단 — UNKRA
Industry
Mining
Education
Vocational Training
Fisheries
Irrigation
Forestry
Flood Control
Housing

미국경제조정관실 — OEC
Program Coordination
A. FOA Funds
B. CRIK Funds
C. UNKRA Funds
Fiscal and Monetary Policy

한국민사원조처 — KCAC
Transportation
Communications
Public Works
Power
Agriculture
Public Health
Social Affairs
Controller
Supply & Distribution
A. FOA Funds
B. CRIK Funds 한국민간구호계획
C. UNKRA Funds
D. SUN Funds 민간자선원조기금
Labor

주한미군(8군) — 8th US ARMY
Armed Forces
Assistance for Korea
Program (AFAK)
미군대한원조

This chart was taken from the briefing paper entitled "Facts About the Aid Program in Korea".

사업을 담당하던 보건후생과를 유엔민사처(United Nations Civil Assistance Command in Korea, UNCACK)[2]로 개편하고 교전지역을 제외한 전 지역에서 민간원조를 담당하게 했다. 이 조치로 유엔민사처는 유엔의 전시 긴급구호 원조를 담당하는 기관으로 자리 잡았다. 한편, 1950년 12월 1일 유엔총회 결의 410(V)호에 따라 전쟁참화를 겪는 남한의 재건을 위해 유엔한국재건단(United Nations Korean Reconstruction Agency, 이하 UNKRA)이 꾸려졌다. 1953년 5월 UNKRA에 의한 발전시설 및 송배전선 부흥계획에 관한 한국정부와 유엔군사령부 간 협정이 체결됐고, 이어 휴전협정 이후인 1953년 9월에는 민간 중소기업 융자기금에 관한 협정과 함께 민간 중소광업 융자기금에 관한 협정 등이 연이어 체결됐다.

　　휴전협정이 발효되고 1953년 9월 14일 서울로 돌아온 이승만 대통령은 담화문을 통해 100만 호 주택 건설계획을 밝혔다. 담화 내용 가운데 주택과 관련된 내용을 훑어보면, "① 피난민의 서울 복귀는 겨울이 지난 후 이루어지도록 할 것, ② 경찰은 서울에 집이 없는 사람은 한강을 건너오지 못하도록 엄격하게 통제할 것, ③ 서울 시내의 길거리나 냇가 등에 판잣집이나 흙집을 짓는 것을 절대 금할 것, ④ 정부는 외국에서 차관을 들여와서라도 우선 100만 호의 집을 지을 것, ⑤ 서울에는 도시계획에 부합하는 집만 짓도록 경찰이 엄격하게 단속할 것"[3] 등이 주요 내용이었다. 이에 따라 1955년에 100만 호 주택건설5개년계획이 세워졌지만, 자금을 조달할 방법이 없었기에 계획에 머무를 수밖에 없었다.[4]

긴급 구호의 성격이 강했던
UNKRA주택

한국전쟁이 발발한 이듬해인 1951년 7월 1일 UNKRA가 발족했다. 전쟁의 참화를 겪고 있는 대한민국의 경제 부흥과 재건을 돕기 위해 국제연합 가입국들이 십시일반 자금을 모아 원조하는 기관이었다. 1953년 8월에는 유엔군 총사령부 휘하에 경제조정관실이 설치되어 대한민국에 대한 모든 원조를 총괄했다. UNKRA는 주로 산업, 어업, 광업, 주택, 교육 분야를 담당하였으며, 특히 주택과 교육 분야에서는 UNKRA와 한국민사처(the Korea Civil Assistance Command, KCAC 또는 CAC)가 긴밀한 협조체계를 유지했다.[5]

    1953년 8월 31일에 문교부가 발행한 '여러 곳의 생활(사회 생활)'이라는 이름의 교과서 가격은 24환이었다. 그런데 이때 교과서 값이 이전에 비해 조금 비쌌던 모양이다. 서지 사항을 밝힌 마지막 쪽에 이런 문구가 씌어 있다. "이 책은 국제연합한국재건위원단(운크라)에서 기증한 종이로 박은 것이다. 우리는 이 고마운 도움에 감사하는 마음으로, 한층 더 공부를 열심히 하여 한국을 부흥 재건하는 훌륭한 일군이 되자. 그런데, 금번은 원조 종이가 제때에 도착되지 아니하여 할 수 없이 따로 종이를 많이 사서 썼기 때문에, 그 비용을 이 책값에 더하였다. 대한민국 문교부 장관."

    UNKRA의 지원은 주택 부문에서도 활발했다. 앞에서도 다루었지만, 한국전쟁 중 임시수도였던 부산으로 피난 간 대한주택영단이 피난민을 위한 구호주택 500호를 칸막이벽으로 8가구 또는 12가구를 나눈 연립주택 형식으로 범일동 등지에 지었는데, 이때 UNKRA가 미송과 못 그리고 지붕을 덮는 루핑 등 매우 질 좋은 자재를 지원했다. 공사비는 정부가 부담했고 피난민들은 무상으로 집을 받았지만 부엌 등은 스스로 만들어 쓰도록 했다. 그 후에도

UNKRA의 지원을 받아 남아프리카공화국에서 흙벽돌 제작기구 80대를 들여와 부산 청학동 등에 흙벽돌집 약 200호를 지었다.[6]

UNKRA 원조로 지어진 주택은 처음에 구호주택, 난민주택, 전재주택을 모두 포괄하는 후생(厚生)주택[7]으로 불리다가 휴전 이후에는 대체로 전쟁을 참화를 딛고 일어선다는 의미에서 재건(再建)주택이라 불렸다. 비교적 익숙한 이름인 재건주택은 UNKRA 원조로 지어진 주택으로 보아도 무방하다. UNKRA주택은 27제곱미터(9평)의 조적조 간이주택으로 도시형과 농촌형을 구분했다. 방은 2칸, 마루와 부엌이 각각 1칸이었다. 주택 규모를 9평으로 정한 이유는 당시 4급 공무원의 생활수준을 평균으로 보고 국제연합의 주택통계 기준인 가족당 6평에 50퍼센트를 보탠 것이란 설명이 있지만, 정작 완공 후 면적이 이에 미치지 못해 불만이 있었다는 일화가 전해진다. 국제연합 주택통계를 사용했다고는 하지만 그 근거는 명확치 않았다.

도시형에는 남측에 현관이 있었고, 대청(도면엔 대루실로 표기)에서 침실 2곳으로 드나들 수 있게 했는데, 이들 침실에서 모두 부엌으로 동선이 연결됐다. 부엌에는 외부공간으로 나갈 수 있는 별도의 출입구가 있었으며, 변소가 집 안에 있었다. 농촌형은 도시형과 여러 면에서 달랐다. 일단 현관이 없었고, 툇마루를 두고 이곳에서 온돌방 2곳과, 온돌방과 나란히 자리한 부엌에 출입할 수 있도록 했다. 화장실은 마당에 설치하는 것을 가정하고 집 안에 두지 않았다. 평면은 대한주택영단이 맡았다.

1954년 "정릉천변에 253호의 흙벽돌집을 지은 것은 해방 후의 영단에 있어서 최초의 대량생산이며 최초의 [재건주택] 단지사업"[8]이었는데, 이때 지은 주택은 전면 2칸 2열 배치의 전(田)자형 평면으로 조적조 구조에 연탄 난방이었다. 마루, 안방, 건넌방, 부엌, 화

장실, 현관으로 구성되었고, 마루를 통해 각 방으로 연결되고 부엌
은 안방을 통해 출입할 수 있었다. 화장실은 외부에 있어 바깥에서
출입해야 했는데 1955년부터는 실내의 마루나 복도와 연결되었다.[9]

　　정릉천변 재건주택에 쓰인 흙벽돌은 부산 피난민을 위해
청학동에 지은 난민주택에 이미 적용된 바 있었다. 흙벽돌과 관련해
재미있는 일화가 하나 전해진다. 이승만 대통령이 수원으로 시찰을
나갔다가 옛날 초가집이 다 쓰러져 가는데도 흙벽만큼은 건재한 것
을 보고 흙은 언제든 있으니 흙벽돌을 공급하라고 해, 주택영단이
두고두고 고통받았다는 기록이 있다.[10] 흙벽돌 시험과 연구를 거듭
했음에도 불구하고 집을 지을 만한 강도가 나오지 않아 고충이 이만
저만이 아니었다고 한다.[11]

　　흙벽돌 기계뿐만 아니라 주택영단 기술진은 UNKRA로
부터 가공기구 일부를 원조받기로 하고 안양에 조립용 콘크리트 부
품공장을 지었고, 발전기를 포함한 목공기구를 지원받아 문틀과 문
을 현장에서 제작해 미국식으로 블록 사이에 끼우면 되는 조립식 시
공을 도입했다. 주택난 해소를 위해서는 자재와 자금, 각종 기구까지
원조를 받는 수밖에 없었다. 하지만 UNKRA의 주택사업은 원조 물
자를 활용한 긴급구호성 주택공급에만 한정돼 있어 지속 가능성이
담보되지 않았다.

　　1956년 3월 『경향신문』에 실린 대한주택영단의 UNKRA
주택 입주희망자 공고는 당시 UNKRA주택의 운영 방식을 알려준
다. 우선, 보건사회부의 지시에 따라 대한주택영단이 주택 설계와 시
공, 감독을 맡았고, UNKRA를 통해 자재를 원조받았다. 입주 희망
자는 대지를 제공하고 공사비를 선납하는 조건이었다. 모집 종류는
단체와 개인 2가지로, 20명 이상이 1,000평 이상의 대지를 확보해
제공하면 우선 공급받을 수 있었고, 개인 희망자는 영단이 지정하

↓ 1951년 7월 1일
부산에 설치된 UNKRA 본부
출처: UN Photo Gallery

↓ 한국민사협조처 사무국에서 열린
UNKRA 개소식 축하공연(1951.7.26.)
출처: 국가기록원

→ UNKRA 프로그램에 의해
제공된 자재를 이용해 지은 정릉주택지
출처: 국가기록원

↓↓ 1951년의 전쟁 참화를
극복한다는 내용의
한국민사협조처 포스터(1954)
출처: KOICA

↓↓ 남아프리카공화국이 직접 원조한
흙벽돌 생산 장비(일명 landcrete)
출처: UN Photo Gallery

→ UNKRA를 통해 남한에
원조물자를 보냈던 36개국의 원조물자표
출처: KOICA

→ 1953년 안암동에 지어진
UNKRA주택 부엌의 부뚜막과 아궁이(1960)
출처: 국가기록원

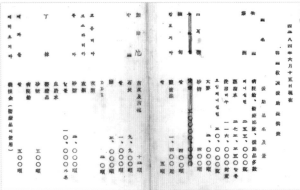

四二八四年六月十五日現在

第三回 救濟 援助品 與表

品　名　別	救助品名及量
毛　布	病院動、難産恩隊、提助品多數
설｜타	二五○枚
양　말	題相本　二七二、五五二足
三時｜쓰	衣類品　一一六、○○○封度
양　복	土막里이들 大麥…四○○俵
內　衣	難産恩　四萬噸
布　靴	額菌油
DDT	二○○噸
石　炭	一五、九○○噸
古衣及古靴	十二噸
抹　榜	九、九○○噸
丁	救濟品
防水	血藥水
立場비우야	血藥品
正常비우야	砂糖
上等비우야	病院動
中 築 池	戰損金（醫療品이使用）

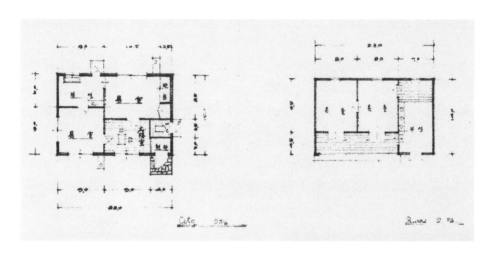

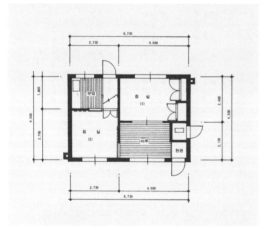

← UNKRA와 한국 정부의 공동사업으로 만든
표준 한국주택 도시A형과 농촌A형 평면도(1953.4.)
출처: 국사편찬위원회

← 1954년 서울 안암동, 정릉,   ↓ 1955년 서울 회기동에 조성된
창천동에 지어진 재건주택 9평형 평면도   UNKRA주택단지
출처: 대한주택공사,   출처: KOICA
『대한주택공사 주택단지총람 1954~1970』(1979)

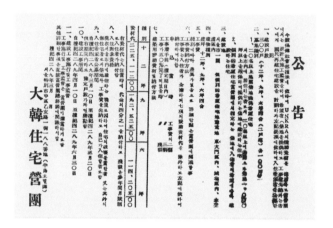

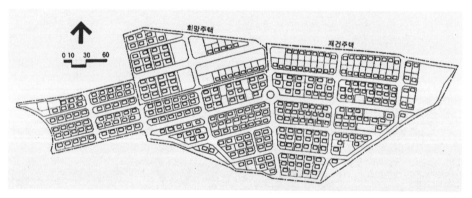

↑↑ UNKRA주택 입주 희망자 모집 공고
출처: 『경향신문』 1956.3.11.

→ 1956년 7월 한미합동경제위원회(OEC)에서 채택해
UNKRA주택에 적용한 변소 주변 시공도 예시.
출처: 미국국립문서기록관리청

↑ 1955년에 조성된 정릉 재건주택단지
출처: 대한주택공사,
『대한주택공사 20년사』(1979)

→ 1956년에 작성된
국민재건주택 12평 B형 도면
출처: 대한주택공사 문서과

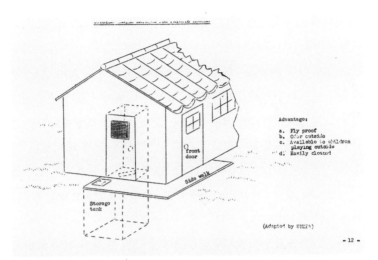

Advantage:

a. Fly proof
b. Odor outside
c. Available to children playing outside
d. Easily cleaned

(Adapted by UNKRA)

- 12 -

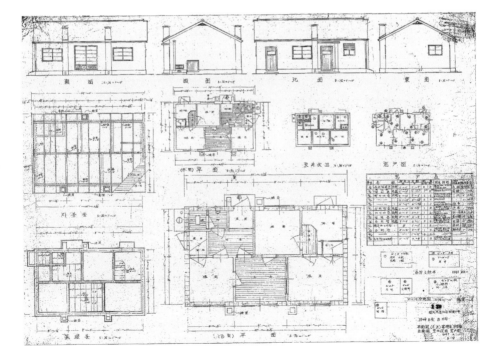

는 대지에 입주하기로 했다. 대상 지역은 서울시 동대문구, 성북구, 영등포구였으며, 주택 규모는 12평, 9평, 6.4평 3가지였다. 입주 희망 자는 공사비의 20퍼센트를 신청 시에, 공사 착수 전에 30퍼센트, 공 정 50퍼센트가 완료됐을 때 나머지 금액을 납부해야 했다. 원조자재 대금(12평 22만 5,112원, 9평 19만 2,525원, 6.4평 11만 4,205원)은 입주 시 25퍼센트를 납부하고 잔액은 3년 할부로 갚게 돼 있었다. 가 령, 대지를 가진 자가 12평짜리 UNKRA주택을 희망한다면, 입주할 때 원조자재 대금 5만 6천여 원을 내고 나머지 16만 8천여 원은 3년 할부로 변제하면 됐다.

UNKRA는 긴급구호에 초점을 두고 남한의 경제 재건과 관련된 다양한 분야의 사업을 전국적으로 다룬 까닭에 주택 부문에 만 집중할 수 없었다. 회전기금(Turnover Funds)[12]을 통해 상대적으 로 지속적일 수 있었던 ICA주택사업과의 차이점이다. UNKRA의 지원은 남한 경제가 어느 정도 자립했다고 미국이 판단한 1955년부 터 대폭 삭감됐고, 1958년 7월 1일 구호사업 목적의 달성이 선언되며 종료됐다.[13]

1950년대 말부터 미국은 원조자금을 삭감함으로써 수혜 국이 자립적 경제개발로 방향을 틀도록 압박했고, 대한 원조사업도 이에 영향을 받지 않을 수 없었다. 1960년대 이후의 원조는 한국과 학기술원(KIST) 설립이나 도시계획 전문가 양성과 기술 지원 등으 로 양상이 변모했고, 도시지역에 비해 상대적으로 열세인 농촌지역 을 대상으로 하는 지역사회개발 프로그램이 추가되는 등 변화가 일 었다. 도시계획 분야에서는 미국 현지 전문가 초빙사업이 진행되었 고, 1963년의 서울시 행정권역 확대에 대응하기 위한 도시계획 기술 원조 일환으로 한국인 전문가 양성이 추진되었다. 건설부 내에 주 택·도시 및 지역 계획 연구실(HURPI)이 설치됐고, 미국인 건축가

오스왈드 네글러(Oswald Negler)[14]를 초청해 교육을 맡겼다. 한국인 건축가 및 도시계획가 들이 미국의 여러 대학으로 유학이나 연수를 갈 수 있도록 연결해주기도 했다.[15] 이 시점을 전후해 국내에서는 '재건'이라는 구호 대신 '자주'와 '자립'이 강조됐는데 이 역시 미국의 대외 원조정책 변화와 관련이 깊다.

원조 자금을 융자받아 지은
ICA주택

UNKRA주택처럼 원조자금과 자재를 주택 생산에 직접 투입하는 방식은 1950년대 후반에 이르러 융자 지원으로 전환된다.[16] 이때 주요한 역할을 한 기관이 미국의 국제협력처(International Coopera-tion Administration, 이하 ICA; 1953~1955년 활동한 미국 대외활동본부[Foreign Operation Administraion, FOA]의 후신)[17]와 한국산업은행이다. 산업은행은 정책자금에 의한 주택 금융을 담당하기 위해 1954년 설립되었다. ICA와 대한민국 정부가 체결한 협정에 의해 한국에 들어온 원조자금은 산업은행을 거쳐 주택공급기관에 융자되었고, 주택 설계 및 감독 업무를 담당했던 ICA 기술실이 산업은행 안에 있었다. 이 시기 산업은행을 거쳐 지어진 주택을 ICA주택이라고 부르는 이유다. 1980년대 말 노태우 정권이 영구임대주택을 공급하기 전까지 정부가 직접 재정을 투입해 일반 국민을 위해 주택을 공급한 것은 이때뿐이었다.

　　융자 방식의 주택공급사업이 본격적으로 시작된 것은 1957년 4월 무렵이다.[18] "1957년 2월 6일 제40차 한미합동경제위원회 본회의에서 장기주택계획(1957년도를 기점으로 한 6개년계획)을 채택하고 회전기금인 ICA 주택자금기금을 책정해 중·저소득층

446

↑↑ 부산 동래 일대의 UNKRA주택단지   ↑ 1957년 UNKRA가 제안한 3세대용 연립주택
출처: UN Photo Gallery   출처: UN Photo Gallery

을 위한 주택 건설에 착수했다."[19] ICA주택에 관한 모든 사무는 경제조정관실에서 담당했다. ICA주택사업은 "항구적인 주택문제 해결을 위한 제도, 기술의 발전을 돕고자"[20] 했다. 휴전 직후 긴급구호에 방점을 찍고 주택을 공급했던 UNKRA와 다른 점이다.

ICA 원조자금의 액수는 1953년부터 1961년까지(FOA 시기 포함) 연평균 2억 달러 이상, 총 약 17억 달러에 달했다. 미국의 대외원조정책이 변하면서 1957년 이후 원조 규모는 점차 축소됐지만 이후로도 몇 년간 명맥은 유지했다.

주택공급을 목적으로 산업은행에서 융자 가능한 자금의 재원은 산업자금과 대충자금(Counterpart Fund)[21]이었다. 대충자금은 원조국이 전달한 자금을 수혜국이 자국 통화로 산정해 운영하는 자금이고, "산업자금은 산업부흥국채 발행기금과 귀속재산처리 특별회계적립금으로 나뉜다. 산업부흥국채기금을 재원으로 하는 주택자금은 1957년까지 20억 환에 달했으나 재정 사정이 좋지 못해 부흥국채 발행이 중단되어 이후에는 귀손재산처리적립금만 주택자금 재원으로 활용되었다. 이 적립금은 다시 주택자금, 중소기업자금, 농업자금으로 구분되었고, 그 종목별 융자계획은 매년 정부 예산으로 정했다."[22] 이에 따라 산업은행은 1957~1961년 252억여 환의 주택자금을 융자해 비교적 활발한 주택 건설 활동을 펼쳤다.[23] ICA기술실은 외국인 기술자들과의 협력 체제 아래서 한국 건축가들이 활동하면서[24] 대한주택영단과 함께 성장하는 무대 역할을 담당했다.

사업 착수 1년이 채 안 된 1958년 1월 한국 정부는 보건사회부 공고 제438호를 통해 제1회 전국주택설계현상모집을 실시했다.[25] '광범위한 주택 부족에 대응하는 동시에 주택문제의 항구적인 해결을 위해 ICA의 원조하에 장기적인 주택 건설계획을 수립했으며 그 일익을 담당하기 위함'이었다. 설계공모 분야는 1부 단독주

448

↓ 서울 안암동 UNKRA주택 건설현장(1945.4.)
출처: UN Archives

↓ 전예용 건설부 장관과 오스왈드 네글러의 접견(1964)
출처: 국가기록원

↓↓ 건설부 주택·도시 및 지역계획연구실 책자 표지
출처: 이현제, 「1960년대 비판적 디자인론과 한국 도시설계의 출현」
(서울대학교 석사학위논문, 2018)

택 설계, 2부 연립주택 설계, 3부 아파트 설계, 4부 동리종합계획, 5부
국산 건축자재 등 5개였다. 같은 해 4월 4일 당선작을 발표했고 4월
28일에 보건사회부 장관과 부흥부 장관, 경제조정관 등이 모두 참
석한 가운데 시상식이 있었다.[26] 정부의 사업 추진 열의가 드러나는
당찬 출발이었다. 1부 1등은 안영배, 천병옥, 2부 1등은 김하진, 박우
철, 방규상, 박면수, 3부 1등에는 송종석이 이름을 올렸다. 4부 1등은
1부에서 1등을 차지했던 안영배와 김정철이 수상했다. 5부 국산 건
축자재 부문은 수상자를 내지 못했다.

　　　　ICA주택사업의 추진 상황을 당시의 기록을 바탕으로 정
리하면 다음과 같다. 1957년도부터 1960년도까지 ICA주택 1만 2천
호 건설을 위해 책정된 예산은 대충자금으로 조성된 199억 8,899만
2천 환(271만 3천 달러)이었다. 그러나 1960년 8월 31일 기준으로
정부가 융자기금으로 배정한 액수는 94억 8,867만 4천 환에 불과
했고 건설된 호수는 준공 4,089호, 공사 중 1,648호를 합하여 총
5,737호에 불과했다. 1960년 한국산업은행 ICA주택기술실장이었
던 한종벽에 따르면, 사업이 계획대로 성과를 거두지 못한 주요 원인
은 ① 계절적 사업인 주택사업과 일치하지 않는 자금 방출의 부적정
성, ② 조합을 가장해 낮은 이율로 장기 상환하려는 불건전한 건축업
자의 개입, ③ 물가인상분을 고려하지 않는 비현실적인 건축단가 적
용, ④ 융자 및 심사 절차의 중복, ⑤ 기술업무와 융자업무[27]에 대한
충분한 자율권의 부재였다.[28] ICA주택자금의 융자 조건과 취급 내
용이 문제의 원인이었다.[29]

ICA 주택자금 융자 조건과 취급 내용

내용 구분	융자 호수	융자 비율	이율	상환기간	호당 건평	평당 건축 가격
개인	1	건축비의 90%까지 호당 30만 원을 초과하지 않는 범위에서 부대시설의 90%까지	건설 전 연 3% 건설 후 연 8%	15년	20평 이하	10만 환 이내
조합	2~25호	위와 같음	위와 같음	15년	위와 같음	위와 같음
공인단체 포함	제한 없음	건축비의 75%까지 호당 30만 원을 초과하지 않는 범위에서 부대시설의 75%까지	위와 같음	15년	위와 같음	위와 같음
건축업자 (기업체)	제한 없음	건축비의 80%까지 호당 30만 원을 초과하지 않는 범위에서 부대시설의 80%까지	연 12%	1년	위와 같음	위와 같음

출처: 한종벽, 「ICA 주택사업의 현황과 당면과제」, 『주택』 통권5호, 대한주택영단, 1960.12, 23쪽

ICA주택에 입주하는 방법은 모두 3가지였다. 개인적으로 산업은
행의 ICA 원조자금을 지원받아 집을 짓는 방법이 있고, 2명 이상
25명 이하의 개인이 모여 주택조합을 구성하여 산업은행의 융자를
받아 집을 짓는 방법이 두 번째다. 마지막으로는 건축업자가 미리 지
은 주택을 산업은행의 융자를 받아 구입하는 방법이 있었다.[30] 이
가운데 정부는 주택조합을 결성하여 융자를 받아 짓는 방법을 적
극 권장했다. 개인에 비해 상대적으로 융자금 회수가 용이할뿐더러
상대적으로 많은 주택을 일시에 공급할 수 있기 때문이었다. 융자
금 지원을 신청한 경우 자금 지원 여부에 대한 판단은 보건사회부,
부흥부, 주한 미국경제협조처(United States Operations Mission,
USOM), 산업은행의 대표자로 구성된 ICA주택자금 융자심사위원
회에서 결정했다.

　　정부의 권장 때문인지 1957년에 가장 활발하게 융자를 신
청한 경우는 조합주택이었다.[31] 이 가운데 두 가지 사례를 살펴보

자. 하나는 서울 종로1가에 거주하는 손영섭[32]이 대표를 맡은 '부흥주택조합'이다. 15.75평형의 단독주택 20호 건설 소요자금 가운데 2,480만 환의 융자를 신청했다. 이때 조합이 산정한 평당 건설비용은 9만 8,415환이었고, 주택 한 채당 대지면적은 50평으로 잠정 결정했다. 부지는 서울 동대문구 용두동 9개 필지 1,300평이었다. 이에 대해 융자심사를 담당했던 한국산업은행은 대지의 위치가 적합하고, 조합 소유자들이 해당 필지 전체를 구입하기로 했고, 이미 대금 지불이 이루어지고 있다는 사실을 긍정적으로 평가했다. 게다가 조합원들 모두 적정 수입이 있어 상환 능력이 검증된 만큼 자금 조달의 타당성이 인정되며, 전문건설업체 '승리건설'이 시공을 할 것이라는 약조도 긍정적으로 보고 융자 승인이 바람직하다고 결론지었다.

　　또 다른 하나는 서울 중구 필동에 거주하는 한철을 대표로 내세운 '필승주택조합'이다. 이 조합은 정부 소유인 서울 중구 필동 부지에 단독주택 16채를 짓겠다는 안을 제출했다. 필지에 따라 20~50평의 주택을 짓기 위해 2,696만 3천환을 융자해 달라고 했다. 그러나 융자 신청 검토 과정에서 조합원 5명의 자격 요건에 문제가 제기되었다. 조합원 16명 대부분은 미8군의 요청에 따라 삼각지에서 퇴거한 국군장교들인데, 이 가운데 5명이 이미 각자의 자금과 방법으로 집을 짓고 있기 때문에 조합원 자격이 없다는 것이었다. 부지 881.6평은 국방부 소유의 땅이고, 조합이 향후 25년간 임대를 협의하고 있다는 점은 부정적으로 판단하지는 않았다. 따라서 이 경우는 다음의 3가지 조건, 즉 ① 주택은 조합원 자격을 잃은 경우를 제외하고 11채를 건설할 것, ② 융자가 공식 승인되기 전에 조합원 개개인에게 건설부지의 소유권을 이양해 담보물로 제시할 것, ③ 융자금은 적정 토지 가격의 결정에 맞춰 감액할 것 등을 충족하면 융자를 추천한다고 평가했다. 물론 이는 자금융자에 한한 사항이었고,

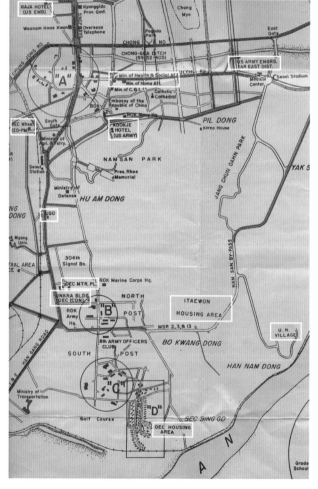

← 주택조합 융자로 1958년 완공된
ICA 영락주택 낙성식 후 관계자들의 주택 시찰
출처: 서울성장50년 영상자료

← 1960년 7월 서울의
각종 원조기관과 관련 정부 부처 위치도
ⒸDonald Clayton

↓ 1957년 ICA주택 융자 검토서
(중구 필동 필승주택조합)
출처: 미국국립문서기록관리청

---

(1)

Report on The FY 1957 Housing & Home Development Loan

Classification : Cooperative
Code Number : A - 55

To : Chairman of Housing Project Screening Committee

Summarization of the result of enquire and appraisal on the application from the below named applicant hereby made as follow :

A. Description of Project

1. Applicant
   a. Name of organization : Pil-Sung Housing Cooperative
   b. Address : 84, 2-ka, Pil-dong Chung-ku, Seoul
   c. Representative : Han Chul
   d. Date of registration :

2. Applicant Requirement
   a. Amount of loan : HW 26,963,000
   b. Number of housing units : 16
   c. Type of housing

Type	Covered area	Number of dwelling unit	Average cost per Pyong	Land per family unit	Remarks
S	Pyong 20	16	105,325	Pyong 50	

S: single family unit
2.2.4—2.14 family unit
R: raw house
A: apartment

3. Sub-Committee Recommendation.
   Date : Sept. 17, 1957
   Housing unit : 16
   Recommended matter :

---

(2)

B. KRB Screening:

1. Applicant Eligibility
   a. Owner occupants (Total number 16 persons)

Classification	Qualified	Non qualified	Remarks
Evidence of non ownership	11	5	
Residence area	16		
Income	16		
Building site acquired	16		
Conclusion	11	5	

b. Eligibility of organization

Most of the cooperative members are composed of ROK army officers who were evacuated from their residences located at Tae-Han-Chi, Seoul for the use of The U.S. Eighth Army. They have obtained later the proposed building site for this project under the protection of ROK army authorities. Of the proposed 16 owner occupants, 5 lost the eligibility because they have already started construction in their own way.

2. Status of Available Building Site

Type of Land	Unit of Pyong	Location	Owner	Price Per Pyong HW	Price Total 1,000 HW	Suitability
level ground	881.6	Pil-Dong Chung-ku	Government			Suitable

Remarks:
(i) Status of locality :
Well located in the center of Seoul city.

(iii)(ii) Ownership: At present the owner occupants have no option to buy or lease the proposed building site which is owned by the Defense Ministry for Military purposes. and they are now negotiating with the ministry to lease the land for 25 years for this project.
(iii) Payment of land price:

---

(3)

3. Building Costs (not yet screened by the Bank.)

(In thousand Hwan)

Type	Unit Covered area	Unit Number of # house	Item	Construction cost Loan required	Construction cost Equity capital	Construction cost Total	Remarks
S	20	16	Imported materials			14,622	
			Local materials			8,972	
			Labors			6,646	
			Sub-total			30,240	
			Utilities			3,464	
			Total	26,963	6,741	33,704	

as recommend by Sub-Committee.

4. Financial Status

We checked the financial status of all of the owner occupant and found that all of them have moderate income and enough available funds for the required equity capital down payment. Therefore, this project implementation is considered financially feasible.

---

(5)

5. Possibilities of Repayment

In view of the financial status in the foregoing, the cooperative will be able to repay the loan.

6. Construction Ability

The cooperative made contract with The Sam Jo construction Co., a professional builder, to build the projected houses. The company is considered to have enough ability to implement the required construction works.

7. Conclusion

This project is recommended to be approved on condition that:
1. The dwelling unit shall be up to 11.
2. The ownership of the land be transfered to each owner occupant before the loan is formally authorized so that the land can be offered as a collateral of this loan, otherwise,
3. The loan amount shall be reduced proportionate to the value of the land.

(It is our understanding that the construction cost will be reviewed by the bank before the loan is formally authorized.)

Date : _____

Koo, Yong Su
Governor.
Korean Reconstruction Bank

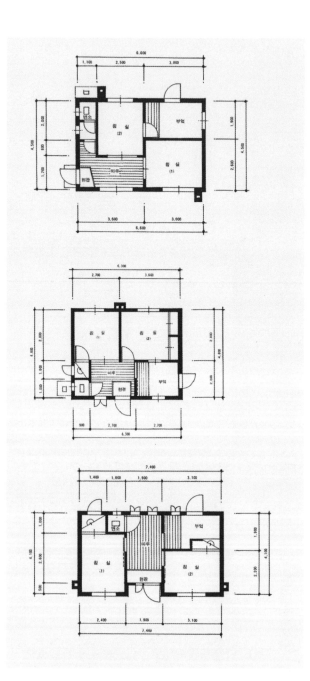

← 1956~1957년에 서울시 은평구 불광동
ICA주택단지에 적용된 9평형 평면도
출처: 대한주택공사,
『대한주택공사 주택단지총람 1954~1970』(1979)

↑↑ 불광동 ICA주택단지(1963)
출처: 국사편찬위원회

↑ 강원도 정선군
신동읍 조동에 남아 있는 ICA주택(2020)
Ⓒ오오세 루미코

기술 검토도 유사한 방식으로 병행됐다.

사업이 본격적으로 추진되던 1957~1958년 ICA주택기술
실장이었던 건축가 엄덕문의 권유에 따라 주택기술실 계획팀을 맡
았던 박병주의 회고는 당시 실상을 자세하게 전한다.

> 개인이나 2호 이상의 주택조합의 융자 신청은 먼저 위치도
> 와 지적도를 붙여 신청하면 미국인 기술자와 직접 대지 분
> 석을 통해 입지 조건, 토지 규모 등을 현지 답사하여 합격
> 하는 경우에 한해, 현황 지형 측량도를 첨부하여 정식으
> 로 신청하게 됩니다. 그래서 제가 맡은 팀에서는 지형측량
> 도와 지적 경계가 제대로 작성되어 있는가의 검토와 함께
> 그 지형에 알맞게 진입도로 개설 및 대지 조성을 어떻게
> 계획, 설계하는 것이 좋은가에 대한 기술 검토를 했습니
> 다. 쿨드삭(Cul-de-sac)이나 루프(loop)기법이 당시에 많
> 이 구사되었지요. 이런 작업을 그때까지는 주택배치계획
> 과 토지조성계획으로 불렀는데, 오늘날은 널리 알려진 사
> 이트 플래닝(site planning)의 작업 내용을 뜻합니다.[33]

도면이 영어로 작성된 이유와 본격적인 계획론에 따른 사업이었음
을 이 증언에서도 엿볼 수 있다.

ICA주택은 비록 입주 희망자가 융자를 받는 형식이긴 했
으나 여하튼 공적 자금을 투여해 주택을 건설하고 공급하는 공공
주택사업이었고, 그 취지가 중·저소득층의 주택문제 해결이었다는
특징이 있었다. 융자가 가능한 액수 자체는 적다고 할 순 없었다. 건
평은 20평 이하로 제한했지만 총건축비의 90퍼센트를 융자해주었
다. 가령 건평 20평, 평당 건축비 10만 환이면 총건축비 200만 환 중

180만 환을 빌려주었다.[34] 상환 기간은 15년, 연이율은 8퍼센트였다.

　　하지만 "주택의 가격, 분양 조건이나 신청 자격 기준이 실제로 중·저소득층이 분양을 신청하고 구입할 수 없는 수준이었"다.[35] ICA 융자를 받으려면 다음 5가지 조건을 충족해야 했다. ① 본인과 동거 가족 모두 주택을 보유하지 않아야 하며, ② 집을 지으려는 행정구역에 거주하고 있어야 하고, ③ 매달 생활비를 제외하고 은행 융자금을 상환할 수 있는 경제적 능력이 있고, ④ 건축할 땅을 가지고 있으며, ⑤ 담장, 대문, 상하수도, 전기 등의 설치비[36]를 스스로 부담할 수 있어야 했다. 결국 땅도 있고 융자금 상환 능력이 충분한 무주택 세대가 조건이었던 셈이다. 이는 개인과 조합 신청자 모두에 공통적으로 적용됐다. 회전자금의 특성상 엄격한 조건은 불가피했겠으나, 집 지을 대지가 있는 중·저소득층이라는 조건은 분명 모순적이었다.

　　신철은 당시의 상황을 다음과 같이 한탄했다.

　　　백만 환 단위의 예금을 통장에 보유하고 있는 자가 아니면 ICA 주택자금은 허울 좋은 그림의 떡이요, 입주금이 2,300만 환씩이나 드는 고가의 집을 1~2년씩 자금을 투하해가면서 마련하는 자가 과연 무주택자일 것이며, 필요한 수혜자일 것인가. 웬만큼 큰 도시라도 대도시가 아닌 다음에는 호당 백만 환대의 집이면 고루거각(高樓巨閣)일 터인데 건축비만 200만 환을 초과하는 좋은 집을 지을 사람이 여태까지 집이 없었을 리도 만무하거니와 만약 집이 없었던 사람이라면 그러한 고가의 집은 자기자금 부담 능력과 융자금 상환 능력을 고려할 때 감불생심(敢不生心)임을 어찌하랴.[37]

↓ 1960년의 ICA주택 평면도(16.5평)
출처: 임창복, 『한국 도시 단독주택의 유형적 지속성과 변용성에 관한 연구』
(서울대학교 박사학위논문, 1988)

↓↓ 1961년 서울 미아동 ICA 신영조합주택
출처: 미국국립문서기록관리청

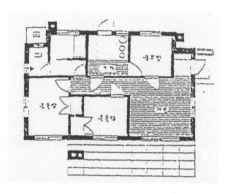

자금 배분문제도 있었다. 지방에서는 신청서 심사의 기능 분산과 자금의 사전 배분을 요구했고, 불필요한 위원회 제도는 폐지하고, ICA주택기술실을 산업은행이 아니라 보건사회부 및 그 산하 지방청으로 분산시켜 배속해달라는 요청이 제기되기도 했다.[38]

　　땅이 있고 상황 능력이 있는 무주택자는 거의 없었던 탓에 1960년 8월 말까지도 ICA주택사업의 성과는 저조했고, 원조자금이 대폭 삭감되면서 사업은 유지될 수 없었다.

상업차관으로 지은
힐탑아파트

정부에서 장기 저리의 외국 차관을 들여와 지은 주택을 흔히 차관주택(借款住宅)이라고 한다. 한국 주거사 최초의 차관주택은 1968년에 지어진 한남동 힐탑(Hill-Top)외인아파트이다. 1965년 체결된 한일협정 후속 조치의 일환으로 일본에서 상업차관으로 들여온 시설자재가 여기 쓰였다. 상업차관 아파트라 명명해도 될 성싶다.

　　당시 안병의 대한주택공사 건축연구실장은 아파트 건설을 국가 최대의 관심사인 외화 획득의 일환으로 파악했다.

　　　국내자본 2억 2천만 원, 외국자본 110만 불의 맘모스 아파트를 건설하려는 계획이 1965년 3월 결정(5월에 일본 대성[다이세이]건설과 건설자재 공급계약)되었고, 한남동 유엔 빌리지 동쪽 끝 1,900평, 지상 11층, 지하 1층, 건평 370평, 연면적 3,900평에 120세대를 수용하는 것으로 1침실 30호, 2침실 70호, 3침실 20호로 구성된 힐탑아파트는 중앙식 증기난방, 룸쿨러, 승강기, 전화 시설, 세탁소, 어린

↑ 일본 다이세이(大成)건설 차관으로
현대건설이 시공한 힐탑아파트 준공식
출처: 대한주택공사,
『대한주택공사 47년사』(2009)

← 1967년 3월 제작된 힐탑아파트 모형
출처: 국가기록원

← 힐탑아파트 옥상층 미끄럼틀
출처: 장림종·박진희,
『대한민국 아파트 발굴사』(2009)

이놀이터 등의 시설과 더불어 정원 조성비, 가구비를 포함한 공사비를 책정하고 있는데 임대료는 평당 약 8불로, 2침실 22평의 경우는 180불로 겨울철 난방, 기타 시설에서의 수입을 계상하면 연간 약 32만 불의 외화를 벌어들일 수 있다.³⁹[39]

힐탑외인아파트는 일본의 상업차관을 토대로 지어진 것이었기 때문에 때론 '외인차관아파트'로도 불렸으며, 당시로서는 선례를 찾아보기 어려운 획기적인 아파트 건립사업이었기 때문에 각계의 전문가들이 모여 건설 과정을 논의하고 자문하는 '힐탑아파트 건설추진위원회'를 운영했다. 건설추진위원회는 대한주택공사 총재 아래 독립적인 위치를 갖는 직속기구로서 건설에 따른 기술업무와 행정업무를 모두 담당했고, 현장 인근의 한남동 외인주택 1동을 위원회 사무실로 사용했다.

　　설계를 주도한 안병의는 '20세기 주거 양식의 표본으로서 이 아파트는 후세에 남겨줄 하나의 산실이 될 것'⁴⁰[40]이라고 자신만만하게 말했다.

　　설계는 대한주택공사의 건축연구실에서 담당했다. 주동 설계는 단지와의 조화가 이루어지도록 중앙 부분에서 꺾인 형태가 됐으며, 중앙에 홀을 두어 엘리베이터 홀로 활용하고 복도는 편복도였다. 외벽은 미장 효과 및 열효율 증대를 위해 콘크리트 벽으로 했는데 서쪽 외벽은 외부 판자촌이 보이지 않도록 비늘판 모양으로 설계되어 미적 효과와 더불어 시선 차단 효과도 부여했다. 또한 이곳에 입주할 외국인들의 생활편의를 위해 보일러 출입구를 거주자

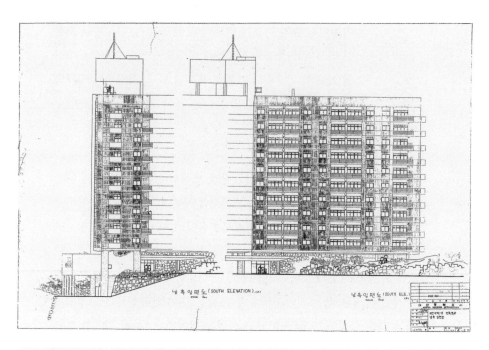

남측입면도 (SOUTH ELEVATION) (A)
SCALE 1/100

남측입면도 (SOUTH ELE.) (B)
SCALE 1/100

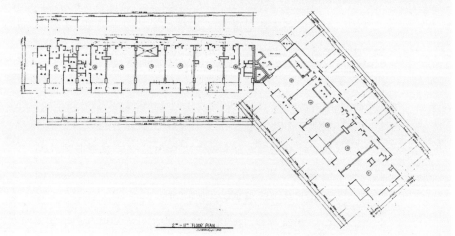

2^(ND) ~ 11^(TH) FLOOR PLAN
SCALE 1/100

← 힐탑아파트 남측 입면도(1966.11)
출처: 대한주택공사 문서과

↓ 설계자 안병의가 그린 힐탑아파트 단면 스케치
출처: 대한주택공사, 『주택』 제16호(1966)

← 힐탑아파트 2~11층 평면도
(A, B, C형 단위주택의 조합)
출처: 대한주택공사 문서과

↓↓ 힐탑아파트 옥상층 미끄럼틀 상세도
출처: 대한주택공사 문서과

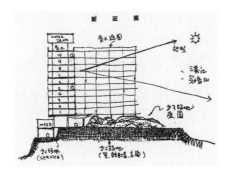

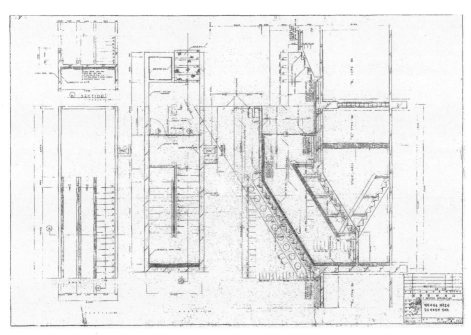

의 동선과 분리 설계했으며, 현관문에 도어뷰를 설치해 실
내에서 방문자를 확인할 수 있도록 했는가 하면 공동우편
함을 설치하기도 했다. 유리창은 2중 유리를 끼웠고 지붕
층은 2중 슬래브를 사용해 열효율을 높이고 옥상 층에는
어린이놀이터도 설치했다. 그리고 난방 방식은 스팀난방
방식을 채택해 12층까지 스팀을 끌어올린 다음 중간에서
감압해 하향식 배관으로 공급했다. 이 중앙식 스팀난방 설
비는 이전의 난방 방식에 비하면 장족의 발전을 실현한 것
이었으며, 새로운 난방 방식 연구의 초석이 되기도 했다.
또한 TV 공청 설비뿐만 아니라 단지 내 자동 전화교환 시
설, 비상용 엘리베이터, 자동 화재경보기 등 현대적 설비를
갖추기 시작한 것도 힐탑외인아파트 건설 때부터였다. 이
후 힐탑외인아파트는 내외국인 아파트용 전기 설비의 표
본이 되기도 했다.[41]

안병의는 '동쪽의 넓게 펴진 경관을 집어넣고 여름철의 뜨거운 석양
과 북쪽의 빈민촌과 삭풍(朔風)을 막으며 서향으로는 경사진 언덕
에 자리 잡아야 하는 것'이 아파트 계획의 열쇠라 규정했다. 또한 필
로티를 이용해 경사를 극복하는 동시에 거주자와 관리자의 동선을
분리하고, 옥상정원을 조성해 미끄럼틀을 두는 등 르 코르뷔지에가
주장한 고층주택에서 '대지를 해방시키고, 옥상을 인공대지로 만드
는 수법'의 전형을 따랐다. 외국인들을 위한 임대아파트인 까닭도 있
었겠지만 설계 과정을 살피면 단위주택에 설치되는 가구 일부를 벽
체와 일체형으로 만든 점도 당시로는 찾아보기 힘든 것으로 서구 건
축의 영향이 그대로 반영된 것이다. 지름 50밀리미터의 새끼줄을 부
착한 거푸집을 이용해 콘크리트 양생 후 빗살무늬 토기처럼 문양이

찍히도록 외벽을 마감한[42] 솜씨는 매우 창의적인 동시에 '한국만의 특징'[43]을 보여준다.

미국 국제개발국의 자금으로 지은 AID아파트

일본의 상업차관을 이용해 지어진 서울 한남동의 힐탑아파트는 외국인을 위한 주택이며, 내국인을 위한 주택 건설을 위한 차관은 1973년에 대한민국 정부와 미국 국제개발국(Agency for International Development, AID)의 보증 아래 대한주택공사가 미국 연방주택은행으로부터 1,000만 달러를 들여온 것이 처음이다. 한 해 전인 1972년 6월 15일 대한주택공사의 주택자금 차관 신청에 대한 타당성 조사를 위해 AID 조사단이 대한주택공사를 방문했고, 업무 전반에 대한 설명을 들은 후 AID 차관 공여 가능성을 시사했었다.[44]

　　　이 차관 도입 체결 후 공여된 자금을 이용해 건설한 아파트가 바로 서울 반포주공 22평형 아파트 1,490호였다. 주택 가격의 70퍼센트를 차관자금으로 아파트 실수요자에게 융자했다. 융자금은 25년 동안 연이율 8퍼센트로 상환하도록 해 다른 어떤 조건에 비해서도 우월했다. 덕분에 최초의 차관주택사업은 성공리에 진행됐고, 1974년부터는 제2차 차관사업이 추진되어 서울뿐만 아니라 부산, 대구, 대전, 인천, 광주 등에 차관주택이 공급됐다. 서울 강남의 복판에 자라잡았던 영동 AID아파트 역시 1975년 제2차 AID 차관에 의해 공급된 아파트단지였다.

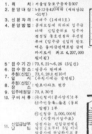

↑↑ 반포아파트 분양 광고
(AID보증 차관 22평형 1,472세대)
출처: 『동아일보』 1973.6.19.

↑ 최초의 내국인용 차관아파트인
남서울(반포주공) AID 차관 아파트 조감도
출처: 대한주택공사, 『주택』 제28호(1971)

반포 차관아파트 주택 가격 및 납부 방법

층별	주택 가격(원)	신청금(원)	중도금(원) (1973.8.31.)	잔금(원) (1973.9.30.)	융자금(원)	월부금
1	3,492,000	500,000	200,000	107,400	2,684,600	월 15,633원부터 6개월마다 743원씩 증가 1974.1.~1997.12. (24년간)
2	3,780,000	"	"	395,400	"	
3	3,816,000	"	"	431,400	"	
4	3,600,000	"	"	215,400	"	
5	3,312,000	"	100,000	27,400	"	

출처: 「반포아파트 분양」, 『동아일보』, 1973.6.19.

분양 신청 접수 기간인 1973년 7월 5일부터 7일까지 8,404명이 신청해 무려 5.6대 1의 경쟁률을 보였고,[45] 1973년 7월 11일 아파트 당첨자 발표와 함께 동·호수 추첨이 실시됐는데 그 풍경이 신문에 실릴 정도로 열기가 높았다.[46] 최초 월부금 1만 5천 원은 당시 하급 공무원 월급이 5만 원 정도였음을 감안한다면 적은 금액은 아니었지만 상대적으로 저렴한 분양가에 융자금을 장기월납으로 치룰 수 있다는 점이 매력적이었다.

　　AID 차관아파트(3단지)를 포함한 반포주공아파트의 당시 조감도를 보면 '남서울아파트단지'라 적혀 있다.[47] 그때까지만 하더라도 오늘날의 반포가 어디에 위치해 있는지 서울시민들이 잘 알지 못했다. 그저 서울의 남쪽이라는 의미로 남서울이라는 지명이 붙었고 주소 또한 '영등포구 동작동 한강5로변'이거나 '관악구 동작동 한강변' 등으로 여러 번 변경을 거듭했을 정도로 애매했다. 격세지감이요, 상전벽해가 아닐 수 없다.

　　AID 차관을 장기 융자금으로 삼아 건설된 또 다른 아파트가 '영동 AID 아파트'다. 한때 강남지역을 영등포의 동쪽이라는 뜻에서 영동(永東)이라 칭한 데서 유래된 이름이다.

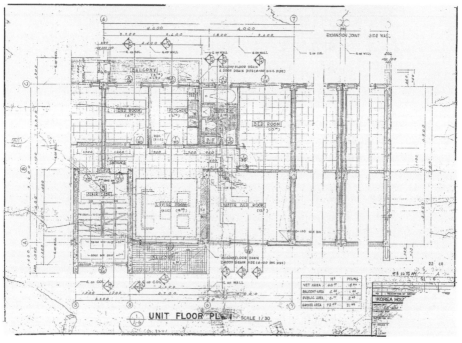

↑↑ 반포 차관아파트 동·호수 추첨 풍경(1973)
출처: 서울역사박물관, 『아파트 인생』(2014)

↑ 반포 차관아파트 22평형 평면도
출처: 대한주택공사 문서과

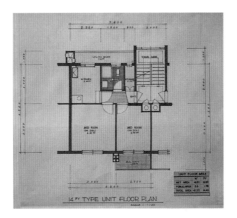

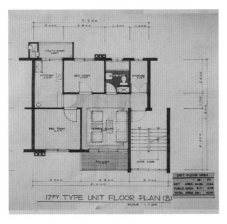

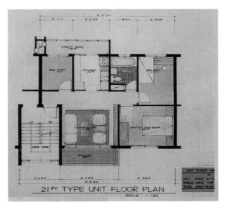

← 1973년에 개발된
영동 AID아파트 평면
(14평형, 17평 B형, 21평형)
출처: 대한주택공사,
『대한주택공사 47년사』(2009)

470

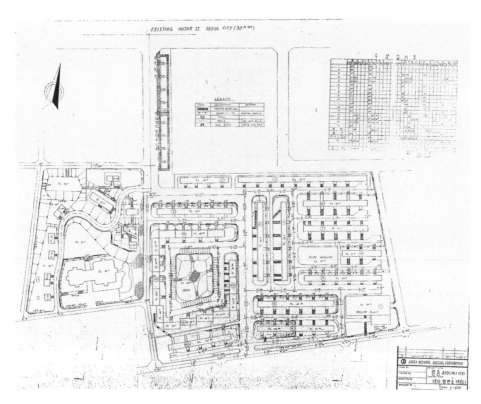

↑↑ 영동 AID 제1지구 배치도(1973)　　↑ 영동 AID아파트 수세식 화장실 겸 욕실
출처: 대한주택공사 문서과　　　　　　출처: 대한주택공사, 『대한주택공사 47년사』(2009)

　대한주택공사의 최주종 5대 사장은 "영동 AID 아파트는 22평으로 지어진 것인데 미국 등 선진국 아파트와 비교해도 손색이 없었습니다. 미국 국회의원들이 AID 차관아파트를 둘러보고 차관으로 만든 아파트가 그들 아파트에 비하면 중산층 아파트라고 말하면서 놀라기도 하고 핀잔도 주었습니다. 미국 국회 주택위원장은 현장을 보고 국민소득에 비해 세대별 면적이 크고 단지가 계층화되어 있어 단지를 잘못 만들었다고 했어요. 단지는 여러 가지 평형을 고루 섞는 것이 아니라는 것이지요"[48]라고 회고한 바 있다. 뿐만 아니다. 당시만 하더라도 아파트라는 주거 형식은 서구의 것이므로 그 안에 담길 생활 양식 역시 서구적이어야 한다는 이유로 바닥난방 대신에 라디에이터 난방 방식이 적용됐는데, 입주자들이 입주 후 채 6개월도 지나지 않아 대부분 온돌난방 방식으로 교체했다.

　1973년부터 본격 공급되기 시작된 차관주택은 1977년까지 모두 5차에 걸쳐 전국 23개 도시에 2만 3,750호의 주택을 공급하는 동력이 되었지만 1978년부터 정부의 주택자금 창구 일원화 방침에 따라 차관을 도입하는 주체가 대한주택공사에서 한국주택은행으로 변경되었고, 한국 경제가 성장하면서 더 이상 AID 차관을 얻을 수 있는 조건에 해당하지 않게 돼 1978년 이후는 차관주택 혹은 AID 아파트 등으로 불리는 주택공급사업은 자취를 감추게 된다.

　이 가운데 흥미로운 사건이 하나 있었다. 1974년의 일이다. 당시 "건설부는 1974년을 맞이하여 이해를 '무주택서민의 해'로 정하고 21만 호 건설계획을 발표했는데 … 박 대통령 각하께서 3월 2일 지방 장관간담회의 시에 영남대학교 교수아파트 건설을 지시했으므로 공사는 당시 대구시 만촌동에 짓고 있던 AID 아파트 15평형 100호를 1975년 3월 25일에 영남대 교수아파트로 분양"[49]하기로 했다. 대통령의 말 한마디에 주택공급계획이 변경되었던 것이다.

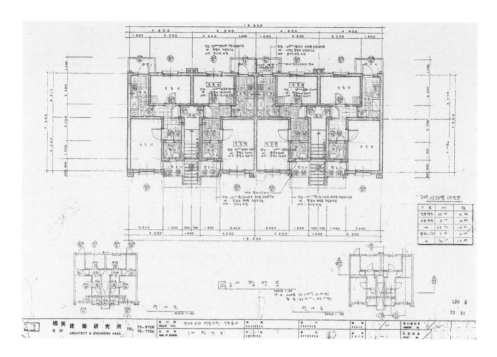

↑↑ 각 지구별 AID 연립주택 10평형 2층 평면도
(구미건축연구소 설계, 1977.9.)
출처: 대한주택공사 문서과

↑ 각 지구별 AID 연립주택 10평형 정면도 및
우측면도(구미건축연구소 설계, 1977.9.)
출처: 대한주택공사 문서과

이후 대한주택공사는 1980년에 처음으로 아시아개발은행
(Asian Development Bank, ADB)의 차관자금을 도입하여 부산, 대
구, 인천, 울산 등 4개 도시에 아파트 6천 호를 건설하고 호당 주택 가
격의 50퍼센트까지 융자하는 새로운 차관아파트를 공급하였으며,[50]
1983년에는 국제부흥개발은행(International Bank for Reconstruc-
tion and Development, IBRD)으로부터 자금 82억 8,200만 원을 도
입하여 청주, 충주 등 4개 지방 도시에 12~19평형 아파트 2,119호를
건설했다.[51]

이제는 기억의 저편으로 사라졌지만, UNKRA주택, ICA주택, AID
주택 등 영문 약자가 붙은 주택들은 전쟁의 참화로 망가진 작은 나
라에 대한 구호의 손길로 지어진 최소한의 울타리였고, 집 걱정에 시
름했던 당시 서민들에겐 꿈의 궁전이었다. 하지만 정작 이들 주택을
차지한 건 중산층이었고, 향후 중산층 주택의 원전에 가까운 자리
에 오르게 된다.

주

1   권혁은, 「정부 수립 이후 미국의 한국 경제 구조 조정」, 정용욱 엮음, 『해방 전후 미국의 대한정책』(서울대학교출판부, 2004), 441~471쪽 참조.

2   이 기구는 한국전쟁 기간에 UNKRA와 더불어 한국에 대한 인도적 지원을 실천하는 대표 기구였다. 1952년 미군의 한국민사처(Korean Civil Assistance Command, KCAC)로 통합된다.

3   대한주택공사, 『대한주택공사 20년사』(1979), 208쪽. 이 연설문은 「일반 시민 서울 복귀에 대하여」라는 이름으로 『대통령 이승만 박사 담화집』(공보처, 1953)에 실려 있다. 연설 내용은 다음과 같다. "휴전조약이 서명된 후에 싸움은 잠시 저지되었으나, 앞으로 오는 3개월 동안 정치담화회서 어찌 될지 누가 예언할 수 없는 것이므로 지금 잠시 싸움을 쉬는 것뿐이니, 완전히 평화가 정착된 줄로 알지 말아야 할 것이고, 전쟁이 다시 벌어질 때에는 적군이 남하하기를 전력할 것이니, 이것은 우리가 상당한 준비가 있어서 많은 우려는 없으나 전선에 군기군물 운송 등에 통행을 편의케 할 것이 극히 긴요한 일이므로 서울시 내외에 인구가 팽창해서 군사행동에 장해가 된다면 그때에는 또 밤을 새워서라도 인구를 옮겨야 될 것이니, 그 제(際)는 정부나 민간에 많은 곤란이 있을 것을 모든 지각 있는 지도자들은 깊이 생각하고, 노력해서 잠시 편의나 이익을 생각하고 환도시키는 보조를 취하다가 후일에 후회함이 없도록 해야 할 것이다. 그뿐 아니라 도시의 식수와 전력이 지금 있는 인구에 대해서는 상당하다 하겠으나, 인구가 더 늘게 되면 곤란이 막심할 것이므로 정부에서는 이것을 갑절 힘을 만들려고 극력 노력하는 중이며, 속히 준비되는 대로 다 들어와서 편히 살도록 공포하겠으니, 도시에서 나간 이재민들은 아무리 어려울지라도 한겨울만 더 있던 자리에 머물러서 그동안에 상당한 준비를 하게 할 것이고, 또 전쟁문제도 그때에는 완전 결말이 날 것이니, 정부에서나 민간에서나 서로 권유 선전해서 이 전쟁에 견딜 수 없는 가난을 참고 지내는 동포들을 좀 더 참게 해주기를 부탁하는 바이다. 따라서 경찰은 도강을 아무에게나 허가하지 말고, 오직 자기 집이 있어서 곧 들어와 살 수 있는 사람들만 들어오게 하고, 들어온 이상에는 집을 먼저 깨끗이 수리 청결케 할 것이며, 집이 있으나 파괴된 경우에는 그 집을 수리 재건할 사람만 들어오게 해서 필역한 후에야 완전히 도강을 허가해주도록 할 것이다. 길가와 언덕이나 냇가에 지은 판잣집과 진흙집들은 그대에 아무리 어려운 형편을 봐서 묵인했다 하더라도 지금은 그 밑에 땅을 파고 '세멘'으로 변소를 만들어 청결하게 해서 거처할 만한 형편을 봐서 허락해주되 넉넉지 못하여 여간 널빤지 집으로 붙여 살 사람들은 겨울에 동아지경(凍餓地境)을 면하기 어려울 것이니, 지내던 곳이 머물러 있도록 할 것이요, 정부에서 내가 경영하는 것은 외국에 차관이라도 얻어서 우선 진흙 벽과 초가집은 도시 내에는 허가하지 말고 각각 도시계획 구역을 엄수해서 위생제도에 맞는 집만 짓게 할 것이며, 이것은 경찰의 책임이니 각 지방경찰도 이것을 등한히 하지 말 것이고, 아무 데나 더러운 집을 짓게 하면 소관 경찰은 책임을 면치 못할 것이다."

4   100만 호 주택 건설사업은 이승만 대통령의 특별지시로 정부, 한미재단, UNKRA 단장이

도시주택난 완화를 위해 입주자 부담 50퍼센트, 원조나 국가 보조 등으로 50퍼센트를 보태 전쟁으로 파괴된 60만 호의 주택과 40만 호의 주택수요 증가분을 모두 건설한다는 것에 합의한 내용을 바탕으로 1955년 7월 다시 만들어진다.

5   한국민사처는 운송, 통신, 공공행정, 전력, 복지사업, 공중위생, 노동, 농촌계몽, 철도와 항만 등의 업무를 주로 담당했고, UNKRA는 산업, 어업, 광업, 주택, 교육 분야를 주로 담당했는데 주택과 교육 분야 프로그램은 두 단체가 협력 지원체제를 유지했다.

6   대한주택공사, 『대한주택공사 20년사』, 204~207쪽 참조. "자료에 따르면 유엔군의 'Korea Civil Assistance Command(KCAC)'의 흙벽돌 제작은 비용 절감을 위한 재료 실험의 결과로 이루어졌다. KCAC는 재료 비용 절감을 위해서 토착재료 가운데 흙을 벽의 구조체로 활용하는 실험을 진행했고 이 과정에서 다진 흙을 이용해 벽을 세우고 여기에 시멘트 모르타르를 덧칠하자 안정성이 크게 높아지는 것을 확인할 수 있었다. 이렇게 확인된 흙을 안정적인 건설재료로 활용하기 위해서는 일정한 강도와 크기가 요구되었다. 따라서 KCAC 측은 기계 도입을 추진하고 이 과정에서 남아프리카공화국에 본사를 둔 '랜즈보로'(Landsborough)사의 기계를 수입했다." 정은경, 「1950년대 서울의 공영주택 사업으로 본 대한원조사업의 특징」, 『서울연구』 LIX(서울학연구소, 2015), 108~109쪽.

7   『현대여성생활전서 ⑪ 주택』(여원사, 1964)에는 후생주택의 범주에 국민주택, 자조주택, 난민주택이 포함되고, 여기에 상가주택과 ICA이 추가된 더 넓은 범주는 원조주택이라고 설명돼 있다. UNKRA주택과 관련해서는 "UNKRA 원조의 자재 및 자금으로 건설, 관리되는 주택을 재건주택이라고 한다"(213쪽)라는 언급이 있다. 이처럼 당시 주택 명칭은 명징한 기준 없이 임의적으로 불리고 분류될 때가 많았다.

8   대한주택공사, 『대한주택공사 20년사』, 210쪽.

9   박용환, 『한국근대주거론』(기문당, 2010), 426쪽.

10 대한주택공사, 『대한주택공사 20년사』, 208~209쪽.

11 남아프리카에서 원조물자로 들여온 흙벽돌 제조기는 1954년 이후 국내 업체가 개발하게 되었으며 1956년까지 전국에 걸쳐 3천 호 정도의 주택 건설에 사용됐는데 1958년 시멘트블록이 개발되며 점차 사라졌다.

12 회전기금이란 특정 목적을 수행하기 위하여 설정된 자금이다. 특정 목적을 위해서만 지출되고, 지출된 비용은 회수될 수 있도록 해 기금의 총액은 줄지 않도록 설계된 것이 특징이다. 미국이 비공산주의 저개발국가에 차관 형식으로 대여한 기금 또한 회전기금에 속했다. 최저 10만 달러, 최장 40년 상환 조건으로 차관이 이루어졌고, 수혜국 국가의 통화로 상환 가능했으며, 상환하면 또 대출을 받을 수 있었다.

13 UNKRA주택에 대해서는 이 책의 10장에서 자세히 다룬다. "정부는 1954년에 응급구호를 받지 않으면 생존을 유지할 수 없는 부녀와 그의 자녀를 일정 기간 수용·보호하고 아울러 직업을 알선하고자 '모자원'을 설치, 운영하였다. 1953년부터는 UNKRA계획에 의해 도입된 재봉기, 편물기 등을 비치하여, '미망인'이 옷을 만들고

이를 팔아 생계를 유지할 수 있도록 하기 위한 수산장(授産場)을 설치, 운영하기도 했다. 그 결과 1958년에 이르면 모자원 60개소, 자매원 6개소, 수산장 87개소 등에 미망인 4,987명과 자녀 4,505명을 수용할 수 있었다"(이상록, 「위험한 여성, 전쟁 미망인의 타락을 막아라」, 길밖세상, 『20세기 여성사건사』[여성신문사, 2004], 128~129쪽)고 했던 것처럼 UNKRA사업 대부분은 단기적이고 직접적인 시설이나 학교, 공장 등의 건설에 집중했다.

14 오스왈드 네글러는 1964년 6월 한국에 와 아시아재단으로부터 8만 달러를 받아 도시 및 지역계획 연구실을 창설하고 관계자들의 다양한 해외시찰 프로그램과 국제회의 참관을 주선했다. 그는 남서울계획, 금화산 불량주택지구 재개발계획, 수원 도시계획, 대구 제11지구 도시계획, 울산 도시계획, 서울 남산공원계획 등에 직접 참여하거나 자문함으로써 1967년 4월 대통령으로부터 동탑산업훈장을 받았다. (국무위원 이석제 제출, 「영예수여 의결사항」, 의안번호 제609호[1967.5.8.], 국가기록원). 또한 오스왈드 네글러는 후일 목동신시가지 조성사업에서 선형도시계획 이론을 도입한 인물로 알려진다. 오스왈드 네글러와 건설부 주택·도시 및 지역계획연구실에 관한 구체적인 내용은 이현제, 「1960년대 비판적 디자인론과 한국 도시설계의 출현」(서울대학교 석사학위논문, 2018) 참조.

15 윤장섭(USOM), 안영배·이정덕(ICA), 김정수(미네소타프로젝트) 등이 MIT와 하버드, 워싱턴대학 등으로 유학을 했다(「윤장섭 명예회장과의 인터뷰」, 『건축』 제52권 제6호[2009]; 배형민·우동선·최원준 채록연구, 『안영배 구술집』[도서출판 마티, 2013], 88~92쪽 참조). 물론 ICA 원조사업의 일환으로 한국의 건축가와 계획가가 미국에서의 연수 기회를 갖기도 했다. 1957년 당시 도시계획가 박병주는 UNKRA 추천으로 미국 연수를 준비 중이었는데 건축가 김중업이 경주 반월성 국립공원계획설계를 같이 하자고 제안하는 바람에 눌러앉아 미국행이 불발됐다. 한편, ICA 원조사업으로 미국의 농촌과 도시를 둘러본 오병수는 1957년 6월 28일 『동아일보』를 통해 미국 농촌주택의 가스 설비와 수세식 변소, 24시간 공급되는 온수 설비 등을 보고 크게 놀랐다고 했으며, 디트로이트 자동차 회사의 자동화시스템을 견학하고 크라이슬러와 포드자동차의 한 대 조립 시간이 45초에 불과하다는 사실을 보며 놀라움을 넘어 신기했다고 적었다.

16 임서환, 『주택정책 반세기』(기문당, 2005), 20~21쪽.

17 FOA는 1953년 7월 1일부터 1955년 6월 30일까지 2년 동안 총 14억 달러를 대한민국에 원조했는데, 이 중에 5억 6천만 달러가 경제원조이고, 8억 4천만 달러는 군사원조였다. 경제원조는 주로 생필품과 경공업 기계류 등을 구입하는 데 사용됐다. 1955년 하반기부터 ICA가 FOA에 대한 원조업무를 인수했고, 1955년 하반기에 2억 8천만 달러를 집행했다. ICA는 1961년 11월 대외 원조업무를 담당하는 국제개발기구(AID)가 설립될 때까지 대한 원조업무를 담당했다.

18 이만영, 「ICA 주택 건설사업에 대하여」, 『주택』 제5호(1960), 36쪽.

19 한종벽(한국산업은행 ICA 주택기술실장), 「ICA 주택사업의 현황과 당면과제」, 『주택』 제5호, 23쪽.

20   같은 곳. 여기서 언급한 긴급구호 성격의 원조주택사업이란 UNKRA 원조와 CAC 원조에 의한 주택사업을 지칭한다.

21   대충자금이란 제2차 세계대전 후 미국이 제공한 자금이나 물자를 운용할 때 수혜국 정부가 원조분에 상당하는 달러를 자국통화로 환산해 특별 계정에 적립해 운영한 자금으로, 미국의 유럽부흥계획인 일명 마셜플랜 때부터 관심을 받았다. 통상 적립금 중 5퍼센트는 전략 물자 구입 또는 미국이 파견한 기관의 운영비에 사용했고, 나머지 95퍼센트는 미국의 동의 아래 수혜국의 통화 및 경제 안전을 위해 썼다. 한국의 대충자금은 1950년대 경제를 지탱한 원동력이었는데, 1965년까지 미국이 제공한 경제 원조는 약 39억 달러로 원조물자 공매 후 대충자금으로 적립해 사용했다. 1951년 4월 한국 정부는 이 자금의 관리와 운용을 위해 「대충자금운용특별회계법」을 제정했다. 대개 경제개발비, 전후복구비, 군사비 등으로 지출했으며 규모는 정부와 재정투자 융자액의 재원 중 43.5~93퍼센트였다. 1957년을 기점으로 원조액이 줄어 대충자금의 규모도 현저히 줄어들었다.

22   박천규 외, 『2011 경제발전경험 모듈화사업: 한국형 서민주택 건설 추진방안』(국토연구원, 2012), 26쪽.

23   공동주택연구회, 『한국공동주택계획의 역사』(세진사, 1999), 35쪽.

24   1958년 ICA 주택기술실장은 건축가 엄덕문이었다. 도시계획가 박병주는 자신이 출간한 『토목제도』 교재를 들고 엄덕문을 방문한 이 일이 계기가 되어 계획팀에 가담한다. 이때 활동한 건축가는 안영배, 엄덕문, 송종석, 이정덕, 김정철, 오은동, 장동식, 임승업 등이 있으며, 주종원 등도 이곳에서 활동한다. 목구회, 「원로건축가 초청좌담회」, 『건축과 환경』1991년 9월호, 190~191쪽, 당시 ICA는 연봉이 높고 내직(內職)을 할 수 있다는 것 등이 장점으로 작용했다. 허우진·우동선, 「안영배의 『새로운 주택』: 초판(1964)과 개정 신판(1978)의 비교고찰」, 『대한건축학회 추계학술발표대회논문집』 제31권 제2호(2011), 343쪽 등 참조.

25   「관보」 제1960호(1958.1.15.).

26   당시 출품작은 164명(『동아일보』) 또는 138명(『경향신문』)으로 달리 보도됐으나 수상자는 66명으로 같았다. 상금은 1, 2, 3부 당선작은 각각 50만 환, 4부와 5부 1등 안은 100만 환이었다.

27   기술업무는 설계공사비 책정, 기성고 조사, 공사감독, 준공가격 산출 등으로 ICA주택기술실이 주로 담당했고, 융자업무는 산업은행이 담당해 각각의 업무가 유기적으로 연동되지 않았다. 이에 따라 기술실을 산업은행 기구로 편제하는 방안이 제안되기도 했다. 이에 대해서는 정해운, 「ICA 주택자금의 운영에 관하여」, 『주택』 제4호(대한주택영단, 1960), 21쪽 참조.

28   한종벽, 「ICA주택사업의 현황과 당면과제」, 24쪽.

29   같은 글, 23쪽. 또한 무주택 저소득자이되 자기 대지를 소유하고 있어야 하며, 자기자금 부담 능력과 융자 원리금 상환 능력이 있는 경우라야 한다.

30   임서환, 『주택정책 반세기』, 21쪽; 이영빈, 「ICA주택」, 『현대여성생활전서 ⑪ 주택』,
         336~337쪽. 오늘날 LH와 SH 등 지방공사가 시행하는 다세대-다가구주택 매입
         임대사업과 유사하다.

31   1957년 주택조합을 통해 ICA주택을 짓는 절차와 평가에 대해서는
         미국국립문서기록관리청이 소장하고, 국사편찬위원회를 통해 온라인으로 제공하는
         "RG 469, Mission to Korea, Program Coordination Office, CEB SEC, Entry
         #1277DK, Decimal Files, 1956-59, Box No. 5, 59b. Bank Report Cooperative-
         1A, etc."에 다수의 사례가 담겨 있다.

32   『동아일보』 1959년 4월 18일자 기사 「땅값 등을 속여 횡령, 부흥주택조합장을 구속」에
         따르면 부흥주택조합 대표였던 손영섭은 1959년 4월 17일 횡령 등의 혐의로 구속됐다.
         조합장인 그가 ICA주택 건설을 위한 대지 구입 과정에서 평당 6천 환의 땅을 9천 환이라
         속였을 뿐만 아니라 조합원 15명으로부터 조합비 명분으로 돈을 거둬 착복했다.

33   대한국토·도시계획학회 편저, 『이야기로 듣는 국토·도시계획학회 반백년』(보성각,
         2009), 109쪽.

34   이영빈, 「ICA주택」, 336쪽.

35   임서환, 『주택정책 반세기』, 23쪽; 한종벽, 「ICA 주택사업의 현황과 당면과제」,
         23~25쪽.

36   여기에 해당하는 비용이 곧 융자 조건에 명시하고 있는 부대시설 비용이다.

37   신철, 「과거의 주택사업을 회고하면서」, 『주택』 제5호, 29쪽.

38   실질적으로 ICA주택기술반이 중앙에만 설치되어 있고, 부산과 광주 등지에는 직원
         한두 명만 파견된 정도여서 공사 지도나 감독 기능이 현저하게 떨어졌다. 결과적으로
         융자 신청의 85퍼센트가 서울에 집중되었고, 경기도 5.3퍼센트, 충북과 충남이 각각
         0.6퍼센트, 전남이 2.7퍼센트, 경북이 5.2퍼센트, 경남이 0.6퍼센트, 전북, 강원, 제주는
         융자 배정이 전무했다. 특히 지방 소읍에서는 서류에 하자가 있으면 멀리 경상남도나
         전라남도까지 다녀와야 하는 등 불편이 극심해 진정서가 난무하기도 했다(이만영, 「ICA
         주택 건설사업에 대하여」, 37쪽 참조). 위원회제의 폐지란, ICA 주택기술실과 OCE
         직원들의 과도한 사업 간여 때문이다.

39   안병의, 「작품소개: 외인 차관아파트 계획안」, 『주택』 제16호(대한주택공사,
         1966), 87쪽. "대한주택공사가 처음으로 시도하는 고층아파트로 많은 자재들을
         외국으로부터 들여와야 했는데, 일본 자재는 대성건설과의 협약을 맺어 들여왔다.
         시멘트·모래·자갈·가설자재를 제외한 거의 모든 건축자재 87개 품목과 급수 및
         위생자재 25개 품목, 난방자재 34개 품목, 전기자재 120개 품목, 도합 266개 품목이
         도입됐다. 이들 일본 자재들 중에는 당시 우리 설계와 실정에 맞지 않는 것도 있었으나
         한국 건축계에는 귀중한 연구 자료로 활용됐다"(대한주택공사, 『대한주택공사
         47년사』[2009], 33쪽).

40   안병의, 「작품소개: 외인 차관아파트 계획안」, 90쪽.

41   대한주택공사,『대한주택공사 47년사』, 33~34쪽.

42   '초기에는 외벽에 새끼줄 무늬가 들어간 프리캐스트 콘크리트 패널로 만들어
커튼월 공법으로 현장에서 조립하려는 의도였지만 여의치 않아 현장 타설 방식으로
바꿨다'(같은 책, 146쪽).

43   장림종·박진희,『대한민국 아파트 발굴사』(도서출판 효형, 2009), 146쪽.

44   이때 차관 도입과 관련한 여러 가지 협의 등에 대해서는 대한주택공사,『대한주택공사
20년사』(1979), 267~268쪽 참조. AID 보증 차관협정은 1973년 3월 15일 체결되었다.
미국뉴욕연방주택은행이 차관을 제공하고 대한주택공사가 이를 들여오는 형식으로,
미국과 한국에서 각각 미국 국제개발처와 한국 정부가 보증을 섰다. 규모는 1천만 달러,
4년 거치 21년 상환으로 모두 25년짜리 차관이었으며, 거치기간에는 이자만 연 2회
지불하고 원리금은 분할 상환하되 연 8퍼센트 이율이 적용됐다.

45 『동아일보』1973년 7월 9일자.

46 『경향신문』1973년 7월 11일자.

47   반포1단지는 1971년 8월 25일부터 1974년 12월 30일에 걸쳐 조성되었다. 당시
반포1단지의 건설에 대해 대한주택공사는 한강외인, 한강맨션, 한강민영아파트를
건설하며 얻은 기술과 경험이 강을 건너 집대성된 것이라고 평했다(대한주택공사,
『대한주택공사 20년사』, 374쪽).

48   대한주택공사,『대한주택공사 30년사』(1992), 146~147쪽 참조. 대한주택공사의
5대 사장인 최주종이 재임하던 때 대한주택공사의 총재라는 명칭이 사장으로 바뀐다.
당시 총재가 사장으로 바뀌게 된 사정에 대해 최주종 사장은 '그때 총재라는 직명이
하도 많아서 정부에서 한국은행 등 몇 군데만 빼고 모두 사장으로 명칭을 바꾸었다'고
회고했다.

49   대한주택공사,『대한주택공사 20년사』, 274쪽.

50   같은 책, 153쪽.

51   대한주택공사,『대한주택공사 30년사』, 159쪽. 대한주택공사는 1984년에도 부족한
주택 건설자금 충당을 위해 IBRD로부터 다시 65억 2,300만 원을 들여와 대전, 시흥 등
7개 도시에 14~19평형 아파트 5,516호를 건설한다.

10 재건주택과
희망주택

1953~1954

아직 전쟁이 멈추지 않았던 1953년 4월 28일 보건사회부 장관은 보
사 제775호 「1953년도 UN 한국재건주택 재정에 관한 건」을 국무총
리 앞으로 보냈다. 공문은 다음과 같이 시작한다.

> 1953년도 운크라[UNKRA, 유엔한국재건단] 주택 재건
> 비로 전재주택 재건계획에 의하여 별지와 같이 4,400호
> 의 국민주택을 건설하기로 잠정 공표하였을 뿐 아니라
> UNKRA 주택 재건 본래의 취지로 보던지 혹은 재정형편
> 으로 보더라도 전재민 중에서 사업을 운영하는 자는 그
> 정도가 일반 전재민보다는 경제의 여유가 있을 것이므로
> 일반 전재민의 주택부터 건축하여야 하겠습니다. 일반민
> 의 주택난이 심각한 실정임을 고려하시어 ○산시 및 수원
> 시 점포건축에 사용치 말고 전액을 당부[보건사회부] 계
> 획대로 국민주택 재건에 한하여 사용하게 하여 주시기 앙
> 망하나이다.[1]

1953년도 UNKRA 계획의 골자가 적힌 이 문건에 따르면, 각 시도에
서 긴급 복구가 필요하다고 요청한 주택의 수는 총 46만 5천여 호였
다.[2] 서울은 2만 7,990호 모두를 도시형으로, 제주는 1만 9,565호 전
량을 농촌형으로 공급해달라고 청했다. 그러나 재원과 물자는 한
정됐고, 기간산업과 생산 설비 역시 모두 망가진 상황이었다. 정부

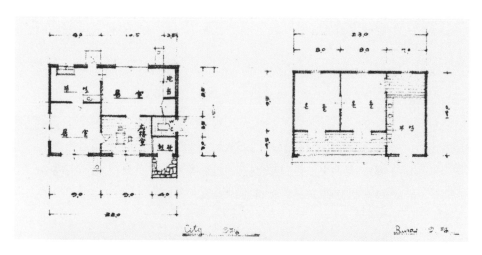

↑↑ '도시형'(왼쪽)과
'농촌형'으로 구분한 재건주택 평면도
출처: 국가기록원

↑ 흙벽돌을 이용해 부산에 지은
재건주택과 UNKRA주택의 내부 모습(1953.12)
출처: UN Photo Gallery

는 서울에는 도시형 350호, 제주엔 농촌형 150호 등 전국에 도시형 2,200호와 농촌형 2,200호를 배정하는 것으로 정했다. 특정 지역을 소홀하게 다룰 수 없었고 적은 수량을 전국에 고루 분배한 결과였다. 당시 주택 건설에 주로 동원된 자재는 시멘트, 유리, 루핑, 목재와 변기 등이었는데, 농촌형의 경우는 도시형과 달리 변기를 공급하지 않았다.[3]

　　　3년 여의 전쟁이 끝나자 남과 북 가릴 것 없이 시급한 과제는 재건이었다. 자원과 기술이 부족한 사정과 냉전 체제 속에서 남북한의 재건은 국제 구도와 무관할 수 없었다. "남북한 모두에게 해외의 지원은 재건의 방향과 형태를 결정짓는 중요한 역할을 했다. 한편, 전쟁으로 파괴된 남한과 북한의 재건은 자유세계와 공산세계가 그들의 문화와 이데올로기, 그리고 궁극적으로는 그들의 힘을 보여줄 냉전의 완벽한 쇼 케이스가 되었다. 따라서 남북한의 재건은 한반도를 넘어 두 세계의 대결이 되었다".[4] 재건은 단순한 전쟁 피해 복구 수준에 그치는 것이 아니라 휴전협정에 따라 그어진 군사분계선을 중심으로 남과 북이 각각 다른 이데올로기를 지향하게 된 사회를 그리는 것으로, 실질적 교육의 장이자 서로 다른 세계를 향한 사회 시스템의 적응 과정이었다.

　　　1953년 8월 15일, 「원조자금에 의한 경제재건계획의 기본방침」이라는 제목의 의안이 국무회의에 상정됐다.[5] "미국으로부터 한국의 경제재건을 위하여 원조하기로 결정된 2억 달러, 기타 5,800만 달러 자금은 전후 국민의 최저한도의 의식주문제를 조속한 기간 내에 정상적으로 회복하기 위하여 필요한 공급을 받을 수 있도록 기간산업 시설의 재건부흥에 치중하여 이를 책정, 추진하기로 하고, 기간산업의 건설 복구, 수송 및 기타 시설 복구, 문화 시설, 기업체의 조직 및 운영, 원자재 확보와 최소한의 완제소비품 도입, 정

486

부 각 부처의 책임제조, 한미합동경제위원회(Combined Economic Board, CEB)와의 협의, 기타 계획에 포함하지 않은 사업에 대해서는 정부 보유달러 사용 등이 논의되었다. 우선 과제로 비료와 전력, 석탄 등 광업, 시멘트와 판유리, 철강, 방직, 담배 공장의 복구와 농업 및 토지 개량이 지목되었다. 주택은 우선 순위는 아니었으나, 원면과 생고무, 비료 등과 함께 주택 건축을 위한 목재와 양회(시멘트)의 적극적인 도입이 논의됐다.

　　휴전협정 당시 '권력의 시각화에 초점이 맞추어진 평양과 달리 서울에는 크고 화려한 건물이나 넓은 대로보다는 쉽게 구할 수 있는 재료로 싸게 지을 수 있는 건물이 건설되었다. 효율성이 양식을 대신했다 하겠다. 건물 유형도 직접 한국인의 일상에 닿을 수 있는 학교, 병원, 교회, 주택 등이 집중적으로 지어졌으며, 새로운 건축공사는 남한을 미국식 민주주의와 자유시장 원리에 의해 운영되는 국가로 변화시키는 데 중요한 역할을 수행했다. 미국의 입장에서는 이처럼 수많은 작은 건축 프로젝트의 지원은 한국 내에서, 그리고 더 나아가 세계에서 미국의 인도주의적 이미지를 보여줄 좋은 기회가 되었다'.[6] 이런 배경에서 한국전쟁 휴전협정 이후 전국적으로 공급되기 시작한 것이 이른바 '재건주택'이다.

전후 사정이 고스란히 담긴 이름
재건주택과 후생주택

재건주택은 흔히 (일반)후생주택으로도 불리며, 1953년 9월부터 전국적으로 건설된다. 당시 대한주택영단을 관할하고 있던 부처인 사회부는 UNKRA의 원조로 5,500호의 일반후생주택을 전국에 건설하기로 하고, 9월에 서울과 인천에 2,500호, 지방에 3천 호를 배당했다. 이 후생주택은 "건평 9평으로 방 두 칸과 마루 한 칸, 부엌 한 칸의 구조인데 당시 총공사비는 12만 환이었다".[7] 이 공사비는 10년에 걸쳐 나누어 상환하게 되어 있었다.[8] ① 서울시에 사변 전에 주택을 소유하고 거주한 자로서 사변으로 인하여 주택이 전소, 전파되어 현재 주택이 없는 자, ② 극빈피난민, ③ 반파된 주택소유자 순으로 입주 자격이 주어졌다.

앞서 언급한 대로, 각 시도에서 보건사회부에 요청한 주택 호수는 46만 5천여 호에 이르렀다. 그러나 처음에 결정한 공급 물량은 5,500호에 불과했다. 그나마 이것도 최초의 결정에서 10퍼센트 이상 증가한 숫자였다. 흥미로운 점은 이들 주택의 여러 이름이다. 사회적 의미를 부각하기 위해 '일반후생주택'이라고도 불렀고, 재건주택이라는 명칭 앞에 '국민'을 덧대 '국민재건주택'이라고도 칭했다. 또한 UNKRA의 원조로 전국에 주택을 공급했다고 해서 소위 'UNKRA주택'으로, 그냥 '재건주택'으로도 불렸다. 하나의 대상에 이름은 여럿이었으니 헷갈리기 좋은 주택이었던 셈이다.

도합 5,500호를 1953년부터 건설하기로 한 재건주택은 대한주택영단이 정부와 함께 부산으로 피난해 청학동에 지은 흙벽돌집(9평짜리로 마루 하나, 부엌 하나, 방 하나에 따로 변소가 있는 구조)과 유사하다는 사실을 확인할 수 있다. 청학동 흙벽돌집과 건평은 동일하고 방이 한 칸 더 늘었을 뿐이다. 재건주택은 시기와 조건에 따라 조금씩 변형되어 공급되었다. 청학동 주택처럼 대부분 흙벽돌 구조였으며 UNKRA로부터 시멘트와 루핑, 못, 목재 등을 지원받았다. 경우에 따라서 재건주택은 구호주택이나 난민주택으로 불리기도 했던 전재민주택과 많은 내용이 유사했다.

긴급한 상황에서 부족한 재원으로 지어졌으나, 영단은 평면 구성을 현대의 삶에 맞게 구성하고자 했다. 앞으로 좌식 중심의

488

↓ 침실 2개, 마루 1개,
부엌으로 구성한 도시형 재건주택
출처: UN Archives

↓↓ 한국전쟁으로 인한
영단주택 피해 상황 조사표(1950.10.)
출처: 대한주택영단

생활이 입식으로 바뀔 것을 염두에 두었고, 입구는 평면의 효율성을 위해 한쪽 끝에 배치했다. 이런 시도는 때로 예상치 못한 충돌을 빚기도 했다. "한번은 입주자가 입주 후에 가족이 사망하여 운구를 해야 하는데 다른 출구로 나갈 수 있는데도 꼭 현관을 통하여 나가겠다고 고집했으나 그쪽으로 나갈 수가 없어서 옥신각신한 끝에 벽을 헐고 운구를 했다."[9]

　　어쨌든 정부의 시책에 따라 재건주택 건설 공사가 시작되었고 영단은 서울로 돌아온 뒤 처음으로 안암동 개운사 입구에 49채를 짓기 시작해,[10] 안암동 49호, 정릉동 325호, 회기동 252호, 대현동 208호, 돈암동 73호, 영등포에 77호의 주택을 배정받아 건설했다. 본격 공사가 시작되고 얼마 지나지 않은 1953년 12월에 재건주택 준공식이 거행되었을 때는 이승만 대통령과 프란체스카 부인, 신익희 국회의장이 참석하여 테이프를 끊고 영단 직원들을 격려했다고 알려졌다.

　　휘경동 국민재건주택 건설을 위해 대지 분할이 막 시작되던 1954년에 지어진 주택에도 제각각의 이름이 붙었다. 대한주택공사의 기록에 따르면, "정부시책으로 산업부흥국채 발행기금 또는 귀속재산처리적립금 중 주택자금융자에 의하여 건설하여 분양 또는 임대하는 주택은 아파트, 상가주택 등을 포함하여 부흥(復興)주택 또는 국민주택으로 불렸고, 정부계획에 의하여 UNKRA 원조의 자재 및 자금으로 건설·관리되는 주택을 재건주택이라 하고, 대지와 공사비를 입주자가 부담하되 자재에 한하여 영단에서 배정 분양하는 주택은 희망(希望)주택"이었다. 또 국민주택과 같은 자금으로 "건설 및 관리하는 외국인주택을 외인(外人)주택으로 그리고 해방 전에 조선주택영단이 지은 집을 기설(旣設)주택 내지는 기존(旣存)주택"[11]이라 불렸다. 당시 주택에 부여된 명칭이 복잡했던 것은 공급

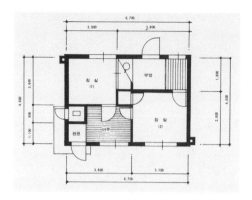

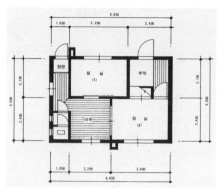

↑ 1954년 서울 휘경동에 공급된 9평형 재건주택 평면도 1
출처: 대한주택공사,
『대한주택공사주택단지총람 1954~1970』(1979)

↑ 1954년 서울 휘경동에 공급된 9평형 재건주택 평면도 2
출처: 대한주택공사,
『대한주택공사주택단지총람 1954~1970』(1979)

↓ 휘경동 국민재건주택 대지분할도(1954년)
출처: 대한주택영단

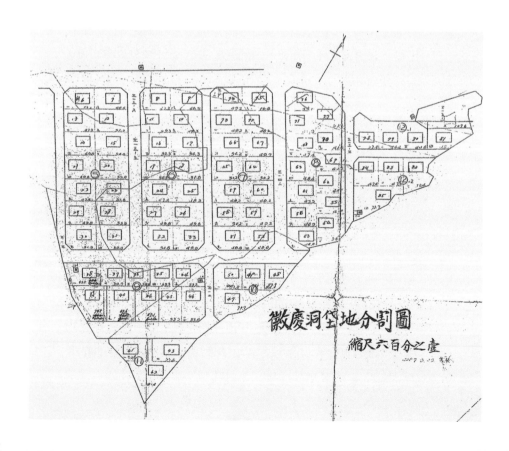

주체와 자금의 출처가 다 달랐기 때문이다. 주택의 유형이나 형식보다 누가 어떤 자금으로 공급하는지(또는 할 수 있는지)가 더 중요하고 시급한 문제였다. 단일한 기금과 발주 및 분양 방식으로는 전후 절박했던 주택문제에 대처할 수 없어 서로 다른 자금, 서로 다른 공급 주체가 뒤섞일 수밖에 없었고,[12] 주택 이름에도 이 혼란상이 고스란히 묻어났다. 정리하자면, '재건주택'은 1954년에 이르러 정부계획에 의하여 UNKRA가 원조한 자금으로 건설·관리되는 주택을 통칭하는 것이다. 여기에 융자금이 포함되고 그 융자금이 국채발행 기금이거나 귀속재산처리적립금 중 주택금융자금이라면 국민주택이 된다. 이 둘을 합한 것이 국민재건주택이다. 후생주택이라는 명칭은 입주 대상이 무주택자이거나 서민일 경우 사회사업의 일종으로 주택을 제공했다는 의미가 더해진 것이며, 이 사업의 원조를 맡은 UNKRA를 전면에 내세워 UNKRA주택이라고도 칭했다.

      1955년부터는 UNKRA에 지원하는 원조국가의 잉여 건축자재가 대폭 감소했고, 정부의 주택 건설 100만 호 계획 수행을 위한 대한주택영단의 주택건설5개년계획이 세워지면서 택지 확보가 중요한 문제로 대두되었다. 택지 확보를 위한 재원 마련을 위해 영단이 소유한 재건주택의 불하가 본격화된다. 동시에 서울 변두리 지역에서는 여전한 주택난을 잡기 위해 별다른 도리 없이 재건주택공급이 확대되었다. 이때 대한주택영단이 나서서 대량으로 재건주택을 공급한 변두리 주택지가 바로 답십리와 불광동이며, 1956년형 9평형 재건주택 평면도가 새롭게 마련됐다.

재건주택
관리조례

재건주택이 본격 공급되면서, 시의회나 읍의회를 통해 「재건주택관
리조례」가 제정·운영됐다.[13] 이 조례를 통해 원조자재의 대환산액
(代換算額)[14] 상환과 위생 및 문화 설비 제공에 대한 실비 징수 계좌
를 운영하기 위해 편성한 특별회계[15]를 비롯해 재건주택 배정을 둘
러싼 이전투구와 청탁 등을 제도적으로 막기 위한 재건주택 입주권
의 양도 및 양수 규정을 정립했다.[16] 이에 따르면, 해외에서 원조한
건축자재에 대해 도지사 등 지방자치단체의 장이 해당 품목별로 상
환할 비용을 책정해 고시하면 주택을 배정받은 사람은 이를 납부하
도록 했다. 또한 재건주택 건축을 위해 투입된 용지매수비, 대지정리
비, 공사비, 일반관리비 역시 주택을 배정받은 사람이 납부하고, 상
하수도 설비 등이 추가될 경우에는 이에 대한 실비 역시 자치단체의
장이 고시한 대로 납부하도록 했다. 이러한 내용은 대개 「국민재건
주택 건축 요강」에 담겼지만 이를 분명히 하기 위해 조례를 별도로
둔 것이다.

　　　　입주자 부담금은 자치단체의 장이 정하는 바에 따라 납부
하지 않거나 체납할 경우에는 재건주택 입주 의사가 없는 것으로 간
주하여 입주권을 취소했고, 입주 취소된 대상자로부터 이미 받은 비
용이 있다면 반환함을 원칙으로 하지만 주택 건설 또는 관리상 지
장을 초래할 우려가 있다고 정하는 경우는 예외로 했다. 만약 재건
주택 배정자를 상대로 입주권을 취소했을 때는 즉시 입주 대상자를
재선정하고 새로운 입주 대상자로 하여금 배정 절차를 밟게 했다. 부
담금을 입주자가 전액 납부했을 경우에만 소유권을 이전했으며,[17]
입주 권리를 양도할 때에는 따로 허가를 받도록 했다. 특별하다고 할
것은 없지만 건축자재가 절대적으로 부족했던 당시 시장이며 산업

상황과 정부의 서울 환도 후 아직 완전하지 못했던 주택행정 체계를 고려한다면 나름 애쓴 결과다. 이들 조례는 1971~1972년에 대부분 폐기됐다.

9평의 꿈,
재건주택

재건주택의 원형은 9평형이다. 1956년에 마련된 「국민재건주택 신축공사」 도서에 등장하는 A, B, C 등 3종의 재건주택 평면도는 이후 다양한 크기와 형식의 평면으로 분화되며 국민 모두에게 '9평의 꿈'을 꾸게 했다. 1961년 6월 17일 개봉한 영화 「돼지꿈」[18]의 원작이 『서울신문』 시나리오 공모 당선작 「재건주택가」(再建住宅街)였다는 사실을 떠올리면 '9평의 꿈'이 한낱 '돼지꿈'에 불과한 경우도 적지 않았던 모양이다. 실제로 재건주택 할부금을 제때 갚지 못해 입주권을 넘기고 이사하는 사례가 심심찮게 있었다.

　　재건주택은 일제강점기의 주택과 달리 장차 시민들의 생활이 좌식생활에서 입식으로 바뀔 것을 전제로 궁리한 평면을 택했다. A형의 경우는 측면 진입 형식이며, 전통주택의 대청을 내부공간으로 변용해 깊이가 동일한 2개의 온돌방에 면하도록 구성했는데 대청을 전면에 둔 온돌방은 폭이 다른 온돌방에 비해 약간 넓고 별도의 수납공간을 갖추도록 했다. 주방은 외부에서 직접 출입이 가능했으며, 부뚜막과 유사한 높이의 널마루를 통해 대청을 측면에 둔 온돌방으로 드나들 수 있었다. 대청에서 직접 출입할 수 있는 변소를 두었는데 바닥에 변기를 설치하고 남성을 위해 소변용 구멍을 바닥에 따로 둔 것이 이채롭다. 2개의 온돌방은 부뚜막을 통해 난방이 가능하도록 각각의 고래(구들장 밑으로 나 있는, 불길과 연기가 나

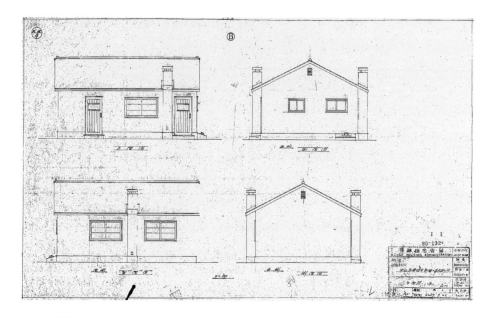

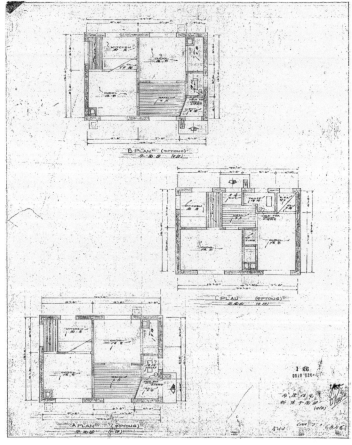

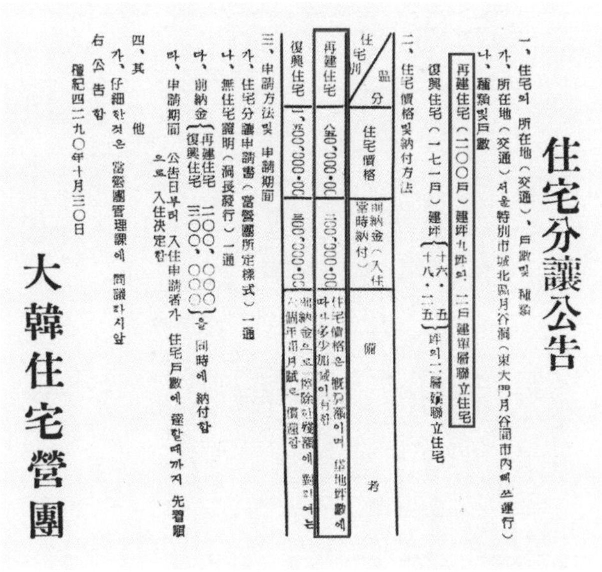

住宅分讓公告

一、住宅의 所在地(交通)、戶數및 種類

가、所在地(交通) 서울特別市城北區月谷洞(東大門月谷間市內뻐쓰運行)

나、種類및戶數

再建住宅(二〇〇戶)建坪九坪의 二戶建單層聯立住宅

復興住宅(一七一戶)建坪{十六·五 / 十八·二五}坪의二層連聯立住宅

二、住宅價格및納付方法

區分 / 住宅別	住宅價格	前納金(入住當時納付)	備考
再建住宅	850,000·00	200,000·00	住宅價格은 概算額이며 垈地坪數에 따라 多少加減이 有함
復興住宅	1,350,000·00	300,000·00	前納金으로 控除한 殘額에 對하여는 六個年間 月賦로 償還함

三、申請方法및 申請期間

가、住宅分讓申請書(當營團所定樣式)一通

나、無住宅證明(洞長發行)一通

다、前納金{再建住宅 二〇〇、〇〇〇 / 復興住宅 三〇〇、〇〇〇}을 同時에 納付함

라、申請期間 公告日부터 入住申請者가 住宅戶數에 達할때까지 先着順으로 入住決定함

四、其 他

가、仔細한것은 當營團管理課에 問議하시압

右公告함

檀紀四二九〇年十月三〇日

大韓住宅營團

← 재건주택 B형 입면도
출처: 대한주택영단,
「연립주택신축공사」, 1954.9.

← 대한주택영단의
1956년형 재건주택(9평형)
A, B, C 평면도(1956.3.)
출처: 대한주택영단

↑ 대한주택영단의 재건주택 분양 공고
(9평 단층 2호 연립주택 200호, 서울 월곡동)
출처: 『경향신문』 1957.11.2.

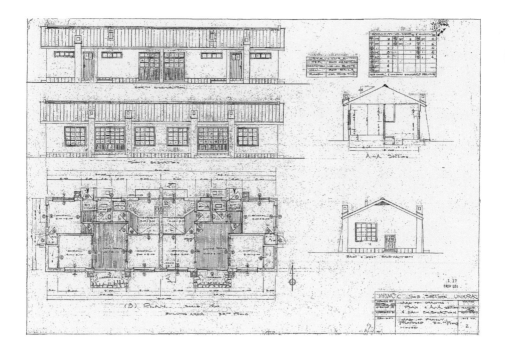

↑ 1954~1956년에 지어진 15평형 2호 연립형 재건주택 도면
출처: 대한주택영단

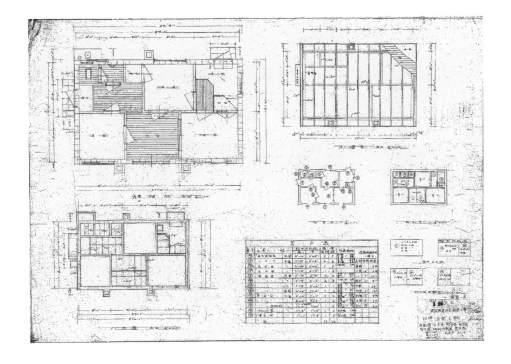

↑ 1956년 3월에 만들어진 12평 A형 재건주택 도면
출처: 대한주택영단

가는 길)를 둔 탓에 굴뚝은 한 주택에 2개를 설치하도록 했다. 다만, 굴뚝의 위치는 내부공간의 협소함을 다소나마 줄이기 위해 같은 위치에서 외부에 둘 수 있노록 변용할 수 있었다. B형은 A형과 대동소이해서, 진입 방식이 정면(남측) 방식인 것과 온돌방의 크기가 미세하게 다른 정도의 차이만 있다.

C형은 공간 구성 방식이 A, B형과 여러모로 달랐다. 우선, 진입 형식이 배면 중앙집중식으로 A, B형보다 대청 넓이를 크게 줄여 그만큼을 온돌방에 할애했다. 대청을 생활을 담는 공간으로 인식하지 않고 단순 통로 또는 화장실이나 침실로 동선을 분산해주는 역할 정도로 본 것이다. 이에 따라 온돌방은 폭이 넓고(12피트) 깊이가 얕은 방과 폭은 상대적으로 좁지만 깊이가 깊은(11피트) 방이 되었다. 침실과 침실이 면했기 때문에 2개의 굴뚝을 한곳에 집중시킬 수 있었고, 방마다 독립적인 수납공간이 있었다.

재건주택이 모두 9평형 단독주택으로 한정된 것은 아니었다. 1957년 10월 신문을 통해 분양을 했던 재건주택의 경우처럼 9평형 연립주택을 비롯해 10평부터 12평에 걸쳐 비교적 다양한 규모가 있었고, 드물지만 20평형도 있었다. 1954~1956년에 조성된 15평형 재건주택은 2호 연립으로 지어져 건평 30평형이었다.

15평형 단층 연립주택의 경우, 9평형 재건주택 표준형보다 침실이 1개 더 있었을 뿐만 아니라 대변기와 소변기를 따로 둔 변소와 욕조를 구비한 욕실을 공간적으로 분리하는 등 바닥면적의 여유분을 기능공간의 분화에 유용하게 배분했다. 특히, 15평형 재건주택에서는 9평형의 대청이 리빙룸(living room)으로 호명되었고 남측에 폭 3미터에 가까운 테라스를 두는 등 서구형 주택 양식이 적용되었다. 또한 북측 현관과 남측 테라스를 이용해 진출입할 수 있게 하고, 동측의 온돌방을 데우는 별도의 아궁이공간을 활용해 출입구

(쪽문)를 설치하는 등 공간을 한결 여유롭게 구성하고 기능적 효율을 기하는 시도를 보여주었다.

12평 A형은 9평형이나 10평형에 비해 온돌방이 하나 더 늘어 3침실형 평면이었다. 변소에는 소변기가 대변기와 아예 공간을 달리해 설치되었으며, 대청 남측엔 분합문을 설치해 외부공간과 면하도록 의도하였다.

1956년 4월에 작성된 대한주택영단의 20평형 재건주택의 공간 구성 방식은 일식과 서구식의 혼합이다. 현관에 들어서면 일본식 주택에서 흔히 볼 수 있는 속복도가 주방으로 이어졌다. 비슷한 크기의 온돌방 사이에 널마루를 깐 '마루'가 있었고, 마루와 온돌방(침실) 3개를 복도에 면해 나란히 정렬해 거주공간과 서비스공간을 수평적으로 완전히 분리했다. 이는 매우 독특한 구성으로 마루와 온돌방 모두의 거주성을 보장하는 방법이었다. 또한 솥을 3개 걸 수 있도록 만든 부뚜막의 아궁이로 온돌방 난방을 따로 할 수 있었고, 그래서 굴뚝도 3개였다. 욕실엔 주방에서 불을 지펴 물을 데워 사용하는 일본식 욕조 고에몬부로가 설치되었다. 흥미롭게도 20평형 도면에는 부엌 대신 당시 새롭게 등장한 단어인 '주방'이란 명칭을 사용했다.

평형에 상관없이 공통점도 있었다. 부엌으로 들고 나는 문이 따로 있었고, 일본식 가옥과 달리 방과 방 사이 벽에 장을 두거나 아궁이를 설치해서 생기는 바닥 높이 차이를 활용해 반침을 두는 등 수납공간 확보에 적극적이었다.

1959년 말까지 대한주택영단은 모두 5차례에 걸쳐 재건주택을 분양했다.[19] 「1959년도 제18기 결산서」에 따르면, 서울의 경우 1959년 12월 31일을 기준으로 모두 1,553호가 공급됐다. 정릉동·안암동·대현동을 필두로 휘경동·신길동·회기동·답십리 일대는 물론

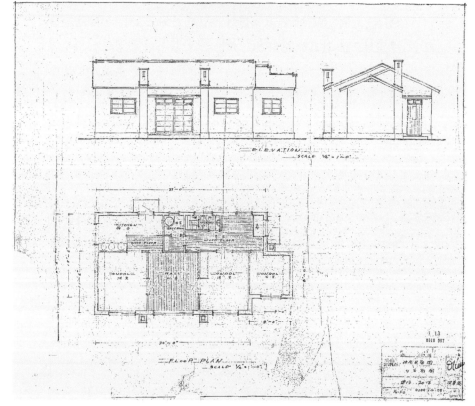

← 영화 「돼지꿈」에서
주인공의 거처로 등장하는
후생주택

← 1956년 4월에 제작된   ↓ 서울시 성북구 정릉동
20평형 재건주택 도면   재건주택지 전경(1957.11.6.)
출처: 대한주택영단   출처: 국가기록원

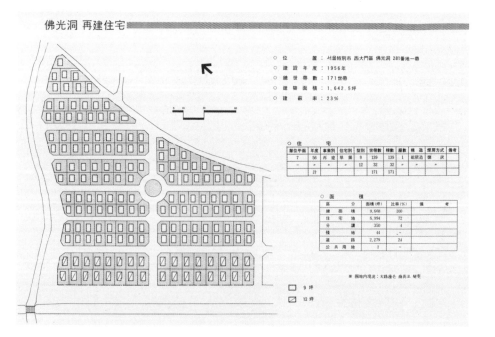

激甚分讓住宅計戾

佛光洞 再建住宅

← 1959년 대한주택영단
융자분양주택계정 중
재건주택 목록(1959.12.31.)
출처: 대한주택영단

↓ 1956년 171세대가
공급된 불광동 재건주택지
출처: 대한주택영단,
『대한주택공사 주택단지총람
1954~1970』(1979)

○ 位　　　置 : 서울特別市 西大門區 佛光洞 281番地一帶
○ 建 設 年 度 : 1956年
○ 總 世 帶 數 : 171世帶
○ 建 築 面 積 : 1,642.5坪
○ 建 蔽 率 : 23%

○ 住　宅

單位坪面	年度	事業別	住宅別	型別	世帶數	棟數	層數	構造	燃房方式	備考
7	56	再建	單園	9	139	139	1	組積造	懊決	
〃	〃	〃	〃	12	32	32	〃	〃	〃	
				計	171	171				

○ 面　積

區　分	面積(坪)	比率(%)	備　　考
總 面 積	9,698	100	
住 宅 地	8,994	72	
分　讓	350	〃	
税　地	44	〃	
道　路	2,279	24	
公 共 用 地	1		

※ 撂地內現況 : 大路海老 面街로 變要

□ 9坪
▨ 12坪

이고 불광동·이문동·대저동·월곡동 등지에 공급이 집중됐다. 서울의 변두리지역의 땅값이 저렴한 곳을 골라 집중적으로 염가주택을 공급한 결과다.

1956년에 9평형 139세대와 12평형 32세대가 공급된 불광동 재건주택지의 경우, 대로변의 12평형은 나중에 대부분 상가로 변경됐다.[20] 재건주택이 집중 공급되던 당시만 하더라도 서울 외곽인 불광동 일대엔 최소한의 일상을 유지하기 위한 상점조차 제대로 구비되어 있지 않았기 때문이다. 주거 전용으로 주택을 공급했지만 해당 지역의 간선도로변 주택은 점포 병용 주택으로 자연스럽게 바뀌었다. 이런 이유에서 1959년 불광동 국민주택지[21]에서는 최초 기획 단계부터 102호 가운데 2호를 살림집과 상점을 겸용할 수 있는 공간을 기획했다.

'재건'의 '재건'

1960년대에도 '재건'은 여전했다. 5·16 군사정변을 통해 정권을 찬탈한 군부는 군사혁명위원회를 조직해 당시 육군참모총장인 장도영을 의장으로 선임하고, 부회장으로 실질적 군사정변 주도자인 박정희를 선임했다. 이틀 뒤 이들은 군사혁명위원회를 국가재건최고회의로 개칭하고, 6월 6일에는 「국가재건비상조치법」을 공포하여 국가재건최고회의를 최고 권력기구로 만드는 법적 근거도 마련했다. 그동안 주택의 명칭으로 익숙했던 '재건'이 재등장하는 순간이었다.

국가재건최고회의 산하기관으로는 재건국민운동본부가 설치됐다. 고려대학교 총장 유진오를 본부장에 임명하고 주요 민간단체 임원, 저명 언론인, 출판인, 교육자, 연예인, 종교인들을 지도적 위치에 앉혀 동원체제를 만들었다.²² 유진오는 같은 해 8월 9일 밤 재건국민운동본부 본부장 자격으로 기자들과 만나 앞으로 가을과 겨울철에 권장할 국민재건복(줄여서 국민복)은 넥타이를 매지 않는 다고 강조하면서, 강요하지는 않을 것이라고 덧붙였다.²³

　　박정희 정권이 내세운 '재건'은 사실상 '국가의 재건'이었고, 봉건적 요소로 규정한 '빈곤과 가난, 무지와 게으름, 무질서와 불안, 부정부패와 폭력'²⁴을 척결함으로써 달성해야 하는 궁극의 목표였 다. 따라서 "'재건'은 국가가 자신의 의지를 닮아가는 과정이자 시대 에 자신의 의지를 색칠하는 과정이었으며, 그리하여 마침내 박정희 라는 이름을 한 시대의 이름으로 남기고 싶다는 거대한 야망의 표현 이었다".²⁵ 군부세력은 5·16 이후 금지했던 정치활동을 1963년 1월 1일부터 일부 허용했는데, 군사정변 "주체 세력을 중심으로 '혁명이 념의 계승과 민족적 민주주의 구현'을 표방하면서 창당을 서둘렀다. 이들은 정치활동이 재개된 1963년 1월 10일, 가칭 '재건당'이란 명칭 아래 첫 발기대회를 열고, 1월 18일 '민주공화당'이란 당명으로 김종 필을 창당준비위원장으로 하는 발기선언대회를 열었다".²⁶ '재건'의 정치적 이념화였다.

　　1930년대 일제의 만주국에서 1960년대 재건의 연원을 찾 는 시도도 있다. 한석정은 『만주모던』에서 "재건은 해방 전후 일본 정치인, 한국의 좌우 세력이 간혹 사용하기도 했지만 대체로 (한국 전쟁의 참화로부터) 복구를 의미했다. 하지만 5·16 이후의 것은 다 른 종류였다. 이것은 만주국 정부가 엄청난 에너지로 펼친 건국 에 토스를 변형시킨 것"²⁷이라고 주장했다. 분명한 것은 '다시 건설한다' 는 뜻의 재건이 한국전쟁으로 인한 막대한 피해와 손실을 전쟁 이전 으로 돌리자는 본래의 의미에서 이탈해 국가를 다시 설계하고자 하 는 정치적 언어로 가공됐다는 것이다. 전근대적 구습을 탈피하고,

근대화를 이룩하기 위한 정신무장이며 습속 타파의 구호가 되었다. 그리고 군사정권의 심장부에서 외친 '재건'은 10여 년 후 '다시 새롭게 한다'는 의미의 유신(維新)으로 거듭 옷을 갈아 입었다.

1962년 5월 13일에는 기존의 무궁화호보다 서울-부산 구간을 30분 앞당기는 초특급 열차가 운행을 개시했다. 어쩌면 당연하게도 이 열차에 붙여진 이름은 '재건호'였고, 1964년 2월 20일 오전 민선 대통령으로 군복을 갈아입은 박정희 대통령은 공식석상에 처음으로 재건복을 입고 등장해 민간인으로 변신한 이주일 전 육군대장에게 감사원장 임명장을 수여했다.

1960년대를 마감하는 1969년 12월 신문에서는 1960년대의 유행어를 따로 정리하였는데, '불도저', '정치교수', '부정축재' 등과 함께 '재건'을 꼽았다. 군사정권의 모토로서 청신한 기풍진작을 위한 것이라는 설명과 함께 '재건복'과 '재건체조'는 물론이거니와 '재건빵'이 등장했는가 하면 젊은이들의 데이트조차 '재건데이트'로 불렸다는 내용이다. 새마을운동이 한창이던 1970년대 대학생들의 가난한 교제가 마치 '새마을데이트'로 불린 것처럼 말이다.[28] '재건운동'이 강제되던 시절, "하룻밤 사이에 만들어내는 '재건'들. 이것들은 재건을 위해 일하는 생활감정 속의 슬로건이 아니라 '재건이란 박람회에 끌려나온 전시품의 이름' 같았다"[29]고 당대의 신문은 전한다. 군사정권에서 채근한 '재건'의 다른 이름인 '유신'이란 명칭을 단 '유신주택'은 다행히 등장하지 않았다.

서울에 집중 공급된 희망주택

1954년 9월 7일 『동아일보』는 「희망주택(希望住宅)을 짓는다! 공사

↑↑ 조일공업주식회사
정문 입간판에 적힌 인사말과
'재건' 구호(1962.12.)
출처: 서울역사박물관

↑ 서울-부산간
초특급 재건호 운행 개시 기사
출처: 『동아일보』 1962.5.13.

↑ 공식석상에 처음으로
재건복을 입고 등장한 박정희 대통령
출처: 『동아일보』 1964.2.20.

비 선불하면 곧 입주」라는 제목으로 기사를 게재했다. 1954년 안에 서울 200호를 비롯해 전국적으로 1,700호의 주택을 정부(사회부)가 공급할 예정인데 서울의 경우 11월 20일에 준공할 계획으로 추진 중이며, 집 구조는 종전의 재건주택과 별 다름이 없고, 대지 40평에 건평 9평의 주택으로 지어지고 있음을 알리고 있다. 이 주택의 이름이 '희망주택'이었다. 독특한 점은 주택 공사비를 실수요자가 '선납'해야 한다는 것이었다. 대지와 공사비는 입주자가 부담하고 자재는 대한주택영단에서 배정했다.[30] 입주 희망자가 부담하는 공사비는 건축공사비와 전기 및 배수 시설비 등을 포함해 19만 5천 환이었다. 공사가 절반 진행될 때까지 3회로 나누어 내도록 했는데, 입주 신청과 함께 3만 환을 불입하고, 공사가 본격 착수되기 전에 다시 7만 환을, 그리고 공정률이 50퍼센트에 다다랐을 때 나머지 9만 5천 환을 납부하면 됐다. 대지 비용은 별도였고, 40평을 기준으로 할 때 평당 800환을 연부상환(年賦償還) 방식에 따라 입주와 동시에 10퍼센트씩 내야 했다. 정부가 부담하는 자재비 약 9만 3천 환의 상환 기간은 8년이었다. 서울에만 대현동 107호, 정릉동 54호, 휘경동 39호 총 200호가 지어질 예정이었고, 입주 신청 자격은 서울 거주민이자 한국전쟁으로 집이 파괴된 자 또는 일반 입주 희망자였다. 일체의 사무 행정은 대한주택영단이 맡았다.

　　　『대한주택공사 20년사』에 의하면, 기사와는 달리 1954년에 "서울 시내에서 9평형 희망주택을 지었는데 휘경동에 41호, 회기동에 88호, 창천동에 109호, 정릉동에 56호, 홍제동에 40호"[31]를 지어 공급했다. 최초 서울에 200호를 공급하겠다는 목표치를 훨씬 초과해 334호를 지었다는 것이다. 정릉주택지구의 경우, 외양만으로는 그 차이를 알 수 없는 재건주택과 더불어 355호에 해당하는 9평형 조적조 1층 주택이 1954~1955년에 모두 조성됐다. 휘경동 희망주택

508

↓ 정릉동 56호 중 1차 희망주택 28호에 대한 택지분할도
출처: 대한주택영단, 「제1차 희망주택 토지평수 산출 보고의 건」,1954.12.

↓↓ 정릉동, 창천 안암동 희망주택 9평형 평면도 및 세부 내용
출처: 대한주택공사, 『대한주택공사 주택단지총람 1954~1970』(1979)

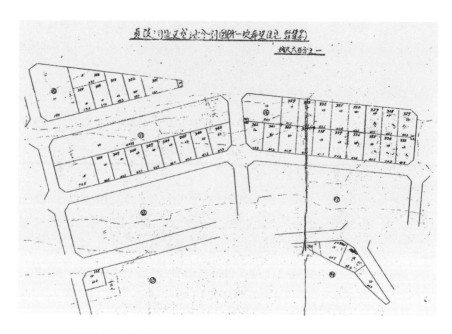

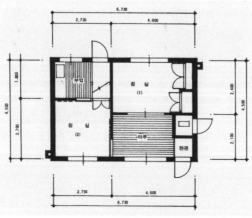

지도 정릉과 크게 다를 것이 없어 역시 9평의 건평을 갖는 전(田)자형 평면으로, 굳이 차이를 지적하자면 주택의 전면 폭이 정릉의 경우에 비해 30센티미터 짧은 대신 깊이가 10센티미터 긴 정도에 불과하다. 다만, 같은 9평형인 재건주택과 달리 변소의 출입은 외부공간에서 이뤄지도록 했으며, 소변기나 소변을 용이하게 볼 수 있는 바닥의 구멍 등은 설치하지 않고 오직 좌식 변기만 설치했다. 난방은 모두 연탄아궁이식을 채택해 온돌방에만 공급하고 마루는 바닥난방을 하지 않았음을 확인할 수 있다. 휘경동 희망주택공급계획은 애초 39호였으나 대지 조건 등을 고려해 2호를 추가해 41호를 공급했다.

　　『대한주택공사 주택단지총람 1954~1970』에 의하면 희망주택은 철저하게 서울에만 국한해 공급되었다. 1954년 언론에 보도된 서울에 200호, 전국적으로 1,700호를 공급한다는 계획은 무슨 연유에서인지 모르지만 1979년에 대한주택공사가 자체 정리한 내역에는 누락되어 있다. 만약, 이 내용이 잘못된 것이 아니라면 1955년부터 1960년까지 6년 동안 대한주택영단이 관장하고 공급한 희망주택은 '서울형 주택'이라 할 수 있다. 뒤에서 자세히 다룰, 1958년부터 이승만 하야 때까지 서울에만 지어진 '상가주택'과 비슷한 경우다.

12평형과 20평형의
희망주택

희망주택은 몇 가지 예외적인 경우를 제외하곤 모두 9평형이 채택됐다. 1958년 노량진과 1960년 대방동에 공급된 희망주택이 12평형이었으며 1960년 녹번동 희망주택은 유일하게 20평형으로서 단 3채만 지어졌다.[32]

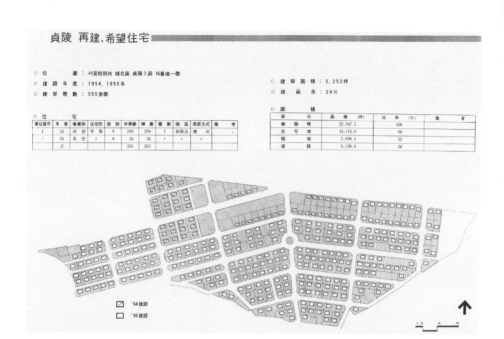

貞陵 再建, 希望住宅

○ 位　　置 ： 서울特別市 城北區 貞陵1洞 16番地一帶
○ 建設年度 ： 1954, 1955年
○ 總世帶數 ： 355世帶

○ 建築面積 ： 3,252坪
○ 建蔽率 ： 24%

○ 住　宅

單位面平	年度	事業別	住宅別	型別	世帶數	棟數	層數	構造	煖房方式	備考
1	54	再建	甲落	9	299	299	1	組積造	建設	,
-	55	希望	"	9	56	56	"	"	"	
		計			355	355				

○ 面　積

區　分	面積 (坪)	比率 (%)	備考
總面積	22,947.5	100	
住宅地	13,713.0	60	
綠地	2,696.5	12	
道路	6,538.0	28	

☑ '54 建設
☐ '55 建設

↑↑ 1954~1955년에 조성된 정릉 희망주택단지 주택배치도
출처: 대한주택공사, 『대한주택공사 주택단지총람 1954~1970』(1979)

↑ 정릉 희망주택단지 일대 항공사진(1972)
출처: 서울특별시 항공사진 서비스

작성자가 대한주택영단인 녹번동 희망주택 도면은 같은 시기에 다른 지역을 대상으로 만들어진 도면에 비해 상대적으로 허술한데, 내용은 제법 눈여겨볼 만하다. 단 한 장으로 정리된 신축공사용 도면엔 정확한 도면 표기법에 따라 그려진 평면도와 남측면도 및 북측면도 그리고 지붕틀도가 있다. 정확하게는 19.59평에 해당하는 단층 단독주택인 녹번동 20평형 희망주택은 북측 진입 방식을 취하면서 전면폭의 3분의 1에 해당하는 폭과 온돌방 2개를 합한 깊이를 갖는 마루방을 중앙에 두고 왼편에는 2개의 온돌방을, 오른편으로는 안방에 해당하는 온돌방과 부엌을 두는 일종의 3분할 평면 형식을 택했다.

북측에는 현관과 소변기 및 좌식변기를 둔 변소, 시멘트 욕조를 둔 욕실이 각각 독립되어 수평 방향으로 나란히 놓였는데 이 부분이 주택의 몸체를 이루는 구조로부터 돌출시켜 외기에 면해 있다. 이 부분은 주택의 몸체를 이루는 구조로부터 돌출돼 외기에 면해 있다. 북측면도에서 볼 수 있듯, 주 출입구인 이 부분엔 진행 방향과 용마루 방향이 같도록 경사지붕을 덮어 일정한 정면성을 부여했으며, 온돌방-마루방-온돌방으로 이어지는 몸체 지붕의 용마루와는 직각을 이루도록 했다. 지붕틀은 2개의 용마루가 같은 높이에 자리하면서 시멘트블록 벽체 위에 얹혀 자중(自重)을 통해 4명의 벽체를 안정적으로 지지하는 동시에 집의 형상을 구체화한다. 이는 일제강점기의 철도관사나 문화주택뿐만 아니라 용마루를 남쪽으로 향하게 해 동서 방향으로 경사지붕을 갖도록 한 1970년대의 불란서주택과의 관련성도 유추해볼 만한 대목이다.

1959년 말을 기준으로 한 대한주택영단의 「1959년도 제18기 결산서」에 따르면, 영단이 시공한 경우와 입주자가 자력으로 시공한 주택을 구분해 정리하고 있다. 당시까지 영단이 시공한 주택

↓ 휘경동 1차 희망주택 41호에 대한 택지분할도
출처: 대한주택영단,
「제1차 희망주택 토지평수 산출 보고의 건」, 1955.1.

↓↓ 휘경동 희망주택 9평형 평면도 및 세부 내용
출처: 대한주택공사,
『대한주택공사 주택단지총람 1954~1970』(1979)

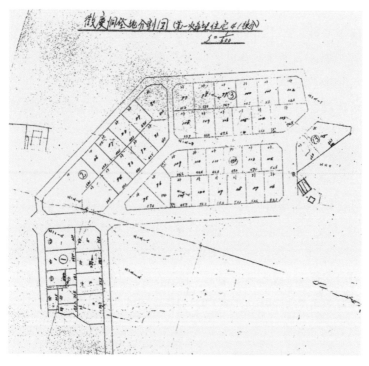

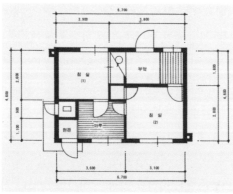

은 409호인 데 반해 입주자가 시공한 경우는 758채에 달해 그 수가 거의 2배에 육박한다.『동아일보』1955년 9월 27일자 기사는 그 까닭을 짐작할 수 있게 해준다. 당시까지의 희망주택은 입주 희망자가 일정한 절차에 따라 비용을 납부하면 대한주택영단이 원조자재를 이용해 9평 규모의 집을 지어 공급하던 것인 데 비해, 새롭게 검토하고 있는 방식은 정부(대한주택영단)에서 대지를 지정하면 희망자가 해당 대지를 구입하고 건축에 필요한 일체의 경비를 스스로 부담하는 것으로서 기준 규모인 9평 이상으로도 지을 수 있도록 했다.[33] 전자와 후자의 공사비 차이가 컸다. 대한주택영단 공급 희망주택과 민간인이 스스로 지은 희망주택이 함께 들어선 대현동 사례를 간단히 비교해보면, 영단이 시공한 9평형 희망주택의 평당 공사비는 3만 4,734원이었고, 같은 규모로 입주자가 지은 경우 평당 공사비는 2만 2,309원으로 영단의 공사비가 월등히 높았다.[34] 일반관리비와 노무비, 잡비 등 희망주택 시공 과정에 대한주택영단이 투입한 직간접 비용이 입주자 자가 시공의 경우에서는 빠지기 때문이었을 것이다.

　　　지금의 KAIST 서울캠퍼스와 경희대학교 서울캠퍼스를 잇는 회기로와 경희대학교 정문으로 향하는 경희대로 일대를 중심으로 1955년부터 1959년에 걸쳐 '회기동 희망, 재건, 국민주택지'가 조성되었다. 1955년과 1959년에 9평형 희망주택이 각각 88세대와 10세대가 지어졌고, 1956년과 1957년에는 같은 평형의 재건주택이 단독주택 143동, 연립주택 12동 등 193세대 규모로 조성됐고, 1958년에는 13평형과 15평형 단독주택 19세대가 추가되었다. 총 310세대(272동)이 넓은 지역을 차지하고 있었다. 이처럼 서울 변두리지역에 들어선 이들 주택은 9평형 표준으로 건설된 데다 조적조 단층 형식으로 하나같이 연탄난방을 택한 비슷한 외양과 구조였기 때문에 외관으로 구별하기란 결코 쉽지 않았다.

↓ 녹번동지구 (희망)주택 신축공사 배치도
출처: 대한주택영단,
「녹번동 희망주택 분양에 관한 건」, 1958.12.3.

↓↓ 녹번동 (희망)주택 신축공사 도면(1958.10. 작성)
출처: 대한주택영단,
「녹번동 희망주택 분양에 관한 건」, 1958.12.3.

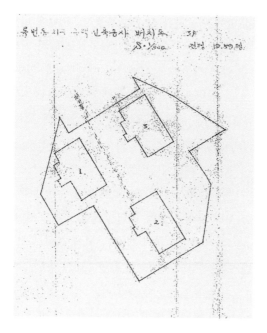

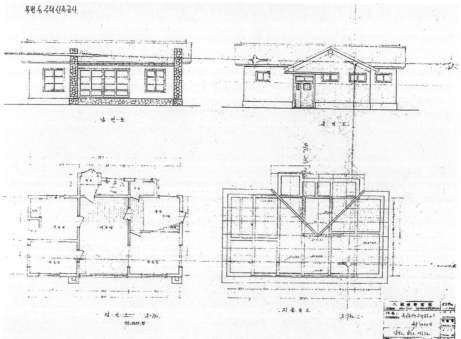

↓ 1959년 말 기준 희망주택 목록
출처: 대한주택영단, 「1959년도 제18기 결산서」, 1959.12.31.

(ボ) 王子黃自坦 (希望住宅) 分讓住宅

A. 宮苑院王分

地區別	白建坪	戶數	入住者整理工事費	外資代	堂地代	計
他拹神市 宜陵洞	9.0	56	14,195,352	5,208,997	1,990,240	18,394,589
微居洞	〃	41	8,196,599	2,813,930	1,334,760	12,345,087
大塊洞	〃	109	23,935,886	10,138,904	478,400	38,855,967
小計		216	43,327,535	19,161,668	2,106,400	70,595,644
서울特別市 國葉洞	9.0	88	23,086,712	8,185,567	5,001,160	36,281,039
弘濟洞	〃	40	9,541,720	3,720,722	1,111,360	14,383,772
台当洞	〃	39		3,627,694		3,627,694
第二次 小計		167	32,638,432	15,533,924	1,126,520	54,292,926
서울特別市 弘濟洞	9.0	33	26,205,264	6,625,571	2,800,900	40,631,735
麻浦洞	19.0	3	5,427,120	602,561	1,672,700	2,702,181
第三次 小計		36	31,632,384	7,228,132	3,073,608	48,334,116
計		409	107,598,351	46,923,975	23,750,360	173,222,686

(3) 入住者連生住宅

地區別	白建坪	戶數	外資代	備考
上往十里	9.0	14	2,811,018	200,787 9戶 30坪 即竣成
安岩洞	〃	10	2,007,870	200,772
上遷洞	〃	10	2,007,870	
元曉路	〃	3	602,361	
〃	12.0	51	11,792,016	231,316
里門洞	9.0	41	8,232,267	200,787
頒祝洞	〃	6	1,204,722	〃
衆喜洞	〃	14	2,811,018	〃
馬塲洞	〃	4	803,148	
敦岩洞	〃	10	2,007,870	
厚岩洞	9.0	2	401,574	
村岳洞	〃	4	803,148	
新堂洞	〃	1	200,772	
厚岩洞	9.0	14	2,945,366	
新岳洞	〃	20	4,015,700	
思樸洞	〃	24	4,818,888	
全羅洞	〃	69	8,037,480	
驚愛洞	12.0	6	1,387,896	231,316
大塊洞	9.0	4	803,148	200,787
三淸洞	〃	4	803,108	
驚愛洞	〃	24	4,818,888	
突黃洞	〃	10	2,007,870	
貢浦洞	〃	13	2,610,231	
新設洞	12.0	30	9,626,320	231,316
計		349	92,309,792	
合計		758	265,532,428.63	

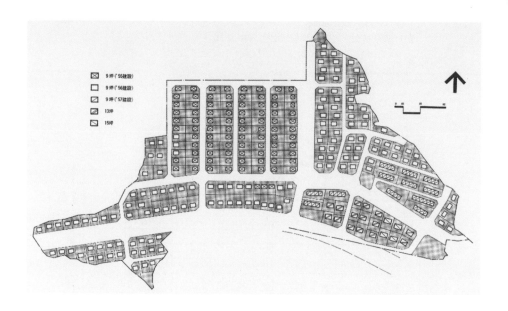

↑ 1955~1959년에 조성된 회기동 주택지
출처: 대한주택공사,
『대한주택공사 주택단지총람 1954~1970』(1979)

↓ 회기동 희망, 재건, 국민주택지 사진(1977)
출처: 서울특별시 항공사진서비스

재건주택과 희망주택은 한국전쟁 직후의 사회적 상황과 형편을 고스란히 드러낸다. 주택의 규모는 최소한의 기준을 겨우 충족할 정도였고, 때론 테라스를 갖춘 집이었지만 욕실에는 식민 시기에 사용했던 쇠로 만든 커다란 가마를 들였거나 시멘트로 엉성하게 마무리한 미국식 욕조를 설치했다. 외양이며 양식도 마찬가지였고, 주거공간의 구성 방식도 일정치 않아 일본식 주택의 속복도를 채용하는 일도 적지 않았지만 소위 전(田)자식으로 불리는 재래의 공간 구성 방식을 되찾기도 했다. 기거 방식의 혼란기라 부를 수도 있겠다. 중요한 사실은 이들 주택지가 여전히 남아 대도시로 바뀐 서울에서 일정한 기능을 담당하고 있다는 점이다. 이들 주택이 자리했던 수많은 소필지(小筆地)는 오늘도 여전히 공간 환경의 변화에 민감하게 대응하면서 도시의 다양성과 골목산업 생태계를 유지하는 바탕이 되어 도시를 도시답게 만들어가는 귀중한 자산이 되었다.

주

1 「1953년도 UN 한국 재건주택 재정에 관한 건」(1953.4.28.), 국가기록원 소장 자료.

2 이 숫자는 『동아일보』가 1952년 2월 10일자 기사 「후생주택 1차계획 공사 6할
진척」에서 언급한 '6·25동란으로 파괴된 46만 6,528호의 가옥' 숫자와 유사하다.
이 기사는 전국적으로 60만 호의 주택을 건축하기 위한 정부(보건사회부)의 주택재건
5개년계획이 UNKRA가 본격적으로 사업을 착수하지 않고 보류하는 바람에 우선 긴급한
국민후생주택을 건설 중인데, '자재를 무상으로 주고 공사자금 30억 원을 융자해 1만
1천 호의 주택 중 60퍼센트가 완성됐다'고 썼다.

3 이는 「1953년도 UN 한국 재건주택 재정에 관한 건」에 첨부된 도시형 주택과 농촌형
주택 도면에서 확인할 수 있다. 이때 표준으로 자리 잡은 9평형 주택을 흔히 '전(田)자형
주택'이라 부르기도 하는데, 이는 오직 '도시형'에만 해당하는 인상 비평에 불과하다.
'농촌형'은 연속된 2개의 온돌방 앞에 툇마루가 달려 있어 비슷한 식으로 표현하자면
'일(一)자형 주택'이었다.

4 박동민, 「냉전의 유토피아: 1950년대 서울과 평양의 재건 계획과 그 한계」,
서울학연구소 동아시아 수도 세미나 발표 요약문(2018), 1쪽.

5 「원조자금에 의한 경제재건계획의 기본방침」, 1953년 국무회의록, 국가기록원 소장
자료(BA0085169).

6 박동민, 「냉전의 유토피아: 1950년대 서울과 평양의 재건 계획과 그 한계」, 3쪽 일부
재가공.

7 대한주택공사, 『대한주택공사 20년사』(1979), 208쪽. 한편, 한국전쟁으로 임시수도
부산에 마련된 대한민국 정부는 1953년 2월 21일 1환을 100원으로 바꾸는 화폐개혁을
단행했다. 화폐개혁 이전 달러/환 환율은 1달러=180환이었는데, 이는 1954년 5월
31일 국무총리 백두진과 유엔한국재건단 단장 존 비 콜터(John Breitling Coulter)
사이의 양해각서에 따른 것이었다.

8 이와 관련한 다른 기록도 있다. 대한주택공사는 후생주택(재건주택) 입주 대상자가
대한주택영단과 개별적으로 계약을 했고 계약 시 건설비 총액의 2할 이상을 납부하고
잔액은 5년 이내에 상환토록 했으며(같은 책, 209쪽), 재건주택은 8년 분납이었다고
적고 있다(같은 책, 214쪽).

9 같은 책, 209~210쪽.

10 같은 책, 208쪽.

11 같은 책, 212~213쪽.

12 1960년대 정부의 주택사업을 "ICA 원조자금을 재원으로 한 ICA주택사업 및

귀재자금과 ICA 원조자재를 동시에 적용한 주택사업"(「원조주택의 실정」,
『현대여성생활전서 ⑪ 주택』[여원사, 1964], 315쪽)으로 나눌 수 있다고 한 입장과
유사하다.

13   여기서는 비교적 이른 시기에 「재건주택관리조례」를 제정, 운영한 안양읍과
수원시의 경우를 사례로 삼았다. 「안양읍 재건주택관리 특별회계 조례」, 안양읍 조례
제35호(1954.12.29.), 국가기록원 소장 자료 및 「수원시 국민재건주택관리 조례」,
수원시 조례 제59호(1955.2.28.), 국가기록원 소장 자료.

14   해외 원조로 들여온 건축자재에 대해 일정한 가격을 매겨 이에 해당하는 금액을
재건주택 실수요자로부터 징수하는 금액.

15   재건주택 밀집지역에 별도의 상하수도 설비 등을 공급할 경우 그에 해당하는 추가 비용.

16   1954년 12월 24일자 『동아일보』는 「기자수첩에서」라는 박스 기사를 통해 '재건주택'
문제를 다뤘으며, 내용을 갈무리하면 다음과 같다. 사회부는 애초에 재건주택을 사회
저명인사의 청탁을 받아 배정하는 안에 관심을 보였다. 문제는 배정 방법이었는데, 이를
두고 차관, 사회국장, 주택과장의 입장이 달라 서로 다른 3가지 방안이 나왔다. 주택의
일부를 시에 배당하고 나머지는 사회부가 임의 처분하는 안, 시에는 배당하지 않고
사회부 단독으로 정하는 안, 주택 모두를 시에 배당하고 신청을 받아 추첨으로 공급하는
안이었다. 그런데 세 사람이 서로 의견을 굽히지 않고 2주일 이상 격론을 벌이는 동안
각 부처 장관, 처장과 국회의원, 기타 기관의 인사들로부터 소개장, 명함, 친서 등 무려
200건에 달하는 청탁 서류가 쌓여버렸다. 이에 사회부 장관은 생각다 못해 시 당국에
일정한 주택을 배정하라고 지시했다. 그러자 이 결정에 반대하는 측이 사의를 표명하고
심지어는 추후 신설될 부흥부에 해당 사안을 이관하자고까지 주장했다. 이렇게 갈등이
지속되자 재건주택 68채 전부를 상이용사, 군경 유가족, 선열 유가족에게 배정하자는
묘안이 12월 18일 처음 등장했다. 내부에서는 이것이 최종 승인이 나 신문에 선정자
명단까지 주택영단 이름으로 공고됐는데, 정작 외부에 제대로 알려지 않아 청탁이 계속
이어져 사회부가 나서서 이를 무마해야 했다.

17   1953년 11월 30일자 『동아일보』 기사에 따르면, 당시 재건주택의 입주금은 계약 시 전체
공사비의 20퍼센트 이상을 납부한 뒤 잔액은 5년 이내 상환 조건이었다.

18   「돼지꿈」은 서울신문 시나리오 공모 당선작인 소설가 추식의 원작을 한형모 감독이
연출한 영화로, 중학교 선생 손학수(김승호 분) 가족의 이야기를 사실적으로 그렸다.
손 선생 가족은 정부가 지어 분양한 후생주택에서 다달이 주택 할부금을 갚아가며
빠듯하게 살아가던 어느 날 손 선생과 아내(문정숙 분)는 재미교포 찰리 홍(허장강 분)을
알게 되고, 찰리는 그들 부부에게 자신이 관여하는 밀수에 돈을 투자하라고 권한다.
쉽게 돈을 벌 수 있다는 데 귀가 솔깃해진 아내는 남편을 설득하여 돈을 빌려 찰리에게
건네지만, 찰리는 그 돈을 들고 잠적해버린다. 충격을 받은 부부를 보다 못한 아들
영준(안성기 분)이 찰리를 잡아오겠다며 집을 나갔다가 교통사고를 당하고, 아들의 시체
앞에서 부부는 서로 부둥켜안고 통곡하는 장면으로 마무리된다. 이 영화의 주된 배경은
불광동 국민주택지로 보인다.

19 대한주택영단, 「1959년도 제18기 결산서」(1959.12.31.).

20 대한주택공사, 『대한주택공사 주택단지총람 1954~1970』(1979), 21쪽 하단 특기사항 참조.

21 대한주택영단이 1959년 4월 1일 착공하여 6월 30일 준공한 불광동 국민주택은 1959년 7월 대한주택영단이 최초로 발간한 『주택』 창간호 화보에 실렸다. 이곳에는 10평형부터 18평형에 이르는 8종의 주택이 지어졌고, 상수도가 공급되지 않은 까닭에 저수조를 이용한 자연유압 방식으로 식수를 제공했다.

22 김삼웅, 『박정희 평전』(앤길, 2017), 177쪽.

23 『경향신문』 1961년 8월 11일자. 한편, 김종필은 '재건복' 혹은 '국민복'을 자신이 고안했다고 말한다(『김종필 증언록』 2권, 중앙일보 김종필증언록팀 엮음[와이즈베리, 2016], 336~343쪽).

24 백욱인, 『번안 사회』(휴머니스트, 2018), 315쪽.

25 노명우, 『인생극장』(사계절, 2018), 299쪽. 이에 대해 박정희 정권에서 내무부 초대 새마을과장을 지낸 고건 전 총리는 "재건국민운동은 1961년 6월부터 정부가 벌인 국민의식 개혁운동이다. 5·16 직후 등장한 국가재건최고회의 산하에 재건국민운동본부가 설치됐고, 행정구역마다 지부가 만들어졌다. '톱-다운'(top-down) 방식의 관 주도 국민운동이었던 탓에 호응은 적었고 1964년 8월 실패로 돌아갔다"(『고건 회고록: 공인의 길』[나남, 2017], 207쪽)고 회고했다.

26 김삼웅, 『박정희 평전』, 181~182쪽.

27 한석정, 『만주 모던: 60년대 한국 개발체제의 기원』(문학과지성사, 2016), 219쪽.

28 박철수, 『박철수의 거주 박물지』(도서출판 집, 2017), 81쪽; 『동아일보』 1969년 12월 20일자.

29 『경향신문』 1962년 2월 20일자.

30 대한주택공사, 『대한주택공사 20년사』, 213쪽.

31 같은 곳.

32 대한주택공사, 『대한주택공사 주택단지총람 1954~1970』, 311쪽. 1954~70년의 사업지구별 공급 주택 유형에 대해서는 같은 책, 310~314쪽 참조.

33 「새로운 희망주택, 이번엔 민간인들이 계획」, 『동아일보』 1955년 9월 27일자.

34 영단이 직접 시공한 경우는 해당 지역 전체 투입비에서 대지비를 제한 잔액을 공급 호수로 나눈 뒤 이를 다시 표준건축 규모인 9평으로 나눠 산정했으며, 입주자 스스로 지은 경우는 대지비를 산입하지 않고 이를 공급 호수로 나누고 다시 호당 건평으로 나눈 금액이다. 영단이 시공을 한 경우는 입주자 자력 시공에 의한 비용보다 55.7퍼센트가량 높았다.

11 부흥주택

1957

2013년 2월 25일 대한민국 18대 대통령이 된 박근혜 대통령은[1] 취임 사를 통해 "우리 모두가 꿈꾸는 국민 행복의 새 시대를 반드시 만들 수 있다"고 힘주어 말함으로써 소위 '국민행복 시대의 개막'을 선언 한 바 있다. 늘 그러하듯 대통령의 말은 곧바로 실행에 옮겨졌다. 주택공급에 관한 모든 정책을 수립하고 집행하는 주무부처인 국토교통부는 새 정부의 공공임대주택을 재빨리 '행복주택'이라 칭하고, 오류, 가좌, 공릉, 고잔, 목동, 잠실, 송파 등 수도권의 도심 7곳에 1만 호의 행복주택을 공급하기로 했다는 내용을 발표했다. 말도 많고 탈도 많았던 '행복주택'이 세상에 등장한 배경이다.

　　주택 앞에 놓여 형용어 노릇을 하는 명사는 예외 없이 우리 사회의 상황과 과제를 잘 드러낸다. '행복주택'은 그동안 별로 행복하지 않은 사회였다는 반증이었고 이제부터는 젊은이들에게는 희망을, 고령자와 장애인에게는 편하고 따뜻한 보금자리를 만들어주겠다는 취지가 담긴 말이었다. 이런 이유에서 정부는 행복주택의 전체 공급 물량 중 80퍼센트를 신혼부부, 사회 초년생, 대학생, 주거 취약계층에게 우선 공급하고 나머지 20퍼센트는 소득 수준에 따라 차등으로 공급하겠다는 계획을 밝혔다.

　　한국 주거의 역사를 살펴보면 이런 식의 작명을 어렵지 않게 찾아볼 수 있다. "1955년부터 대한주택영단, 한국산업은행 및 서울특별시를 비롯하여 여러 공공단체, 금융기관, 외원단체(外援團體) 등에서도 주택을 지어 공급하기 시작했다. 이들 주택을 일괄하여 공

← 1962년에 조성된 구로동
공영간이주택(시영주택)
출처: 서울성장50년 영상자료

↓ 1956년 11월 작성된
부흥주택 C형 연립주택(15.17평)
단면상세도
출처: 대한주택영단

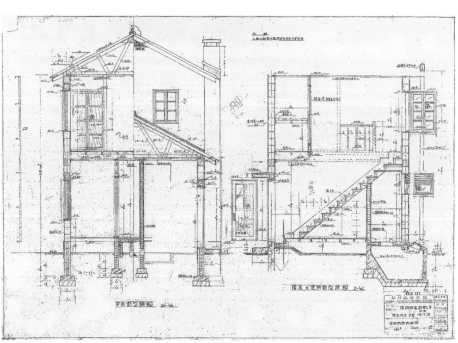

영주택(公營住宅)²이라고 불렸으나 그 형태별, 자금의 출처별 및 건축 목적별로 부흥주택·재건주택·도시A형·도시B형·도시C형·난민주택·자조주택·시범주택·국민주택·수재민주택·공영주택·간이주택·ICA주택·희망주택·인수주택·아파트·개량주택·외인주택·시험주택·상가주택·재료공급주택 등등 종류와 명칭이 다양했다."³

『대한주택공사 20년사』에 따르면, 1950년대 초반에 "건축된 주택의 명칭은 각양으로 불렸는데 이것을 대별하면 ① 정부시책으로 산업부흥국채발행기금 또는 귀속재산처리적립금 중 주택자금 융자에 의하여 건설하여 분양 또는 임대하는 주택은 아파트, 상가주택을 포함하여 부흥주택 또는 국민주택이라 불렸고, ② 정부계획에 의하여 UNKRA 원조의 자재 및 자금으로 건설 관리하는 주택을 재건주택이라 하고, 대지와 공사비를 입주자가 부담하되 자재에 한하여 [대한주택]영단에서 배정, 분양하는 주택을 희망주택이라 했고, ③ 1항과 같은 자금으로 건설 관리하는 외국인용주택을 외인주택으로, ④ 그리고 해방 전에 조선주택영단이 지은 집을 기설주택(既設住宅) 내지는 기존주택이라고 불렀다."⁴

좀 복잡하지만 일제강점기인 1941년 6월 14일자 제령(制令)⁵ 제23호인 「조선주택영단령」(朝鮮住宅營團令)에 의해 설립된 특수법인인 조선주택영단이 8·15 해방 전까지 지은 모든 주택을 '기설주택 혹은 기존주택'으로 뭉뚱그려 분류하였고, 그 후에는 정부사업 대행기관으로서 자금의 출처나 자재의 공급 주체에 따라 그리고 내국인용이냐 외국인용이냐에 따라 주택의 명칭을 구분해 불렀다는 말이다.

↓ 1957년 1월 7일부터 1월 31일까지
공보실 공보관에서 개최된 「국가부흥전시회」
출처: 국가기록원

'재건'과 '희망'
다음엔 '부흥'

재건주택, 희망주택, 부흥주택이라는 명칭엔 당시의 사회상과 기대가 덧씌워져 있다. 한국전쟁의 참화를 딛고 산업과 나라를 '재건'하고, 이를 바탕으로 '희망'을 싹틔워 '부흥'의 기치를 드높이자는 뜻이 담겨 있던 셈이다. 각 이름의 가치가 무엇보다 우선되던 때, 그러니까 재건주택은 1945년에, 희망주택은 1955년에, 부흥주택은 1957년에 공급되었다.[6]

그중 부흥주택은 귀속재산처리적립금 중 주택자금 융자[7]를 통해 지어 분양하거나 임대한 주택 또는 산업부흥국채를 재원으로 해 건설된 주택이다. 단독주택뿐 아니라 아파트, 상가주택 유형이 있었다.[8] 때로 '국민주택'이라고도 불렀다. 같은 자금을 이용해 외국인을 대상으로 공급한 외인주택도 넓게 보면 부흥주택에 속했다.

산업부흥국채는 한국전쟁 휴전 이후 전쟁 피해 극복에 필요한 긴급자금 마련을 위해 발행되었다. 1954년 4월 1일 발족한 한국산업은행[9]이 국채를 발행하면 한국은행에서 인수해 현금화한 후 필요한 정책에 배분했다.[10] 산업부흥국채 발행 및 운용에 대한 제반 사항은 1952년 9월 28일 제정, 시행된 법률 제254호「산업부흥국채법」에 근거했으며, 조성된 자금은 특별회계로 독립시켜 관리했다. 발행 한도 및 조건, 융자 대상이 될 산업의 자금 활용계획, 국채로 조달한 자금의 운용 및 대출 방법 등은 국회 동의를 얻어야 했다.[11] 국회 동의를 얻으면 타 법의 제한을 받지 않았던[12] 이 자금(일명 '부흥자금')은 수리자금, 기간산업 건설자금, 중소광업자금, 주택 건설자금 등으로 나뉘어 사용됐다. 쉽게 말해 정부가 보증한 채권을 한국산업은행이 발행하면 한국은행에서 이를 즉시 현금으로 바꿔 개별 부흥

산업으로 분산 배정되었다. 시중에 현금이 많이 풀리니 인플레이션에 대한 우려가 적지 않았으나 미국 원조에 의한 대충자금[13] 역시 한국산업은행의 주요 자금원이 되면서 이런 우려는 점차 줄어들었다.

정부의 재정안정화정책에 따라 발행이 중단된 1958년부터 1960년까지를 제외하면, 산업부흥국채는 여러 차례 발행되었고[14] 주로 7회와 8회차 국채로 확보된 자금의 일부가 주택자금으로 활용되었다.[15] 이 자금으로 대한주택영단이 부흥주택을 활발하게 조성한 것은 1957년부터다. 이때는 1945년 7월 28일 기획처에서 마련한 '경제부흥5개년계획'과 1955년 7월 16일 부흥부[16]가 수립한 '부흥5개년계획'이 한창 전개되던 중이었고, UNKRA 자금과 ICA 대충자금을 재원으로 하는 사업이 덩달아 시행되며 '부흥'의 기치가 탄력을 받았던 시기다.

주택건설5개년계획 속 부흥주택의 모습

1955년 2월 「정부조직법」을 개정하면서 신설된 부흥부는 산업경제의 부흥에 관한 종합계획과 그 실시의 관리, 조정에 관한 사무를 관장했고, 100만 호 주택 건설 방침을 주도하며 '부흥주택' 공급에 관여했다. 1955년 대한주택영단, 한국산업은행, 서울특별시를 비롯한 공공기관과 외원단체 등이 주택공급에 동원되었고, 국가 시책이었던 '부흥'은 주택 건설의 목표이자 그 자체로 이 시기 정부 재원으로 지어진 주택의 이름이 되었다.

대한주택영단은 부흥부의 방침에 발맞춰 자체적으로 '주택건설5개년계획'을 수립했다. 1956년부터 매년 6천 호(분양 5천 호, 임대 1천 호)를 지어 5년간 총 3만 호를 건설한다는 목표였다.[17] 실제

'주택건설5개년계획'에서 제시된 연간 주택 건설 호수

구분	건평 (평)	호수 (호)	구조	호당 대지평수 (평)	비고
분양	20	1,000	시멘트블록 단층 단독주택	70	
	15	1,000	시멘트블록 단층 단독주택	60	
	12	1,000	석회블록 단층 단독주택	50	
	9	1,000	시멘트블록 단층 단독주택 500호 석회블록 단층 단독주택 500호	40	
	9	1,000(500동)	시멘트블록 단층 2호 연립주택	35	
	소계		5,000호		
임대	12	500	시멘트블록 단층 단독주택	50	
	4,500 (연건평)	500 (아파트 10동)	철근콘크리트 및 벽돌(연와) 3층	4,000 (총 평수)	건평 9평 (동당 50호)
	소계		1,000호		
계			6,000호		

출처: 대한주택영단

로 거둔 성과와는 무관하게 이 계획은 당시 주택을 지을 때 쓰인 자재, 비용 등의 구체적인 목록을 파악할 수 있는 중요한 자료다. 외국에서 들여온 자재와 국내 자재를 어디에 어떤 비중으로 활용했는지, 분양주택과 임대주택의 유형과 규모, 조건이 어떻게 달랐는지, 호당 건축 비용과 소요 자재는 어땠는지 알 수 있다. 무엇보다 여전히 정보가 부족한 부흥주택의 상세를 들여다볼 귀중한 자료다. 부흥부가 등장한 후 생산된 이 문건은, 특히 1957년 이후 영단이 본격적으로 건설했다고 알려진 부흥주택에 대한 계획으로 봐도 무방하기 때문이다.

　　'주택개발5개년계획'은 저렴하면서 견고하고 문화적인 도시주택을 짓고자 했고, 시멘트·석회블록의 불연 구조를 채용했다. 원칙적으로 주요 도시 및 근교지를 대상으로 삼았는데,[18] 한국전쟁

'주택건설5개년계획'에서 제시된 연간 자재 소요량

구분	종별	수량	달러 단가($)	달러 총액($)	환산금액(환)	비고 (단위환산)
외국자재	목재	15,915,000 B/F	0.115	1,830,225	1,070,681,625	B/F = 0.00228m³
	양회(시멘트)	25,989,600 T	26.472	687,997	402,478,064	ton
	초자(硝子, 유리)	565,750 SF	0.12	67,890	39,715,650	SF = 스퀘어피트 = 0.0281m²
	루핑	5,142,400 SF	0.00233	11,982	7,009,348	
	합판	1,901,600 SF	0.109	207,274	121,255,524	
	양정(洋釘, 못)	433,100	0.082	35,514	20,775,807	
	토단(釷丹, 함석)	9,100	1.295	11,784	6,893,937	
	소계			2,852,666	1,668,809,955	87.7%
국내 중요자재	건구금물 (建具金物) 일식	5,500호 및 아파트 10동분	7,497		43,851,300	아파트 10동분 2,616,300
	소석회(消石灰)	144,050 입(吸)	400		57,620,000	吸은 '가마니'
	생석회	150,000 입	600		90,000,000	
	온돌지(溫突紙)	176,490 매	220		38,827,800	
	천정지(天井紙)	436,970 매	10		4,369,700	
	소계				234,668,800	12.3%
총계					1,903,478,755	100.0%

출처: 대한주택영단

후 피해가 컸던 데다 도시로 몰려드는 농촌 인구와 월남 피난민을 수용할 주택이 턱없이 모자랐기 때문이다.

　　자금계획에 따르면, 필요 예산은 "5년간 총액 136억 5,320만 원인바, 전액을 귀속재산특별회계적립금 또는 산업은행에서 대출하는 부흥자금에 의하여 조달"하고자 했다.[19] 자금의 출처로 보건대 주택개발5개년계획에 따라 지어진 주택이 사실상 부흥주택이었음을 다시 한번 확인할 수 있다. 9평형부터 20평형에 이르는 분양용 단독주택과 연립주택 및 9평형 아파트와 12평형 단독주택 등

'주택건설5개년계획'에서 제시된 호당 소요자재 명세표

종별	규격	단위	9평	12평	15평	20평	450평 (아파트)	비고
목재		B/F	2,100	2,300	3,500	4,660	10,500	
양회	42K(Kg)	대	76	112	126	169	380	자루
초자	24×30	SF	75	80	125	167	375	
루핑		SF	648	864	1,078	1,440	3,240	
합판		SF	252	270	420	560	1,260	
양정		LBS	62	84	104	138	310	파운드
토단		매	1	2	2	2	10	
소석회	125K	입	17	23	29	38	855	가마니
유지(油紙)		매	21	28	35	47	1,049	
천정지		매	52	70	87	115	2,597	
생석회	40K	입	90	120				
상정(箱錠)		조	2	3	3	4	99	묶음
접번(蝶番)		개	22	29	37	49	1,098	경첩
○입인수 (○込引手)		개	4	5	7	9	198	
취수(取手)		개	10	13	17	22	500	
곰베		개	2	3	3	4	99	
호차(戶車)		개	12	16	20	27	599	미서기문 부착용 바퀴
차입정(差込錠)		개	3	4	5	7	149	
낙낙(落落)		개	6	8	10	13	299	
봉금물(封金物)		개	4	5	7	9	198	
레루		개	5	7	8	11	248	레일

출처: 대한주택영단

의 임대주택 계획 대부분이 실현되었다.

533쪽에서 확인할 수 있듯, 일제강점기 시절과 마찬가지로 1956년에도 아파트는 여전히 '임대용'으로나 여겨졌다.[20] 당시 아

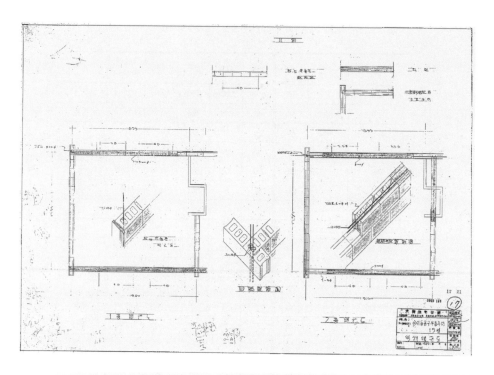

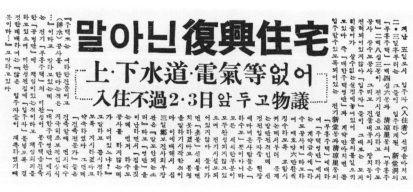

↑↑ 1958년에 작성된
숭인동 부흥주택 19평형 벽체 배근도
출처: 대한주택영단

↑ 입주를 앞두고 전기와 상하수도 설비가 구비되지 않은
신당동과 청량리 부흥주택에 대한 신문기사
출처: 『동아일보』 1957.2.14.

'주택건설5개년계획'에서 제시된 호당 건설 가격 내역서 및 월별 분양부금

평수별(평)	구조	건축비(환)	대지비(환)	시설비(환)	합계(환)	부금(분양/임대료)
20	시멘트블록조	1,140,000	105,000	60,000	1,305,000	17,400
15	시멘트블록조	850,000	90,000	50,000	990,000	13,200
12	석회블록조	555,000	75,000	45,000	675,000	9,000/1,875
9	시멘트블록조	500,000	60,000	40,000	600,000	8,000
9	석회블록조	410,000	60,000	40,000	510,000	6,800
9	2호 연립 석회블록조	330,000	52,000	30,000	412,500	5,500
450	철근콘크리트	47,600,000	8,000,000	12,400,000	68,000,000	분양 없음/1,880 (동당 9평형 50호)

출처: 대한주택영단

파트의 층수는 「가옥건축취체규칙」(家屋建築取締規則)에 따라 3층이었다. 오늘날 아파트와 비교하면 규모 면에서도 상당히 달랐다.

'주택건설5개년계획'의 자재 계획을 보면, 연간 소요자금 가운데 자재비가 전체 공사비의 45퍼센트를 차지할 것으로 예상했다.[21] 총 자재비 가운데 87.8퍼센트가 외국산에 쓰일 정도로 국산 건축자재 산업의 생산력은 형편없었다. 기껏 건구금물(建具金物) 일부와 생석회 및 소석회, 온돌방과 벽에 바를 정도의 도배 용지를 생산하는 정도였다. 계획서에 적힌 자재 목록은 부흥주택의 구조와 내외장재를 추정하는 데 도움을 준다. 이를 1958년에 대한주택영단이 작성한 서울 숭인동 부흥주택 19평형 벽체 배근도와 나란히 놓고 보면, 당시 부흥주택은 시멘트블록에 직경 9밀리미터 철근을 수평 방향과 수직 방향으로 보강해가며 벽을 쌓았고, 지붕틀은 목구조 트러스를 이용했으며, 목조 트러스 외면에 루핑을 깔고 지붕은 함석으로 마감했음을 짐작할 수 있다.

호당 건설 비용과 임대료를 볼 수 있는 533쪽 표와 함께 계획서에 딸린 설명을 보면 12평 이상의 주택에만 상수도 설비를 구비하는 걸로 계획했는데, 12평형 단독주택과 9평형 아파트의 월 임대료 차이는 크게 나지 않았다. 임대료엔 각종 공과금과 화재보험료, 관리 사무비가 포함되지 않는다고 명시돼 있으며, 단층 분양주택은 수명을 30년으로 가정하고 5년 연부로 분양가를 산정했고, 아파트는 기대 수명을 60년으로 보고 임대료를 결정했다.

'주택개발5개년계획'에는 주택 건설 외에도 직영 공장 증설 및 신축에 관한 계획이 포함되어 있다. 건축자재와 중요 가공품을 안정적으로 수급하기 위한 것으로 블록 및 벽돌 제조공장, 제재소와 자재 창고 증설, 중장비 10대와 각종 동력 설비 장치를 구매할 필요가 있다고 보았다. 이 밖에 주택연구소 설치 계획을 언급했는데, 이는 1962년 대한주택공사 출범과 함께 실현되었다.

대한주택영단보다 앞서 부흥주택공급에 나선 기관은 서울시다. 1955년 12월 16일 50호가 준공된 청량리 부흥주택지는 서울시가 사업 시행자가 되어 육군 제1201 건설공병대가 시공했다. 2호 연립 2층 주택으로 지어져 한 동에 4세대가 거주할 수 있었다. 준공식 날에는 이승만 대통령과 관계 장관, 서울시장이 참석하기도 했다. 나중에 영단이 여기에 부흥주택을 추가 공급했다.

홍제동 부흥주택의 경우는 화장터 인근이라는 이유로 대학 교수와 신문기자, 연예인 들이 나서서 흉흉한 동네 소문은 미신에 불과하다는 등 설득을 한 끝에 간신히 입주민을 받을 수 있었다. 이때 홍제동 부흥주택에 입주한 김용환 화백이 그린 '즐거운 문화촌'이란 만화가 미분양 타개책의 일환으로 대한주택영단 기관지『주택』제2호에 실리기도 했다.[22]

한편, 7회와 8회 산업부흥국채 발행으로 확보한 자금은 채권 발행 주체인 한국산업은행을 통해 부흥주택자금으로 전환돼 융자되었다. 하지만 이자가 매우 높아 연 11퍼센트에 달했고, 상환 기관은 6년으로 짧아 1957년 주택 분양은 저조할 것으로 보였다. 당 시 가구 수입을 고려할 때 이자를 감당하기 어려웠다. 신문에는 부 흥주택 가격이 작년에 비해 상승해 서민들에겐 그림의 떡이지 차라 리 외국에 팔아 외화벌이라도 하자는 비난조의 기사가 실리기도 했 다. 그래도 서울시 부흥주택 분양 신청은 단 10분 만에 마감될 만큼 인기가 있었다.

부흥주택의 면면들

청량리 부흥주택지는 한 가구가 2개 층을 사용하는 복층형 4호 연 립주택 형식으로 서울시가 204호, 영단이 283호를 공급해 총 487호 의 부흥주택이 들어섰던 곳이다.[23] 일제강점기에는 풍치지구로 지정 돼 어떠한 개발 행위도 허용되지 않았던 지역이지만, 1955년에 주택 지로 각광받으며 풍치지구에서 부흥주택지로 변모했다. 과거엔 고 즈넉한 청량사와 녹지를 즐기기 위해 서울 사람들이 찾는 나들이 명 소였다가 한때 잠시 양계장이 들어서기도 했으나 종국엔 사람들이 북적이는 동리로 탈바꿈한 셈이다.[24]

　　　　청량리의 2층형 연립주택 단지는 1층 단독주택 위주였던 공영주택 단지가 공동주택 단지로 변해가는 과도기적 모습으로 이 해할 수 있다. 이런 전이적 상황을 대변하듯 청량리 부흥주택지는 독립 필지에 단독주택을 짓는 방식과 블록만 구획한 뒤 아파트단지 처럼 공동으로 필지를 사용하는 방식을 동시에 운용했다. 또한 효율 적으로 많은 주택을 빠른 시일에 지을 수 있도록 표준형 주택 3가지 (A, B, F형)를 반복 배치했다.[25] 시영 부흥주택지와 영단 부흥주택

서울特別市公告第三九一號

市營復興住宅에關하여

本市에서建設分讓한復興住宅의償還期가四二九四年六月末日로써滿了됨에따라同住宅의整理를左記와같이한다

一, 復興住宅에關한分讓契約은檀紀四二九四年六月三十日午後五時를期하여無效로한다

二, 書類分讓金完納者에對하여는不動産所有權移轉에關한手續을檀紀四二九四年七月二十日午後五時

三, 檀紀四二九四年六月末日內에分讓金을完納하지아니한住宅에對하여는後日別途公告에依하여卽時公賣處分하고其間納付한分讓金은(滯納料)各納付者에게返還을

四, 擴賣除外分도復興住宅이完全處分된後各納付者에게住宅讓渡를하고擴紀如何를莫論하고分讓契約에依한住宅讓渡를하는事지아니한다

檀紀四二九四年六月

서울特別市長 尹泰日

↑↑ '팔리지 않는 부흥주택'
출처: 『동아일보』 1956.1.29.

↑ 1955년 준공한 시영(서울시) 부흥주택
연부 상환기간 만료에 따른
소유권 이전 수속 공고
출처: 『동아일보』 1961.6.29.

↑↑ 신당동 부흥주택 입주신청 마감 후
연고자에게 분양권을 내준
비리 풍자 신문 만평
출처: 『경향신문』 1956.5.29.

→ 서울시와 대한주택영단이 조성한
신당동 부흥주택지의 항공사진(1973)
출처: 서울특별시 항공사진서비스

→ 1957년 신당동 17평형
연립 부흥주택 대지분할도
(비어 있는 부분은 서울시 부흥주택지)
출처: 대한주택영단

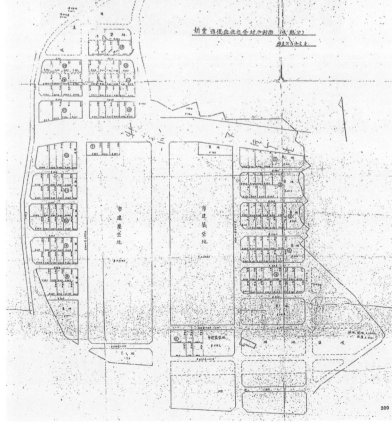

↓ 1955년 청량리 홍릉 일대 풍치지구가 해제 후
1955~1957년에 조성된 부흥주택
ⓒ서울역사박물관 및 서울학연구소

→ 1957년에 작성된
청량리 부흥주택 분할평면도
출처: 대한주택영단

↓↓ 청량리 부흥주택지의 항공사진(1972년)
출처: 서울특별시 항공사진서비스

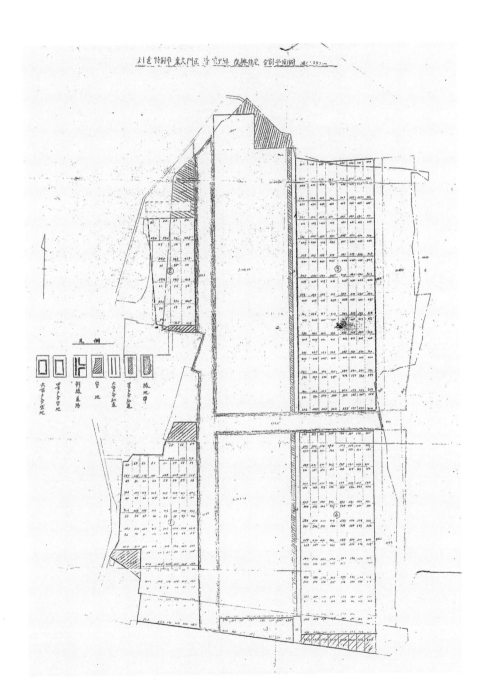

↓ 9평형 재건주택과 16.5평형과
18.25평형 2층 연립 부흥주택 분양 공고
출처: 『경향신문』 1957.11.2.

↓↓ 1958년 8월 27일 작성된 부흥주택 F형
(각층 9.5평, 도합 19평형) 신축공사 도면
출처: 대한주택영단

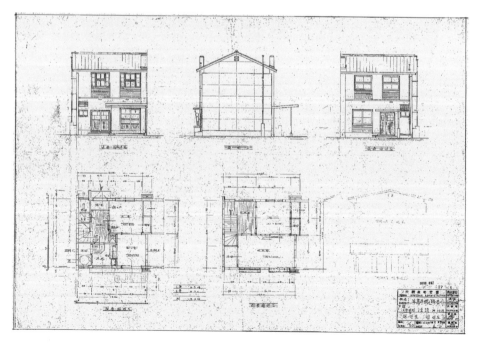

지 사이에는 사도(私道)[26]를 이중으로 두었고, 필지 구획을 반듯하게
하기 곤란한 자투리땅만 겨우 놀리거나 녹지로 두는 등 무엇보다 많
은 주택을 짓기 위해 애쓴 흔적이 역력했다.

　　대한주택영단의 「1959년도 제18기 결산서」에는 청량리
부흥주택의 상세 정보가 들어 있다.[27] 영단은 A형(16.5평) 215세대,
B형(18.25평) 16세대, F형(17.5평) 52세대 등 283세대를 분양했다.
이 가운데 A형과 B형은 월곡동 부흥주택지에도 각각 162세대와
9세대 공급됐다. 이는 1957년 11월 2일자 『경향신문』에 영단이 게재
한 주택 분양 공고를 통해서도 알 수 있다. 안타깝게도 결산서의 내
용과 정확하게 일치하는 도면의 원본은 확인할 수 없다.[28]

　　그러나 분명한 것은 녹번동의 20평형과 노량진, 대방동의
12평형을 제외한다면 모든 지역에서 9평형을 기준으로 삼았던 재건
주택이나 희망주택과는 달리, 부흥주택은 매우 다양한 평면과 규모
로 공급됐다는 사실이다. 1957년 대한주택영단의 주택 분양 공고에
서 알 수 있듯 재건주택은 9평형의 단층 2호 조합 연립주택인 데 반
해 부흥주택은 복층형 연립주택이었으며 16.5평형과 18.25평형의
전용면적이 넓은 2가지 평형이 있었고, 한 세대가 1, 2층을 모두 썼
기 때문에 계단이 실내에 있었다.

　　B형과 흡사한 1958년의 F형은 북측에 현관을 둔 2층 연
립주택이었다. 욕실과 부엌, 온돌방이 남측에 있었고, 외부에서 미
서기문을 통해 부엌과 온돌방에 드나들 수 있게 해 사실상 2방향 출
입 방식이었다. 남측 온돌방에는 1.2미터 깊이의 테라스가 면해 있
었고, 욕실에는 일본식 쇠가마 욕조인 고에몬부로가 설치돼 있었다.
서구적 건축 요소와 일본의 잔재가 뒤섞인 현장이었다.

　　2층의 구성은 달랐다. 마루방이 남측 6미터 전면을 차지하
며 자리했고, 여기에 면해 북측에 방이 하나 더 있었다. 마루방 창밖

↓ 서울 동대문구 청량리 부흥주택 가운데
원형을 가장 잘 간직하고 있는
제기로 23길 27-10의 부흥주택
ⓒ서울학연구소

↓↓ 1957년 7월에 작성된 부흥주택 A형
(남측 현관 진입) 12.9평형 설계도
출처: 대한주택영단

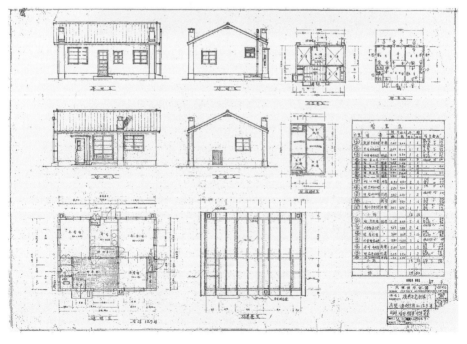

에는 낙하를 방지하고 화분 따위를 내놓을 수 있는 깊이가 얕은 대(臺)가 설치됐다. 1층처럼 '온돌방'이 아니라 '방'으로만 표기된 사실로 미루어볼 때 난방이 되지 않는 공간이었을 것이다. 1층과 2층의 각 방에는 1미터 내외의 깊이를 가진 수납공간이 있었다.[29] 청량리 부흥주택이 그랬듯, 당시 부족했던 시멘트를 적게 사용하기 위해 외벽에는 현장에서 호박돌과 시멘트를 일체로 타설해 제작한 블록을 썼다.

아궁이식 난방을 택했기 때문에 1층 현관을 들어서면 마주치는 마루방과 온돌방은 단차가 있었다. 온돌방과 온돌방 사이 쪽마루 아래엔 취사용이 아닌 난방용 아궁이를 별도 설치해 필요할 경우 널마루를 들어낸 뒤 화덕을 이용해 북측 온돌방에만 난방을 할 수도 있었다.

1957년 7월 대한주택영단이 작성한 남측 진입형 12.9평 단층 부흥주택 도면에도 이 '헛아궁'이 등장한다. 남북으로 이어진 온돌방 사이에 설치됐는데, 외부에서 출입 가능한 문이 달린 공간에 아궁이만 덜렁 있었다. '설비는 갖추었으나 평소에는 잘 사용하지 않는 부엌'을 '헛부엌'이라 일컫듯, '불을 땔 수는 있으나 필요할 때만 사용하는 아궁이'여서 '헛아궁(이)'라고 불렸다. 추운 계절에 방을 덥히는 용도였다. 북측 온돌방 2곳의 난방은 부엌의 취사용 아궁이로 겸했으니 헛아궁은 남측 온돌방을 위한 것이었다. 남측 외벽에 굴뚝이 설치된 이유다.

재건주택이나 희망주택과 달리 부흥주택 대부분은 실내에 변소가 설치됐다. 소변기와 대변기가 따로 있었고, 정화조 처리 방식이 아닌 외부에서 오물을 수거해 가는 방식이었다. 1958년 이후 대단위로 조성된 주택지에는 하수도가 설치돼 정화조가 있었고, 각층에 서로 다른 세대가 입주하는 3층 연립형 부흥주택에는 드물지

↓ 대한주택영단이 1957년 7월에 작성한
12.9평형 부흥주택 평면도(헛아궁과 변소).
출처: 대한주택영단

↓↓ 1958년 3월 작성된
부흥주택 정화조 단면상세도
출처: 대한주택영단

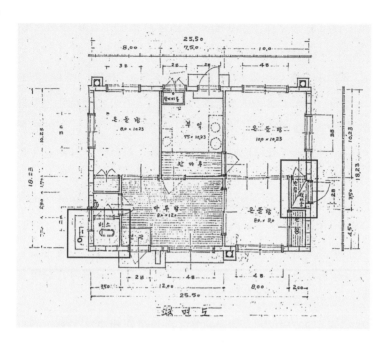

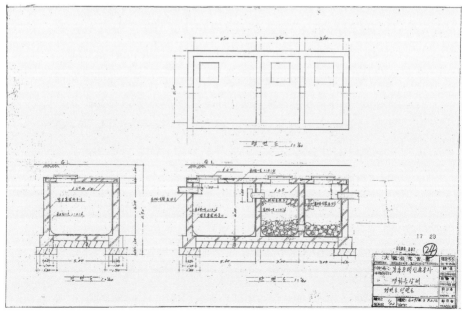

만 더스트 슈트(dust shute)가 설치됐다. 더스트 슈트는 당시 도면상 엔 '소제탑'으로 표기되었다.[30]

　　　부흥주택의 규모와 형식은 매우 다양했다. 단층이나 복층 으로 설계된 A, B, F형이 있었고, 3층 연립인 G형도 있었다. 기본형 을 일부 변형한 B′, B″형에 보건사회부가 제안한 '보사부 안'까지 그 전체를 파악하기 어려울 정도다. 같은 유형이어도 대지 조건이나 상 황에 따라 전용면적 크기가 조금씩 달랐고, 전용면적이 같아도 단 층, 복층, 일부만 2층으로 올린 경우 등 형태가 다양했다. 정릉지구 부흥주택이 길이 방향의 일부만 2층으로 활용한 경우였고, 숭인지 구 부흥주택은 길이 방향은 전부 쓰고 깊이의 절반만 2층으로 올린 독특한 사례였다. 숭인지구엔 다소 규모가 큰 19평형이 공급되기도 했다. 이화동 부흥주택지는 능선을 따라 다채로운 형식의 주택이 늘 어섰는데, 10평형 단독주택부터 같은 평형 단층 2호 연립, 12평형 2층이 기본이었지만 4호를 조합한 주택도 있었다.

대한주택영단이 인수한
부흥주택

1957년 '3월 1일에 [대한주택]영단은 국무원 사무처로부터 서울 용 산구 이태원동에 건설된 단독주택 168동(185호)의 외국인 주택을 인수하였고 … 그 후 남산외인아파트 건설 재원을 확보하기 위해 118동(133호)를 민간인에게 불하'[31]했다는 기록에서 보듯, 영단은 기존의 주택을 인수하고 불하해 새로운 주택을 지을 자금을 확보하 기도 했다. 원래 있던 주택을 무상으로 넘겨받은 것이 아니라면, 영 단은 인수 대금을 어떻게 지불했을까? 피식민지로서 혹독한 착취를 당한 세월이 길었고, 한국전쟁의 피해로 생산력이 아직 회복되지 않

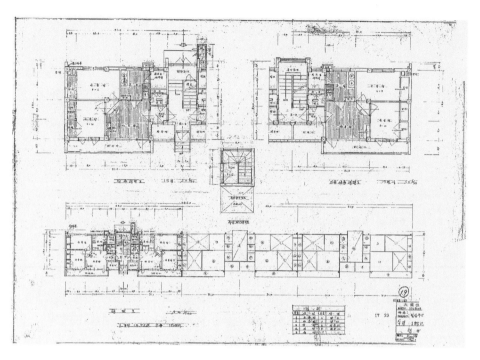

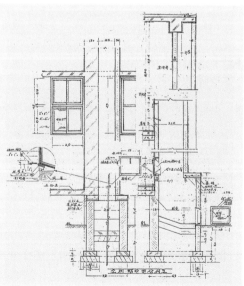

← 1958년 3월 작성된
각층 6세대 3층형 연립 부흥주택 G형
(호당 15.72평) 신축공사 도면
출처: 대한주택영단

↑ 보사부 안 B형(15평)
부흥주택 신축공사 도면(1958.5.10.)
출처: 대한주택영단

← 연립형 3층 부흥주택 G형의
소제탑(더스트 슈트) 단면상세도
출처: 대한주택영단

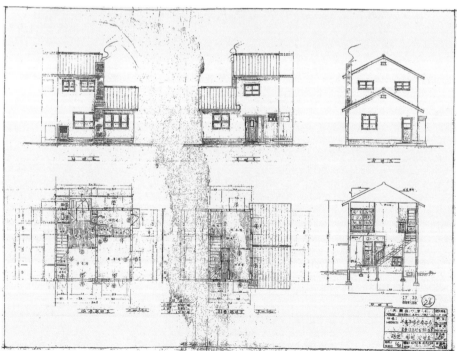

← 시공 중인 정릉 부흥주택(1957.11.2.)
출처: 국가기록원

← 정릉에 적용된 2층 2호 연립형 부흥주택
(호당 15.3평) 신축공사 도면(1958.4.23.)
출처: 대한주택영단

↓ 정릉 부흥주택 풍경(2005)
ⓒ황두진

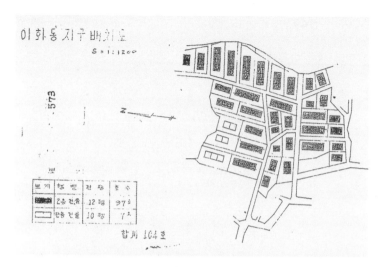

↑↑ 이화동지구 국민주택 배치도 　　　　↑ 이화동지구 항공사진(1974)
출처: 대한주택영단, 　　　　　　　　　　출처: 서울특별시 항공사진서비스
「60년 조선주택영단 사무인계인수서철」

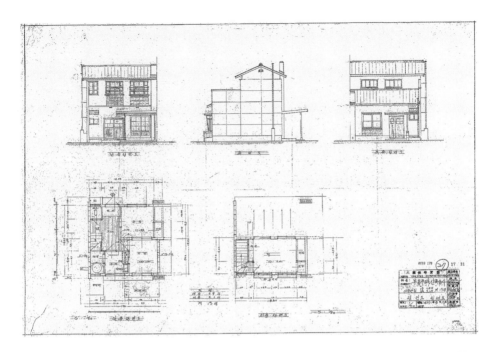

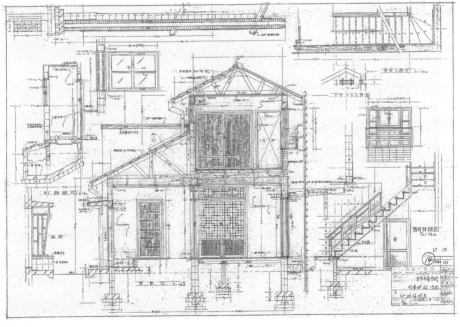

↑↑ 숭인동 15평 2층형
연립 부흥주택(1957.9.13.)
출처: 대한주택영단

↑ 숭인동 15평 2층형
연립 부흥주택(1958.8.13.) 단면상세도
출처: 대한주택영단

왔던 이 시기에 한국 정부가 예산을 마련할 방법은 2가지뿐이었다. 하나는 한국 정부에 이양된 일제강점기 일본의 재산을 불하하는 것(귀속재산처리적립금)이었고, 다른 하나는 앞서 말한 산업부흥국채 발행기금이었다. 이 재원의 일부가 주택을 새로 짓거나 인수하는 데 쓰였다.

제7회 산업부흥국채 주택자금 일부도 인수에 사용됐다. 1957년 9월 5일 보건사회부는 보원 제2429호 「부흥주택 관리 요령」을 발령해 민간건설업체가 건설한 주택을 대한주택영단에서 인수하도록 했다. 영단은 중앙산업주식회사, 남북건설자재주식회사, 한국건재주식회사, 대한건설주식회사 등이 지은 주택을 준공과 동시에 정해진 가격으로 인수해 입주 희망자 모집, 분양, 관리를 맡았다.[32] 이런 경우 물건이나 권리를 넘겨받는다는 뜻의 '인수'(引受)를 붙여 '인수주택'이라 했다.

그해에 영단은 「부흥주택 관리 요령」에 의거해 한미재단(Korea-America Foundation, KAF)이 1956년 8월 30일에 완공한 행촌아파트를 인수했다.[33] 영단은 '[행촌]아파트 4동을 공매하고자 했으나 조건이 좋지 않아 3차에 걸친 공매에도 원매자가 전혀 없어서 4월에 조건을 고쳤는데 ① 아파트 4동(48호) 전체를 매수하는 사람에게 우선권을 주되 그렇지 않을 경우에는 동별로 하고, ② 그럼에도 불구하고 희망자가 없을 경우에는 세대별로 분리 처리하고, ③ 가격은 세대당 200만 환으로 하되 먼저 10만 환을 납부한 뒤에 나머지는 5년 분납으로 납부'[34]하도록 했지만, 당시엔 아파트가 인기가 없어 팔리지 않았고 결국 전세로 내놓을 수밖에 없었다.

1959년 12월 31일에는 중앙산업주식회사로부터 용산구 한남동 11번지의 2에 건설한 외국인주택 108동(연립주택 106동, 아파트 2동) 및 차고 15동, 연건평 6,316평, 대지 3만 1,708평을 인수했다. 인수인계 문건에는 이 외인주택의 건설 경위가 자세히 적혀 있다. '[한남동] 외국인주택은 1956년도 정부계획에 의하여 한국에 머물고 있는 UN군 장병 가족과 미국경제조정관실 직원 가족들을 받아들여, 국제 친선과 국토 방위 및 외원사업 추진상의 영향을 고려하고, 나아가서는 임대료에 의한 외화 획득을 목적으로, 1956년 5월에 이승만 대통령이 국무회의에 시달한 바에 의하여 당시의 유완창(兪莞昌) 부흥부 장관이 중앙산업과 공병대에 대한 긴급지시로서 건설에 착공한 것이다. 이에 대한 건설자금은 부흥부에서 당초 20억 환의 융자 추천이 있었으나 당국의 자금 처치가 여의치 못하여, 우선 1958년 3월 27일자로 10억 환만 융자되고 잔액은 산업은행과 정부에서 귀재적립금을 재원으로 융자 처치가 되는 대로 대출되도록 했다. 그러나 이마저도 여의치 못해 부득이 시공자인 중앙산업에 대한 별도시설 융자금으로 충당하여 완성하게 된 것이었다.'[35]

민간아파트 인수도 이루어졌다. 1958년 7월 31일 중앙산업주식회사로부터 종암아파트 3동, 17평형 152호를 인수한[36] 영단은 이를 일정 기간 관리하다가 민간에 불하했다. 1960년 8월 5일에는 개명아파트를 인수했다. 개명아파트는 보건사회부가 주관하고 영단의 감독 아래 종암아파트와 마찬가지로 중앙산업이 시공했다. '서대문구 충정로2가 소재 대지 889.7평에 연건평 1,861평, 철근 5층 건물로 된 현대식 아파트로서 각 층에 15호씩 총 75호가 입주' 가능했다.[37]

부흥주택
청원 사태

부흥주택이 세인의 주목을 크게 받은 것은 1959년 봄에 벌어진 입주민 청원 사태 때문이었다. 연명자 수가 300명에 달하는 곳이 있을

↑↑ 산업부흥국채 자금을 이용해
대한주택영단이 인수한 중앙산업의 종암아파트(1958.1.6.)
출처: 국가기록원

↑ 1956년 8월 30일 준공한 한미재단아파트를
해리스 미국 상원의원이 둘러보는 모습
출처: 국가기록원

↑ 대한주택영단이 한미재단으로부터 인수한
교북동 10번지 한미재단원조주택 전세 광고
출처: 『경향신문』 1961.3.8.

3. 引受分讓住宅

(A) 서울特別市引受住宅

地区別	型別	建坪每戶	戶數	建築費 內藏及基質	電気工費	其外費	計	垈地代	管理雜費 建団	市街	計
신은特別市 市村洞	A	71.25	8	8,009,840.00	272,817.00	9,069,556.00	17,082,213.00	6,263,884	66,096.-	261,730.	26,241,977.60
〃	B	16.5	19	8,760,180	344,810.	11,020,062	20,125,035	10,047,626	104,156	625,399	30,702,214.50
〃	C	12.0	14	7,182,000	341,021	9,574,067	17,097,085	9,058,966	120,180	290,845	26,767,070.10
小計			36	23,652,020	953,650	29,663,660	54,274,330	21,770,476	288,432	1,178,028	81,711,266.21

(B) 韓美財團引受住宅

地区別	住宅種別	構造	戶數	工事費	垈地代	共同垈地代	計
香村洞	共同	4類 48世帶		73,965,860.-	19,934,317.-	4,619,200.-	102,569,377.-
〃	독立	5戶		73,320,000.-	22,794,156.-	1,970,800.-	98,084,956.-
計				151,285,860.-	42,778,473.-	6,590,000.-	200,654,333.-

↑↑ 대한주택영단이 인수한
한미재단 원조주택 중 단독주택 전경(1958.9.1.)
출처: 서울사진아카이브

↑ 대한주택영단의 인수분양주택 목록(1959년)
출처: 대한주택영단, 「1959년도 제18기 결산서」, 1959.12.31.

만큼 입주민들의 분노가 극에 달했다. 청원의 핵심은 분양가가 너무 비싸고 융자금 이율은 너무 높고 원금 상환기간은 너무 짧다는 것이었다. 언론도 연일 기사를 내며[38] 사태가 심각해지자 국회에 특별조사소위원회가 꾸려졌다.

영단의 업무부장 김득황은 대한주택영단의 기관지 주택 창간호(1959년 7월)에 「부흥주택입주자의 청원 사태와 그 해결책」이란 글을 통해, 입주자들이 벌어들이는 1년 소득을 모두 부금으로 갚아야 하는 것이 말이 되느냐며 산업은행 좋은 일만 시켜준 꼴이라며 분을 토했다.[39] 같은 잡지엔 국민소득이 25배나 높은 미국에서도 벌어지지 않는 일이 한국에서 벌어졌단 사실은 언어도단이라며 정부를 비난하는 글도 함께 실렸다. 높은 이율과 짧은 상환기간의 수정을 촉구하는 이 글의 속내는 사실 대한주택영단의 안정적인 사업 여건을 확보하기 위해 정부가 전액 출자하는 주택금고를 설치해 채권을 발행해야 한다는 것이었다.[40]

이 청원 사태의 중심에 바로 '인수주택'이 있었다. 산업부흥국채를 발행해 획득한 자금으로 중앙산업으로부터 영단이 인수한 종암아파트의 경우 홍제동이나 정릉의 부흥주택보다 매월 4천 원이나 비싼 월 3만 2천 원의 분양 부금을 갚아야 했다. 인수된 부흥주택의 분양 가격이 이렇게 높게 책정된 중요한 원인 중 하나로 화재보험료가 지적되었다. 당시 화재가 일어날 확률은 2천 분의 1에 불과했지만 분양가의 100분의 1에 해당하는 보험료를 매년 책정해 입주자에게 부담시켰는데, 이는 보험사의 배를 불릴 뿐이란 것이 입주자들의 주장이었다. 입주자들에게 융자해준 원리금의 회수가 더 중요했던 산업은행은 만에 하나라도 화재가 나 주택이 손실되면 보험사로부터 원금이라도 회수해야 했기 때문에 입주자의 보험료 부담은 마땅하다고 여겼다. 높은 부금 액수를 감당하지 못한 입주자들은 분양받은 주택을 전매(轉賣)하기도 했다. 오래전 일이긴 하지만 그때나 지금이나 돈 없는 서민들의 살림살이가 팍팍한 것은 똑같다.

사실 인수주택은 비쌀 수밖에 없었다. 민간 건설사가 영단에 주택을 팔면서 일반 관리비며 자기들 몫(이윤)까지 붙였고, 다시 영단이 분양할 때 그만큼 가격은 높아졌다. 사달이 벌어지지 않을 수 없는 형편이었다.

1962년 7월 1일 대한주택공사 창립 당시 사훈은 "우리는 복지사회 건설의 역군으로서, 새롭고, 값싸고, 살기 좋은 주택을 많이 건설하여 문화세계 창조에 이바지한다"였다. 1970년대 사훈도 여기서 크게 바뀌지 않아 "우리는 복지사회 건설의 사명을 띠고 새롭고, 값싸고, 살기 좋은 주택을 많이 건설하여 국민 주거생활 향상에 이바지한다"였다. 1950년대 중반 이후 국가가 대한주택영단을 앞세워 '저렴하고 견고하고 문화적'인 주택으로 부흥주택의 시대를 열어가겠다는 취지가 성장과 개발 시대를 거치며 '저렴'과 '대량'으로 변주된 것이었다. 부흥주택은 저렴하고 견고한 문화주택이 무엇인가를 질문했던 당시의 해답이었다.

주

1 박근혜 대통령은 취임 이후 4년이 조금 못된 2016년 12월 3일 국회에서
「대통령(박근혜) 탄핵소추안」이 발의되었고, 같은 해 12월 9일 대한민국 헌정사상 두
번째로 국회에서 탄핵소추안이 가결, 대통령 직무가 정지되었다. 이후 2017년 3월 10일
헌법재판소에서 만장일치로 탄핵 소추안을 인용하면서 대통령직에서 파면, 헌정 사상
최초로 탄핵된 대통령이라는 불명예를 안았다.

2 이후 공영주택(公營住宅)은 1964년 5월 28일 제정, 시행된 「공영주택법
시행령」(대통령령 제1828호) 제2조 '공영주택의 구분'에 따라 제1종 공영주택과 제2종
공영주택으로 나뉘었다. 제1종 공영주택은 대한주택공사가 건설, 공급하는 주택이며,
제2종 공영주택은 지방자치단체가 건설, 공급하는 주택이다.

3 손정목, 「주택」, 서울특별시사편찬위원회, 『서울육백년사』 제5권(서울특별시, 1995),
702쪽.

4 대한주택공사, 『대한주택공사 20년사』(1979), 212~213쪽.

5 제령(制令)이란 일제강점기에 조선총독이 법률을 대신하여 발포한 명령을 말한다.

6 1955년 12월 31일을 기준으로 할 때 서울시에는 성동구 신당동과 동대문구 청량리동에
각각 부흥주택지가 조성되었다. 손정목, 「주택」, 703쪽 '표10 재건주택 및 부흥주택
건축 상황'.

7 1956년 11월 10일 「국민주택 건설자금 융자처리 요강」이 제정됐고, 1957년 5월 24일
「귀속재산처리특별적립금에 의한 주택 건설자금 융자처리 절차」가 제정됐다.

8 부흥주택이 아파트인 경우는 대한주택영단이 민간건설업체가 지은 아파트를 인수해
분양, 관리한 종암아파트와 개명아파트가 있다. 이에 대해서는 뒤에서 좀 더 자세히
다룬다. 1958년 이승만 대통령의 특별 지시에 따라 서울 시내 주요 간선도로변에 지어진
상가주택(1~2층 점포, 3~4층 주택)도 부흥주택에 속한다. 유형과 주택 마련 방법(신축,
인수)가 다양했던 부흥주택은 재원의 성격으로 그 여부를 판단할 수 있을 뿐이다.

9 한국산업은행은 일제강점기인 1918년 설립된 식산은행(殖産銀行)을 1954년 4월
해산하고 이를 대체하는 장기산업은행의 역할을 맡도록 설립한 은행이다. 1953년 12월
30일 「한국산업은행법」이 공포된 뒤 4월 1일 정부 출자금 불입과 함께 업무 규정이
제정됐고, 4월 3일 설립 등기와 함께 영업을 개시했다(한국산업은행, 『한국산업은행
60년사 별책』[2014], 98쪽).

10 「산업부흥국채법」 제4조 ①산업부흥국채는 한국은행이 전액을 인수한다,
②한국은행은 전항에 의하여 인수한 국채를 금융기관 기타에 전매할 수 있다.

11 「산업부흥국채법」 제2조 ①정부는 산업부흥국채를 발행할 때에는 발행 한도, 발행
조건, 융자 대상이 될 부흥 산업의 개별적 계획, 산업부흥국채로서 조달한 자금의

운용과 대출 방법에 관하여 국회의 동의를 얻어야 한다.

12 여기서 말하는 타 법이란 「한국은행법」과 「은행법」을 말한다. 타 법의 제한을 받지 않았다는 것은 긴급 필요자금이라는 이유를 들어 여러 절차와 심의 과정 등을 생략할 수 있었다는 뜻이다.

13 대충자금이란 제2차 세계대전 이후 미국의 원조 물자를 받은 나라가 이를 자기 나라의 시장에 내다 팔아 확보한 현금을 말한다. 더 자세한 설명은 9장 각주 21번을 참조하라.

14 「산업부흥국채법」에 근거해 1953년부터 1963년까지 발행된 부흥국채는 금융기관에 대출된 자금의 회수와 이자로 이루어지고 나머지는 조세 수입으로 이루어졌는데, 1984년에 상환이 완료됐다. 우리나라의 국채와 공채의 대강을 살피면, 1949년 12월 제정된 「국채법」에 따라 1950년 2월부터 '건국국채'가 발행됐고 1950년 3월부터는 농지 보상을 위한 '지가증권'이 발행되었다. 1955년과 1962년에는 농어촌개발자금 마련과 고리채 정리를 위한 목적으로 '농업금융채권'이 발행됐으며, 1963년에는 '전화국채'가 발행되기도 했다(이동수·강주영, 『국·공채 발행 및 관리법제 개선연구』[한국법제연구원, 2007], 36쪽).

15 제1회 산업부흥국채는 1954년 3월 31일 발행했으며, 1954년부터 1961년까지 산업부흥국채 발행으로 92억 원을 조달했다(한국산업은행, 『한국산업은행 60년사』, 315쪽). "산은은 산업부흥국채발행기금의 차입으로 1954년에는 조달금액의 91퍼센트, 1961년까지 총 조달금액의 34퍼센트를 충당했다. 그러나 「산업부흥국채특별회계법」도 1958년 1월에 폐지되었다"(같은 책, 323쪽).

16 부흥부 안에는 기획국과 조정국이 있었고, 산업, 경제의 부흥에 관한 종합적 계획을 심의하는 부흥위원회가 별도로 있었다. 국무회의에 제출하는 부흥계획안은 이 위원회를 반드시 거쳐야 했다. 부흥부 장관은 국내에 주재하는 외국기관과의 경제 조정 사무에 있어 정부를 대표했다. 외자 도입과 관리가 중요했던 만큼 전문기구인 외자청이 산하에 있었다. 외자청은 구매국과 경리국으로 구성되었다. 1961년 5.16 군사정변 이후 부흥부는 폐지되고 건설부가 신설되었다. 외자청은 건설부 소속 기관이 되었다.

17 대한주택영단, 「주택건설5개년계획서」, 1쪽. '대한주택영단의 장래 계획과 대한주택영단의 현황'이라는 2쪽짜리 설명문 뒤에 다시 14쪽으로 작성된 '주택건설5개년계획'이 첨부되어 있는데 일부 낙장도 있어 전모를 파악할 수는 없다. 이 문서의 생산 일자는 확인할 수 없으나 문서에 담긴 내용으로 보아 1955년으로 추정된다. 마침 부흥부가 출범한 시점과 일치한다.

18 같은 글, 2~3쪽 축약 정리.

19 같은 글, 3쪽.

20 이와 관련한 자세한 내용은 이 책의 5장을 참고하라.

21 당시 연간 자재비는 20억 347만 8,750환이었는데 이 가운데 외산 자재 소요 비용은 16억 6,880만 9,950환으로 제시되어 있다.

22 김용환, 「즐거운 문화촌」, 『주택』 제2호(1959), 92~93쪽. 김용환은 이 화문(畵文)에서 본인이 문화촌으로 이사 온 지 2년이 지났다고 밝히며 1959년부터는 문화인 가장무도회를 홍제동 문화촌에서 치를 생각이라면서 주민들 대부분이 문화인이어서 출연자도 넉넉하니 홍제동 예술제라 이름 붙여도 좋겠다고 썼다.

23 정아선, 「청량리 부흥주택에 관한 연구」(서울시립대학교 석사학위논문, 2002), 24쪽.

24 황순원은 1960년 1월부터 7월까지 『사상계』에 연재한 소설 「나무들 비탈에 서다」에서 다음과 같이 묘사했다. "현태는 그곳[다옥동 병원]을 나와 을지로입구 내무부 앞에서 회기동행 합승을 탔다. 청량리를 지나 회기동 종점에서 내렸다. 윤구네 양계장으로 들어가는 길 주변에는 전에 없던 후생주택(厚生住宅)과 인가가 꽤 많이 들어서 있었다. 여기저기 가게도 보였다"(『황순원 전집 7』[문학과지성사, 2011], 380쪽). 여기서 말하는 후생주택은 정부에서 원조하는 주택을 통칭하는 것으로, 국민주택, 자조주택, 난민주택, 부흥주택 등이 모두 포함된다(이영빈, 「후생주택」, 『현대여성생활전서 ⑪ 주택』[여원사출판부, 1964], 320쪽 참조).

25 서울시립대학교 서울학연구소, 『청량리: 일탈과 일상』(서울역사박물관, 2012), 101쪽.

26 이들 사도는 분양 후 입주자들에 의해 전용면적으로 편입되어 지금은 흔적만을 확인할 수 있다.

27 대한주택영단이 1959년 12월 31일을 기준으로 작성한 결산서를 굳이 「1959년도 제18기 결산서」라 한 까닭은 일제강점기였던 1941년을 염두에 뒀기 때문인 것으로 추정된다. 다시 말해 해방 이후 한국전쟁을 거치면서 계속 사용했던 '대한주택영단'이라는 이름이 기본적으로 '조선주택영단'을 승계했음을 알려주는 징표다.

28 대한주택공사가 조선주택영단 시절부터 1970년까지 공급한 모든 주택과 단지를 망라해 1979년 5월 발간한 책자에도 청량리 부흥주택은 17평형 연립주택 70동을 공급했다는 사실과 개괄적인 배치도만 두 쪽에 걸쳐 설명될 뿐 평면도는 담겨 있지 않다. 대한주택공사, 『대한주택공사 주택단지총람 1954~1970』(1979), 48~49쪽 참조.

29 도면에 '반침'과 '다락'으로 표기된 수납공간은 전통한옥에서도 채용한 것이지만 1950년대의 그것은 일본식 다다미방의 붙박이장 오이시레(押し入れ)에 영향을 받은 것으로 이불이나 요 따위의 침구나 생활용품을 넣어두는 공간이다.

30 소제(掃除)는 먼지나 때 따위를 닦고 쓸어서 깨끗하게 한다는 뜻으로, 일본어에서 유래된 용어다. 1895년 윤 5월 16일 공표된 대한제국의 내무부령 제2호에 제12조 '전염병 유행에 대비하기 위해 우물이나 개천 및 변소 등으로부터 나와 흐르는 물이나 오물이 병의 원인이 되므로 이에 주의하여 소제청소법을 실시한다'에서 그 용례를 확인할 수 있다. 이한섭, 『일본에서 온 우리말 사전』(고려대학교 출판문화원, 2015), 474쪽 참조.

31 대한주택공사, 『대한주택공사 20년사』, 217쪽.

32 같은 책, 218~219쪽 요약 재정리.

33 박철수, 『아파트: 공적 냉소와 사적 정열이 지배하는 사회』(도서출판 마티, 2013), 66쪽.

34   대한주택공사, 『대한주택공사 20년사』, 217쪽.

35   같은 책, 226쪽.

36   대한주택공사, 『대한주택공사 30년사』(1992), 91쪽.

37   같은 책, 95쪽.

38   「엉망으로 짓고 돈은 더 내라고」, 『동아일보』 1959년 2월 28일자.

39   김득황, 「부흥주택 입주자의 청원사태와 그 해결책」, 『주택』 창간호(1959), 14~16,
      22쪽. 물론 이 글에서 해결책으로 제시하고 있는 내용은 주택금고를 하루라도 빨리
      설치하여 주택채권을 발행하되 출자액은 전액 정부가 보장해야 한다는 것이다.

40   이러한 주장은 글쓴이의 독창적인 것이기보다는 당시의 분위기를 전한 것이라 할 수
      있다. 결국 1967년 3월에 그동안 한국산업은행에서 취급하던 주택자금을 분리해
      주택금융으로 독립시킨 뒤 이를 전담하는 주택금고를 설립하기에 이른다. 이렇게 설립된
      주택금고는 1969년 1월 다시 한국주택은행으로 개칭되었으며, 제한적인 범위에서 일반
      예금과 대출업무를 취급하게 된다.

12 외인주택

건축역사학자 전봉희는 근대 초기 동아시아 국가들이 외래 건축을 접하는 경로를 건축의 주체와 성격에 따라 크게 3단계로 구분했다.[1] 외국인들이 자신들을 위해 지은 경우가 첫 단계로, 주로 개항장을 중심으로 조성된 조계(租界)나 내륙의 개시장(開市場)에서 외교관과 상인의 거주와 사무 활동에 필요한 시설을 구비한 건물이다. 두 번째 단계는 외국인들이 선교나 교육, 의료 서비스 등을 목적으로 내국인과의 접촉면을 늘리기 위해 지은 근대적 시설공간이다. 마지막 단계는 각국 정부가 외세에 대응하여 새로 지은 권위적 건축물인 왕궁이나 관청 등이다.

개항 이후 각국 외교 관청 등 근대적 시설이 많이 들어서 서양인촌으로 불리던 서울 정동(貞洞)에 대해 익명의 투고자는 이렇게 썼다.

처음 서양 사람들이 우리나라에 들어오기는 썩 오래전 일입니다. 라마구교 선교사들이 선교하러 들어온 것이 그 시초라고 합니다. 선교사가 중국으로부터 들어와서 몰래몰래 선교하다가 대원군 때 와서 한 번 몹시 서리를 맞았습니다. 그 뒤 얼마 지나지 않아서 세상이 변하여 은자국(隱者國) 별명을 듣던 우리나라가 외국과 통상조약을 맺게 되어 서양 사람들이 우리나라 안에서 맘 턱 놓고 돌아다니게 되었습니다. 우리 조선에 영환지략(瀛寰志略)이란 책과

566

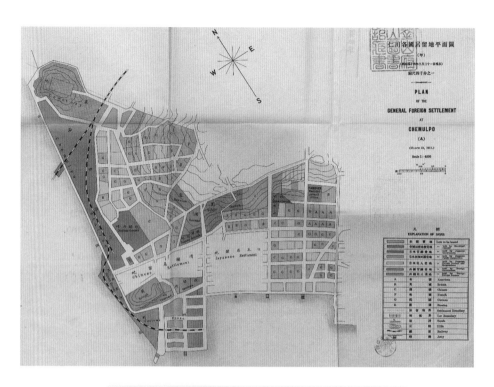

↑↑ 조선총독부가 작성한
인천의 각국 거류지 평면도(1911.3.)
출처: 국사편찬위원회

↑ '정동 서양인촌'을 소개하는 기사
출처: 『동아일보』 1924.7.30.

곤여전도(坤輿全圖)라는 지도나마 본 사람이 많지 못하였
을 때 우리 사이에 서양 사람에 대한 별 우스운 이야기가
돌아다녔습니다. 좋게 말하면 '양대인', 나쁘게 말하면 '생
국놈'들은 꼬리가 있다고도 하고, 연어 새끼가 사람이 된
것이라고도 했었습니다. 별별 이야기가 다 많으나 지금 생
각나는 것은 모두 길어서 손을 대지 못하고 내버립니다. 서
양 사람들이 많이 모여 사는 데가 서울 안에는 정동입니
다. 정동 거리를 지나자면 유리창 열린 곳에서 '피아노' 소
리가 흘러나오고, 뜰 나무 벌어진 사이에서 사(紗) 옷자락
이 날립니다. 이곳은 참 서양 사람들의 촌이구나 하고 누
구나 생각하게 됩니다.[2]

한국전쟁 이후 상황은 전혀 딴판으로 바뀌었다. 식민기와 한국전쟁,
미군정을 거치며 국민국가의 모습을 얼추 갖추었고, 전후 복구와 재
건에 치중했던 원조기관의 역할도 마무리를 향해 가는 시기였다. '자
력 경제'가 시급했던 신생 국가 대한민국은 미국을 환대하는 정책을
펼침으로써 대미 의존도가 높아졌고, 일반 대중은 전쟁의 참화를 극
복하게 해준 미국의 문화 세례에 흠뻑 젖었다. 소위 미국식 민주주
의 체제의 안정적 이식과 외화벌이는 이 과정에서 만들어진 기획이
자 경제활동이었다.[3]

　　손창섭의 소설에는 이런 상황에 대한 묘사가 적지 않다.
1955년 6월 『현대문학』에 발표한 소설 「미해결의 장」에는 '중학 2학
년 지철은 다른 과목은 형편없더라도 영어만 능숙하면 다른 학과
따위는 낙제만 면해도 된다는 믿음을 가졌고, 그의 동생인 열한 살
짜리 지현은 동무들과 놀다가도 걸핏하면 커서 미국 유학을 가겠노
라 자랑'[4]을 일삼는다는 내용이 담겼다. 1958년 9월 『사상계』를 통

↓ 주한 미군 장병들의 휴가 장소로
지금의 국가정보원인
중앙정보부가 주도해 건설한 워커힐 힐탑 바
출처: 서울성장50년 영상자료

↓↓ 대통령 취임식 전야제나
아시아 각료회의 만찬장 등으로 사용된
워커힐 명월관
출처: 국가기록원

해 발표한 「잉여인간」에서는 여기서 한 발 더 나아가 '요즘 한국에 와 있는 외국인들 대부분이 식료품이나 일용품을 동경이나 홍콩에서 주문해 쓰고 있으니 국가사회에 보익(補益)하며 먹고살 수도 있는 사업이란 한국에 와 있는 외국인을 상대로 일용잡화와 식료품을 파는 것'[5]이라는 소설 속 인물의 포부를 담기도 했다.

　　　실제로 한때 권력의 정점에 있었던 5·16 군사정변의 주역 김종필이 회고하듯, 오키나와나 홍콩으로 휴가를 떠나는 미군과 군속들을 한국에 머물도록 해 외화를 벌어들일 목적으로 서울 광진구 광장동에 워커힐 호텔과 힐탑 바 등이 건립되었다.[6] 온 국민이 외화벌이에 혈안이던 시절이었다. 주택도 이 대열에 동참했다. 자유당 말기였던 1958년 3월 31일 경무대 국무회의에서는 외인주택 임대료에 대한 논의가 있었다.[7] 당시 주택정책을 책임지던 보건사회부 손창환 장관이 신축 중인 외인주택 임대료를 종전에 받던 것처럼 결정하려 한다 하자, 이승만 대통령은 좀 더 받는 것이 옳다면 좀 더 받으라고 지시한 뒤 외국인 주택을 짓는 것은 돈 벌기 위한 것임을 잊지 말아야 한다고 거듭 당부했다.

이태원과 한남동의
외인주택

외인주택은 '정부시책으로 산업부흥국채 발행기금 또는 귀속재산처리적립금 중 주택자금 융자에 의하여 건설 및 관리한 외국인주택'이다.[8] 1957년 3월 1일 대한주택영단은 국무원 사무처로부터 서울 용산구 이태원동에 건설된 외국인용 단독주택 168동(185호)을 인수해 "남산외인아파트 건설 재원을 확보하기 위해 118동(133호)을 민간인에게 불하"한다.[9] 외국인 전용으로 분류되었던 주택에 내국인

570

이 들어갈 수 있게 된 계기였다.

　　1972년 6월 내국인을 대상으로 이태원과 한남동의 외인주택을 매각한다는 대한주택공사의 공고문에 적시된 외인주택의 매입 조건과 특징은 다음과 같다. 일단 그동안은 외인주택을 매입하려면 2개월 안에 주택 가격 전액을 납부해야 했지만 1972년부터는 조건을 바꿔 계약 시 10퍼센트, 1개월 후 40퍼센트를 납부한 뒤 1년에 걸쳐 나머지 잔액을 할부로 납부토록 했다. 계약금 납입이 확인되면 가옥 보수를 승인했고, 중도금 납부가 이뤄지면 입주는 물론 증축이나 개축을 허가했다. 공고문에는 외인주택의 장점이 죽 열거되었는데, ①공해로부터 해방된, 도심과의 최단 거리, ②쾌적한 주거환경 시설, ③서구적으로 계획된 주택단지, ④수백 평이나 되는 넓은 호당 대지면적, ⑤외부와 차단된 공동관리 지역이라는 점이었다. 비슷한 시기 정부의 주택금융 지원이 이뤄진 다른 유형의 주택 대개가 기껏해야 건평 9평이거나 12평에 그쳤고, 넓어 봐야 20평짜리가 몇 호 있는 정도였는데, 외인주택은 호당 대지 면적이 수백 평에 이르렀으니 호화 주택과 다름없었다. 아무나 쉽게 들어갈 수 없는 규모이자 가격이었다.

　　이태원 외인주택지의 최초 명칭은 '아리랑 하우스'였다.[10] 육군 공병단이 설계하고 중앙산업주식회사가 시공했다. 1959년 12월 31일에 대한주택영단은 「부흥주택 관리 요령」[11]에 의하여 용산구 한남동 11번지 2 외국인주택 108동(연립주택 106동, 아파트 2동) 및 차고 15동, 연건평 6,316평, 대지 3만 1,708평을 인수했다. 이럴 경우 '인수주택'으로도 불렀다.

　　당시 인계인수와 관련된 문헌에는 한남동 외인주택의 건설 경위가 잘 정리되어 있다. '외국인주택은 1956년도 정부계획에 의하여 한국에 머물고 있는 유엔군 장병가족과 미국경제조정관실 직

원 가족들을 받아들여, 국제 친선과 국토 방위 및 외원사업 추진상
의 영향을 고려하고, 나아가서는 임대료에 의한 외화 획득을 목적으
로, 1956년 5월에 이승만 대통령이 국무회의에 시달한 바에 의하여
당시의 유완창 부흥후 장관이 중앙산업과 공병대에 대한 긴급지시
로서 건설에 착공한 것이다. 이에 대한 건설자금으로 부흥부에서 당
초 20억 환의 융자를 추천했으나 당국의 자금 조치가 여의치 못했
다. 우선 1958년 3월 27일자로 10억 환만 융자를 받았고 잔액은 산
업은행과 정부에서 귀재적립금을 재원으로 삼아 대출을 받으려 했
으나, 이마저도 여의치 못해 부득이 시공자인 중앙산업에 대한 별도
시설 융자금으로 충당하여 완성하게 된 것이었다.'¹²

　　이 문건의 제목이 「화경대(華鏡臺, 한남동) 외인주택 인계
서」인 것에서 알 수 있듯 이곳은 일제강점기에 화경대로 불렸던 고
급 문화주택지였다. 1938년 4월 18일자 『경성일보』에는 '한강과 남
산이 바라보이는 전망 좋은 교외주택지 화경대(남산 뒤편)'¹³라는
광고가 실렸다. 이에 따르면 조선농림주식회사가 분양했으며 신당
동과 한남동을 잇는 버스가 곧 개통될 예정이었다. 이미 십수 호의
주택이 지어진 상태였고, 토지 가격은 평당 12~16원이며 주택 가격
은 평당 70~100원대였다.

　　당시 화경대는 '신당리에서 남산 동남 산록 일대에 신경성
을 건설하는 것으로 경성 도시계획의 제일보'¹⁴로 언급되던 곳이다.
1936년 4월 길이 4,900미터, 너비 25미터에 이르는 남산주회도로(南
山周回道路) 공사계획안을 경성부회에 상정하면서 경성부윤은 이로
써 이 일대가 남쪽으로 한강의 청류가 흐르는 풍광 좋은 주택지가
될 것이라며 도로 신설사업의 당위성을 주장했다.¹⁵ 화경대 교외주
택지는 경성 도시계획의 흐름 속에서 예정된 것이나 마찬가지였다.
"한남동의 이 외인주택은 그 지역이 일제 때 일본군 고급 장교의 관

↓ 이태원과 한남동 일대의 외인주택지 할부 매각 공고
출처: 『경향신문』 1972.6.22.

↓ 1959년 미국공보원이 발행한
선전 잡지 『약진』 표지
출처: 미국국립문서기록관리청

↓↓ 1955~1960년에 조성된 이태원 외인주택지
출처: 대한주택공사,
『대한주택공사주택단지총람 1954~1970』(1979)

사 지역으로 풍치가 절가(絕佳)했다. 당시[1960년대] 국내에 주류
(駐留)했던 외국 사절단원들은 한국에는 거주할 만한 곳이 없다 하
여 그들의 가족을 일본에 두고 토요일만 되면 일본에 있는 가족들
을 만나기 위해 비행기로 왕복하는 등 비용과 시간을 허비했는데 외
인주택에 입주함으로써 이런 문제가 해결되었다."[16]

　　　해방 직후 일어난 신당동 주택 명도 집행 사건처럼 한남동
외인주택지 역시 커다란 사회적 문제를 야기했다.[17] 일제강점기 교
외주택지였던 화경대 거주민은 당연하게도 거의 모두 일본인이었다.
해방과 함께 화경대가 미군정에 귀속재산으로 접수된 뒤에는 연고
가 있는 세대와 그렇지 못한 120여 세대가 여기에 살았는데, 한국전
쟁 중에는 그 대부분을 군대가 사용했었다. 서울 수복 이후 오래전
연고권을 가진 사람들이 다시 들어오자, 국방부가 한국전쟁 중에 사
용했던 연고권을 내세워 국유화를 시도했지만 주민들의 맹렬한 반
대로 국유화 신청 서류를 폐기하는 등 크고 작은 마찰이 있었다.

　　　그런데 중앙산업[18]이라는 민간회사가 고위층(이승만 대
통령으로 추정)의 메모를 가지고 재무부와 보건사회부를 압박해
외인주택을 건설할 것이니 임대 계약을 체결해달라 요구했다. 이에
재무부가 차일피일 미루다 할 수 없이 조건부 승인을 내렸다. 이에
1956년 8월 22일 오전에 화경대에 살던 백 수십 명의 주민이 재무부
청사 앞에서 시위를 벌였다. 국유지의 임대 계약 체결은 선례가 없는
일이었지만, 조건부(주민들과의 원만한 타협)로 중앙산업은 결국 이
곳을 임대해 육군 공병단과 함께 외인주택을 건설했다. 이를 대한주
택영단에 인계한 것이 바로 1959년 12월 31일이다.

　　　대한주택영단이 이태원과 한남동의 외인주택지를 모
두 인수한 뒤 외국인에게 임대하면서 이곳은 '쌍둥이 마을'로 불
렸다. 이태원에는 '아리랑 하우스'라는 이름 대신 '이태원 국제 마

↑ 후일 유엔빌리지로 변모한 일제강점기의
교외주택지 환경대에 관한 신문 광고
출처: 『경성일보』 1938.4.17.

→ 화경대 외인주택 인계 문건 표지(1959.12.31.)
출처: 대한주택영단

↓ 조성철 중앙산업 시장에 대한
이승만 대통령 발언
출처: 「신두영 비망록(1) 제1공화국 국무회의」
(1958.1.2.~1958.6.24.), 국가기록원 소장 자료

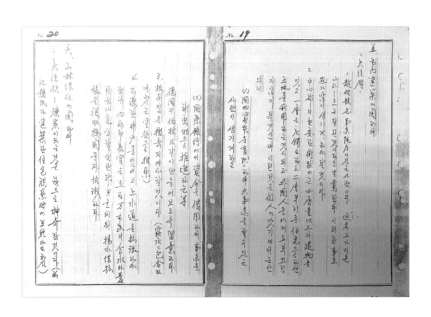

을'(Itaewon International Village)라는 이름이 부여됐고, 송림이 우거진 안식처라는 의미의 '소나무 천국'(Pine Tree Heaven)이라는 별칭이 붙기도 했다. 한남동 외인주택지 역시 '화경대'라는 오래된 이름을 거두고 '유엔빌리지'(UN Village)로 바뀌었고, '사진작가의 낙원'(Photographers's Paradise)이라는 애칭도 주어졌다.

1969년 11월에 작성된 한남동 외인주택지 배치도[19]를 보면, 이 지역에는 1~3침실형 단독주택뿐만 아니라 A아파트, B아파트, D아파트, 힐탑(Hill-Top)아파트, 선라이즈(Sun-Rise)아파트(이상 판상형)와 더불어 클로버(Clover)아파트, 한남아파트(이상 탑상형) 등 다양한 유형이 공급되었음을 알 수 있다.

이태원 외인주택 역시 여러 유형으로 지어졌다. 1960년 11월 25일 준공한 아리랑 하우스 잔여 부지에 대한 대지 실측도를 보면, '이태원 국제 마을'에서 그저 '이태원동'이란 지명만이 살아남은 이곳엔 단독주택과 아파트가 배치됐다. 1957년 1월 작성된 또 다른 이태원 외인주택 도면을 살펴보면, 설계자는 육군 공병대이고 '이축사'라는 이름이 적혀 있으며, 주택 유형은 한 세대가 1~2층을 사용하는 2호 조합 2층 연립주택이었다.

외인주택은 앞선 장에서 다루었던 DH주택과 연관이 있다. 엄밀하게 따지자면 미군과 그들의 가족을 위해 제공됐던 DH주택은 아니지만, 미군이 장기 주둔하게 되면서 이들에게 맞춤한 신규 주택을 대한민국 정부가 나서서 건설한 것이나 다름없는 이태원과 한남동 일대 외인주택은 넓게 보면 DH주택과 교집합을 형성한다. 하지만 실질적으로는 국토 방위와 대한 원조자금 확보, 외국인의 임대 수입을 통한 외화 획득[20]을 목적으로 이승만 대통령이 부흥부 장관에게 명해 한국에 체재하는 유엔군 가족과 경제조정관실 직원 및 그 가족을 위해 긴급자금을 동원해 중앙산업주식회사와 육군 공

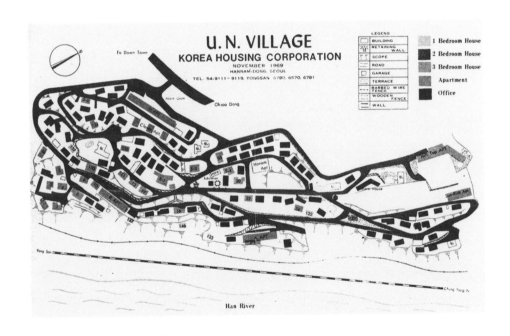

← 이태원과 한남동 외인주택 임대 광고
출처: 대한주택영단, 『주택』 제7호(1961)

← 한남동 유엔빌리지 항공사진(1963)
출처: 국가기록원

↑ 한남동 유엔빌리지 배치도(1969.11.)
출처: 대한주택공사, 『대한주택공사 20년사』(1979)

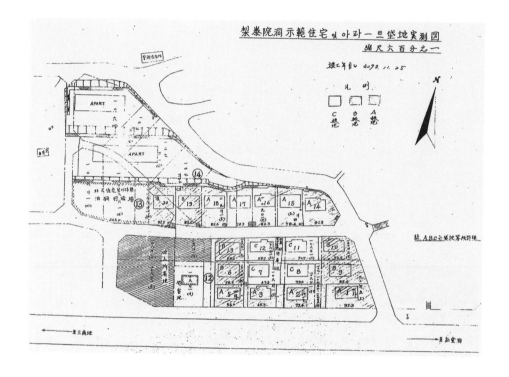

↑ 이태원동 시범주택 및 아파트 대지 실측도
출처: 대한주택영단

→ 이태원 외인주택 이축사 1층 및 2층 평면도
출처: 대한주택영단

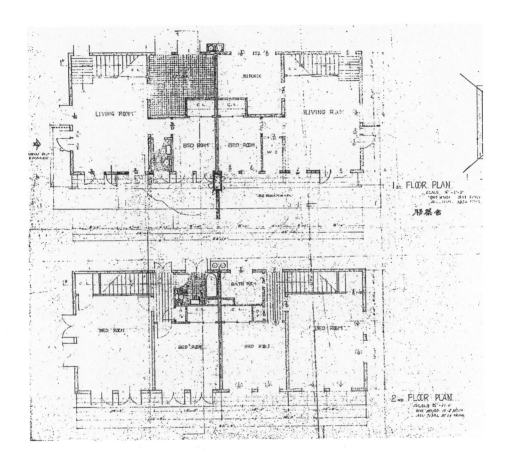

↓ 서울 강남 개발이 한창이던 1975년 12월
한남대교 남단에서 본 남산록과 한강변 일대의 외인주택
출처: 서울성장50년 영상자료

↓↓ 서울 이태원에 지어진
단독형 외인주택(1957.10.)
출처: 국가기록원

병대에게 설계와 시공을 맡겨 지은 것이 외인주택의 시작점이다. 외인주택을 대한주택영단이 부흥국채자금을 이용해 인수해 내국인에게 분양하는 시점에선 외인주택이 '인수주택'으로 자리를 바꾸게 되는 것이다.

　　대한주택영단이 무상으로 주택을 인수받은 경우도 있었다. 한미재단 시범주택으로 알려진 행촌아파트가 대표적이다. 행촌아파트는 1956년 4월에 계획하여 "같은 해인 1956년 8월 30일 완공된 뒤「부흥주택 관리 요령」에 따라 1957년에 대한주택영단이 이를 인수했다"[21]인데, 주택영단의 기록에 따르면 "한미재단에서 기증받은 서울시내 행촌동 소재의 아파트 4동을 공매하고자 했으나 조건이 좋지 않아 3차에 걸친 공매에도 원매자가 전혀 없어서 4월에 조건을 고쳤는데 ① 아파트 4동(48호) 전체를 매수하는 사람에게는 우선권을 주되 그렇지 않을 경우에는 동별로 하고, ② 그럼에도 불구하고 희망자가 없을 경우에는 세대별로 분리 처리하고, ③ 가격은 매 세대당 200만 환으로 하되 먼저 10만 환을 납부한 뒤에 나머지는 5년 분납으로 납부한다는 것이었다".[22] 여러 조건을 완화했음에도 불구하고 아파트는 인기가 없어 판매에 어려움을 겪었다.[23]

부산의 외인주택

1960년 7월 착공해 1961년 1월 31일 준공된 부산 연지동 외인주택지는 한남동 외인주택과 유사하게 아파트와 단독주택 혼합으로 조성되었다. 정부와 USOM(주한 미국경제협조처)이 체결한 협정에 따라 소유권은 정부가 가지되 입주권은 USOM에 있었다. 건설과 관리 책임은 대한주택영단이 맡았다. 정부가 알선한 대지 4,974평

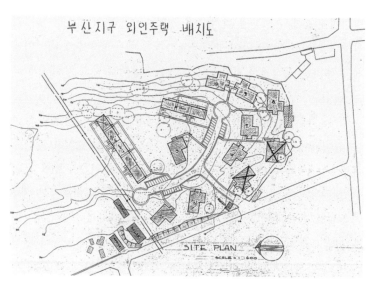

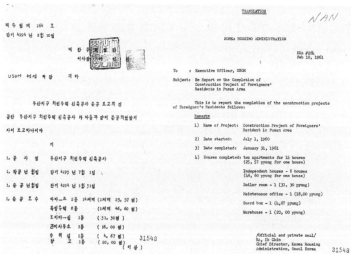

↑↑ 부산지구 외인주택 배치도(1960.4.)
출처: 대한주택영단

↑ 대한주택영단 나익진 이사장이 USOM 행정처장에게 보낸
「부산지구 외인주택 신축공사 준공보고」, 한글 및 영어 번역문 (1961.2.10)
출처: 미국국립문서기록관리청

에 대충자금 3억 환과 미화 9만 달러를 투자해 완공했으며, "아파트
2동 14호(호당 24.86평)와 단독주택 8동(호당 46.6평)의 계 22호였
고 그 외에 부속 건물로 관리사무소, 보일러실, 창고, 수위실 등"으로
구성되었다.[24]

이곳은 내국인을 위한 15평 A형 국민주택 20호가 지어진
곳과 좁은 도로를 경계로 접해 있었다. 단독주택은 침실이 3개였고,
샤워부스와 별도의 화장실을 갖춘 방이 하나 더 딸려 있었다. 메이
드 룸(당시로는 식모방)으로 쓰였을 것으로 추정되는 이 방은 다른
공간과 철저하게 분리되었다. 안방(Master's Bedroom)과 나머지 침
실 2개는 모두 복도를 통해 모서리에 위치한 거실과 식사공간을 이
용할 수 있도록 구성되었으며, 욕실은 욕조와 좌식 변기를 갖추었다.
주방엔 가스레인지와 냉장고, 싱크대 등이 완비되었고 충분한 용량
의 식기 수납장이 있었으며, 모든 침실에 붙박이장을 설치함으로써
임대용 주택의 면모를 갖추었다.

거실 폭 길이를 전부 이용한 스크린 포치(screen porch)가
마당에 면해 설치되었고, 현관은 측면의 돌출부에 놓였다. 거실과
주방의 경계부엔 굴뚝이 있는 벽난로가 부설되었다. 지붕 구조로는
목조 트러스를 채택했으며, 거실 부분 내벽엔 책꽂이가 설치되었고,
테라조로 마감되었다. 전용면적이 호당 46.6평에 달해 당시 한국인
들의 꿈이라 여기던 9평 내외의 단독주택과는 엄청난 차이를 보였
다. 고급 마감재와 설비의 사양이 고급이었던 외인주택은 한국인들
에게는 부러움의 대상이 됐고, 서울 이태원이나 한남동의 경우처럼
내국인에게 매각이 시행되면서 부유층이 이곳을 차지했다.

2층짜리 아파트의 경우는 단독주택과 달리 침실이 하나
인 25.83평의 단위주택 2호가 위아래로 자리한 형태였고, 2층 단위
세대에 진입하려면 후면의 외부 계단을 통해야 했다. 특이하게도 1,

584

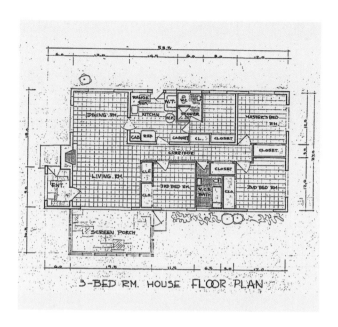

3-BED RM. HOUSE FLOOR PLAN

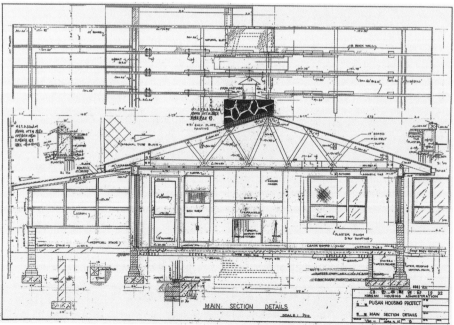

MAIN SECTION DETAILS

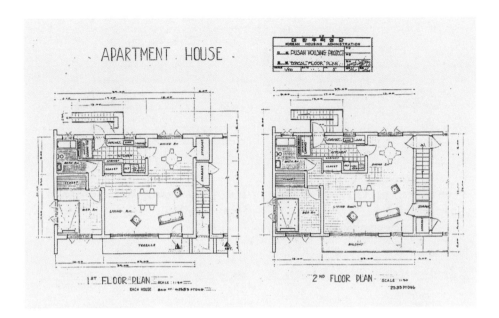

← 부산 연지동의
3침실 단독형 외인주택 평면도(1960.4.)
출처: 대한주택영단

↑ 부산 외인아파트
1층과 2층 평면도(1960.4.)
출처: 대한주택영단

← 부산지구 3침실형 외인주택 주단면도(1961.3.)
출처: 대한주택영단

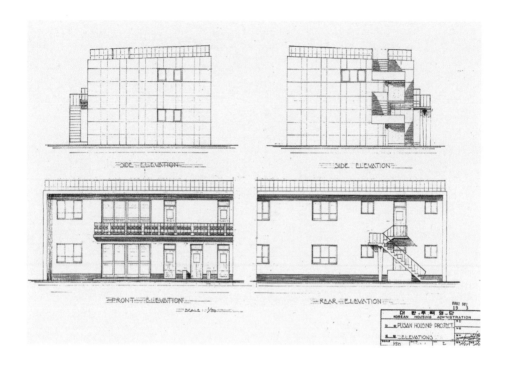

↑ 부산 외인아파트
각 방향 입면도(1960.4.)
출처: 대한주택영단

→ 부산 외인아파트 6호 조합 아파트
1층과 2층 평면도(1960.4.)
출처: 대한주택영단

APARTMENT HOUSE

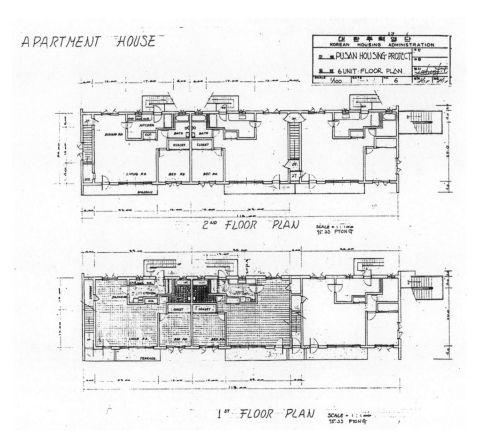

대 한 주 택 영 단
KOREAN HOUSING ADMINISTRATION
PUSAN HOUSING PROJECT
6 UNIT: FLOOR PLAN
SCALE 1/100   No. 6

2ND FLOOR PLAN   SCALE = 1:100
15.33 PYONG

1ST FLOOR PLAN   SCALE = 1:100
15.33 PYONG

↓ 덮개가 있는 주차장과 메이드 룸 등이
별도로 구성된 이태원 외인주택 평면도(1957.1.)
출처: 대한주택영단

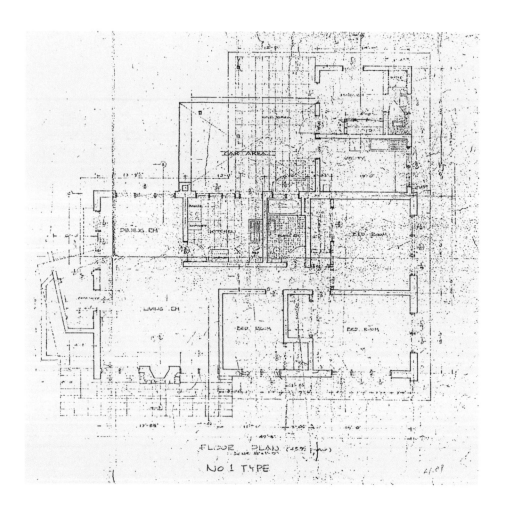

2층 평면 모두 현관을 열면 부엌이 바로 나오는 구성이었다. 건조기와 냉장고가 설비된 부엌을 지나고 식당공간을 거쳐야 거실과 침실로 갈 수 있었다. 단위세대 대부분의 면적을 차지하는 넓은 거실에 면해 테라스가 있었고, 거실에서 테라스로 나갈 수 있는 문이 있었다. 하나뿐인 침실에는 침대와 수납장을 두어 기능성을 확보했다. 메이드 룸이 있는 단독주택 유형에 비해 전용면적이 2분의 1 남짓을 차지하고 있다. 한편, 1층에서는 거실에서, 2층에서는 두 세대 사이에 설치된 직통계단을 이용해 외부공간에 접속할 수 있었다는 점에서 외부공간 또한 적극적인 생활공간으로 고려했음을 알 수 있다. 완만한 경사의 옥상층은 선탠 등을 할 수 있는 휴식공간으로 활용됐으며, 측면 외부계단으로 오갈 수 있었다. 이 계단실에서 각 세대로의 진출입은 불가능했다.

　　　　단독주택이든 아파트든 부산 외인주택과 서울 이태원이나 한남동의 경우는 미세하게 달랐다. 서울 외인주택의 공간 위계구조가 강하고, 서구식 모델을 더 적극적으로 따랐다. 이태원은 부산 연지동에서와 달리 단독주택이나 아파트 모두 여러 유형이 사용됐는데 다용도실과 짝을 이룬 메이드 룸은 아예 주차장과 함께 외부에서 직접 출입하도록 본체와 분리시킴으로써 주거공간의 위계성을 사용자와 대응시키기도 했다. 단독주택과 아파트를 막론하고 서구식의 공간 구성 방식을 취했음은 물론이다. 즉, 기능의 유사성에 따라 '침실-거실과 식사공간-부엌·화장실'(sleeping area-living area-service area)을 묶는 방식이 채용됐다.

　　　　아파트의 경우도 부산 연지동과 달리 복층형을 채택한 경우가 많았다. 한 세대가 1, 2층 모두를 사용하는 방식으로 메이드가 가사를 돕지 않는 생활을 전제하고 있었는데 1층에 위치한 가장 작은 침실의 경우는 사정에 따라 메이드 룸으로 전용도 가능했을 것

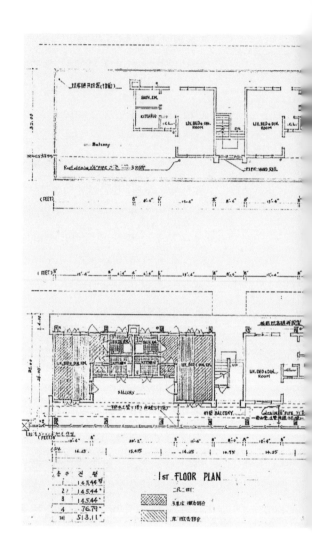

↑ 외국인을 위한
한남동 B아파트 각 층 평면도(1962.9.)
출처: 대한주택공사

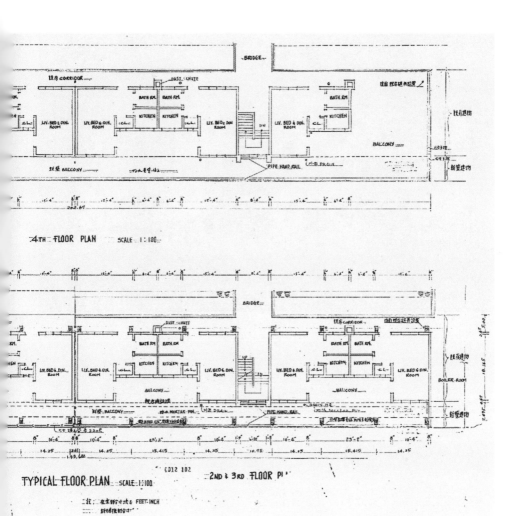

4TH FLOOR PLAN   SCALE 1:100

TYPICAL FLOOR PLAN SCALE 1:100   2ND & 3RD FLOOR PLAN

↑ 중앙산업이 시공한 한남동 유엔빌리지 B아파트
출처: 중앙산업 사사편찬팀, 『중앙가족 60년사』(2006)

다. 모두 그런 것은 아니어서 한남동 B아파트의 경우는 거실과 식당 그리고 침실을 겸하는 공간 하나에 주방과 욕실만을 갖춘 경우도 있었다. 전체 30호로 구성된 B아파트 4층은 1~3층의 경우와 달리 양측 단부의 호수를 하나씩 줄여 옥상을 일종의 발코니로 이용할 것을 설계에 반영한 흥미로운 사례이기도 하다. 아파트의 경우에는 단독주택이나 연립주택과 달리 메이드룸을 두지 않았다는 점은 이후 외인아파트를 전형으로 삼아 계획한 맨션아파트와 다른 대목이다.

외인주택과 내국인용 주택의 절대 편차

1970년 12월에 발행된 대한주택공사 기관지 『주택』[25]에는 1962년 설립 이후부터 1970년까지 주택공사가 건설한 거의 모든 아파트의 상세 사항, 즉 평당 공사비(건축공사, 난방 및 위생 공사, 전기 공사)와 아파트 단위주택의 규모(평형별), 구조 형식과 층수가 연도별로 정리된 일람표가 실렸다.

　　　여기서 눈여겨볼 점은 외인아파트의 난방 및 위생 공사에 투입된 공사비가 절대적으로 높다는 것이다. 당연히 평당 공사비가 내국인용 아파트보다 월등히 높다. 11층의 고층 아파트인 한남동 힐탑외인아파트는 같은 층수의 내국인용 아파트가 없으니 논외로 하더라도, 그보다 층수가 낮은 외인아파트와 내국인용 아파트를 비교할 때 전자의 공사비가 후자보다 2배 이상 차이가 나는 경우도 있다. 고급 건축 자재를 쓰고, 첨단의 설비를 갖춘 외인아파트를 내국인용 아파트가 따라갈 수 없었음을 보여주는 자료다.

　　　단위세대 크기의 차이도 컸다. 도화동아파트와 홍제동아파트 등 내국인용 아파트의 단위세대가 8평이었던 데 비해 이들과

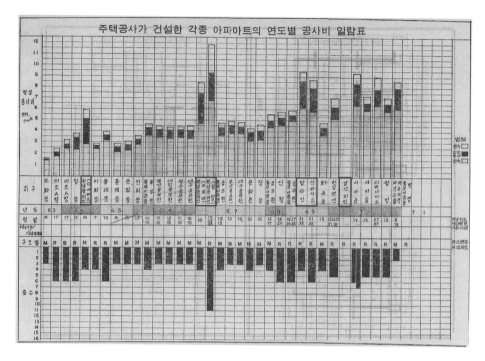

남산 외인아파트 투시도
대한주택공사

↑↑ 1963~1970년 대한주택공사가 건설한
아파트의 연도별 공사비 일람표
출처: 대한주택공사, 『주택』 제26호(1970)

↑ 이태원 외인주택 매각자금으로 건설하고자 했던
남산외인아파트 투시도(1969)
출처: 미국국립문서기록관리청

비슷한 시기에 지어진 외인아파트는 4배 이상 큰 35~38평이었다. 1970년에 준공한 한강맨션아파트를 제외하면 대한주택공사가 공급한 아파트 가운데 최대 규모였다. 냉장고에 건조기 등 첨단 설비가 있고 넓은 데다 지하실에 설치된 보일러가 난방과 중온수 공급까지 책임졌으니 한국인들에겐 외인아파트가 낙원처럼 보였을지도 모른다.

이런 상황에서 대한주택공사가 이태원 일대의 외인주택 8필지 5건의 주택을 민간에 매각하기로 결정했다. 남산에 새롭게 지을 고층 외인아파트의 공사비를 마련하려는 목적이었다. 당시 대한주택공사가 낸 이태원 외인주택 매각 공고의 제목은 「관광주택지 매각 안내」[26]였다. 왜 외인주택지가 '관광주택지'가 됐는지는 정확히 밝혀진 바가 없다.

이태원 단독형 외인주택지를 매각하고 남산에 초고층 외인아파트를 건설하겠다는 대한주택공사의 계획은 대통령의 의지와 지시가 뒷받침됐을 것으로 보인다. 사실 정부의 주택정책을 대표하는 대한주택공사뿐 아니라 민간사업체들도 단독이나 연립주택, 저층 아파트를 지어 외인주택으로 임대했는데, 외화벌이가 목적이었다.

이는 제2차 경제개발5개년계획 원년인 1967년 7월 25일 박정희 대통령이 경제기획원을 통해 「외국인 투자의 촉진」과 관련해 하달한 대통령지시 1호와 관련이 깊다.[27] 외국인 투자가 늘고 있는 상황을 적극 활용해 경제개발계획을 순탄하게 진행시켜야 하는 시기에 소관 행정기관들이 인습적인 타성에 젖어 관련 서류 처리를 지연시키거나 필요 이상으로 규정에 얽매여 무사안일주의를 택해 악영향을 가져올 것이 우려되어 향후 이러한 폐단이 없도록 11가지 사항을 특별 지시로 내린 것이다. 이 가운데 '외국인 투자자의 주택

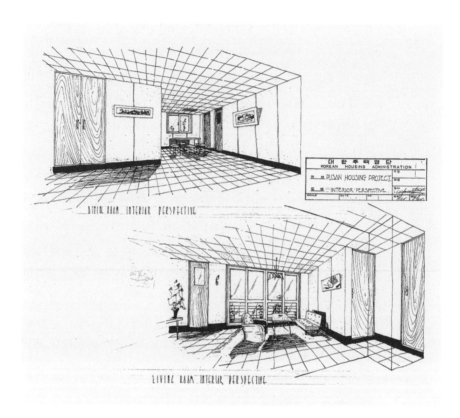

「추진경위」

(2) 관계 사항

(가) 67. 9. 26. 대통령각하께서 대한주택공사로 하여금 외인주택을 건설할 것을 지시

(나) 68. 8. 28 남산일부를 이용한 외인주택건설에 대한 청와대에서의 관계자회의 및 각서교환

(다) 69. 2. 19 ① 청와대에서 제2차 관계관회의
　　　　　　　　② 외인주택건설에 관하여 대통령각하께서 다음과 같이 지시
　　　　　　　　㉮ 68. 8. 28 교환한 각서의 시행을 위하여 주택공사는 10층이상의 현대식 고층아파트를 건설
　　　　　　　　㉯ 이 사업에 필요한 재원은 재무부장관이 지원
　　　　　　　　㉰ 토지는 서울특별시장과 산림청장이 해결

(라) 69. 2. 22 공사는 1,140세대규모의 현대식고층 (16층) 아파트건설계획 수립

(마) 69. 5. 2 제1차사업 (416세대)에 대하여 건설부장관 승인

(바) 69. 5. 22 대지의 현물출자를 위하여 건설부와 산림청간의 토지관리환완료

(사) 69. 6. 15 제1차사업중 토목공사 착공
　　　　　　　　(~70. 1. 25 현재. 62% 진척)

(아) 69. 9. 25 제1차건물골조공사 착공 (70. 1.25현재 21%진척)

← 부산 외인주택의 식사공간 및
거실 투시도(1960.4.)
출처: 대한주택영단

↑ 남산 일부 외인주택 건설 추진 경위
(1969.9. 기준)
출처: 대한주택공사, 「외인주택 건설사업」

← 대한주택공사의 이태원 외인주택지
일부 매각 공고
출처: 『조선일보』 1969.8.16.

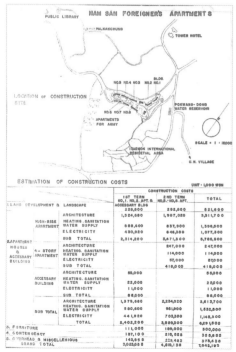

↑ 남산순환도로를 따라 남산 산록에 들어선
다양한 유형의 외인주택 항공사진(1974)
출처: 서울특별시 항공사진서비스

← 남산 외인촌 배치 및 건설계획 비용(1969)
출처: 미국국립문서기록관리청

취득을 우선 처리할 것'과 '전화, 전기, 수도 등 간선 부대시설의 설치에 최대한 협조할 것' 등 2가지가 외인주택과 직접 관련이 있는 지시였다.

1969년 2월 19일 청와대에서 열린 제2차 관계관 회의에서는 1968년에 남산 일부에 건설한 외인주택의 후속 조치에 대한 논의가 있었다. 이 자리에서도 아주 구체적인 대통령 지시가 하달되었다. 1968년 8월 28일 관계부처가 교환한 각서를 시행하는 차원에서 주택공사는 10층 이상의 현대식 고층 아파트를 건설할 것, 사업에 들어갈 재원은 재무부 장관이 지원할 것, 토지는 서울특별시장과 산림청장에 해결할 것이 그 내용이었다. 대통령의 지시에 따라 대한주택공사는 1969년 2월 22일 1,140세대 규모의 16층짜리 현대식 고층 아파트 건설계획을 수립했다.[28] 남산외인아파트의 탄생 배경이다. 야트막한 구릉 위에 잔디 덮인 너른 뜰을 가진 영화에서나 볼 법한 단독주택 이미지였던 외인주택은 풍광 수려한 높은 곳에서 아래를 굽어보는 거대한 구조물의 이미지로 탈바꿈하게 된다. 외인주택을 보며 한국인들이 품었던 '넓이'에 대한 선망에 '높이'에 대한 부러움이 포개지게 된 셈이다. 넓고 높은 주택을 향한 욕망은 점점 단단해졌다.

1970년까지의
외인주택

건설부와 대한주택공사의 공식 자료에 따르면, 1968년 10월 30일을 기준으로, 1,066호의 외인주택에 3,378명이 거주하고 있었다(일부 군인과 그 가족 및 군속 인원은 추정치다).[29] 그리고 1970년까지 대한주택공사가 1,140호를, 대교산업주식회사를 비롯한 5개의 민간사업체가 879호를 공급할 계획이었다.[30]

↑↑ 남산외인촌 건설계획 조감도(1969)   ↑ 남산순환도로변 외국인주택단지 가운데
출처: 미국국립문서기록관리청   김수근이 설계하고 가로에 면해 지은 남산맨션(1967)
                                          출처: 서울역사박물관

주한 외국인 주택공급 현황(1968.10.30.)

구분	주택 수(호)	세대수(세대)	인원(명)	비고
이태원 외인주택관리소 해당분(주택공사)	200	200	600	순민간인 세대 120
한남동 외인주택관리소 해당분(주택공사)	366	366	1,098	순민간인 세대 228
미8군	300	300	900	(추정)
US/AID 기타	200	200	600	(추정)
민간 임대사업 해당분	60	60	180	가. 한남외인주택지역 내 나. 이태원 국민주택 내 다. 한남동 외인주택 정문 등 라. 이태원 5차 지역 마. 삼각지 등 시내 각처에 산재(추정)
계	1,126	1,126	3,378	

출처: 건설부 대한주택공사, 『1968년 한국주택 현황』(1968), 136쪽

외국인주택 건설계획 현황(1968.10.30.)

구분	사업체	위치	호수	소요자금	준공 예정	비고
민간 부문	대교산업주식회사	성북구 성북동	350	외자 $1,588,368 내자 5,006,000원	1968.12.	성북동 산25 대사관로1
	제동산업주식회사	성북구 성북동	14	외자 $700,000	1968.12.	
	연흥실업주식회사	용산구 콜터장군 동상 뒤	378	1차 건설 외자 $1,350,000	1차 78세대- 1969.6. 2차 300세대- 1970.10.	한미협정 의거
	고려개발주식회사	용산구 한남동	37		1967.7.	
	코리아나관광주식회사	남산	100	외자 $3,449,000	1969.3.	주택 분량
정부 부문	대한주택공사	남산	1,140		1차 416세대 2차 724세대	정부 지원

출처: 건설부 대한주택공사, 『1968년 한국주택 현황』(1968), 140쪽

↑↑ 1969년에 조성된 서초동 외인주택지 항공사진　　↑ 힐탑아파트 전경
출처: 국가기록원　　　　　　　　　　　　　　　　출처: 대한주택공사 홍보실

앞의 표에서 확인할 수 있듯, 대한주택공사의 물량만으로는 외인주택에 대한 수요를 충족할 수 없었기 때문에 정부는 민간업체에 외인주택사업을 위탁하기도 했다. 특히, 1970년대에는 한미합동회사 격인 펨코(FEMCO)와 민간업체가 계약을 맺고 주한 미군이나 미군 가족을 위한 주택지를 공급했는데, 오래전부터 해외 원조자금을 받아 제지공장이나 판유리공장 등을 설립·운영하던 회사들이 대거 뛰어들었다.

그 가운데 성북동 산자락에 들어선 성북동 외인주택지나 지금은 서울 강남의 노른자위로 불리는 서초동 삼풍아파트단지 자리에 있었던 삼풍외인주택지는 외교관을 위한 주택단지가 필요하다는 정부의 입장에 따라 조성되었다. 서울 도심과의 접근성이 괜찮은 지역으로 외인주택지가 확산된 것을 보여주는 사례이기도 하다. 이들 외인주택의 유형은 이태원이나 한남동처럼 저층 단독주택을 벗어나지 않았다.

호텔형 수입 아파트
힐탑외인아파트

1968년에 남산에 16층짜리 1,140세대 규모의 외인아파트를 짓겠다는 대한주택공사의 계획을 기점으로 외인주택공급정책은 단독주택에서 아파트 위주로 전환되었다. 1968년 11층 단일동으로 준공된 한남동 힐탑(외인)아파트,[31] 저층이지만 18동 단지로 1970년에 준공된 남부이촌동 한강외인아파트, 1972년 16층짜리 2동으로 지어진 남산외인아파트가 대표적이다.[32] 당시 대한주택공사가 실시한 「주한 외국인 실태조사」 결과에 의하면, 외교관이 10.98퍼센트, 공무원이 22.19 퍼센트, 군 관계인이 15.92 퍼센트로, 절반 정도가 공적 분야

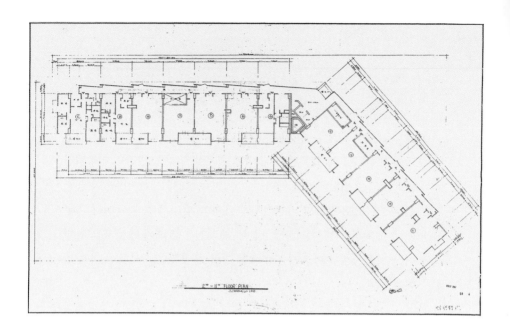

↑ 힐탑외인아파트 2~11층 평면도
출처: 대한주택공사, 「외인아파트 건축공사」, 1966.11.

↓ 힐탑외인아파트 A형 평면도
출처: 대한주택공사, 「외인아파트 건축공사」, 1966.11.

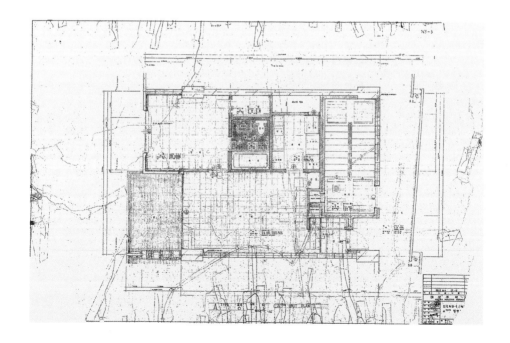

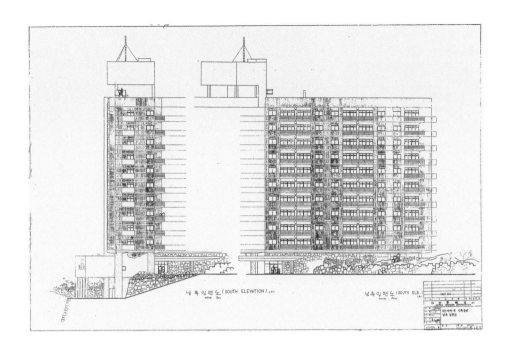

↑ 힐탑외인아파트 남측 입면도
출처: 대한주택공사, 「외인아파트 건축공사」, 1966.11.

↓ 힐탑외인아파트 횡단면도
출처: 대한주택공사, 「외인아파트 건축공사」, 1966.11.

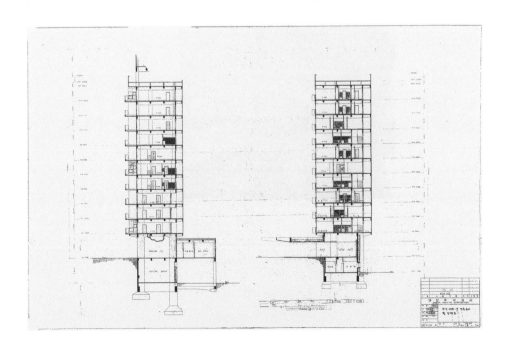

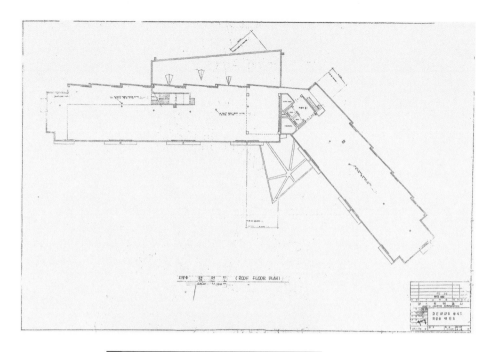

↑↑ 힐탑외인아파트 지붕층 평면도
출처: 대한주택공사,
「외인아파트 건축공사」, 1966.11.

↑ 힐탑외인아파트 전경이 실린
『주택』 제22호(1968) 표지
출처: 대한주택공사

종사자였다.[33] 국적은 미국이 압도적으로 많아 77.13퍼센트를 차지했고, 일본과 영국, 독일이 각각 13.9, 1.35, 0.68퍼센트로 뒤를 이었다.[34] 외인주택이란 곧 미국인을 위한 주택이라고 해도 무리가 없을 것이다.

　　　대한주택공사가 1967년 3월 13일 착공한 한남동 외인아파트는 1968년 10월 11일 힐탑(외인)아파트라는 이름으로 준공되었다.[35] 사실 이 아파트는 그 전부터 궁리하던 것이었다. "정부는 [1966년] 5월 14일에 제74차 외자도입촉진회의에서 [외인아파트건설]사업에 대한 자본도입계약을 허가했고, [대한주택]공사로서는 일본 정부 자체 내의 차관 승인 절차의 완결을 기다려 대일 물자차관 100만 불과 내자 3억 2천만 원을 들여 2개년 계속사업으로 건설하게 되었다. 지상 11층 지하 1층에 120호를 수용하게 될 고층 아파트는 매 호마다 실내 냉방기, 냉장고, 렌지 등의 일용기기를 시설하는 한편 에어컨디션, 세탁기, 건조기, 엘리베이터 등의 최신 시설을 완비하여 선진 외국의 아파트 시설과 수준을 같이 할 계획을 세웠다."[36] 이런 이유로 '호텔형 수입 아파트'라는 별칭을 얻었으며,[37] 대한주택공사는 당대 최고 사양의 아파트 건설을 차질 없이 진행하기 위해 '힐탑아파트 건설추진위원회'[38]를 조직해 운영하기도 했다. 가장 큰 규모와 현대적인 시설을 자랑했던 이 아파트에는 주한 외교관과 미군이 주로 입주했다.

　　　설계는 대한주택공사 건축연구실장 안병의가 맡았으며, "벽면은 콘크리트 표면처리[소위 노출콘크리트]를 하여 현대적인 감각으로 고전미를 곁들인 것[외벽에 새끼줄을 거푸집에 댄 뒤 양생 후 떼어냄으로써 새끼줄 무늬 질감을 표현]이었으며, 엘리베이터 홀도 크게 했고 우편함도 처음 시설했다. 전화도 반자동 전화로서 각 호가 사용하는 데 편리했으며 방 안은 콤팩트 시스템으로 각 방의

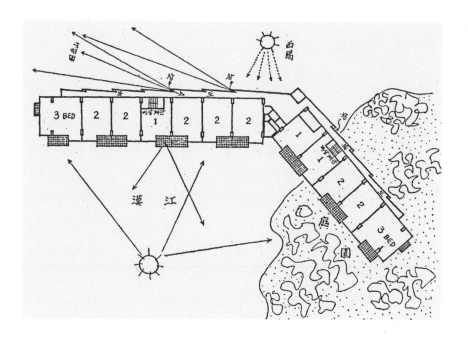

↑ 힐탑외인아파트 배치평면도
출처: 대한주택공사, 『주택』 제16호(1966)

주거공간을 크게 하는 등 설계와 시공 면에 많은 연구와 정성을 들였으며 1침실 30호, 2침실 70호, 3침실 20호였다".³⁹

안병의는 힐탑아파트에 대해 다음과 같이 회고한 바 있다. "국내자본 2억 2천만 원, 외국자본 110만 불의 맘모스 아파트를 건설하려는 계획이 1965년 3월 결정(5월에 일본 다이세이건설과 건설자재 공급계약)되었고, 한남동 유엔빌리지 동쪽 끝 1,900평, 지상 11층, 지하 1층, 건평 370평, 연면적 3,900평에 120세대를 수용하는 것으로 1침실 30호, 2침실 70호, 3침실 20개로 구성된 힐탑아파트는 중앙식 증기난방, 룸쿨러, 승강기, 전화 시설, 세탁소, 어린이놀이터 등의 시설과 더불어 정원 조성비, 가구비를 포함한 공사비를 책정하고 있는데 임대료는 평당 약 8불, 2침실 22평의 경우 180불로 겨울철의 난방, 기타시설에서의 수입을 계상하면 연간 약 32만 불의 외화를 벌어들일 수 있다".⁴⁰ 외화를 벌기 위해 외국인 전용 아파트를 지었고, 외국인의 눈높이를 맞추기 위해서는 일본 유수의 건설회사로부터 자재를 공급받을 수밖에 없었음을 알 수 있다.

힐탑외인아파트의 옥상층에는 어린이놀이터가 설치되었다. 르 코르뷔지에의 유니테 다비타시옹 등 세계 건축계에서 회자되던 옥상정원 혹은 공중가로의 개념이 한국 고층 아파트에 도입되었던 것이다.⁴¹

힐탑외인아파트 준공 이후 대한주택공사는 다음과 같은 사항을 외인아파트의 장점으로 꼽았다. "외국인 전용 집단주거지의 특징은 ① 입지적으로 지역이 광범위하고 경관과 주위 환경이 절호하여 위생적이다, ② 경비가 주야로 철저하여 도난의 우려가 없다, ③ 주택구조 자체가 외국인용으로 되어 있어 생활이 편리하다, ④ 주택의 보수가 신속하여 불편한 점이 없다, ⑤ 외국인의 거주집단지역이므로 외국인 상호간 교제에 이점이 있고, 대부분 입주자의 직장이

↓ 1969년에 지어진 이태원 탑라인아파트
출처: 대한주택공사, 『주택 건설』(1976)

가깝다, ⑥ 통학버스가 있어 아동 등 교육상으로도 호평을 받았다, ⑦ 미군버스 운행노선이 되어 있어 교통의 이점이 있다, ⑧ 외국인 전용 매점이 있어서 일상생활 필수품 구득에 불편이 없다, ⑨ 주택을 임차하고 있던 외국인이 귀국 시 입주보증금을 지체 없이 반환받을 수 있으므로 편리하다."[42] 하지만 이토록 외인주택지구만의 특장점을 강조한 것은, 반대로 다른 주택지는 이런 장점을 찾아보기 어려울 정도로 열악하고 불편한 환경임을 실토한 것이나 다름없다.

힐탑아파트 준공 이후 외인아파트 건설은 더욱 확대되었다. 박정희 정부 시절, 외교 다변화와 더불어 수교국이 증가해 주한 외교관을 위한 주택이 필요했고, 수출 주도 경제 성장 전략을 유지하려면 한국에 들어온 외국 상사 직원들이 장기 체류할 수 있는 주거지가 있어야 했다. 또한 한미동맹이 강해지면서 주한 미군이 증가한 것도 외인주택공급 확대에 한몫을 했다. 이들 외인주택지는 대체로 격리된 초고층 아파트나 담장을 두른 단지식 저층 아파트로 조성되었다.

야외수영장이 설치된
한강외인아파트

한강외인아파트가 지어진 서울시 용산구 동부이촌동 한강아파트 지구는 1963~1964년에 서울시에 의해 매립된 지역으로, 당시 최적의 주택 건설 부지로 손꼽혔다.[43] 한강외인아파트는 약 1만 4,591평의 대지 위에 총 18개 동 500세대 규모의 대단위 단지로 계획되어[44] 1970년 3월에 착공해 같은 해 11월 18일에 준공하였다. 화장실과 라커룸을 갖춘 야외수영장이 들어선 우리나라 최초의 아파트단지였다.[45] 한강외인아파트 단지는 대한주택공사의 주택연구실이 직

↑↑ 한강외인아파트 전경(배경은 한강맨션)
출처: 대한주택공사, 『주택 건설』(1976)

↑ 한강외인아파트 야외수영장
출처: 대한주택공사, 『주택 건설』(1976)

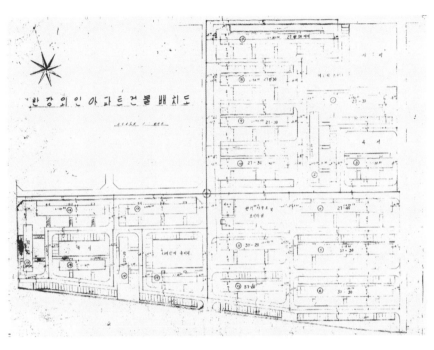

↑↑ 한강외인아파트 건물 배치도   ↑ 한강아파트지구 항공사진(1973)
출처: 대한주택공사   출처: 서울특별시 항공사진서비스

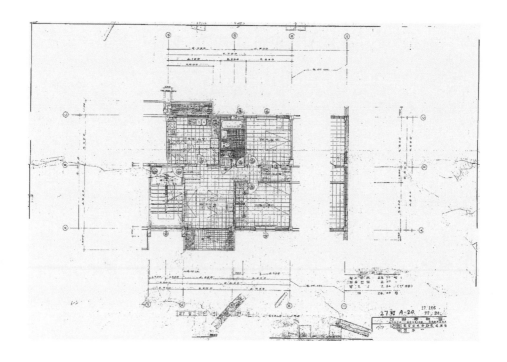

↑ 한강외인아파트 27평형 단위평면도(1970.4.)
출처: 대한주택공사, 「한강외인아파트 설계도」

→ 한강외인아파트 27평형 50세대 전체 평면도(1970.5.)
출처: 대한주택공사, 「한강외인아파트 설계도」

→ 한강외인아파트 37평형 단위평면도(1970.5.)
출처: 대한주택공사, 「한강외인아파트 설계도」

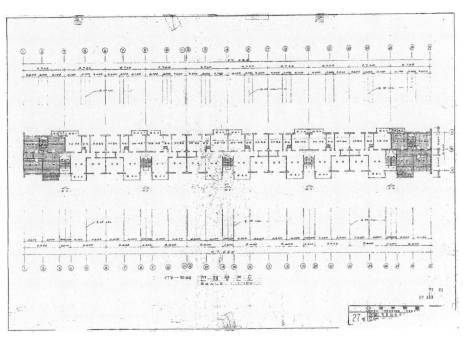

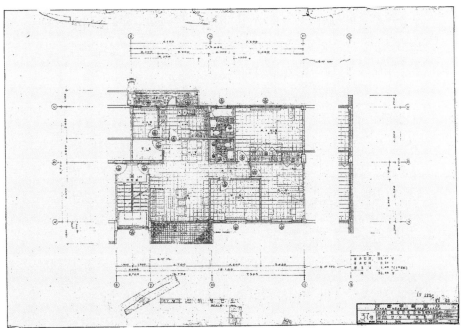

접 계획했고,[46] 규모가 큰 건설사업이었던 만큼 시공은 진흥기업 등 7개 건설사가 담당했다.[47] 연간 임대료를 통한 외화 획득액은 약 141만 달러였다.[48] 규모는 27평형과 37평형으로 이뤄진 18동, 500세 대였고, 점포 한 개와 관리사무실, 기계실을 겸하는 부대건물 2동이 있었다. 모든 세대에 중온수 난방 설비가 공급됐고, 욕조과 양변기 및 세면기를 비롯해 자동 화재 경보기가 설치되었다. 가로등에는 수 은등이 쓰였다. 그러나 최신 설비보다 더 특징적인 것은 단지 경계에 세워진 철책이다. 말하자면 배타적인 '단지화 전략'이 채택된 것이다. 이것이 후일 아파트단지 만들기의 전형적 수법으로 정착했다는 점에서 주목해야 한다.

1973년에 작성된 한강외인아파트 건물 배치도와 같은 해에 촬영된 서울특별시 항공사진에는 차이가 있다. 배치도에 어린이 놀이터로 표기된 부분이 항공사진이나 당시 현장을 촬영한 컬러사진에서는 수영장이다. 어떤 곡절이 있었는지는 정확히 알 수 없지만 분명한 사실은 야외수영장이 있었다는 것이다. 야외수영장은 이후 1970년대에 큰 붐을 일으켰던 맨션아파트의 필수 복리 시설로 자리하면서 맨션 산업을 이끈 요소였다.[49]

한강외인아파트 단위세대는 특별하다고 할 것이 거의 없다. 27평형의 경우는 이태원이나 한남동의 외인주택과 달리 별도의 메이드 룸이 없었으며 붙박이용 수납장이 상대적으로 많은 것과 주방 설비가 완비된 것 정도를 특징으로 꼽을 수 있다. 또한 계단실 진입으로 인해 전후면 모두가 외기에 직접 접할 수 있다는 점에서 전면과 후면 모두에 매우 실용적으로 보이는 발코니가 부분적으로 설치됐다는 점이 요즘과 다르다.

37평형은 여러 면에서 27평형보다 여유로운 평면 구성을 보여준다. 부부 전용 욕실이 있었고, 식모방을 포함해 방이 2개 더 많았으며, 창고가 보태졌다. 부엌과 연결된 식모방에도 발코니 쪽으로 창문이 하나 나 있었다. 이 시절 외국인에게조차 아파트 평형이 일종의 경제적 계급을 구분하는 기준임이 은연중에 암시됐음을 읽어낼 수 있다. 이후 1970년대 한강맨션아파트을 필두로 내국인용 고급주택의 대명사가 된 맨션아파트의 경우 예외 없이 30평형대에만 식모방이 딸려 있었다.

대통령 지시 1호
남산외인아파트

제2차 경제개발5개년계획 원년인 1967년 7월 25일 박정희 대통령이 「외국인 투자의 촉진」과 관련해 하달한 대통령 지시 1호에 따라 급물살을 타 조성된 외인주택이 남산외인아파트[50]다. 대통령 지시와 산림청 및 서울시의 협조로 남산공원 부지 일부에 단위세대 구성이 다양한 2개 동 427세대 규모로 지어질 계획이었다. 앞서 언급했듯 정부는 남산외인아파트 건설 재원 마련을 위해 1957년에 국무원 사무처로부터 인수한 인태원동 102의 14 외국인주택 118동(133호)을 민간인에게 불하했다(참고로 1992년의 한 기록에 따르면, 그때까지도 이태원 지역엔 50동[52호]의 외인주택이 남아 있었다). 설계는 대한주택공사와 엄덕문건축연구소가 공동으로 맡았다. "1969년 9월 25일 남산 현장에서 정일권 국무총리를 비롯해 이석제 총무처 장관, 김원기 건설부 차관, 카디 국제연합 기술원조처 차장 등 귀빈 다수가 참석한 가운데 기공식이 성대히 거행"[51]되었고, 3년 후인 1972년 11월 30일 준공식 자리엔 박정희 대통령도 참석했다.

최초 10동으로 구상되었던 남산외인아파트는 계획이 거듭 변경되는 우여곡절 끝에 16층과 17층의 주거동 2개 동과 상점 및 관

↓ 남산외인아파트 공사 현장(1971)
출처: 국가기록원

리실, 기계실과 전기실이 들어선 별동으로 마무리됐다. 각각 1동, 2동으로 불렸던 주거동은 마치 새가 날아가는 듯한 모습으로 배치되었다. 경사가 급한 남산 북측 산록에 들어서는 바람에 자동차 진입이 매우 까다로웠으며, 보행 진입 역시 육교 등을 이용할 수밖에 없었으므로 경계벽을 설치하지 않고도 자연스럽게 주변과 격리됐다.

    한강외인아파트와 남산외인아파트의 입주는 대한주택공사에서 정한 입주 우선순위에 따라 이루어졌다. "1순위 외교관, 2순위 군인 및 군속, 3순위 정부 초청인사, 4위 민간인"[52] 이었고, 이는 1990년대까지 이어졌다.

    힐탑외인아파트와 한강외인아파트가 편복도형을 택한 것과 달리 남산외인아파트는 중복도 형식을 취해 남측 세대는 한강을 조망하고 북향 세대는 남산을 바라볼 수 있도록 했다. 이런 까닭에 단위세대는 폭은 넓고 깊이는 얕은 형태를 띠었다. 그래야 침실 전면이 한강이 남산에 면했기 때문이다. 그래서 2침실형은 소위 4베이, 3침실형은 5베이 평면이었다. 특이한 점이 있다면, 한 동에 서로 다른 평형(2침실형과 3침실형)을 섞어 넣었다는 것이다. 예컨대, 2침실형은 1동 9층에서 12층에, 2동 10층에서 13층에 배치됐다. 3침실형도 1동 9층에서 12층, 2동 10층에서 13층에 배열됐다. 이전 경우와 달리 3침실형에도 메이드룸은 없었다.[53]

    각 동의 1층 평면이 흥미롭다. 1동 1층에는 자재 창고, 기사 대기실, 가구 창고, 아동실, 세탁실, 미장원과 이발소뿐만 아니라 경비원 대기실이며 비상 발전을 위한 배터리실, 화장실 등이 있었고, 2동 1층에는 넓은 식당과 오락실 2곳, 가구 창고 등이 변전실, 화장실과 함께 마련되었다. 경사지를 활용해 지은 까닭에 주거동 전면과 후면의 지반고가 달라 1층에 복리 시설을 넣을 수 있는 여지가 생긴 것이었다. 여느 주택들과는 상당히 다른 점이다.

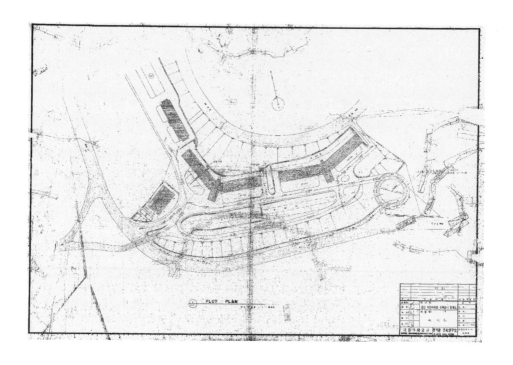

↑ 남산외인아파트 배치도(1972.3.)
출처: 대한주택공사,
「남산외인아파트 신축공사 설계도」

→ 남산외인아파트 2침실형 및 3침실형 단위평면도(1972.3.)
출처: 대한주택공사,
「남산외인아파트 신축공사 설계도」

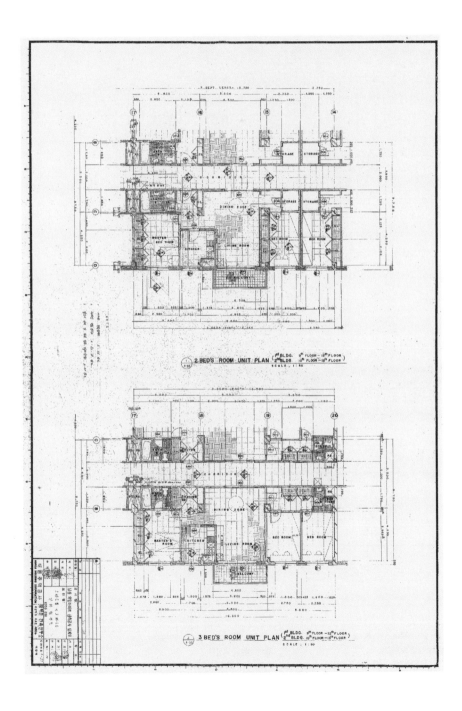

2 BED'S ROOM UNIT PLAN (1ST BLDG. 9th FLOOR - 12th FLOOR / 2nd BLDG. 10th FLOOR - 13th FLOOR)
SCALE, 1:50

3 BED'S ROOM UNIT PLAN (1st BLDG. 9th FLOOR - 12th FLOOR / 2nd BLDG. 10th FLOOR - 13th FLOOR)
SCALE, 1:50

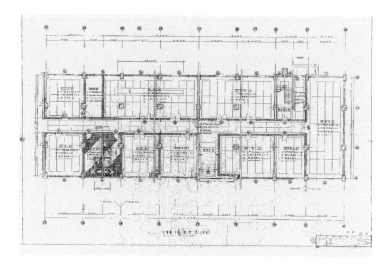

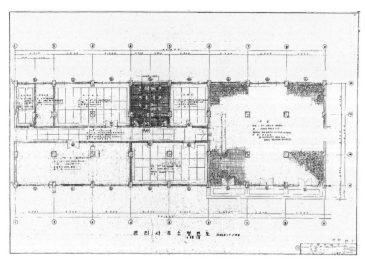

↑↑ 남산외인아파트 1동 1층 평면도(1972.3.)
출처: 대한주택공사,
　「남산외인아파트 신축공사 설계도」

↑ 남산외인아파트 2동 1층 평면도(1972.3.)
출처: 대한주택공사,
　「남산외인아파트 신축공사 설계도」

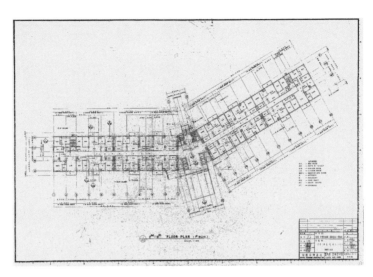

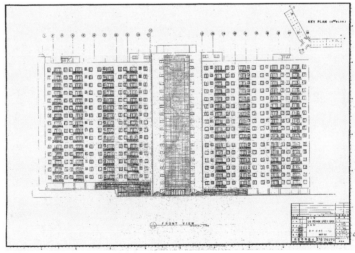

↑↑ 남산외인아파트 1동 2~8층 평면도(1972.3.)
출처: 대한주택공사,
「남산외인아파트 신축공사 설계도」

↑ 남산외인아파트 2동 정면 및 입면도(1972.3.)
출처: 대한주택공사,
「남산외인아파트 신축공사 설계도」

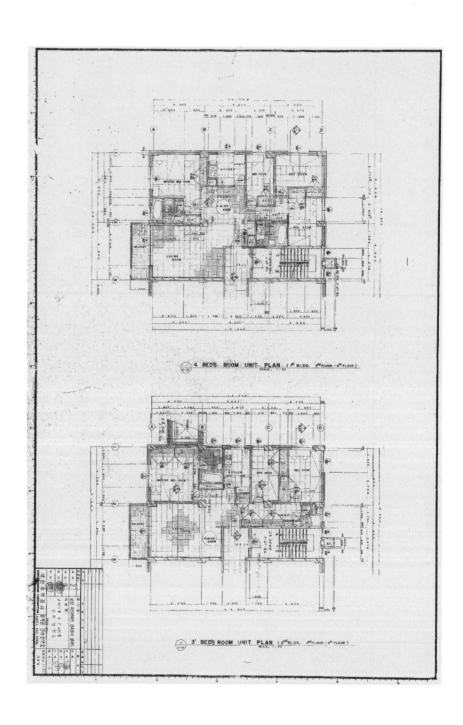

4 BED'S ROOM UNIT PLAN (1ˢᵗ BLDG. 2ⁿᵈ FLOOR – 6ᵗʰ FLOOR)
SCALE, 1 : 50

3' BED'S ROOM UNIT PLAN (2ⁿᵈ BLDG. 2ⁿᵈ FLOOR – 9ᵗʰ FLOOR)
SCALE, 1 : 50

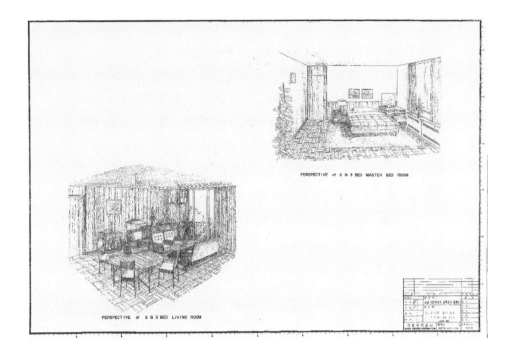

PERSPECTIVE of 2 & 3 BED MASTER BED ROOM

PERSPECTIVE of 2 & 3 BED LIVING ROOM

← 남산외인아파트 4침실형(변형) 및
3침실형(변형) 단위평면도(1972.3.)
출처: 대한주택공사, 「남산외인아파트 신축공사 설계도」

↑ 남산외인아파트의 안방과 거실 투시도
출처: 대한주택공사,
「남산외인아파트 신축공사 설계도」

한국에서는 처음으로 건설에 타워크레인을 이용했을 만큼 남산외인아파트는 대한민국 최고 층수를 자랑했다. 따라서 1동은 9층 이상, 2동은 14층 이상의 고층부에 전실을 갖춘 특별 피난계단을 설치하고, 방화 구획을 나누는 등 피난 및 방재 계획이 더욱 철저하게 적용되었다. 이는 1970년 12월에 발생한 대연각호텔 화재 사건의 영향인 것으로 보인다. 이전의 외인아파트 계획들과 비교할 때 확실히 피난 및 방재 계획이 상당히 강화되었고, 이후 내국인용 맨션아파트에도 이런 변화가 반영되었다.

남산외인아파트가 한창 건설 중이던 1971년 11월 26일 국회 재무위원회는 1972년도 예산안 심의 자리에서 대한주택공사에 외인주택의 효용성을 따져묻고 있었다. 위원들이 내국인을 위한 주택 부족도 심각한 상황에서 왜 외인주택을 짓느냐고 질의하자, 당시 최주종 대한주택공사 총재는 외인주택 1,100호 전부 임대가 완료되어 미국인 약 100명이 입주를 대기하고 있고 현금은 준비한 채 물건이 나오기만을 기다리는 일본인도 있다고 설명했다. 그리고 외인주택 임대를 통해 약 350만 달러의 수입을 올렸고, 남산외인아파트가 준공되면 170만 달러를 더 벌어들일 수 있다고 공언했다.[54] 당시 정부는 무엇보다도 경제개발5개년계획의 성공적인 전개를 위해 외화벌이가 필요했고, 이를 위한 직접적이고 구체적인 수단으로 외인주택을 적극 활용했음을 다시 한번 확인할 수 있는 대목이다.

통일주체국민회의 대의원선거를 통해 8대 대통령에 취임한 박정희는 1972년 유신헌법을 공포한 뒤 본격적인 수출 주도 정책을 시행한다. 이 과정에서 다시 외인아파트가 지방에 집중적으로 건설된다. 1973년 4월 경상북도를 순시한 박정희 대통령은 구미공단 안에 외인아파트 건설을 지시했고, 9월에는 마산수출자유지역과 이리수출자유지역에도 건설을 지시하여 각각 1975년과 1976년에 준

공되었다. 이후에도 여러 지역에 외인아파트가 지어졌다.[55]

      1955년부터 1975년까지 대한주택공사가 공급한 외인주택의 주요 내용은 다음과 같다.[56]

1955~1975년 주요 외국인주택공급 내역

연도	유형	호수	지역
1955	단독주택	79	서울 이태원
1956	단독주택	55	서울 이태원
1957	단독주택	52	서울 이태원
1959	단독주택	176	서울 한남동
1961	단독주택	14	서울 이태원
1962	연립주택	1	한남동 단독주택 27호 개축
1964	아파트(18평)	33	한남동 D아파트
1966	단독주택(55평형)	2	서울 한남동
1967	단독주택(58평형)	1	서울 한남동
1967	아파트(16평형)	24	한남동 크로바아파트
1968	아파트(19~33평형)	120	한남동 힐탑아파트
1969	아파트(29~33평형)	32	이태원 탑라인아파트
1969	단독주택(66평)	1	서울 한남동
1970	아파트(26~37평형)	500	서울 동부이촌동
1970	아파트(29~33평형)	30	한남동 선라이스아파트
1972	아파트(26~37평형)	427	서울 남산
1972	아파트(17~27평형)	48	마산
1974	아파트(17평형)	64	마산
1974	아파트(12~27평형)	72	구미
1975	아파트(14~25평형)	24	이리
합계		1,755	

출처: 대한주택공사, 『대한주택공사20년사』(1979), 413쪽

↑↑ 한남외인주택단지 배치도(1979.3.)
출처: 대한주택공사,
「외인주택단지 변경계획안」

↑ 한남외인주택
(힐탑아파트, 선라이즈아파트) 매각 공고
출처: 『동아일보』 1979.11.26.

주한 미군
전용주택

외국인의 범주를 좁히고 특정해 공급한 주택으로 주한 미군주택
이 있다. 1979년 대한주택공사는 주한 미군의 주거생활 안정을 위
해 서울 한남동에 700호, 경기도 오산에 200호의 주택을 주한 미군
에 공급한다는 계획을 세웠다. 이 중 아파트는 각각 212호와 91호
였다. 이에 따라 같은 해 4월 9일에 한남동과 오산읍 적봉리 현장에
서 각각 기공식이 거행되었다. 이 아파트 건설은 한 해 전인 1978년
10월 21일에 박정희 대통령의 재가를 이미 받은 것으로서 서울 용산
구 한남동 670의 1외 38필지 1만 7,136평의 대지 위에 30평형 96호,
38평형 76호, 47평형 40호, 도합 212호를, 경기도 평택군 오산읍 적
봉리 156의 3외 19필지 9,770평의 대지 위에 37평형 65호, 45평형
26호, 도합 91호를 건설하는 것이었고 1980년 2월 완공이 목표였다.[57]

　　이에 따라 1980년 6월 19일 한남동의 미군용 아파트 1단
계 완공분인 212호의 입주식이 이루어졌고, 10월 29일에는 미군
기지 내의 주한 미군 전용주택인 적봉리 주택 201호에 대한 입주
가 이루어졌다.[58] 1980년에 들어서는 "1979년부터 1982년까지 4개
년간 총사업비 388억 원으로 서울 한남동에 684호, 오산 적봉리에
201호, 대구 대명동에 200호 등 총 1,085호를 짓는 것"[59]으로 미군
전용주택 건설계획이 더욱 확대되었다.

　　주한 미군 주택사업에 열성을 가졌던 대한주택공사의 6대
사장 양택식은 당시를 다음과 같이 회고했다. "주한미군 장교들이
마땅한 주택이 없어서 심지어 8군의 우수한 파이로트 장교[전투기
조종사]들이 오산의 한국인 주택에 사는데 연탄가스 중독 사고도
나고 주거환경이 말이 아니었지요. 그 때문에 한미 간에 문제도 있
었습니다. 그래서 주택공사가 능동적으로 지어주자 해서 서울 한남

동, 오산과 대구에 미군 전용 아파트를 지었는데 이것이 우리나라가 처음으로 미군한테 기여해준 주택사업이었습니다."[60] 그는 존 위컴 (John Wickham) 미군 사령관도 아주 좋아했고 정부도 이 사실을 적극 홍보했다고 덧붙였다.

외인주택이 주한 미군 전용주택이라는 이름으로 미군기지 안이나 기지 인근에 주변과 격리된 채 들어섬과 동시에 그동안 외인주택 가운데서도 최고의 시설을 자랑하던 힐탑외인아파트와 한남동 선라이즈아파트 등은 내국인에게 매각되었다. 이는 매우 중요한 의미를 갖는다. 그저 선망의 대상이었던 것들이 돈만 있으면 누구나 소유할 수 있는 주택으로 바뀐 것이다. 그러나 단독형 외인주택이나 외인아파트의 대부분은 여전히 그들만의 주택이었다. 이는 훗날 재건축 과정을 거치면서 다시 부풀려진 상징자본을 가진 욕망의 대상으로 거듭나고 맨션아파트의 전범이 되기에 이른다.

주

1   전봉희·권용찬, 『한옥과 한국 주택의 역사』(동녘, 2012), 15~16쪽.

2   「내 동리 명물: 정동 서양인촌」, 『동아일보』 1924년 7월 30일자.

3   이런 활동의 일환으로 미국은 각국에 미국공보원을 내세워 다양한 홍보용 출판물을 제공했다. 한국에는 『자유세계』를 비롯해 『위클리리뷰』, 『논단』, 『약진』 등이 배포되었다.

4   손창섭, 「미해결의 장」, 『비 오는 날』(문학과지성사, 2008), 151~152쪽.

5   손창섭, 「잉여인간」, 『비 오는 날』, 348쪽. 또 박완서는 『그 많던 싱아는 누가 다 먹었을까』에서 "일본어를 가르치던 국어 선생님이 그냥 우리말의 국어 선생님으로 눌러앉아 있는 건 잘 이해가 안 됐다"고 썼다.

6   김종필, 『김종필 증언록 2』, 김종필증언록팀 엮음(미래앤, 2016), 326쪽. 5·16 직후 중앙정부 부장이던 김종필은 연간 3만 명 규모의 주한 미군 장병이 일본으로 건너가 휴가를 보내는 것이 우리 입장에선 재정 측면의 손해라고 여겨 외화도 벌고 비상시 소집도 용이한 서울의 아차산 기슭에 워커힐을 조성하도록 했다. 이 과정에서 건축가 김수근과 만났고, 자유센터 설계를 맡기기도 했다. 『증언록』에는 그가 김수근에게 '상식적인 후원을 해줬다'고 쓰여 있다(같은 책, 330쪽).

7   「신두영 비망록(1) 제1공화국 국무회의(1958.1.2.~1958.6.24.)」, 국가기록원 소장 자료. 이 기록은 1957년 6월부터 1960년 9월까지 국무원 사무국장을 지낸 신두영 전 감사원장이 직접 기록한 자료인데, 국무회의를 주재했던 이승만 대통령의 기분이며 말투까지 그대로 옮기고 있다. 이것을 국무총리 민정비서관이었던 이의영이 1990년 8월 15일 다시 필사로 정리한 것이 「신두영 비망록」이며 현재 성남국가기록원에 원본이 보관되어 있다. 당시 국무회의는 대통령 주재로 매주 화요일에 경무대에서 열렸는데 회의를 마치면 지시사항이나 미처 토론이 부족한 안건들을 가지고 대통령을 제외한 국무위원들이 다시 중앙청에 모여 논의를 이어가는 형식이었는데, 이 비망록은 중앙청 회의 결과를 대통령에게 보고하기 위해 만들어진 것으로 1990년 8월 15일 최초 공개되었다.

8   대한주택공사, 『대한주택공사 20년사』(1979), 213쪽. 한국산업은행은 1954년 3월 31일 제1회 산업부흥국채를 발행했고, 1956년 11월 「국민주택 건설자금융자 처리 요강」, 1957년 5월과 8월에 각각 「귀속재산처리특별적립금에 의한 주택 건설자금 융자처리 절차」와 「ICA계획에 의한 주택자금융자 취급 처리 요강」 등이 제정돼 본격적인 주택금융이 시작됐다.

9   같은 책, 217쪽.

10   『경향신문』 1955년 9월 27일자 기사에 따르면, 한국전쟁에 참전했던 밴플리트 장군이

한미재단 이사장으로 방한하면서 한미재단 원조자금과 재무부의 재정을 바탕으로 흔히 미군가족주택(DH)과는 다른 외인주택이 필요하다는 상호 인식 아래 이태원에 외인주택 100여 채를 우선 짓기로 했는데, 그 이름을 '아리랑 하우스'로 정하기로 했다.

11 「부흥주택 관리 요령」은 1957년 9월 5일 보건사회부가 제7회 산업부흥국채 주택자금으로 민간건설회사인 중앙산업주식회사, 남북건설자재주식회사, 한국건재주식회사, 대한건설주식회사 등이 건설한 부흥주택 가운데 준공된 주택을 대한주택영단이 인수하여 입주 희망자에게 분양하도록 한 조치였다.

12 대한주택영단·중앙산업주식회사, 「화경대(華鏡臺, 한남동) 외인주택 인계서」(1959.12.31.). 보건사회부 원호국장과 한국산업은행 업무부장 입회하에 중앙산업주식회사 대표 조성철과 대한주택영단 이사장 김윤기가 체결한 이 계약의 대상은 한남동 11번지의 2, 대지 84평 외 196필지, 총 3만 1,624평에 걸쳐 지어진 지상 건축물 108동과 차고 15동이었다. 196개의 필지와 건축물 및 차고의 구체적 내용이 정리된 문서가 별첨되어 있다.

13 "참고로, 조선농림회사는 요코하마의 하라합명회사(原合名)가 출자하고 사토 도라지로(佐藤虎次郎)가 만든 회사로 1926년 금호문(金虎門) 사건 때 송학선이라는 인물이 사토 도라지로를 찔러 그는 1928년에 사망했다고 한다. 그 후, 전남 장흥 지배인이던 하라 시로(原四郎)가 사장이 됐다. 하라 시로는 길야정(吉野町) 1정목(丁目) 38번지에서 1937년 화경대(華鏡台)로 이사했는데, 1945년 9월 20일(추석 다음 날)에 화경대에 살던 일본 가족들이 모두 용산으로 이동했다. 내가 알 수 있는 것은 여기까지입니다. 하라 시로는 나의 할아버지고, 어머니는 화경대에서 제2고녀(수도여자고등학교)에 다녔었다 하네요." 트위터 @Akizuki_1mat 2019년 7월 25일 마지막 접속. 여기서 언급된 화경대 주택은 일본인의 것이었기에 해방 이후 미군정에 접수됐고, 거주자들은 미군정의 요구로 모두 용산으로 옮겨 차례로 귀국길에 오른 것으로 보인다.

14 염복규, 『서울의 기원 경성의 탄생』(이데아, 2016), 258쪽.

15 남산주회도로는 1936년 10월 초 신당정 문화주택지인 사쿠라가오카(櫻ヶ丘, 지금의 신당동과 청구동 일대)에서 기공식을 개최했고, 1938년 5월에는 이태원-삼각지 구간을 착공했다.

16 대한주택공사, 『대한주택공사 20년사』, 228쪽.

17 『경향신문』 1956년 8월 29일자.

18 중앙산업은 1964년 조성철이 설립한 민간회사다. 건축 시공과 주택 개발을 중심으로 성장해, 건축자재 생산 및 유통 분야까지 사업을 확장했다. 당시로서는 드물게 독일, 미국 등 외국과 기술 교류를 활발히 추진했고, 독일로부터 건설 장비를 많이 수입해 사용했다.

19 한남동 유엔빌리지의 주택 대부분은 엄덕문건축연구소에서 설계한 것으로 추정된다. 확인한 바로는 유엔빌리지의 배전노선도 작성자가 엄덕문건축연구소였는데, 건축 설계

전문 사무소에서 전기설비 도면만 그렸을 리는 없기 때문이다.

20　1959년 한 해 동안 대한주택영단이 인수한 외인주택을 통해 획득한 외화는 미화 44만 1,306달러, 영화 3,019파운드였다.

21　박철수, 『아파트: 공적 냉소와 사적 정열이 지배하는 사회』(도서출판 마티, 2013), 66쪽.

22　대한주택공사, 『대한주택공사 20년사』, 217쪽.

23　한미재단으로부터 기증받기 전 이곳은 웨스트 게이트 아파트먼츠(West Gate Apartments)라는 이름으로 미국 경제협조처 관계자들이 이용했다.

24　대한주택공사, 『대한주택공사 20년사』, 230쪽. 부산 연지동 외인주택 준공 후 약 1개월이 지난 1961년 2월 24일 현장에서 준공식을 겸한 입주 기념식이 치러졌다(대한주택공사, 『대한주택공사 30년사』[1992], 96쪽). 대한주택영단이 1960년 4월 작성한 부산 연지동 외인주택 관련 배치도는 두 종류이다. 하나는 아파트 2동 16세대, 3침실형 단독주택 10세대 등 총 26세대 계획이고, 국민주택지와 함께 작성된 다른 하나는 아파트 2동 14세대, 3침실형 단독주택 8동 계획이다. 여기서는 단독주택 2동과 아파트 귀퉁이 세대에 가위표를 그려 넣은 것이 『대한주택공사 30년사』 기록과 일치하는 후자를 사용했다.

25　대한주택공사, 『주택』 제26호(1970), 102쪽.

26　『조선일보』 1969년 8월 16일자.

27　대한주택공사, 대통령 지시 제1호 외국인 우대 및 편의 제공, 「1967년 외인주택 건설사업」(1967.7.25.).

28　이런 내용은 '남산 일대를 이용한 외인주택 건설'에 대한 합의 각서(1968.8.28.)와 '추진경위' 문건(1967.9.26.~1970.10.31.), 1969년 9월 30일을 기준으로 삼고 있는 각종 외인주택 관련 통계와 추계 등이 담긴 대한주택공사의 「외인주택 건설사업」(작성 일자 미상) 등에 담겨 있다. 대한주택공사에서는 이 사업과 관련해 USOM의 경제담당관인 콘스탄조(Henry T. Constanzo)와 사전 협의를 거쳤는데, 이 협의 서한에 남산외인아파트 투시도 등이 담겨 있다.

29　건설부·대한주택공사, 『1968년 한국주택 현황』(1968), 136쪽.

30　같은 책, 140쪽.

31　사업을 시작할 때는 한남동 외인아파트라는 이름이었는데 곧바로 힐탑아파트로 변경됐다.

32　"외국인전용 임대주택의 공급은 국가의 안보와 외교 그리고 경제적 측면에서 매우 중요하다. 즉 국익을 위한 국가적 사업이라 할 수 있다", "국력의 증강과 경제력의 신장에 따라 우리나라에 머물고 있는 외국인도 연차적으로 증가하여 그 수요가 매년 증대되고 있다. 1962년부터 1967년까지는 별다른 공급 실적이 없으나 1968년 한남동 힐탑아파트 공급을 시발로 한강변 동부이촌동과 남산외인주택 등 공급량이 현저히

늘어났으며 지역별로도 1972년의 마산수출자유지역의 설정 등으로 인해 지방에까지
확대 공급되었다"(대한주택공사, 『대한주택공사 20년사』, 413쪽)와 같은 기록이
확인시켜주듯, 당시 외인아파트 공급은 당연하게도 국책사업이었고 경제적 문제와
긴밀하게 연동된 수익사업이었다.

33   대한주택공사, 「주한 외국인 거주실태 조사 보고」(1969), 23쪽.

34   같은 글, 13쪽.

35   힐탑아파트에 대한 자세한 내용은 장림종·박진희, 『대한민국 아파트 발굴사』(효형출판,
2009), 136~149쪽 참조.

36   대한주택공사, 『대한주택공사 20년사』, 251쪽.

37   장림종·박진희, 『대한민국 아파트 발굴사』, 137쪽.

38   특별히 위원회를 둔 것은 힐탑아파트가 대한주택공사가 처음 시도한 고층 아파트이기
때문이다. 당시로서는 최고의 기술진이 참여해 설계에 앞서 해외연수를 다녀왔을
뿐만 아니라 수입 자재도 다량 활용되었다. 일본 자재 수급을 위해 다이세이건설과
협약을 체결하기도 했다. 외벽의 새끼줄 무늬는 거푸집에 5센티미터 굵기의 새끼줄을
촘촘히 박아 조립한 후 콘크리트를 타설하여 양생한 후 거푸집을 제거하는 방법으로
만들어졌다.

39   대한주택공사, 『대한주택공사 20년사』, 253~254, 367쪽. 힐탑아파트엔
대한주택공사가 건설한 아파트로는 처음으로 엘리베이터가 설치되었다. 설계는 안병의,
구조계산은 김장집, 시공은 현대건설이 맡았다.

40   안병의, 「작품 소개: 외인 차관아파트 계획안」, 『주택』 제16호(1966), 87~90쪽 참조.

41   일제강점기인 1934년 11월에 준공한 평양의 동(東)아파트에서 옥상정원이 소개됐고,
1935년 6월에 서울 내자동 75번지의 미쿠니(三國)아파트 준공식이 옥상전망대에서
이뤄졌으며, 미쓰코시백화점과 화신백화점 옥상정원이 대중에게 큰 인기를 얻은 바
있었다. 또한 건축가 김수근은 1962년 3월 24일자 『동아일보』 기고문 「현대예술에의
초대: 건축」에서 르 코르뷔지에와 미스 반 데어 로에의 아파트를 언급하며
'인공대지'라는 개념을 기술의 진보 가운데 하나로 꼽았다. 그런 이유에서 1967년에
준공한 세운상가 옥상정원이 힐탑외인아파트에서 적극적으로 실험된 것이라 할 수 있다.

42   대한주택공사, 『대한주택공사 20년사』, 254~255쪽.

43   "1963~1964년도에 서울시에 의하여 강변 사지(沙地)에 대한 매립작업의 하나로
서빙고 일대의 매립작업이 진행되어 경춘 철로와 강 사이에 많은 대지가 신생되었다.
… 1966년도부터 연차적으로 진행되어 그간 4년여에 35동이 1,338세대를 완성하여
큰 주택지역을 이루게 되었던 것인데 수자원개발공사에서도 매립작업을 하게 되었다.
주택공사에서는 여기가 주택대지로서 최적지임을 발견하여 맨션 건립 후보지로서
약 2만 4천여 평을 인수했다." 임승업, 「우리나라 최대 최고 시설을 자랑하는
한강맨션아파트 계획의 언저리」, 『주택』 제25호(1970), 60쪽.

44 대한주택공사 실무자 임승업은 한강지구에 대해 "고층아파트와 저층아파트를 적절히
혼합 배치하여 단지의 일체감과 공간감을 부여시킴으로써 생활환경의 변화를 갖고자
하였으나 이것 역시 제한된 운용자금과 이에 따른 사업기간 관계로 실현성이 없었다.
따라서 현재와 같은 5층 건물로 통일되어 비교적 단조로운 구성으로 타결되었는데
우리나라의 모든 사업이 운명적으로 지녀야하는 불행은 앞에서 말한 자금문제로
인하여…"라며 당시 주택공사의 자금 문제가 심각했음을 토로한 바 있다(「우리나라
최대 최고 시설을 자랑하는 한강맨션아파트 계획의 언저리」, 『주택』 제25호, 58쪽).
이런 까닭에 한강아파트지구의 대표적 사례인 한강맨션아파트는 우리나라에서는
처음으로 모델하우스만 만들어두고 분양하는 방식을 채택하게 된다.

45 이에 관한 자세한 내용은 박철수, 『박철수의 거주 박물지』(도서출판 집: 2017),
149~166쪽 참조.

46 한강외인아파트 준공도면의 설계자명란에는 여러 이름이 기입되어 있는데, 이는 설계자
한 명이 아니라 대한주택공사의 공종별 설계 담당 부서에서 각 부분에 대한 실시설계를
했기 때문이다. 하지만 특별한 부대시설은 외부 전문업체에 맡기기도 했는데, 일례로
수영장 설계는 세종건축(Sae Jong Architects & Association)이 진행했다.

47 "이 아파트 신축의 시공자는 진흥기업, 남광토건, 고려토건, 미륭건설, 홍익기업,
대원산업, 이성산업 등 7개 건설업자이다." 『매일경제』 1970년 3월 14일자.

48 대통령비서실, 「한강외인아파트 준공 보고」(1970).

49 1976년 6월 1일자 『매일경제신문』은 「불황 속의 이상 붐」이라는 제목으로 '맨션 산업'을
다루었다. 기사에 따르면, 아파트건설업을 일컫는 맨션 산업이 새로운 성장산업으로
각광을 받으면서 삼익, 한양에 이어 삼호, 삼부, 현대, 극동, 라이프 등이 민영주택
건설업체로서 자리를 잡아 호황을 누리기 시작했다. 특히 맨션 산업은 1960년대
이후 경제성장과 더불어 새롭게 등장한 주택수요와 맞물려 생긴 것인 바, 1967년의
세운상가아파트가 효시였지만 1969년 4월 삼익주택의 전신인 삼익건설이 아현동에
삼익아파트 2개 동에 27평형 아파트를 공급하면서 본격적으로 불붙기 시작했다.
한양주택은 동부이촌동에 당시 최고 평수인 92.94평의 코스모스아파트를 지어
본격적인 맨션을 선도했다. 이와 관련해 당시 공급된 아파트의 경우, 20평형대와 달리
30평형대 아파트에는 거의 예외 없이 '식모방'이 설치됐다(박철수, 『박철수의 거주
박물지』, 105~122쪽 참조).

50 '남산외인아파트'는 '남산 맨션'으로 불리기도 했다. 임승업에 따르면,
"우리나라에서는 아파트의 역사도 짧지만 [맨션이라는 단어가] 실제로 사용되기는
이번[한강맨션아파트]이 처음이었는데, 다만 아직 미완성이긴 하나 외국인을 상대로
계획된 '남산 mansions'란 것이 있었다"(「우리나라 최대 최고 시설을 자랑하는
한강맨션아파트 계획의 언저리」, 『주택』 제25호, 59쪽). 한편, 남산외인아파트의 설계는
엄덕문설계사무소가, 구조계산은 함성권이 맡았다. 타워크레인으로 시공한 최초의
아파트였으며, 화재가 났을 시 빠른 대피를 돕는 헬리포트가 A, B동 옥상에 마련되었다.
이 역시 한국 최초였다. 남산외인아파트는 외국인들에게 한국의 당시 건축 기술 수준과
서비스 정신을 일깨웠다는 의미에서 일명 '외교아파트'라고 불렸다(대한주택공사,

『대한주택공사 20년사』, 370~371쪽).

51 대한주택공사, 『대한주택공사 20년사』, 257~258쪽. 최초 설계안에 따르면, 남산외인아파트는 16층 주거동 5동, 3층 주거동 3동, 부속 건물 2동으로 지어질 계획이었으나 남산의 경관을 훼손한다는 반대론에 밀려 A, B동만 건설됐다. 1994년 12월 20일 남산 제 모습 찾기 사업에 따라 발파 해체되었다.

52 대한주택공사, 『대한주택공사 30년사』, 547~548쪽.

53 남산외인아파트에는 26평(2침실형), 30평과 32평(3침실형), 37평(4침실형)의 4가지 단위세대 형식이 적용되었다. 특히 32평형은 3침실이지만 중복도의 단부에 3면 개방형으로 구성됐고, 4침실 역시 주거동 단부에 3면을 외기에 접하는 형식으로 만들어졌다.

54 대한주택공사, 『대한주택공사 20년사』, 264쪽.

55 구미공단 내 외국인아파트는 12~27평형 2동 72호로 1974년 5월 준공하였고, 마산수출자유지역 외인아파트는 17~27평형 2동 112호로 1976년 6월 30일에 준공하였다. 이리수출자유지역 외인아파트는 14~25평형 1동 24호로 1975년 7월 31일 준공하였다.

56 대한주택공사, 『대한주택공사 20년사』, 413쪽.

57 이와 관련해서는 같은 책, 312~315쪽 참조.

58 오산외인아파트는 미8군 설계실(U.S Army Engineering Corp.)과 대한주택공사가 협의하여 기본계획을 작성하였고, 세부설계는 민간업체인 무애건축이 담당하였다.

59 대한주택공사, 『대한주택공사 30년사』, 152쪽.

60 같은 책, 149쪽.

13 상가주택[1]

1958

1958년 1월 7일은 화요일이었고, 새해 들어 두 번째 열리는 국무회의가 오전 9시에 경무대에서 있었다.[2] 이날 회의는 대통령을 포함한 국무위원 19명이 모두 참석해 통화(通貨) 사정과 한·일 회의, 토지개발과 감군(減軍) 문제 등 모두 일곱 건의 안건에 대해 논의했는데, 다섯 번째 의안이 「시내(市內) 건축에 관한 건」이었다. 이승만 대통령은 국무회의 하루 전인 1958년 1월 6일 월요일 조성철(趙性喆) 대표가 운영하는 중앙산업 종암동 공장과 공장 인근 부지에 지어져 준공을 앞둔 종암아파트를 둘러봤는데, 시내 건축에 관한 안건이 상정되자마자 하루 전 다녀온 현장 시찰에 대한 소회가 남달랐던지 중앙산업 대표를 크게 칭찬하는 것으로 말문을 열었다. 「신두영 비망록(1) 제1공화국 국무회의(1958.1.2.~1958.6.24.)」는 당시 대통령의 발언을 이렇게 전했다.

> 1.조성철은 사업 능력이 있는 사람이다. 근자 그가 지은 아파-트는 잘된 것이라고 생각한다. 이러한 사업가가 많이 생기게 해야 할 것이다. 2.중심부의 중요한 가로(街路)에는 4층 이상의 건물을 짓고, 1층은 점포로 하고 2층부터는 주택으로 하면 토지를 이용하는 것이 되고 외국인들에게도 부끄럽지 않게 될 것인데, 이런 것을 개인에게 맡겨서는 안 된다. (1) 국내 자원을 육성하여 대사업을 할 수 있는 사람이 생기게 하고, (2) 국제 은행에서 자금을 차용하여 사

↑↑ 1958년 1월 6일
이승만 대통령의 종암아파트 시찰 모습
출처: 국가기록원

↑ 1958년 제2회 국무회의록(1958.1.7.)
출처: 국가기록원

업을 계획적으로 추진하는 등 덕국(德國, 독일)의 백림(伯林, 베를린)과 같이 만들어보도록 유의하라. 3. 판잣집은 철거되어야 할 것이다(노점도 포함하여 하시는 말씀으로 판단). 4. 불결한 정호(井戶, 우물 구덩이)를 없애고, 상수도를 확장해야 한다. 내무부 장관은 500만 시민의 식수와 기타 용수가 충분할 만한 계획을 세워 양수기 확장을 원조기관들과 협의하라.[3]

당시 국무원 사무국장으로서 국무회의에 배석해 회의 내용을 수기로 남긴 「신두영 비망록」은 '특히 이승만 대통령의 독특한 말투를 그대로 기술해 마치 속기록을 읽는 느낌을 주며 한국현대사를 규명할 중요한 사료'[4]로 평가받는다. 반면 국가기록원이 소장하고 있는 공식적인 국무회의록에서는 이런 내용을 찾아볼 수 없다. 그저 '대통령 유시'(諭示, 구두 또는 서면으로 백성을 타일러 가르친다는 뜻)라는 단 한 줄로 기록되어 있을 뿐이다. 아무튼 대통령의 '시내 건축에 관한 유시'는 1월 7일 제2회 국무회의로부터 한 달 남짓 지난 2월 14일 열린 국무회의에서 귀속재산처리적립금 가운데 15억 환이던 종래의 배정 자금을 60억 환으로 늘려 주택 건설 부문에 충당하는 내용으로 의결되었다. 그리고 국회에 동의를 구하는 담화가 발표되었다.

6·25사변으로 인하여 수많은 동포들이 가옥을 잃고 거처할 곳이 없어 거리를 방황하고 있는 형편이다. 특히 절박한 사정은 큰 도시에 운집한 이재민들이 아무 데나 거적을 두르고 땅을 파고 대소변을 보아서 세균이 음료수에 침입하게 되므로 해빙이 되면 곧 공동주택을 건축하여 이재민을 수용할 작정인데, 금년에는 우선 적산을 처분하여 거기서

수입되는 자금을 대부분 건축비에 충당코자 하니 이 사정
을 양해하여 국회의원 제현은 정당의 구별 없이 일치 협력
해주기를 바라는 바이다.[5]

담화 발표 전인 1958년 2월 11일 제14회 국무회의에서도 이승만 대
통령은 서울 시내와 시외를 가릴 것이 없이 시민들이 불결한 생활을
하고 있는 것을 보았다고 시찰 소회를 밝히고, 흙벽돌을 이용해 소
규모 주택을 건설해 판잣집을 없애도록 하고, 이로써 문화인 생활을
하게 잘 연구해보라고 지시한 바 있었다.[6]
　　　그로부터 한 달 후인 1958년 3월 20일 '상가주택'(商街住
宅)이라는 이름이 일간신문에 등장했다.[7] '도시 중심부 중요한 가로
에 4층 이상의 건물을 짓되 1층은 점포, 2층 이상은 주택'이라 했던
정초 국무회의 석상에서의 대통령 유시가 구체적 이름을 얻은 것이
다. 신문은 손창환 보건사회부 장관의 발표를 옮기며, 국무회의에서
의결하고 국회의 동의를 요청한 귀속재산처리적립금 증액분 60억
환을 활용해 1958년에 주택 1만 300호를 지을 예정인데, 일반주택
9,100호와 '아파트 혹은 연립주택',[8] 상가주택, 외인주택을 각 400호
씩 짓게 되었다고 전했다. 그런데 기사의 끄트머리가 사뭇 의아하다.
이러한 주택 건설사업은 귀속재산처리적립금이 들어왔을 때 가능한
일이고, 그렇지 않으면 "한 채의 집도 동예산으로는 지을 수 없다"고
장관이 발언한 것으로 전하고 있기 때문이다. 만약 대통령이 이를
알았더라면 당장 경을 쳤을 일이었다.
　　　사달이 난 것은 1958년 6월 3일 제50회 국무회의 자리였
다. 이미 1월에 대통령이 유시를 통해 지시한 바 있는 상가주택 건축
이 아홉 번째 안건으로 올랐고, 손창환 보건사회부 장관의 보고가
이어졌다. 요약하면, 상가주택 건축과 직접 연관된 내무부 및 서울

시와 상의한 결과 곤란에 봉착했다는 것이었다. 내용인즉슨 토지소유자에게 건축을 권고할 시간이 필요하며, 서울시가 자금 차용에 난색을 표하고 있으며, 토지 소유자가 높은 땅값을 요구할 경우 뾰족한 해결 방안이 없고, 상가주택보다는 서민주택공급이 더 시급하다는 여론이 있다는 것이다.[9] 사실상 주택공급 주무부처가 상가주택 건설에 부정적 의견을 표명한 것이었다.

이에 이승만 대통령은 크게 질책했다고 「신두영 비망록」은 전한다. 그대로 옮겨본다. "(대노하며) 사회부 장관은 내 말을 듣지 못한 사람과 같다. 즉 정부에 지도자가 없는 셈이다. 종래에도 이 자리에서 말할 때 딴 생각을 가지고 듣고, 문 밖에만 나가면 잊어버리고 딴 짓들만 하여 몇 해를 지나온 것인데 또 그런 짓을 하고 있다. 평시면 몰라도 국토가 이같이 상한 때에 본인이 하지 않으면 국가가 할 수 있게 법이 되어 있으니까 토지문제는 내가 책임지고 해결하겠다고 하였는데 말을 못 알아듣고 또 그러한 소리를 한다. '작사도방(作舍道傍)이면 삼년불성(三年不成)'[10]이라 하듯이 … 썩 좋은 곳은 매일이라도 건축을 잘할 사람이 나올 것이니 거기에 맡겨두기로 하고, 그렇지 못한 곳을 건축하여 4, 5층의 건물을 짓게 하라는 말인데 … (하시며 탄식에까지 이르심)."[11] 이래서 안 되고, 저래서 안 된다고들 하니 대통령으로서 답답하기 그지없는 심경을 드러낸 말이었을 것이다. 하지만 그 시절 대통령이 대노하고 탄식에 이르렀으니, 그 다음의 일들은 일사천리로 진행됐으리라 능히 짐작할 수 있겠다.

서울의 풍경을 바꾼 사람들

여기 한 장의 사진이 있다. 국가기록원이 「이승만 대통령, 서울 시내

↓ 1958년 6월 3일 제50회 국무회의의 보건사회부 장관 보고와 대통령 질책
출처: 「신두영 비망록(1) 제1공화국 국무회의」(1958.1.2.~1958.6.24.), 국가기록원 소장 자료

↓↓ 1958년 4월 24일 서울 남대문로 시찰에 나선 이승만 대통령
출처: 국가기록원

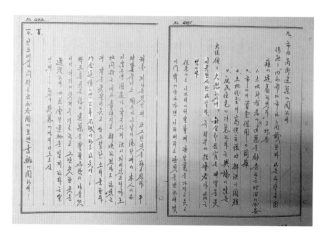

후생주택 시찰」이라는 이름으로 갈무리한 일곱 장의 기록 사진 가운데 하나다. 사진 촬영 일자는 1958년 4월 24일. 이승만 대통령은 이날 불광동과 종암동 등 서울 시내 여러 곳을 관계자들과 함께 둘러보았는데 포장공사가 한창인 남대문로에서 경찰과 요원 들의 경호를 받으며 설명을 듣는 장면이 카메라에 포착됐다.

연한 빛깔의 양복을 입고 왼손으로 도면을 받치고 있는 이는 대통령과 특별한 관계였다고 알려진 중앙산업[12]의 조성철 사장이고, 그 맞은편에 검은 뿔테 안경을 착용한 채 무언가를 대통령에게 설명하는 이는 중앙산업의 정해직[13] 전무다. 더블 버튼 정장을 갖춰 입고 대통령의 오른편에 선 체구가 큰 이가 바로 국무회의 석상에서 대통령으로부터 '작사도방이면 삼년불성이라'는 말로 꾸지람을 들었던 손창환[14] 보건사회부 장관이다.

시찰에 나서기 이틀 전인 4월 22일 경무대에서 있었던 국무회의에서 손창환 보건사회부 장관은 수해를 입은 경남 양산군 부락에 주택 70호를 긴급하게 지어 4월 18일 입주했고, 주택자금 60억 환 중 30억에 대한 계획을 우선 세워 추진할 것이라고 보고했다. 30억 환 가운데 10억은 중앙산업이 진행 중인 계획을 원조하고, 나머지 20억으로는 서울 시내에 도시형 아파트 400호와 12평 및 15평 주택 각각 500호를 전국에 공급하겠다는 내용이었다.[15] 아울러 주택영단이 관리하는 신축 주택의 입주 부담금이 너무 높아 이를 15만 환으로 인하할 것을 고려하고 있다고 보고했다.[16] 이에 대해 대통령은 '주택 1만 호도 조족지혈(鳥足之血)이니 아직 멀었다. 가옥에서 비위생적인 생활을 하고 있는 자를 수용하는 것이 초미의 급무'라고 언급했다. 중앙산업에 대한 정부의 배려가 있었음을 알 수 있는 대목이다.

이때 중앙산업의 계획이라 대통령에게 보고한 사업이 바

↓ 1958년 12월 30일 최초로 준공한 상가주택인
서울 중구 저동 시범상가주택
출처: 대한주택영단, 『주택』 창간호(1959)

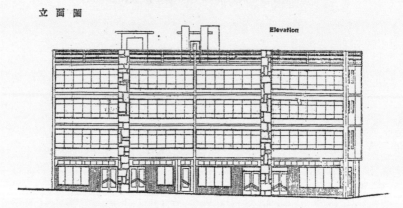

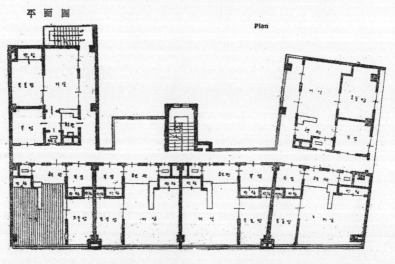

로 개명아파트와 충정아파트다. 이들 아파트는 정부가 1958년에 추
진하게 되는 국민아파트라는 지위를 획득하기에 이른다.

공병단과
시범상가주택 건설

손창환 장관이 꾸지람을 들었던 1958년 6월 3일 국무회의 바로 다
음 날인 6월 4일은 수요일이었다. 회의가 열리는 금요일이 현충일로
공휴일이었던 탓에 51회 임시국무회의는 앞당겨 수요일에 개최되었
다. 이날 국무회의의 첫 번째 안건이 바로 「상가주택 건축계획 추진
에 관한 건」이었다. 내무부 장관의 의견 개진이 있었다. "(육군)공병
감은 법적으로 곤란하다고 대통령 각하께 보고하였으나 현행 법규
로 실시가 가능한 문제이며, 건축은 (서울)시장이 맡지 못하여도 대
지문제에 관한 제반 수속 절차는 시장이 맡아 하기로 하였고, 건축
(시공)은 중앙관서가 주체가 될 수 없어서 주택영단이 맡도록 하여
야 할 것"[17]이라는 것이었다. 이것이 그대로 수용되어 상가주택 건설
에 가속도가 붙었다.

  대통령의 지시에 따라 정부가 서울 도심 주요 간선도로변
을 독일의 베를린처럼 만든다는 생각에서 추진하게 된 상가주택 건
설은 쉽지 않은 일이어서 당시 기술력에서 가장 앞섰던 육군공병단
의 동원을 먼저 타진했지만 육군은 법적 조건 등을 들어 어렵다는
의견을 이미 냈다. 하지만 국무회의록에 기록된 것처럼 내무부가
이를 묵살하고 공병단을 동원하기로 결정을 봤다. 그리고 서울시장
은 인허가 문제를, 대한주택영단은 기술적 사항 등을 검토하기로 결
론을 내렸다. 귀속재산처리적립금으로 충당할 융자금 관련 업무는
보건사회부와 대한주택영단의 추천에 따라 한국산업은행이 주관하

← 서울역 광장 좌측 건너편에 들어선
'역전 시범상가주택' 관문빌딩
출처: 대한주택영단,
『주택』제2호(1959)

↓ 1960년 6월 19일
미국 대통령 아이젠하워 방한
환영 인파가 모여든
역전 시범상가주택 앞
출처: 미국국립문서기록관리청

도록 했다.

　　실무 준비와 건축 요강 마련 등 행정적, 기술적 준비를 거친 다음 1958년 8월 마침내 이승만 대통령의 강력한 지시가 결과로 드러났다. 서울역과 시청을 잇는 주요 간선도로변에 5동, 그리고 중구 저동에 1동 등 모두 6동의 상가주택이 착공되었다. 이 가운데 4동은 육군공병단이 시공을 맡고 나머지 2동은 각각 중앙산업과 남북건설자재주식회사가 맡았다. 이들 상가주택 6동이 바로 '시범상가주택'이다. 국무회의 석상에서 대통령이 주무부처 장관을 꾸짖으며 지시한 내용을 이행하느라 서둘러 추진한 까닭에 통상적인 경우와 달리 매우 특별한 것이라는 뜻에서 '시범'이라는 이름이 붙었다. 당연히 특별한 혜택이 주어져 '시범상가주택'에는 건축공사비의 60퍼센트를 융자했다. 이후에는 주택자금의 여력을 고려해 건축비의 40퍼센트로 융자금을 축소했는데, 이렇게 지어진 경우는 특별한 것이 아니어서인지 그저 '일반상가주택'으로 구별해 불렀다.

　　시범상가주택은 1958년 8월 착공되어 그해 12월 말에 대부분 준공 절차를 밟았다. 하지만 토지 소유자들이 공사 지연에 따른 집단 소송을 제기하고, 대한주택영단에 지불해야 할 감리비용 탕감 진정을 요구하는 등의 사태가 이어지는 바람에 '관문빌딩'[18]을 포함한 시범상가주택은 해를 넘겨 1959년이 돼서야 일부 입주하거나 준공이 마무리되었다.[19] 이 와중에 융자금 조건이 달랐던 일반상가주택도 속속 착공되거나 완공되었다. 그러는 동안 착공에 급급했던 상가주택에 관한 행정체계와 업무 절차 및 처리에 관한 행정적 얼개도 자리를 잡아나갔다.

　　보건사회부가 사업 전반을 주관하고 시공은 육군공병감실과 민간 건설업체가 맡았으며, 대한주택영단은 사안별로 자금 지원 여부를 판단한 뒤 보건사회부 장관에게 가부를 추천하고 이를 서울특별시에 알리는 한편, 공사 감리를 맡아 공사비의 4.5퍼센트에 해당하는 감리 비용을 받아 가는 구조였다. 융자금의 적립과 지불 등에 관한 사항은 귀속재산 처리에 관해 위임된 권한을 가졌던 한국 산업은행이 맡았다.

1961년 8월 기준 시범상가주택 자금 적립 상황(종합, 단위: 환)

주택별	당초대금 (100%)	40% 적립 상황			
		40% 해당	적립액	미적립액	현재 융자 잔액
남북건설자재 시공 대지주 6인	60,400,000	24,500,000	8,066,125	16,433,875	52,333,875
육군공병단 시공 대지주 1 덕수기업	64,000,000	25,600,000	16,000,000	9,600,000	48,000,000
육군공병단 시공 대지주 1 심성택	17,000,000	6,800,000	6,800,000	–	10,200,000
육군공병단 시공 대지주 1 동광기업	390,000,000	156,000,000	80,000,000	76,000,000	310,000,000
중앙산업 시공 대지주 9인	186,700,000	75,000,000	48,650,860	26,349,140	138,049,140
육군공병단 시공 저동(苧洞)	61,500,000	전액 상환 완료			
합계	779,600,000	28,790,000	159,516,985	128,383,015	558,583,015

출처: 대한주택영단, 「상가주택 처리에 대한 건의의 건」, 1961.8.23.

민간 건설업체의 시공 능력이 취약했던 시절이었으므로 미국에서 특수 공병 교육을 받은 엘리트들이 포진한 육군공병대가 건설에 참 여했다. 그러나 이들 역시 기술과 장비, 자재 등 여러 면에서 역부족 이었다. 육군공병대가 시범상가주택을 시공하는 과정에서 미국 공 군이 사용하는 구멍 뚫린 철판을 공사장 발판으로 몰래 가져다 사 용하다가 미군 헌병대의 심한 항의를 받기도 했다.[20]

상가주택 건설구역과
건설 요강

시범상가주택이 착공되기 전 나름의 준비가 진행됐다. "중심부의 중요한 가로에는 4층 이상의 건물을 짓고 1층은 점포로 하고 2층부터는 주택으로 하면 토지를 이용하는 것이 되고 외국인들에게도 부끄럽지 않게 될 것"[21]이라는 1958년 1월 7일 국무회의 자리에서의 대통령 지시가 7월 3일 신문을 통해 서울시의 건축 요강 일부 개정 기사로 전해졌으며,[22] 이어서 8월 4일 「관보」를 통해 건설구역과 방법이 고시됐다.

이에 따르면, 최초 상가주택 건설구역은 '갈월동-세종로, 시청-을지로6가, 세종로-동대문, 남대문-한국은행-화신 앞'의 서울 시내 중요 간선도로변인데, 고시일로부터 6개월이 경과할 때까지 건축물 신축에 나서지 않으면 정부에서 해당 토지에 상가주택 신축을 강행한다고 엄포를 놓았다. 매우 폭력적인 방법이 동원될 것이란 예고였다. 상가주택 건설구역은 앞서 확정한 네 곳에 더해 "서울역-퇴계로, 갈월동-한강, 시청-조선호텔-한국은행, 서울역-도동, 종로3가-을지로3가-퇴계로, 동대문-청량리 쪽으로 200미터, 세종로-서대문 쪽으로 200미터, 을지로6가-왕십리역 및 성동교"[23]까지 확대했고, 1959년 12월에는 다시 '한강교-영등포구청 구간'이 추가됐다. 당시 서울의 주요 간선도로 모두를 망라했다고 봐도 무방하다.[24]

또한 토지 소유자들로 하여금 건물 신축을 독려하기 위해 건축비의 일부를 융자하는 제도가 마련되었는데 그 재원은 대통령이 국무회의에서 언급한 '국제은행에서의 자금 차용' 대신에 '귀속재산처리적립금'[25] 가운데 일부를 주택사업자금으로 배정하는 방안으로 변경되었다.[26] 즉, 미군정으로부터 한국 정부에 이양된 적산 불하를 통해 획득한 자금의 일부를 상가주택 융자재원으로 사용했다

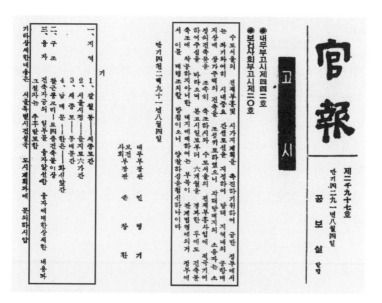

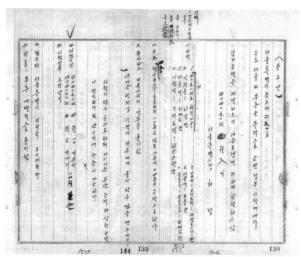

↑↑ 「관보」 제2097호(1958.8.4.)에
내무부 제442호, 보건사회부 제20호로 고시된
상가주택 건설구역
출처: 국가기록원

↑ 서울특별시 상가주택
건설구역 일대를 대상으로 한
신축 희망자 모집 공고 일부
출처: 서울특별시

는 말이다.

수도 관문으로서의 위신을 높이고 위생적 설비를 갖춘 도심주택을 공급한다는 취지에 따라 서울 시내 주요 간선도로 13곳의 상가주택 건설구역 토지 소유자나 조합에게 건축비의 40~60퍼센트를 융자해줌으로써 새로운 도시건축 유형을 공급하는 시스템이 완비되었다. '시범상가주택'은 건축비의 60퍼센트, '일반상가주택'은 건축비의 40퍼센트 융자는 매우 파격적인 조치였던 까닭에 몇 가지 조건이 따라 붙었다. 「상가주택 건설 요강」이 그것으로, 골자는 다음과 같다

> ① 철근콘크리트 구조의 4층, ② 1~2층은 점포, 3~4층은 주택, ③ 벽체는 연와(煉瓦, 흙을 구워 만든 벽돌) 또는 콘크리트나 블록, ④ 바닥과 지붕은 콘크리트 또는 프리스트레스트 콘크리트(pre-stressed concrete) 들보 구조(기둥-보 방식), ⑤ 도로에 면하는 부분은 타일 이상의 성능을 가지는 재료 사용, 다른 곳은 모르타르 뿜기, ⑥ 창호는 스틸 섀시(강철 프레임), ⑦ 정문은 철제 셔터, ⑧ 전기, 상수도 시설 완비, ⑨ 3~4층은 양면은 캔틸레버(cantilever, 받침 기둥 없이 튀어나온 구조물) 방식 채택, ⑩ 비상계단 설치, ⑪ 도로변 연통 설치 금지, ⑫ 변소는 수세식, ⑬ 옥상 난간 설치.[27]

당시 대한주택영단의 여러 내부 문건을 살펴보면, 영단 측은 한국산업은행으로 들어온 융자신청 서류에 대해 「건설 요강」을 준수했는지 여부와 해당 필지에 건축이 가능한지 등 기술적 항목을 검토했고, 그 결과를 다시 한국산업은행과 보건사회부 및 서울특별시 등

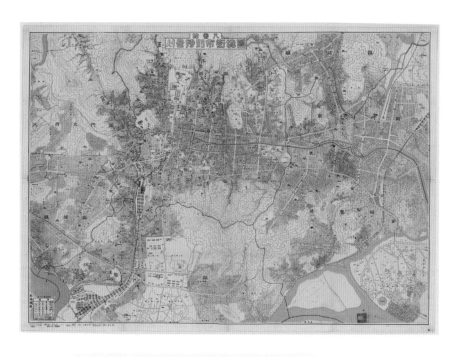

← 1958년 제작된 「지번입 서울특별시 지도」에 표기한
상가주택 건설구역(한강교-영등포구청 미표기)
출처: 서울역사박물관

← 서울 서대문구 서소문동 21번지 외 4필지 지적도
출처: 대한주택영단,
「상가아파─트 후보지 조사보고」, 1963.11.

↑ 건축가 나상진이 설계한
남대문로 시범상가주택(오른편)
출처: 서울역사박물관,
『서울, 폐허를 딛고 재건으로』(2011)

↓ 육군공병단이 시공한
시범상가주택 덕수빌딩 시찰을 나온 이승만 대통령(1959)
출처: 국가기록원

에 보고했다. 이승만 대통령의 관심과 지시가 유별났던 탓에 융자심의 절차를 거치면 마치 군사작전을 방불케 하는 군관민의 일사불란한 협력이 이루어졌고, 건설 과정은 국무회의를 통해 수시로 대통령에게 보고되었다.[28] 1958년 초만 하더라도 귀속재산처리적립금 일부가 주택 건설 사업자금으로 들어오지 않으면 단 한 채의 집도 지을 수 없다던 장관의 호언은 사라진 지 오래였다.

1963년 11월 20일자로 서울특별시 서대문구 서소문동 21번지 외 4필지에 대한 토지 소유권자가 대한주택공사에 상가 아파트 건설 대지로 제공할 용의가 있고, 대지 제공 조건은 협의하겠다는 문건이 남아 전해진다.[29] 대지 소유권자의 신청에 따라 대한주택공사가 상가 아파 후보지 조사에 나섰고, 대지의 위치 및 조건, 소유권에 대한 확인, 근저당권 설정 여부와 금액, 대지 제공자의 구체적 조건 및 참고사항 등을 자세히 조사한 뒤 아파트 건설 여부를 결정했음을 잘 보여준다.

말도 많고 탈도 많았던 상가주택

1959년 2월 20일 서울시 중구 태평로1가 28번지에 위치한 4층의 덕수빌딩 3~4층이 당초 계획과 달리 주택으로 쓰이지 않고 다방과 당구장으로 임대하기 위한 내부공사가 진행되고 있다는 고발성 기사가 신문에 났다. 일명 '덕수빌딩 변조사건'이다. 정부의 융자금 상환 기간이 끝나기도 전에 건축주가 마음대로 용도변경을 하고 있다는 것이었다. 정부와 대한주택영단의 관련자가 조사를 받게 되었다.

덕수빌딩은 시범상가주택 여섯 동 가운데 하나로 1958년 12월 준공 이후 이승만 대통령이 직접 시찰한 곳이었는데 최초 계획

은 「상가주택 건설 요강」에 따라 3층과 4층에 모두 14가구를 넣는
것이었다. 그런데 토지 소유자나 조합의 입장에서는 14가구의 전세
금을 받아 은행에 넣어봤자 매달 들어올 점포 임대료보다 못할 것이
자명했기 때문에 다소간의 부작용을 감수하고라도 용도변경을 감
행했던 것이다. 당시 사진에서 흔히 볼 수 있는 다방이나 당구장, 기
원 등으로 바꾸었던 것으로 보인다.

　　　　'상가주택'이 아니라 '민간상가'가 되고 말았으니 주택난 완
화와 도시미관 향상이라는 구호는 허울에 불과할 뿐 결국 정부가 주
택자금을 동원해 가진 자들의 돈벌이를 돕는 꼴이 되었다는 지적이
나왔다. 상가주택에 융자된 '주택자금은 상인들 장사 밑천'이라는 등
비아냥조의 기사와 비난도 계속되었다.[30] 그럼에도 불구하고 이승만
대통령은 꿈쩍도 하지 않았으며, 도리어 국무회의를 통해 상가주택
건설 촉구를 재차 지시하기에 이른다.

　　　　비판 기사들에 오르내리며 불똥이 튄 곳은 주무부처인 보
건사회부였지만 대통령과 마찬가지로 특별하게 대응하지 않았다.
대신 대한주택영단에 전수 조사를 지시하였고, 1961년 8월 16일에
는 상가주택 처리 방안을 마련하라는 공문만 보내는 등 미온적이었
다. 이에 따라 대한주택영단은 「상가주택 처리에 대한 건의」라는 제
목의 공문을 작성했다. 그 내용의 골자는 다음과 같다. 1958년부터
1960년까지 정부시책에 따라 수행한 상가주택 건설사업에서 제시
된 「상가주택 건설 요강」에서 3층과 4층에 주택을 설치하라는 내용
이 불합리하므로 「건설요령」을 일부 조정할 것, 시범상가주택의 경
우는 한국산업은행의 융자금에 대한 적립(납부) 이행을 요구했지
만 어려운 상황이어서 할부로 전환하며, 공사가 중단된 4건 가운데
융자금이 나가지 않은 곳은 이를 취소하고, 공사가 진행 중인 곳은
잔액을 환수하거나 적립을 이행토록 조치한다는 것이다.[31] 간단히

말해 도심에 들어서는 건축물에 주택을 넣으라는 「상가주택 건설 요강」이 불합리하다는 것과 함께 융자금 회수가 쉽지 않다는 것이었다.

이어서 '상가주택 처리에 관한 관계자 회의 보고'가 작성된다. 시범상가주택 적립금 불이행에 대해서는 자기자본 40퍼센트 부담(적립)이 원칙이지만 상환 능력이 부족한 이들은 할부 상환토록 하고, 공사를 마친 일반상가주택은 준공검사를 실시하여 해당 건축물에 대해 저당권을 설정한 뒤 주택이 없는 곳은 주택을 넣을 것을 촉구했다. 또 아직 융자금 수속을 마치지 못한 경우는 1961년 11월 20일까지 수속을 완료하고 그렇지 못할 경우엔 이유를 불문하고 취소하고, 공사가 중단된 상가주택에 대해서는 1961년 10월 20일까지 속개하지 않으면 관리자금 잔액을 지불하지 않고 이미 대출한 융자금은 회수 조치한다. 마지막으로 아직 착공하지 않은 상가주택에 대해서는 융자를 무조건 취소해야 한다고 보고했다.[32] 융자금 회수의 어려움과 함께 「상가주택 건설 요강」에 대한 관리 부실, 나아가 상가주택 건설 전반의 행정적 난맥상이 점차 드러난 것이다.

1961년 4월부터 8월에 걸쳐 대한주택영단은 상가주택을 전수 조사한다. 이에 따르면 시범상가주택 여섯 동을 포함해 모두 170여 동에 이르는 상가주택이 건설되었거나 공사가 진행 중이었으며, 일부는 착공 예정 상태였다.[33] 1958년 8월 시범상가주택 여섯 동이 착공된 후 약 3년 동안 아무리 적게 잡아도 170동이 서울 시내에 들어서고 있었으니, 상가주택은 서울형 건축물이라 해도 과언이 아니다.

이승만 대통령은 1960년 4월 26일 하야성명을 발표하고, 국회에 사임서를 제출한 뒤 같은 해 5월 29일 하와이로 망명했고, 1965년 7월 19일 호놀룰루의 요양원에서 사망했다. 이때 이승만의

建物變造 말썽
政府依해建築된
「德壽삘딩」調査

23日國務會議
商街建設促進指示

↑↑↑ 1960년대의 태평로 덕수빌딩
ⓒMashalov

↑↑ 덕수빌딩이 건축물 변조로 말썽을 빚고 있다는 내용의 기사
출처: 『동아일보』 1959.2.20.

↑ 덕수빌딩 변조사건에도 불구하고 국무회의에서
대통령이 상가주택 건설을 촉구했다는 내용의 기사
출처: 『동아일보』, 1959.7.28.

나이는 91세였으며, 유해는 1965년 7월 22일 김포비행장을 통해 한국으로 돌아와 지금의 국립현충원에 묻혔다. 그러니 상가주택과 관련해 여론이 심상찮게 들끓으며 논란이 불거지고, 비난을 모면하려는 정부와 관계부처의 대응은 결국 그가 미국으로 망명한 뒤에 벌어진 일들이었다. 그런 연유로 「상가주택 건설 요강」의 불합리를 조정해야 한다거나 융자금 회수에 대해 과감하거나(?) 다소 유연한 입장을 취할 수 있었던 것으로 보인다. 권력자가 사라졌으니 가능한 일이었다.

귀중한 자료,
「#3 시범상가주택 인계서」

아주 의미 있는 자료를 하나 발굴했다. 정확한 날짜는 표기하지 않았지만 단기 4292년(서기력으로 1959년)이라는 연도는 분명하게 인쇄된 문건이다. 이름하여 「#3 시범상가주택 인계서」가 그것이다. 이 인계서는 육군 제1군단 공병부장 박 대령을 인계자로, 대한주택영단 김윤기 이사장을 인수자 대표로 지정했고, 인계·인수 과정의 입회자로는 육군 제1군단장과 대대장, 대한주택영단의 업무부장, 건설부장, 업무부 관리과장, 보건사회부 주택과원 이외에도 건설·전기·위생 및 난방 등 공종별 전문가들이 대거 입회하고 날인한 문건이다.

이 문건은 대단히 많은 정보를 담고 있다. 상가주택이 지어지던 당시의 도면을 확인할 수 있을 뿐 아니라, 「상가주택 건설 요강」에 부합하는 서울시 중구 태평로 2가 279번지 4층 건축물의 구조와 위생 및 난방, 전기 및 기타 설비 수준을 구체적으로 확인할 수 있다. 관련한 자료로는 유일하다 해도 과언이 아니다. '#3'라는 호칭과 육군 제1군 공병단이 건설을 맡았다는 점에서 '대지주 김성택'이 제공한 부지에 지어진 시범상가주택임을 알 수 있다. 이 시범상가주택은 대지 소유자인 개인이 대한주택영단과의 협의를 거쳐 상가주택 건축부지를 양도한 것으로 국가를 대신한 대한주택영단이 토지주가 되어 인수했다. 지금은 사라지고 없는 이 건물에 대한 정보는 앞의 문서와 함께 다행히도 주한 미군으로 한국에 체재했던 스티븐 프레허(Stephen Freher)가 1965년 12월 촬영한 사진을 비롯해 국가기록원이 소장하고 있는 남대문 중수공사 마무리를 축하하기 위한 취주단 행렬의 배경 사진 등을 통해 꿰맞춰볼 수 있다.

이 시범상가주택은 철근콘크리트 구조의 4층짜리 건물로 1층은 점포, 2층은 임대용 사무실, 3층과 4층은 각각 2세대씩 모두 4세대의 주거용 공간으로 구성되어 있으며, 수전식 대변기와 소변기 및 세면기를 갖추었다. 펌프를 이용해 옥상에 설치된 급수탱크로 물을 올린 뒤 정수조를 거쳐 각 공간으로 물을 공급했는데 5마력의 모터를 사용했다. 1층은 32.84평이고, 2층부터 4층까지는 31.84평으로 모두 같았다. 1층의 바닥면적이 1평 정도 넓은 것은 출입구 등의 별도 구조물이 부가됐기 때문이다. 옥상에는 지붕을 덮은 4평의 공간을 두었는데 이는 물탱크 등을 설비하기 위한 것으로 보인다.

1~2층과 달리 거주 공간으로 구성된 3~4층은 공장에서 생산하는 온돌 블록을 바닥 슬래브 위 일정 높이에 따라 설치해 아궁이의 화덕을 이용해 바닥난방이 가능하도록 했으며, 지하실은 없었다. 2층부터는 더스트 슈트를 설치해 쓰레기를 1층으로 직접 내보낼 수 있었고, 리빙룸으로 불리기도 했던 3~4층 실내의 널마루가 깔린 공간은 난방을 하지 않았다. 각 층마다 수전식(水栓式) 대변기 2개가 설치된 것을 확인할 수 있는데 이는 인계서 내용과는 일치하지 않는다. 도면을 보면 1층 후면부에 별도의 작은 공간이 구획된 것

으로 보이지만 구체적인 용도는 적혀있지 않다. 기록을 남긴다는 의미에서 「#3 시범상가주택 인계서」에 담긴 당시 도면을 모두 여기 싣는다.

　　　건물의 주출입구를 제외한 1층은 동일한 너비로 나뉜 3칸의 전면을 갖는데 2칸짜리 한 곳과 깊이를 갖는 1칸짜리 공간으로 구획했으며, 2층의 경우는 지상으로부터 직접 출입하지 않으므로 창호 폭을 줄여 입면을 설계했다. 3층과 4층은 복도에서 세대의 중앙으로 진입하는 방식을 취하면서 거의 정방형에 가까운 4개의 구획 공간을 배치했는데 이 가운데 방 2개를 각각 '온돌'과 '베드룸'으로 달리 표기한 것으로 보아 두 방의 기거방식을 달리 의도했던 것으로 판단된다.

　　　살림집으로 상정한 3~4층의 단위세대 내에는 별도의 화장실을 갖추지 않아 계단참에 부설된 화장실을 이용하도록 했으며, 도로에 직접 면하는 진입계단 반대 방향 복도 단부에는 외부에 노출된 비상계단을 설치해 대피용 통로를 겸했다. 복도 중간에는 바깥으로 돌출된 더스트 슈트를 두어 생활쓰레기를 용이하게 처리할 수 있도록 했다. 2층 이상의 외벽은 일부 돌출된 캔틸레버 형식을 취함으로써 「상가주택 건설 요강」을 충실히 따랐다. 이 밖에도 옥상난간 설치에 이르기까지 총 13가지를 규정한 「건설 요강」을 완전하게 따르고 있어 이승만 정권 시절 추진한 '수도 서울의 전재 부흥 및 시가지 계획 촉진을 위한 상가주택 건설'의 전범을 보여준다.[34]

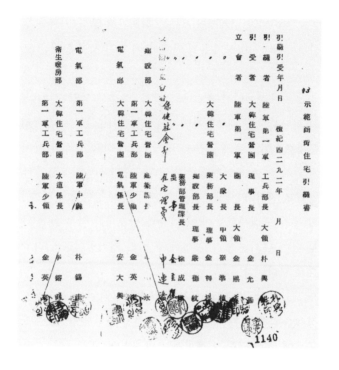

↑ 1959년에 작성된
「#3 시범상가주택 인계서」
출처: 대한주택영단

→ 태평로2가 279번지
시범상가주택(1965.12.)
ⓒStephen Freher

→ #3 시범상가주택 건물,
위생 및 난방, 전기 및 기타 설비 내역
출처: 대한주택영단,
「#3 시범상가주택 인계서」(1959)

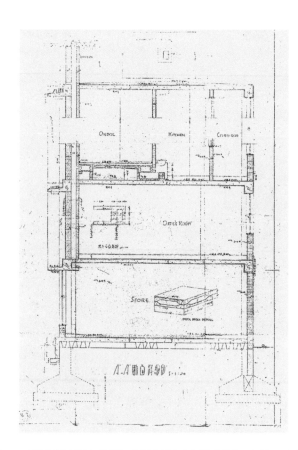

ONDOL · KITCHEN · CORRIDOR

OFFICE ROOM

STORE

DUST BRICK DETAIL

A·A 단면도 S=1:20

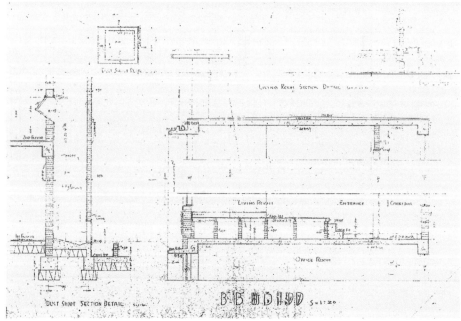

DUST SHOOT PLAN

LIVING ROOM SECTION DETAIL S=1:20

2ND FLOOR

LIVING ROOM · ENTRANCE · CORRIDOR

OFFICE ROOM

DUST SHOOT SECTION DETAIL

B·B 단면도 S=1:20

← #3 시범상가주택 A-A 단면도
출처: 대한주택영단,
「#3 시범상가주택 인계서」(1959)

← #3 시범상가주택 B-B 단면도
출처: 대한주택영단,
「#3 시범상가주택 인계서」(1959)

↓ #3 시범상가주택 변소 입면 및 단면 상세도
출처: 대한주택영단,
「#3 시범상가주택 인계서」(1959)

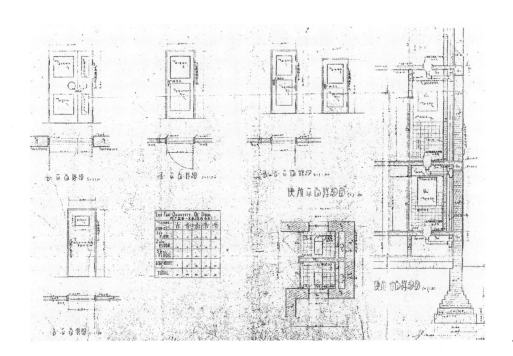

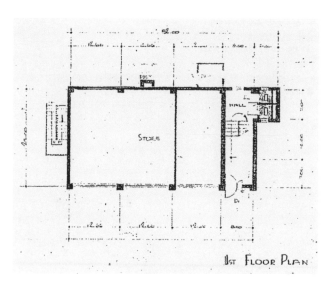

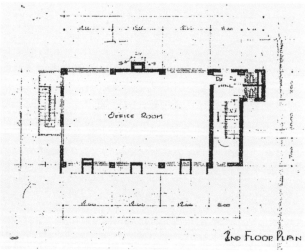

↑↑ #3 시범상가주택 1층 평면도
출처: 대한주택영단,
「#3 시범상가주택 인계서」(1959)

↑ #3 시범상가주택 2층 평면도
출처: 대한주택영단,
「#3 시범상가주택 인계서」(1959)

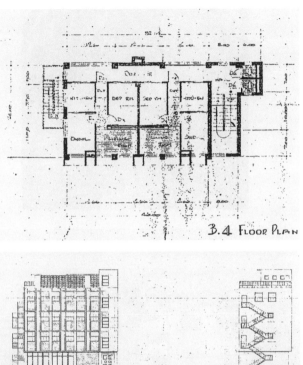

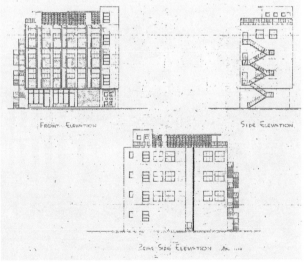

↑↑ #3 시범상가주택 3~4층 평면도   ↑ #3 시범상가주택 각 방향 입면도
출처: 대한주택영단,   출처: 대한주택영단,
「#3 시범상가주택 인계서」(1959)   「#3 시범상가주택 인계서」(1959)

↑↑ 서울시 중구 을지로 140-1
일반상가주택(2017)
ⓒ이연경

↑ 서울 중구 을지로
일반상가주택(2017)
ⓒ박철수

서울형 건축에서
초고층 주상복합아파트로

정리하면, '상가주택'이란 1958년부터 1960년대 초반까지 상가주택 건설구역으로 지정된 서울 시내 주요 간선도로변에 귀속재산처리적립금 중 주택 건설 사업자금으로 할당된 재원으로 공사비의 40~60퍼센트를 융자해 근대적인 설비와 재료를 사용해 지어진 4층짜리 철근콘크리트 구조물로서, 1~2층은 점포나 사무공간, 3~4층은 주거용 공간으로 사용하도록 정부가 강제한 특별한 건축유형을 일컫는다. 또한 상가주택은 이승만 정권의 산물로서 수도 서울의 관문이 될 가로공간의 미화와 더불어 위생 조건의 개선을 전제한 도심 주택 보급을 위해 정부가 주도한 최초의 상업지역 내 주상복합건축물이다. 대한주택영단의 내부 문건을 살펴보면 1961년 8월 기준으로 대전에 5건, 부산에 3건의 상가주택 건축계획이 융자를 받기 위해 대한주택영단에 제출됐는데 이 가운데 대전의 두 개 동만이 당시 공사 중이었고, 나머지는 모두 반려됐다는 사실로 미뤄볼 때 상가주택이라는 독특한 건축유형은 서울로 한정해도 무방하다.

상가주택에 대한 시선은 다소 비판적이었고, 때론 냉소적이기도 했다. 당시 『보건세계사』 편집장으로 근무했던 정전우의 글은 이를 대변한다. "자유당 시절에 상가주택이라는 것이 계획되어 몇 군데 신축빌딩 꼭대기에 살림집을 짓고 들어가 살게 하였다. 도심지니 편리한 점도 많지만 도시미관상으로는 그렇게 탐탁하지가 않았다. 이곳에 사는 사람들이 하나같이 교양이 있다면야 문제가 다르지만 빨래를 잔뜩 하여 늘어놓은 모양은 결코 아름다울 수는 없지 않은가. 속옷가지들이 바람에 하늘거리고 있는 대도시의 경치는 참 어처구니가 없다."[35] 1958년과 1959년에 지어진 종암아파트와 개명아파트 그리고 1962년에 1차 준공한 마포아파트에서도 비슷한 지적

↓ 서울 종로5가 상가주택
건설구역의 상가주택(2016)
ⓒ박철수

↓ 서울 종로5가 상가주택이 헐리고
호텔로 바뀐 모습(2017)
ⓒ박철수

↓↓ 서울 도심부
주요 간선도로변 상가주택(1981)
출처: 국가기록원

과 우려가 있었다. 주택공급보다 도시미화를 더 중시 여긴 것 같던
당시 위정자들의 시선이기도 했다. 전근대와 봉건의 풍경이라 여겨
졌던 장독대와 널어둔 빨래가 수난을 겪던 시절의 얘기다.

상가주택이 유전적 변이를 거쳐 2000년대 이후 보편적인
도시건축 유형으로 새롭게 모습을 드러낸 것이 곧 '초고층 주상복합
아파트'다. 도심과 외곽, 구도시와 신도시를 가리지 않고 마치 경쟁
이라도 하듯 하늘 높이 치솟고 있는 초고층 주상복합아파트는 여러
가지 면에서 상가주택과 동일한 유전자를 가지고 있다. 차이가 있
다면 반세기 전의 상가주택이 점포와 주택 모두에 방점을 두었다면
2000년대의 초고층 주상복합아파트는 주택에 훨씬 더 집중했다는
점이다.

초고층 주상복합아파트는 도시지역 주거 수요에 맞춰 상
업지역을 활용한 민간 주도의 기형적 건축 유형 개발이다. 특히 일부
의 경우, 전체 건축면적의 일정 부분을 차지하는 상업공간을 의도적
으로 방기한 것이다. 한편 1958년에 시작된 상가주택은 주거와 상업
공간의 두 마리 토끼를 모두 잡을 요량으로 정부가 주도했으며 서울
을 대상으로 했던 건축유형이라는 차이가 있다. 상가주택이 수도 서
울의 관문으로서 부족한 상업공간을 확충하는 근대적 의미의 도시
미화 사업이자 위생적 설비를 갖춘 도심형 주택의 공급을 위해 정부
가 나선 반면 초고층 주상복합아파트는 민간자본을 동원해 상업지
역의 토지 활용 개념을 철저히 무시한 채 주택공급에 주목한 경우
라 하겠다.

또한 1950년대 후반의 상가주택은 적어도 도시 가로의 활
력과 도심지 주거기능 복합을 의도한 것이지만, 초고층 주상복합아
파트는 급증하는 주택수요에 기대 상업지역을 아파트로 채워 외로
운 섬으로 바꾼 것에 불과하다. 물론 예외적 사례가 있기는 하겠지

↑ 서울 낙원상가아파트
(1983.5.27.)
출처: 서울특별시,
「서울성장50년 영상자료」

← 서울 도곡동에 있는
초고층 주상복합아파트
타워팰리스
ⓒ박철수

만 근본적으로는 도시의 활력과 가로의 공공적 활용을 외면하는 건축유형이 되고 말았다는 사실에 주목해야 한다. 상가주택 유전자의 돌연변이인 것이다.

그런 점에서 초고층 주상복합아파트는 오히려 김현옥 서울시장이 재임하던 시절 저돌적으로 밀어붙였던 '상가아파트'와 더 닮았다. 상가아파트는 1960년대 후반에 심각한 교통난을 겪고 있는 도심지역과 구시가지의 하천 복개를 통해 자동차 도로를 확보하면서 하천변 일대의 무허가 판자촌을 철거하는 과정에서 생겨난 공공지원 민간주도형 주상복합구조물이기 때문이다. "당시 서울시는 재정 형편이 어려워 민간자본을 활용한 사업 추진의 일환으로 복개된 도로와 하천부지에 상가아파트 건립을 허용"[36]함으로써 지상권 전체의 개발 이익을 건설업체에 할애한 것인데, 1층 필로티 구조는 자동차 도로 확보를 위한 선택이었을 뿐 보행 중심의 가로 활력에는 기여하지 못했다. 세운상가아파트와 낙원상가아파트를 비롯해 삼선상가아파트 등이 그 대표적인 예다.

사라지는
상가주택

상가주택이 점점 사라지고 있다. 시범상가주택은 준공된 지 벌써 60년이 지났지만 주목하는 이 없이 이미 도심재개발사업과 함께 일부는 사라졌으며, 남아 있는 것도 존치 여부를 결코 장담할 수 없다. 일반상가주택 역시 재개발사업이나 개별 필지에 대한 신축사업으로 사라지고 있다. 오래된 것은 무조건 다 아름다운 것이라고 강제할 까닭은 없겠지만 곱씹어야 할 일들이 적지 않다. 그래서 아쉬움 또한 크다.

　　서울시청-조선호텔-한국은행을 잇는 길은 1950년대 말 상가주택 건설구역으로 지정한 서울의 13곳 주요 간선도로 가운데 하나다. 그러니 2016년 말에 벌어졌던 소공동 부영호텔 사업 승인 논란도 시선을 조금 넓혀본다면 일제강점기부터 1960년대에 이르는 기간에 그곳을 채웠던 가로변 상가주택을 어떻게 보아야 할 것인가의 문제나 다름없다. 일제강점기 근대건축물에 대한 기억의 문제이기도 하지만 한국 현대건축의 시발점으로 삼을 수도 있는 장소라는 점에서 가벼이 치부할 수 없는 사안이기 때문이다.

　　여전히 집성되었다고 단정할 수 없는 한국의 근현대 건축 역사의 공극을 메우기 위해서라도 60여 년 전에 지어진 상가주택에 대한 충실한 조사와 의미 해석이 필요하다. 상가주택 가운데 일부는 나상진, 이희태 등과 같은 건축가에 의해 설계된 건축물이다. 이들을 포함한 다양한 건축가들의 1950년대 작업이 한국 현대건축의 맹아가 되었다는 점에서 여전히 살피고 보충해야 할 과제가 남아 있다. 거대 건축물이나 특정 용도의 공공건축물 중심의 역사 기술에서 범주를 넓혀 건축사를 서술해야 할 때가 되었다는 점에서는 더욱 중요하다. 아무런 기록조차 남기지 못한 채 낡고 늙은 건축물인 까닭에 새것으로 바꾸어야 한다면 서울을 역사도시요 문화도시라 부를 까닭이 없다. 세종시에 국립도시건축박물관이 본격적인 건설 과정에 돌입했다고는 하나 아직은 제대로 꾸린 건축박물관 하나 가지지 못한 상황에서 안타까움이 더욱 커지는 이유다.

　　특히, 일제의 번역을 벗어난 서구의 모더니즘이 1950년대에는 과연 어떤 방식으로 수용되었으며, 또 어떤 태도로 이를 해석했는가, 구법과 재료, 혹은 근대적 설비와 다채로운 의장 요소들은 어떤 논의와 실천을 통해 사용되거나 재현되었으며, 건축가들은 자신의 설계를 통해 무엇을 건축 작업의 주된 과제로 인식했는가 등의 질문에 답할 수 있는 대상이기도 하다. 서울 도시건축의 문화적 자산이 기록은커녕 하나하나 확인되지도 못한 상황에서 멸실될 위기에 처했다. 충실한 기록은 다음 세대를 위해서라도 지금 우리가 감당해야 할 당면 과제다.

특히, 시범상가주택 여섯 동 가운데 네 동은 1950년대 후반에 활발하게 지어진 부흥주택이니 재건주택과 마찬가지로 육군 공병단에 의해 시공됐다. 당시 민간업체의 기술 수준이나 시공 능력이 어느 정도였기에 군이 동원될 수밖에 없었는지, 실제 동원된 공병단의 건설 역량이며 구체적인 시공 실적은 또 어떠했는지 등도 밝히고 갈무리해야 할 중요한 건축사적 과제이며 도시건축의 보학(譜學)을 확인하는 일이기도 하다.

상가주택만으로 범위를 좁혀 생각해보더라도 이승만 정부 시절 정부 주도의 건축이 어떠한 성격으로 정리되어야 하는지, 또 그 결과 오늘의 한국 건축이 그 영향 아래서 제 모습을 찾아가는 과정은 어떻게 설명되어야 하는지 등의 이정표를 세우는 일도 필요하다. 건축가의 이름조차 확인할 수 없는 가련한 도시건축으로 남겨진 상가주택은 그저 누군가 벗어놓은 철 지난 외투처럼 누추하고 허름한 것이 아니라 서울의 도시건축과 국가적 건축문화 자산임을 밝힐 수 있는 응답소가 될지도 모를 일이다. 오래된 것은 다 아름답다는 말이 감춘 의미는 시간을 품고 있기 때문이며, 향수에 그치지 않고 당대를 명쾌하게 설명함으로써 현재를 살피고 앞날을 비추는 등대가 됨을 뜻하는 것이기도 하다.

서울의 남대문로와 을지로, 퇴계로나 세종로를 걷다 보면 여전히 그 자리를 지키며 서울의 건축역사를 웅변하는 상가주택을 만나곤 한다. 녹슨 비상계단이 건물 외벽에 매달려 특별한 풍경을 만들어내기도 하며, 이미 다른 재료로 감추어진 표피의 속살에

↑↑ 1959년 지어졌다가 최근 철거된
남대문로5가 12-29
일반상가주택 중앙빌딩(2015)
ⓒ정다은

↑ 「상가주택 건설 요강」에 충실하게 지어진
남대문로10길의 상가주택군(2017)
ⓒ박철수

↑ 4층이던 상가주택에
한 층이 증축된 태평로 상가주택(2015)
ⓒ박철수

↑↑ 남대문로 상가주택 철거 전 모습
관리사무소와 계단
ⓒ정다은

↑ 남대문로 상가주택
중앙빌딩 철거 직전 주택부분
ⓒ정다은

↑ 남대문로 상가주택
중앙빌딩 옥상부분 철거 전 모습
ⓒ정다은

↓ 서울 도심 간선도로변을 독일 베를린처럼 꾸미고자
이승만 정권이 시도했던 상가주택 가운데 하나인
서울역 앞 '관문빌딩'의 온전했던 1976년 모습
출처: 국가기록원

는 탈락한 타일이 때를 묻힌 채 오래전 서울에 대한 얘기를 건네기도 한다. 닳아 없어진 계단의 화강석이며 손때가 반질반질한 계단 손잡이, 지금은 가능하지도 않고 만들지도 못할 화장실 바닥의 화려한 타일 무늬, 당시의 취향과 유행을 전하는 조선식 창호 문양 등은 서울과 건축에 관한 또 하나의 분명한 기억이다.

주

1   이 장은 박철수, 『박철수의 거주 박물지』(도서출판 집, 2017), 13~32쪽 내용을 토대로 새로 발굴한 도면과 문헌자료 등을 중심으로 수정·보완한 것이다.

2   자유당 시절 국무회의는 매주 화요일과 금요일 정기회의와 임시회의까지 합쳐 1년에 120회 이상 개최됐다. 화요일 오전 국무회의만 대통령이 주재했고, 화요일 오후 회의와 중앙청으로 자리를 옮겨 진행되는 금요일 회의는 수석 국무위원인 외무부 장관이 주재했다. 수석 국무위원이 주재하는 회의는 대통령 지시사항이나 논의가 부족했던 쟁점들을 다시 모여 논의하는 자리였다.

3   「신두영 비망록(1) 제1공화국 국무회의(1958.1.2.~1958.6.24.)」(이하 「신두영 비망록」), 19~20쪽(13쪽), 괄호 안은 국가기록원 소장 사본의 쪽수다.

4   「한국현대사 규명할 1급 사료」, 『경향신문』, 1990년 4월 19일자.

5   대한주택공사, 『대한주택공사 20년사』(1979), 219~220쪽. 이러한 내용은 1958년 2월 11일 열린 국무회의 후속 회의인 2월 14일 금요일 중앙청 회의에서 의결된 내용이다.

6   「신두영 비망록」, 130~131쪽(68쪽). 이 내용은 1958년 2월 25일 국무회의에서 대통령에게 먼저 보고한 것이다. 신문에는 '아파트 혹은 연립주택'으로 언급했지만 국무회의 당일엔 '아파-트는 일반의 수요가 없을 듯하여 연립주택으로 할 것을 계획 중'이라는 보건사회부 장관의 말이 끝나기 무섭게 이승만 대통령은 '국민이 싫어하더라도 아파-트를 많이 지어야 토지의 절약이 된다'고 강조했다. 「신두영 비망록」, 174~175쪽(90쪽).

7   『경향신문』 1958년 3월 20일자. 당시 주택문제는 후생복지와 위생의 측면에서 다뤄졌기 때문에 정부의 담당 부처는 보건사회부였다. 주택과 관련한 정부 부처가 보건사회부에서 지금의 국토교통부 전신인 건설부로 이관된 것은 5·16 군사정변 이후다.

8   손창환 장관이 발표한 '아파트 혹은 연립주택'은 결국 '아파트'로 귀결된 것으로 추정된다. 그 구체적 대상이 바로 중앙산업이 제안한 개명아파트와 충정아파트다. 이 두 가지 계획안은 정부에 의해 '91년도 정부계획에 의하여 충정로에 세워질 국민아파-트'로 확정됐는데, 1959년 준공한 개명아파트 75세대와 여러 차례 설계 변경을 통해 최종적으로 45세대의 아파트로 건축허가를 받았던 충정아파트의 세대수를 합하면 120호로 사전에 정부가 발표한 내용과 엇비슷하다.

9   「신두영 비망록」, 401~402쪽(204쪽).

10   작사도방삼년불성(作舍道傍三年不成)이란 길가에 집을 지을라치면 분분한 의견 때문에 얼른 결정짓지 못함을 이르는 말이다. 조선시대 학자 조재삼(趙在三)이 지은 『송남잡식』(松南雜識)에 나온 말이다. 이 말은 다시 그보다 훨씬 전인 중국 송나라의 『후한서』(後漢書)에 등장했던 작사도변/삼년불성(作舍道邊/三年不成)에서 유래했다고

한다.

11 「신두영 비망록」, 401~402쪽(204쪽). 이승만 대통령은 이보다 앞서 1958년 5월 27일에 개최된 제48회 국무회의에서 5, 6대 서울시장을 지낸 김태선을 물러나도록 한 것도 이와 비슷한 이유였다고 밝힌 바 있다. 김태선의 두 번째 서울시장 재임 기간은 1952년 8월 29일부터 1956년 7월 5일까지였다.

12 중앙산업은 1946년에 조성철에 의해 설립된 민간회사다. 건축시공과 주택개발을 주요 사업부문으로 성장했고, 건축자재 생산과 유통 등 폭넓은 분야에 걸쳐 사업을 크게 확장했다. 특히, 당시로서는 드물게 독일, 미국 등 외국과의 기술교류를 활발히 추진해, 많은 건설장비와 설비를 독일에서 들여왔다. 조성철 대표는 독일인 마이어(Meier)를 기술고문으로 초빙해 사업 고도화에 주력하면서 국내사업을 확장했다. 중앙산업과 조성철 대표에 관한 일화는 배병휴, 「권력재벌의 몰락–중앙산업 창업자 조성철의 기업과 인생드라마」, 『월간조선』, 1984년 4월호, 331~349쪽 참조; 조성철 대표는 이승만 대통령에 의해 국무회의 자리에서 자주 이름이 거론되었다. 본문에서 다룬 언급을 비롯해 '조성철 같은 사람은 사업을 알고 능력도 있는 사람이라고 생각한다. 국민에게 사업이라는 것은 무엇인가? 즉, 돈 만드는 법을 좀 가르쳐주어서 조 씨와 같은 실업가가 많이 나오도록 해야 한다'(제11회 국무회의, 1958.2.4.) 등 조 사장에 대한 이 대통령의 신뢰는 대단했다. 조 사장과 이 대통령은 한국전쟁 후 제주도청 준공식장에서 처음 만났다. 그날 조 사장은 제주도청 시공사 대표 자격으로 참석해 '과학을 무시하고 기술을 천시한 우리 조상들이 미장이와 땜장이라는 표현을 써온 것이 오늘의 후진성과 직결된다는 점을 상기할 때 이러한 퇴폐 요인을 탈피하지 않는 한 조국 부흥은 있을 수 없다'고 해 이 대통령에게 감명을 주었다고 알려졌다. 그 후 조 사장이 경영하는 중앙산업은 경무대 수리 공사를 맡는 등 정권과 남다른 유착관계를 지속하며 승승장구를 거듭했다. 중앙산업은 해방 이후 서울의 대표적 아파트로 불리는 종암아파트를 건설했으며, 후일 중앙하이츠라는 아파트 브랜드를 내놓은 곳이기도 하다.

13 정해직은 중앙산업의 주거개발을 총괄했던 인물로 한때는 첨단의 건축을 자랑하던 조선호텔의 총책임자였고, 중앙산업으로 옮기기 전인 한국전쟁 이후 수년간은 일본에 머물렀던 적이 있다. 장림종·박진희, 『대한민국 아파트 발굴사』(효형출판, 2009), 103쪽 참조.

14 손창환은 1909년 경상남도 사천 출신으로 1940년 일본 게이오대학(慶應大學) 의학부를 졸업, 외과학·정형외과학을 전공했다. 8·15 광복 후 귀국하여 1949년에는 이화여자대학교 의학과 과장 겸 부속병원 원장을 맡았으며, 이어 덕수병원(德壽病院)을 개업하였다. 1955년에는 서울대학교에서 의학박사학위를 받았으며, 1957년에는 보건사회부 장관이 됐는데 1960년 4·19혁명으로 사임하였다. 두 차례에 걸쳐 대한적십자사 총재를 지냈다. http://encykorea.aks.ac.kr/Contents/Item/E0030579

15 한국전쟁 이후 정부와 공공기관이 공급한 주택의 규모가 9평에서 18평 사이에 집중된 이유 중 하나는 일본의 영향이다. 일본은 패전 직후 임시건축제한령과 그 뒤를 이어 주택금고법 등을 제정해 자금융자 대상을 9~18평으로 제한했다.

16 「신두영 비망록」, 300~301쪽(153쪽).

17 「신두영 비망록」, 405~406쪽(206쪽).

18 '관문빌딩'이라는 명칭이 흥미롭다. 이 건물은 흔히 '역전 시범상가주택'으로도 불리는데 이승만 대통령이 수도 서울의 관문이 되어야 한다는 지시에 맞춰 이름을 정했을 뿐만 아니라 이 대통령과 특별한 관계였던 조성철 사장이 운영하는 중앙산업이 시공한 것이었다. 다른 시범상가주택과 달리 토지 소유자들과 시공사 사이에 갈등이 적지 않았다. 급기야는 공사기간을 지키지 못한 조성철 사장이 토지 소유자들에게 정해진 추가 기한 내에 공사를 이행하겠단 각서를 제출했고, 이를 근거로 토지 소유자들이 대한주택영단에 감리비 탕감 내지는 감액을 청원하는 진정서를 제출하는 등 매끄럽지 못한 일이 불거졌다. 이는 대한주택영단과 보건사회부, 서울특별시 등을 오갔던 당시 문건으로 확인할 수 있다.

19 1961년 8월 23일 대한주택영단 내부 결재를 거쳐 8월 24일 대한주택영단 이사장이 보건사회부 장관 앞으로 보낸 공문 「상가주택 처리에 대한 건의의 건」에 드러나듯 상가주택 건설 과정과 융자금 환수, 감리비 징구 등 전반적인 행정사무는 원활하지 않았다. 육군공병단이 시공한 서울 중구 저동의 시범상가주택을 제외한 나머지 다섯 동의 시범상가주택은 지지부진해 1961년 8월이 될 때까지 융자 잔액이 남았고, 이를 갚을 적립금도 만들지 못한 경우가 태반이었다.

20 대한주택공사, 『대한주택공사 20년사』, 357쪽 내용 정리.

21 「신두영 비망록」, 19~20쪽(12쪽).

22 「시내 간선도로 연변 4층 이하 신축 불허」, 『경향신문』 1958년 7월 3일자.

23 이수용, 「주택자금은 어떻게 산출되나」, 『주택』, 제2호(1959), 54쪽. 서울시의 상가주택 건설구역은 1958년 8월 4일 고시된 4곳에서 점점 늘어 1959년 12월 12일에 다시 한강교-영등포 구청 구간까지 확대되어 모두 14곳이 지정됐다. 이는 「보원 제2887호 상가주택 건설지구 추가에 관한 건」이라는 공문(발신 보건사회부 장관, 수신 서울특별시장)으로 확인할 수 있는데, 공문 사본은 대한주택영단 이사장과 한국산업은행 총재에게 전달되었다.

24 상가주택 건설구역이 추가될 때마다 서울특별시는 일간신문에 해당 지구 신축 희망자 신청 공고를 냈다. 서울특별시 공고 제250호는 모두 일곱 개 지구에 대한 신청자 모집 공고였고, 공고 제275호는 을지로6가-왕십리역 및 성동교 구간이 추가 지정되며 1959년 9월 1일부터 9월 15일까지 신청자 모집을 한다는 시장 명의의 공고였다.

25 '귀속재산'이라 함은 1956년 12월 31일부터 시행된 「귀속재산처리법」 제2조에 설명되어 있다. "귀속재산이라 함은 1948년 9월 11일자로 대한민국 정부와 미국 정부 사이에 체결한 '재정 및 재산에 관한 최초 협정 제5조의 규정'에 의하여 대한민국 정부에 이양된 일체의 재산을 말한다." 보건사회부원호국편찬, 『주택관계참고법령집』(1959), 417쪽.

26 이영빈, 「원조주택의 실정」, 『현대여성생활전서 ⑪ 주택』(여원사, 1964), 315쪽.

27   K.Y.K, 「상가주택이란?」, 『주택』 창간호(1959), 29쪽 본문 내용은 이해를 돕기 위해
      원자료의 일부를 내용을 풀이한 것이다. 3~4층에 캔틸레버 구조 형식을 사용하도록
      강제한 것은 3층 이상이 주거용도로 사용되는 곳이므로 각 실의 경계에 기둥이 들어설
      것을 염려했던 것이며, 이렇게 함으로써 점포와 사무실이 들어가는 곳이 주택이
      들어서는 3층 이상에 비해 뒤로 물러서기 때문에 지상에서는 일종의 아케이드 형식을
      띄는 공간이 생겨 갑작스러운 비바람을 피할 수 있는 공간이 생성됨을 뜻한다. 이와
      관련해서는 황두진, 『가장 도시적인 삶』(반비, 2017), 74~75쪽 참조.

28   일례로 1958년 8월 12일의 제72회 국무회의에서 손창환 장관은 시청과 역전 사이에
      다섯 개소, 저동에 한 개소 등 모두 여섯 개소를 공병단 네 개소, 민간 두 개소로 나누어
      추진하고 있다고 보고했고, 이승만 대통령은 서울 시내부터 집을 지어야 한다는 말을
      재차 강조하고 있다. 이후 국무회의 안건으로 '상가주택'은 여러 번 등장하고 논의된다.

29   「상가 아파-트 후보지 조사보고(동아삘딩)」, 대한주택공사 내부 문건(1963.11.20.).
      대지 소유자는 동아빌딩 김춘화라는 인물로 당시 건설 중에 있는 시청 앞 무명빌딩에
      뒤지지 않은 11층 이상의 고층 아파-트 건설을 희망했다.

30   「주택자금은 상인들 장사 밑천」, 『조선일보』 1960년 2월 25일자.

31   「상가주택 처리에 대한 건의」, 대한주택영단 내부 문건(1961.8.23.).

32   「상가주택 처리에 관한 관계자 회의 보고」, 대한주택영단 내부 문건(1961.10.30.).
      1961년 10월 17일 보건사회부 국민주택과 요청에 대해 대한주택영단 이사장이 결재한
      문건.

33   이는 1958년부터 1961년 사이에 생성된 대한주택영단의 상가주택 관련 문건을 통해
      필자가 확인한 사항이다.

34   1959년 말을 기준으로 전국에는 모두 612호의 상가주택이 지어졌다는 기록도
      있다. 보건사회부, 「공영주택 건설 요강 제정의 건」(1960.11.), 43~44쪽. 이 문건은
      1960년 11월 9일의 제57회 국무회의 의안으로 상정되었으며, 1959년 말을 기준으로
      보건사회부가 정리한 주택 건설 유형 가운데 하나로 '상가주택'이 언급되어 있다.

35   정전우, 「내가 본 우리나라 주택」, 『주택』 제8호(1962), 27쪽.

36   권영덕, 『1960년대 서울시 확장기 도시계획』(서울연구원, 2013), 93쪽.

참고문헌

단행본

강영환, 『한국 주거문화의 역사』(기문당, 1991).

강인호·한필원, 『주거의 문화적 의미』(세진사, 2000).

건설부·대한주택공사, 『1968년 한국주택 현황』(1968).

고건, 『고건 회고록: 공인의 길』(나남, 2017).

고나무, 「김종필과 그의 시대: 건축신화 없는 건국 세대」, 『휴먼 스케일』
       (일민미술관, 2014).

공동주택연구회, 『한국 공동주택계획의 역사』(세진사, 1999).

권보드래, 『연애의 시대: 1920년대 초반의 문화와 유행』(현실문화연구, 2004).

권영덕, 『1960년대 서울시 확장기 도시계획』(서울연구원, 2013).

권은, 『경성 모더니즘: 식민지 도시 경성과 박태원 문학』(일조각, 2018).

권창규, 『상품의 시대: 출세·교양·건강·섹스·애국 다섯 가지 키워드로 본 한국
       소비 사회의 기원』(민음사, 2014).

권혁은, 「정부 수립 이후 미국의 한국 경제 구조조정」, 정용욱 엮음, 『해방 전후
       미국의 대한정책』(서울대학교출판부, 2004).

김경민, 『건축왕, 경성을 만들다』(이마, 2017).

김광식, 「213호 주택」, 『20세기 한국소설 18』(창비, 2007).

김삼웅, 『박정희 평전』(앤길, 2017).

김시덕, 『서울선언』(열린책들, 2018).

김연수, 「쉽게 끝나지 않을 것 같은, 농담」, 『나는 유령작가입니다』(창비, 2005).

김원일, 『아들의 아버지』(문학과지성사, 2013).

김은신, 『한국 최초 101장면』(가람기획, 1991).

김정동, 『문학 속 우리 도시 기행 2』(푸른역사, 2005).

김종인, 『주거문화산책』(도서출판 밀알, 2007).

김종필, 『김종필 증언록 2』, 김종필증언록팀 엮음(미래앤, 2016).

김진규, 「달을 먹다」, 『달을 먹다』(문학동네, 2007).

김태영,『한국근대 도시주택』(기문당, 2003).

김태호,「'과학영농'의 깃발 아래서」,『'과학대통령 박정희' 신화를 넘어』,
　　　　김태호 엮음(역사비평사, 2018).

나리타 류이치,『근대 도시공간의 문화경험』, 서민교 옮김(뿌리와이파리, 2011).

노명우,『인생극장』(사계절, 2018).

니시카와 유코,『문학에 나타난 생활사』, 임미진 옮김(제이엔씨, 2012).

다할편집실 편,『한국사 연표』(다할미디어, 2007).

대한주택공사,『대한주택공사 20년사』(대한주택공사, 1979).

　　　　,『대한주택공사 30년사』(대한주택공사, 1992).

　　　　,『대한주택공사 47년사』(대한주택공사, 2009).

대한국토·도시계획학회 편저,『이야기로 듣는 국토·도시계획학회 반백년』
　　　　(보성각, 2009).

데이비드 바인,『기지 국가』, (갈마바람, 2017).

도리우미 유타카,『일본학자가 본 식민지 근대화론』(지식산업사, 2019).

모던일본사,『일본잡지 모던일본과 조선 1939』, 윤소영 외 옮김(어문학사, 2007).

무애건축연구실,『행촌동아파트·연립주택 조사보고서』(1986).

박범신,『외등』(도서출판 이룸, 2001).

박상하,『한국기업성장 100년사』(경영자료사, 2013).

박숙희·유동숙 편저,『뜻도 모르고 자주 쓰는 우리말 나이사전』
　　　　(책이있는마을, 2005).

박완서,「그 남자네 집」,『친절한 복희씨』(문학과지성사, 2007).

　　　　,「목마른 계절」,『박완서 소설 전집 6』(세계사, 2005).

박용환,『한국근대주거론』(기문당, 2010).

박인석,『아파트 한국사회』(현암사, 2013).

박일영,『소설가 구보 씨의 일생』, 홍정선 감수(문학과지성사, 2016).

박찬승·김민석·최은진·양지혜 역주,『조선총독부 30년사: 상, 하』(민속원,
　　　　2018).

박천규 외,『2011 경제발전 경험 모듈화사업: 한국형 서민주택 건설 추진 방안』
　　　　(국토연구원, 2012).

박철수,『박철수의 거주 박물지』(도서출판 집, 2017).

　　　　,『아파트: 공적 냉소와 사적 정열이 지배하는 사회』(도서출판 마티,
　　　　2013).

박태원,「윤초시의 상경」,『윤초시의 상경』(깊은샘, 1991).

발레리 줄레조, 『아파트 공화국』, 길혜연 옮김(후마니타스, 2007).

방민호, 「해설: 몰래카메라의 의미」, 손창섭, 『인간교실』(예옥, 2008).

배형민·우동선·최원준 채록연구, 『안영배 구술집』(도서출판 마티, 2013).

백욱인, 『번안 사회: 제국과 식민지의 번안이 만든 근대의 제도, 일상, 문화』
            (휴머니스트, 2018).

사와이 리에, 『엄마의 게이죠 나의 서울』, 김행원 옮김(신서원, 2000).

서성란, 『특별한 손님』(실천문학사, 2006).

서울시립대학교 서울학연구소, 『청량리: 일탈과 일상』(서울역사박물관, 2012).

서울역사박물관, 『서울, 폐허를 딛고 재건으로』(서울역사박물관, 2011).

_____, 『성 베네딕도 상트 오틸리엔 수도원 소장 서울사진』(서울역사박물관,
            2015)

_____, 『아파트 인생』(서울역사박물관, 2014).

_____, 『콘 와지로 필드 노트』(서울책방, 2016)

_____, 『후암동: 두텁바위가 품은 역사 문화주택에 담긴 삶』 2015
            서울생활문화조사자료(서울역사박물관, 2016).

서울역사박물관 유물관리과 편, 『돌격 건설: 김현옥 시장의 서울 I 1966~1967』
            (서울역사박물관 유물관리과, 2013).

서울역사편찬원, 『국역 경성부 법령 자료집』(서울역사편찬원, 2017).

_____, 『서울지역 관할 미군정 문서』(서울역사편찬원, 2017).

서울특별시, 『서울 토지구획정리 연혁』(1991).

서울특별시사편찬위원회, 『서울육백년사』 제5권(서울특별시, 1983).

_____, 『서울육백년사』 제6권(서울특별시, 1996).

손원평, 『서른의 반격』(은행나무, 2017).

손정목, 「주택」, 서울특별시사편찬위원회, 『서울육백년사』 제5권(서울특별시,
            1995).

_____, 『서울 도시계획 이야기 2』(도서출판 한울, 2003).

_____, 『일제강점기 도시사회상 연구』(일지사, 1996).

_____, 『한국 도시 60년의 이야기 2』(한울, 2005).

손창섭, 「미해결의 장」, 『비 오는 날』(문학과지성사, 2008).

송은영, 『서울 탄생기: 1960~1970년대 문학으로 본 현대도시 서울의 사회사』
            (푸른역사, 2008).

송은일, 「딸꾹질」, 『딸꾹질』(문이당, 2006).

송인호, 「도시한옥」, 『한국건축 개념사전』(동녘, 2013).

신철식, 『신현확의 증언』(메디치, 2017).

아카마 기후, 『대지를 보라』, 서호철 옮김(아모르문디, 2016).

안영배·김선균, 『새로운 주택』(보진재, 1965).

안창모·박철수, 『SEOUL 주거변화 100년』(그린바우, 2010).

야나기타 구니오, 『일본 명치·대정시대의 생활문화사』, 김정례·김용의 옮김
    (소명출판, 2006).

야나부 아키라, 『한 단어 사전, 문화』, 박양신 옮김(푸른역사, 2013).

어효선, 『내가 자란 서울』(대원사, 1990).

염복규, 『서울의 기원 경성의 탄생』(이데아, 2016).

윤흥길, 『문신 2』(문학동네, 2018).

이경돈, 「미디어텍스트로 표상된 경성의 여가와 취미의 모더니티」,
    서울역사편찬원, 『일제강점기 경성부민의 여가생활』(서울책방,
    2018).

이경아, 『경성의 주택지』(도서출판 집, 2019).

이상록, 「위험한 여성, 전쟁 미망인의 타락을 막아라」, 길밖세상, 『20세기
    여성사건사』(여성신문사, 2004).

이세기, 「벚꽃 날리던 구름다리길」, 『서울을 품은 사람들 1』(문학의 집, 2006).

이연식, 『조선을 떠나며: 1945년 패전을 맞은 일본인들의 최후』(역사비평사,
    2016).

이영빈, 「원조주택의 실정」, 『현대여성생활전서 ⑪ 주택』(여원사, 1964).

_____, 「후생주택」, 『현대여성생활전서 ⑪ 주택』(여원사, 1964).

이재범 외, 『한반도의 외국군 주둔사』(중심, 2001).

이정림, 「사직동 그 집」, 『서울을 품은 사람들 1』(문학의 집, 2006).

이준식, 『일제강점기 사회와 문화』(역사비평사, 2014).

이태영, 『다큐멘터리 일제시대』(휴머니스트, 2019).

이태준, 「복덕방」, 『무진기행: 한국 현대문학 100년, 단편소설 베스트 20』
    (가람기획, 2002).

이하나, 「미국화와 욕망하는 사회」, 『한국현대 생활문화사 1950년대』(창비,
    2016).

이한섭, 『일본어에서 온 우리말 사전』(고려대학교출판부, 2015).

이희봉·양영균·이대화·김혜숙, 『한국인, 어떤 집에서 살았나』
    (한국학중앙연구원출판부, 2017).

임동근·김종배, 『메트로폴리스 서울의 탄생』(반비, 2015).

임서환, 『주택정책 반세기』(기문당, 2005).

임시수도기념관, 『낯선 이방인의 땅 캠프 하야리아』(임시수도기념관, 2015).

임창복, 『한국의 주택, 그 유형과 변천사』(돌베개, 2011).

장림종·박진희, 『대한민국 아파트 발굴사』(효형출판, 2009).

재무부, 『재정금융의 회고』(1958).

전경린, 「천사는 여기 머문다」, 『2007 제31회 이상문학상 작품집』(문학사상사, 2007).

전남일·손세관·양세화·홍형옥, 『한국 주거의 사회사』(돌베개, 2008).

전봉희·권영찬, 『한옥과 한국 주택의 역사』(동녘, 2012).

정종현, 『제국대학의 조센징』(휴머니스트, 2019).

정철훈, 『오빠 이상, 누이 옥희』(푸른역사, 2018).

조경달, 『식민지 조선과 일본』, 최혜주 옮김(한양대학교출판부, 2015).

조던 샌드, 『제국일본의 생활공간』, 박삼헌·조영희·김현영 옮김(소명출판, 2017).

중앙산업 사사편찬팀, 『중앙가족 60년사: 도전과 응전의 60년 1946~2000』(중앙건설, 2006).

차상철, 『미군정시대 이야기』(살림, 2014).

차일석, 『영원한 꿈 서울을 위한 증언: 차일석 회고록』(동서문화사, 2005).

차철욱, 「한국 분단사와 캠프 하야리아」, 『낯선 이방인의 땅 캠프 하야리아』 (임시수도기념관, 2015).

최규진, 『근대를 보는 창 20』(서해문집, 2007).

최상오, 『원조, 받는 나라에서 주는 나라로』(나남, 2013).

한경희·게리 리 다우니, 『엔지니어들의 한국사』, 김아림 옮김(휴머니스트, 2016).

한국산업은행, 『한국산업은행 60년사 별책』(2014).

한석정, 『만주 모던: 60년대 한국 개발 체제의 기원』(문학과지성사, 2016).

허수, 「제1차 세계대전 종전 후 개조론의 확산과 한국 지식인」, 이경구 외, 『개념의 번역과 창조』(돌베개, 2012).

허의도, 『낭만아파트』(플래닛미디어, 2008).

황두진, 『가장 도시적인 삶』(반비, 2017).

황순원, 「나무들 비탈에 서다」, 『황순원 전집 7』(문학과지성사, 2011).

中央情報鮮滿支社 編, 『大京城寫眞帖』(中央情報鮮滿支社, 1937).

中村資良, 『朝鮮銀行會社組合要錄』(1935年版).

京城帝國大學, 『京城帝國大學一覽』(京城帝國大學, 1940).

京城帝國大學衛生調査部,『土幕民の生活·衛生』(岩波書店, 1942).

京城電気株式会社 編,『京城電気株式会社二十年沿革史』(京城電気, 1929).

伊藤裕久,「近代における日本の集合住宅」, 大野勝彦 外8人,『JKK ハウヅンダ大學校 講義錄1』(小學館スクウエア, 2000).

佐々木市之亟,「平和博覧会: 各館陳列品対話式案内」(小林銀蔵, 1922).

佐藤滋,『集合住宅團地の變遷』(鹿島出版社, 1998).

_____ 外,『同潤會のアパートメントとその時代』(鹿島出版會, 1998).

佐野利器,『住宅論』(福永重勝, 1925).

內田青藏·大川三雄·藤谷陽悅 編著,『圖說·近代日本住宅史』(鹿島出版社, 2002),

內田青藏·藤谷陽悦·大川三雄,『圖說·近代日本住宅史』(鹿島出版会, 2002).

厚生行政調査会,『住宅問題の解決: 住宅営団並貸家組合とは?』(1941).

同潤会 編,『大正14年度 事業報告』(1926).

坪井正五郎, 沼田頼輔 編,『世界風俗写真帖』第1集(東洋社, 1901).

大阪市電氣局庶務科,『大阪市電氣局例規』(1936).

大阪歴史博物館,「郊外住宅のくらし」, 展示の見所6(2003).

安田孝,『郊外住宅の形成』INAX ALBUM 10(株式會社 INAX, 1992).

富井正憲,『日本·韓國·臺灣·中國の住宅営團に關する研究』, 東京大 博士學位論文 (1996).

小林儀三郎,『東京コンマ シヤルガイド』(コンマ シヤルガイド社, 1930).

建築学会 編,『建築年鑑』昭和13年版(建築学会, 1938)

慶尙南道,『慶尙南道社會事業施設槪要』(慶尙南道, 1931).

日本国有鉄道総裁室文書課,『鉄道法規類抄』第十八編 工事圖面(下) (日本国有鉄道総裁室文書課, 1928).

朝鮮住宅営團,『朝鮮住宅営團の槪要』(1943).

朝鮮建築會,『朝鮮と建築』第6輯 第5號(1927).

_____,『朝鮮と建築』第8輯 第10號(1929).

_____,『朝鮮と建築』第9輯 第12號(1930).

_____,『朝鮮と建築』第14輯 第6號(1935).

_____,『朝鮮と建築』第21輯 第10號(1942).

朝鮮總督府,『朝鮮事情』(1943).

_____,『朝鮮社會事業要覽』(朝鮮總督府, 1927).

_____ 編,『朝鮮写真帖』(朝鮮総督府, 1921).

_____ 編,『朝鮮博覧会記念写真帖』(朝鮮総督府, 1930)

_____ 編,『統計図集』(朝鮮総督府, 1923).

木村幸一郎,『すまいの話』(三省堂, 1948).

東京市社會局 編,『東京市内の細民に關する調査』(東京市社會局, 1921).

東京府学務部社会課,『社会調査資料』第26輯(1936).

橋本文隆·內田靑藏·大月敏雄,『消滅ゆく同潤會アーパトメント』(河出書房新社, 2003).

清水組 編,『工事年鑑』(清水組, 1936).

_____,『工事年鑑』(清水組, 1937).

甲斐久子,『現代作法精義』(平凡社, 1925).

石井研堂,『明治事物起原』(橋南堂, 1908).

福崎毅一 編,『京仁通覽』(中村三一郎, 1912).

藤井渫,『簡易洋風住宅の設計』(鈴木書店, 1924).

財團法人事務所,『財團法人保隣會要覽』(1923).

貴田忠衛 編,『朝鮮人事興信錄』(朝鮮人事興信錄編纂部, 1935).

黒澤隆,『集合住宅原論の試み』(鹿島出版會, 1998).

Schoenauer, Norbert, *6,000 Years of Housing* (Rev. & expanded ed.)
　　　　　　(W. W. Norton and Company, 2000).

논문 및 기사

강상훈,『일제강점기 근대시설의 모더니즘 수용』(서울대학교 건축학과
　　　　　　박사학위논문, 2004).

권용찬,『대량생산과 공용화로 본 한국 근대 집합주택의 전개』(서울대학교
　　　　　　건축학과 박사학위논문, 2013).

기진,「경성의 빈민-빈민의 경성」,『개벽』제48호(1924).

김득황.「부흥주택 입주자의 청원사태와 그 해결책」,『주택』창간호(1959).

김란기,『한국 근대화 과정의 건축제도와 장인활동에 관한 연구』(홍익대학교
　　　　　　박사학위논문, 1989).

김란기·윤도근,「일제의 주거유산과 미군정기 주택사정 고찰(II)」,
　　　　　　대한건축학회,『대한건축학회 논문집』제3권 제6호(1987).

김명숙,「일제시기 경성부 소재 총독부 관사에 관한 연구」(서울대학교 대학원
　　　　　　건축학과 석사학위논문, 2004).

김석환,「한미교섭의 이면사 간직한 내자호텔」,『월간중앙』1989년 1월호.

김예림, 「'배반'으로서의 국가 혹은 '난민'으로서의 인민: 해방기 귀환의
　　　　지정학과 귀환자의 정치성」, 『상허학보』(2010).

김용환, 「즐거운 문화촌」, 『주택』 제2호(1959).

김종근, 「일제강점 초기 유곽공간의 법적 구성 및 입지 특성」, 『한국지리학회지』
　　　　제6권 제2호(2017).

김태승, 「한중 도시빈민 형성의 비교연구: 1920년 전후 시기의 서울과 상해」,
　　　　『국사관논총』 제51집(국사편찬위원회, 1994).

김풍원, 「주택센터에 비친 무주택자의 주택수요 취향」, 『주택』 제27호(1971).

대한주택공사, 『주택』 제16호(1966).

_____, 『주택』 제26호(1970).

_____, 『주택』 제28호(1971).

_____, 『주택 건설』(1976).

대한주택영단, 『주택』 창간호(1959).

_____, 『주택』 제2호(1959).

박노아(朴露兒), 「10년후 유행」, 『별건곤』 제25호(1930).

박동민, 「냉전의 유토피아: 1950년대 서울과 평양의 재건 계획과 그 한계」,
　　　　서울학연구소 동아시아 수도 세미나 발표 요약문(2018).

박세훈, 「1920년대 경성 도시계획의 성격: 경성도시계획연구회와 도시계획운동」,
　　　　『서울학연구』 제15호(서울시립대학교 서울학연구소, 2000).

박철수, 「문학지리학적 관점에서 본 북촌 도시한옥의 물리적 정체성에 관한
　　　　연구」, 『한국주거학회논문집』 제19권 제2호(한국주거학회, 2008).

_____, 「1930년대 여성잡지의 '가정탐방기'에 나타난 이상적 주거공간 연구」,
　　　　『대한건축학회논문집(계획계)』 제213호(2006).

배병휴, 「권력재벌의 몰락: 중앙산업 창업자 조성철의 기업과 인생드라마」,
　　　　『월간조선』 1984년 4월호.

소춘(小春), 「예로 보고 지금으로 본 서울 중심세력의 유동」, 『개벽』
　　　　제48호(1924).

손정목, 「일제하의 도시주거문제와 그 대책」, 『도시행정연구』 창간호(1986).

송인호, 『도시형한옥의 유형 연구』(서울대학교 박사학위논문, 1990).

신옥, 「토막을 허무는 마음」, 『동광』 제36호(1932).

신철, 「과거의 주택사업을 회고하면서」, 『주택』 제5호(1960).

심우갑·강상훈·여상진, 「일제강점기 아파트 건축에 관한 연구」,
　　　　『대한건축학회논문집』 제18권 제9호(2002).

안미영, 「해방공간 귀환전재민의 두려운 낯섦」, 『국어국문학』
　　　제159호(국어국문학회, 2011).

안병의, 「작품 소개: 외인 차관아파트 계획안」, 『주택』 제16호(1966).

안창남, 「공중에서 본 경성과 인천」, 『개벽』 제31호(1923).

양승우·최상근, 「일제시대 서울 도심부 회사 입지 및 가로망 변화의 특성에 관한
　　　연구」, 『도시설계』 제5권 제1호(한국도시설계학회, 2001).

「여학생 행장 보고서」, 『삼천리』 제8권 제11호(1936.11.).

염복규, 「식민지 도시계획과 '교외'의 형성」, 『역사문화연구』 제46집(2013).

염재선, 「아파트 실태 조사 분석」, 『주택』 제26호(1970).

Y기자, 「그분들의 가정 풍경: 애기하고 엄마하고 아빠하고 재미스런 연전교수
　　　최규남(崔奎南)씨 댁」, 『여성』 제3권 제9호(1938).

유광열, 「대경성의 점경-2」, 『사해공론』 제1권 제6호(1935).

유민영, 「미군정기의 사회·경제·문화」, 『한국사(신편)』 제53권(국사편찬위원회,
　　　2002).

유순선, 「1930년대 삼국상회의 내자동 삼국아파트에 관한 연구」, 『대한건축학회
　　　논문집』 제37권 제1호(대한건축학회, 2021).

유영진, 「한국공동주거형의 발전」, 『대한건축학회지』 제13권 제32호(1969)

이경아, 「정세권의 중당식 한옥에 관한 연구」, 『대한건축학회 추계학술발표대회
　　　논문집』 제3권 제2호(대한건축학회, 2015).

＿＿＿, 『일제강점기 문화주택 개념의 수용과 전개』(서울대학교 건축학과
　　　박사학위논문, 2006).

이만영, 「ICA 주택 건설사업에 대하여」, 『주택』 제5호(1960).

이보라·이해경·손세관, 「우리나라 공동주택 도입기에 등장한 중·소규모
　　　아파트의 계획적 특징에 관한 연구」, 『2005 추계 학술발표대회
　　　논문집』(한국도시설계학회, 2005).

이서해, 「토막의 달밤」, 『신동아』 1934년 6월호.

이수용, 「주택자금은 어떻게 산출되나」, 『주택』 제2호(1959).

＿＿＿, 「66년도 주택공사주택 설계 및 건설계획」, 『주택』 제16호(1966).

이연경·박진희·남용협, 「근대 도시주거로서 충정아파트의 특징 및 가치」,
　　　『도시연구: 역사·사회·문화』 제20호(2018).

이현제, 「1960년대 비판적 디자인론과 한국 도시설계의 출현」(서울대학교
　　　석사학위논문, 2018).

임승업, 「우리나라 최대 최고 시설을 자랑하는 한강맨션아파트 계획의 언저리」,

『주택』 제25호(1970).

임창복, 『한국 도시 단독주택의 유형적 지속성과 변용성에 관한
연구』(서울대학교 박사학위논문, 1988).

장동운, 「식사」(式辭), 『주택』 제9호(1962).

장림종, 「아파트, 어떻게 받아들여졌는가?」, 『POAR』(2006).

장성수, 『1960~1970년대 한국 아파트의 변천에 관한 연구』(서울대학교
건축학과 박사학위논문, 1994).

정세권, 「폭등하는 토지, 건물 시세」, 『삼천리』 제7권 제10호(1935).

정순영·윤인석, 「한국 공동주택 변천에 관한 연구」, 『건축역사고찰』 제11권
제2호(한국건축역사학회, 2002).

정아선, 「청량리 부흥주택에 관한 연구」(서울시립대학교 석사학위논문, 2002).

정은경, 「1950년대 서울의 공영주택 사업으로 본 대한원조사업의 특징」,
『서울학연구』 LIX(서울학연구소, 2015).

「전쟁 장기화 '가정생활' 주부 좌담회」, 『삼천리』 제12권 제3호(1940).

정전우, 「내가 본 우리나라 주택」, 『주택』 제8호(1962).

정해운, 「ICA 주택자금의 운영에 관하여」, 『주택』 제4호(1960).

주강사·윤정섭, 「근린주구 계획구성의 개요」, 『건축』 제2호(대한건축학회,
1956),

주택문제연구소 단지연구실, 「단지연구의 당면과제」, 『주택』 제10호(1963).

중간인(中間人), 「외인의 세력으로 관(觀)한 조선인 경성」, 『개벽』 제48호(1924).

최재필, 「우리나라 근대주거의 변화」, 『주거론』(대한건축학회, 1997).

춘원, 「성조기」(成造記), 『삼천리』 제8권 제1호(1936).

K.Y.K, 「상가주택이란?」, 『주택』 창간호(1959).

한종벽, 「ICA 주택사업의 현황과 당면과제」, 『주택』 제5호(1960).

허유진·우동선, 「안영배의 『새로운 주택』: 초판(1964)과 개정 신판(1978)의
비교고찰」, 『대한건축학회 추계학술발표대회논문집』 제31권
제2호(2011).

「朝鮮建築会創立20周年國民住宅設計圖案懸賞募集趣旨」, 『朝鮮と建築』 第21輯
第6號(1942).

「住宅建築費比較調査」, 『朝鮮と建築』 第5輯 第2號(1925).

Stars & Stripe, 1947.7.13.

공문서 및 기록

「관보」제1960호(1958.1.15.).

「김안서의 아파-트 생활」, 『삼천리』제5권 제9호(1933).

대통령비서실, 「한강외인아파트 준공 보고」(1970).

대한주택공사, 「1967년 외인주택 건설사업」(1967.7.25.).

_____, 「외인아파트 건축공사」(1966.11.).

_____, 「외인주택 건설사업」.

_____, 「주한 외국인 거주실태 조사 보고」(1969).

_____, 「외인주택단지 변경계획안」.

대한주택영단, 「상가주택 처리에 대한 건의의 건」(1961.8.23.).

_____, 「연립주택신축공사」(1954.9.).

_____, 「주택건설5개년계획서」(1955년 추정).

_____, 「녹번동 희망주택 분양에 관한 건」(1958.12.3.)

_____, 「상가아파-트 후보지 조사보고」(1963.11.)

_____, 「이태원 외인주택 인수인계」(1957.1.)

_____, 「제1차 희망주택 토지평수 산출 보고의 건」(1954.12.).

_____, 「제1차 희망주택 토지평수 산출 보고의 건」(1955.1.)

_____, 「#3 시범상가주택 인계서」(1959).

_____, 「1959년도 제18기 결산서」(1959.12.31.)

_____, 「60년 조선주택영단 사무인계인수서철」

_____·중앙산업주식회사, 「화경대(華鏡臺, 한남동) 외인주택 인계서」
        (1959.12.31.).

「모던어점고」, 『신동아』, 통권 제18호(1933).

「박정희 대통령의 마포아파트 준공식 치사」(1962.12.1.), 대한주택공사,
        『대한주택공사 주택단지총람 1954~1970』(1979).

보건사회부, 「공영주택 건설 요강 제정의 건」(1960.11.).

보건사회부 장관, 「공영주택 건설 요강 제정의 건」(1961.1.9.), 국무회의
        부의안건, 국가기록원 소장 자료 BA0084257.

「상가 아파-트 후보지 조사보고(동아삘딩)」, 대한주택공사 내부 문건
        (1963.11.20.).

「상가주택 처리에 관한 관계자 회의 보고」, 대한주택영단 내부 문건
        (1961.10.30.)

698

「상가주택 처리에 대한 건의」, 대한주택영단 내부 문건(1961.8.23.).

「신두영 비망록(1) 제1공화국 국무회의(1958.1.2.~1958.6.24.)」, 국가기록원
　　소장 자료 BG0002254.

「원조자금에 의한 경제재건계획의 기본방침」, 1953년 국무회의록, 국가기록원
　　소장 자료 BA0085169.

「윤장섭 명예회장과의 인터뷰」, 『건축』 제52권 제6호(대한건축학회, 2009).

『중요 공개기록물 해설집 V: 국세청·성업공사 편(1950~1980)』(2012),
　　국가기록원 소장 자료 DM00026684.

「1953년도 UN 한국 재건주택 재정에 관한 건」(1953.4.28.), 국가기록원 소장
　　자료 BA0135158.

京城府, 『京城府都市計劃現狀調查件』(1925).

＿＿＿, 『京城社會事業便覽』(1932).

＿＿＿, 『京城彙報』(1941.8.).

＿＿＿, 「朝鮮公營住宅統計: 京城府營細民長屋」, 『京城府都市計劃概要』(1938.6.6.),
　　國家기록원 소장 자료 CJA0015547.

「京城府公舍新營費起債ノ件」(1941.10.16.), 국가기록원 소장 자료 CJA0003609.

「京城府宅地造成事業費起債要項變更ノ件」(1943.3.), 국가기록원 소장 자료
　　CJA0003654.

「歸屬財産(敵産家屋)에 對한 不正賣買行爲 防止에 關한 件」(1949.1.) 국가기록원
　　소장 자료 CJA0016686.

「大邱府營住宅又アパ-ト新營費起債ノ件」(1941.10.27.), 국가기록원 소장 자료
　　CJA0003617.

大邱刑務所長, 「代用官舍借上ニ關スル件申請」(1938.1.13.), 국가기록원 소장자료
　　CJA0004373.

「代用官舍借上ニ關スル件」(1942.6.), 국가기록원 소장 자료. 관리번호
　　CJA0004015

「時局と建築計劃に就いて」, 『朝鮮と建築』 第21輯 第1號(1942).

「堤川邑火災復興邑營住宅建築費起債ノ件」(1941.10.13.), 국가기록원 소장 자료
　　CJA0003585.

「朝鮮市街地計畫令第八條ニ依ル土地收用細目告示ノ件」(1939.9.23.), 국가기록원
　　소장 자료 CJA0015508.

朝鮮總督府, 「京城帝國大學官舍新築工事設計圖」(1931).

朝鮮總督府, 「朝鮮總督府官報」 第276號.

「淸津府アパート新營費起債ノ件」(1939.2.2.), 국가기록원 소장 자료 CJA0003451.

「淸津府東水南町庶民住宅造成費起債ノ件」(1943.4.1.), 국가기록원 소장 자료
    CJA0003658

「春川邑公營住宅建設費起債ノ件」(1934.10.3.), 국가기록원 소장 자료
    CJA0003039.

忠淸北道 槐山郡 內務科,「官舍 又은 官公吏의 住宅으로 敵産家屋 利用 狀況 調査에
    關한 件」(1946.12.17.), 국가기록원 소장 자료 BA0082950.

찾아보기

박철수

서울시립대학교 건축학부에서 학생들과 더불어 '주거론'과 '주거문화사'를 중심으로 공부하고 있다.

『한국 공동주택계획의 역사』(공저, 세진사, 1999), 『아파트의 문화사』(살림, 2006), 『아파트와 바꾼 집』(공저, 동녘, 2011), 『아파트: 공적 냉소와 사적 정열이 지배하는 사회』(마티, 2013), 『건축가가 지은 집 108』(공동기획, 도서출판 집, 2014), 『근현대 서울의 집』(서울책방, 2017), 『박철수의 거주 박물지』(도서출판 집, 2017), 『한국 의식주 생활 사전: 주생활 ①, ②』(공저, 국립민속박물관, 2020), 『경성의 아빠트』(공저, 도서출판 집, 2021) 등의 책을 펴냈다.

한국주택 유전자 1

20세기 한국인은 어떤 집을 짓고 살았을까?

박철수 지음

초판 1쇄 발행 2021년 6월 15일
초판 2쇄 발행 2022년 2월 10일

ISBN 979-11-90853-13-2 (94540)
　　　979-11-90853-12-5 (set)

발행처	도서출판 마티
출판등록	2005년 4월 13일
등록번호	제2005-22호
발행인	정희경
편집	박정현, 서성진, 전은재
디자인	조정은
주소	서울시 마포구 잔다리로 127-1,
	레이즈빌딩 8층 (03997)
전화	02.333.3110
팩스	02.333.3169
이메일	matibook@naver.com
홈페이지	matibooks.com
인스타그램	matibooks
트위터	twitter.com/matibook
페이스북	facebook.com/matibooks

이 저서는 2016년 대한민국 교육부와 한국연구재단의 지원을 받아 수행된 연구임.
(NRF-2016S1A5B8913169)